P. VIALA

ET

V. VERMOREL

AMPÉLOGRAPHIE

TOME V

1904

MASSON ET Cie
120, BOULEVARD SAINT-GERMAIN
PARIS

TRAITÉ GÉNÉRAL DE VITICULTURE

AMPÉLOGRAPHIE

TOME V

AMPÉLOGRAPHIE

PUBLIÉE SOUS LA DIRECTION DE

P. VIALA

Inspecteur général de la Viticulture,
Professeur de Viticulture à l'Institut national agronomique,
Membre de la Société nationale d'Agriculture, Docteur ès sciences naturelles.

SECRÉTAIRE GÉNÉRAL

V. VERMOREL

Président du Comice agricole et viticole du Beaujolais,
Lauréat de la Prime d'honneur du Rhône,
Membre correspondant de la Société nationale d'Agriculture.

AVEC LA COLLABORATION DE

A. Bacon, A. Barbier, A. Berget, P. Besson, D. Bethmont, A. Bouchard, G. Boyer, L. Brin, F. Buhl, M. Carlucci,
D. L. de Castro, G. Cazeaux-Cazalet, L. Chambron, R. Chandon de Briailles, J.-B. Chapelle, B. Chauzit, F. Convert,
C. Da Costa, G. Couanon, G. Couderc, J. Duarte d'Oliveira, E. Durand, G. Foëx, V. Ganzin, Gennadius,
P. Gervais, R. Goethe, H. Gorria, J. Guicherd, J.-M. Guillon, R. Janini, V. Kosinski, F. Kövessi, H. de Lapparent,
G. Lavergne, J. Levy-Zivi, R. Marès, Marqués de Carvalho, Abbé A. Mathieu, Bon A. Mendola, C. Michaut,
A. Millardet, P. Mouillefert, T.-V. Munson, G. N. Nicoleano, J. Niego, Nikoloff, Ch. Oberlin,
E. Ottavi, P. Pacottet, F. Paulsen, A. Potebnia, G. Rabault, L. Reich, F. Richter, L. Rougier,
Cte J. de Rovasenda, J. Roy-Chevrier, G. de los Salmones, E. et R. Salomon, J. A. Sannino, F. Segapeli,
T. Simpér, G. Soncini, A. Tacussel, B. Taïroff, Ch. Tallavignes, D. Tamaro, Dr L. Trabut, G. Trouard-Riolle,
V. Vannuccini, A. Verneuil, Cte de Villeneuve, E. Zacharewicz, V. C. M. de Zuñiga.

PEINTURES DE A. KREŸDER ET J. TRONCY

TOME V

PARIS

MASSON ET Cie, ÉDITEURS

LIBRAIRES DE L'ACADÉMIE DE MÉDECINE

120, BOULEVARD SAINT-GERMAIN (6e)

1904

Ramisco

AMPÉLOGRAPHIE

RAMISCO

Synonymie. — Ramisco, Ramisco enforcadado, Ramijo (?) (Collarès, Extremadura).
— Mortagua (?) (*Seabra*, 1790).

Historique et origine. — Le *Ramisco*, cépage rouge très renommé de la région vinicole
de Collarés, où il forme la base de l'encépagement de tous les bons vignobles, est cultivé
en Portugal depuis la première moitié du xviiie siècle. Désigné sous le nom de *Mortagua*
et improprement confondu avec ce cépage de la région de Beira, il est cité pour la première
fois par Coelho de Seabra, en 1790, dans son ouvrage intitulé *Memoria sobre a cultura
das videiras e a manufactura dos vinhos.* Il est vrai que la bibliographie ampélographique
sur les cépages portugais n'est que très récente, et il peut arriver que des plantes, déjà
connues et appréciées dans les régions vinicoles, n'aient été citées que beaucoup plus
tard par les botanistes et ampélographes. Cependant l'opinion courante parmi les vignerons les plus compétents de la région est que ce cépage n'a commencé à être cultivé à
Collarès que de 1735 à 1740.

Les écrivains qui se sont occupés du Ramisco ne parlent de ce cépage que pour les
qualités des moûts et des vins qu'il produit. C'est Ferreira Lapa qui a, le premier en
1866, donné des indications précises sur la composition des moûts provenant de ce
cépage ; mais l'étude la plus complète qui ait paru sur le Ramisco est celle publiée dans
le *Portugal vinicole*, en 1900.

On ne peut rien dire de certain sur l'origine du Ramisco. On a prétendu l'identifier
aux Pinots de France, et on a même écrit que ce furent quelques boutures de Pinot,

BIBLIOGRAPHIE. — Vicente Coelho de Seabra da Silva Felles : Memoria sobre a cultura das videiras e
a manufactura dos vinhos (1790). — Ferreira Lapa : Memoria sobre os processos de vinificação no Reino
(Lisbõa, 1866, pp. 77 et 78). — Visconde de Villa Maior : Manual de viticultura pratica (Coimbra, 1875,
p. 496). — Antonio Augusto de Aguiar : Conferencias sobre vinhos (Lisbõa, 1876). — José Taveira de
Carvalho Pinto de Menezes : Apontamentos para o estudo da Ampelographia portugueza (Boletim da
Direcção Geral de Agricultura, 6e anno, nº 7, Lisbõa, 1896, p. 763). — B.-C. Cincinnato da Costa : Le
Portugal vinicole. Recherches sur l'ampélographie et la valeur œnologique des principaux cépages du
Portugal (Lisbonne, 1900, pp. 290-295).

importées en Portugal à des époques lointaines, qui produisirent plus tard la variété Ramisco, aujourd'hui tout à fait spéciale au climat océanique de la région de Collarès. Mais je crois que ce n'est là qu'une pure conjecture, sans fondement sérieux, d'autant plus que les caractères de Ramisco s'éloignent beaucoup de ceux que présentent les différents types de Pinot.

Aire géographique. — Le Ramisco a son siège cultural limité à la région vinicole de Collarès. A notre avis, il constitue le plant par excellence pour les terrains sableux, et il est tout à fait spécial à cette zone océanique, une des plus remarquables au point de vue œnologique, qui se déroule depuis Cabo da Roca jusqu'aux environs de Ericeira. Ayant comme centre le petit village de Collarès, qui donne le nom à la région, la zone culturale, où le Ramisco est considéré comme plant dominant, comprend les centres vinicoles de Murcifal, Penedo et Almoçageme, et les localités de Fontanellas, Magoito, Azenhas do Mar, Gênes, Gouveia, Nafarros, Iguaria, Rodizio et Adraga. La région vinicole de Collarés peut être divisée en deux sous-régions entièrement distinctes. D'un côté les *sables*, formant une étroite bande sur l'Atlantique, au nord-ouest, la plus importante et la plus renommée du district vinicole, s'étendant depuis le Cabo da Roca, au sud, jusqu'auprès de Ericeira, au nord ; de l'autre côté, les *barros*, ou terrains argileux, plus à l'est et à l'intérieur, sur les hautes collines, décrivant une courbe qui passe, du nord au sud, par Nafarros, Iguaria, Penedo et une partie de Almoçageme.

Les vins les plus fins sont ceux des sables. Là on ne voit que le Ramisco qui trouve dans ces terrains légers et pauvres son milieu préféré ; Murcifal est en plein sable. Aussi c'est dans les vignobles de ce centre vinicole, comme dans une partie des terrains de Almoçageme et Penedo, qui se déroulent sur le côté de la mer, que les plantations de Ramisco sont plus importantes, presque suivies, et les vins y atteignent toute leur supériorité. Cette zone littorale constitue la partie typique de la région vinicole de Collarès. La vigne y va parfois même jusqu'au bord de la mer, comme cela a lieu à Praia das Maçãs, à Praia de Rodizio, et d'une manière bien plus frappante, presque sur les houles de l'Océan, à Praia da Adraga.

Cela prouve encore la variabilité de l'adaptation de la culture de la vigne à des altitudes très diverses en Portugal, depuis le niveau de la mer, sur les dunes du littoral, dans les terrains sableux et rocailleux des berges de l'Océan, jusqu'à des altitudes de 500 mètres, comme cela a lieu sur les hauts sommets des montagnes schisteuses du Douro, entre le Pinhão et le Tua, dans les célèbres vignobles qui produisent le fameux vin de Porto.

Le Ramisco est, comme je l'ai dit, le cépage des sables par excellence ; il se plaît dans ces terrains légers et sous ce climat humide, tout à fait particulier, avec de forts et persistants brouillards en été, de la région agricole de Collarès. Je crois que le Ramisco et le bon vin de Collarès sont aussi indissolublement liés que le sont entre eux les Pinots et les vins de Bourgogne, les Cabernets et les Médocs, le Furmint et le Tokay, le Pedro-Ximenez et le vin de Xérez, le Touriga et le précieux vin de Porto.

Hors de son milieu préféré, le Ramisco change tout à fait, il dégénère. On le cultive comme curiosité dans quelques vignobles de l'Extremadura, dans les terrains sableux de la vallée du Tage, mais son fruit, si estimé par son parfum et son goût délicat, ne ressemble en rien à celui des plants cultivés à Collarès.

On peut dire que de tous les cépages portugais, c'est le Ramisco qui a l'aire géographique la mieux circonscrite. Personne ne songera à aller le chercher ailleurs qu'à Collarès, car si on le trouve dans quelques vignobles, cependant rares, du Ribatejo, il n'y possède plus les mêmes caractères et ses supérieures qualités pour la vinification. Le Ramisco est un cépage essentiellement portugais et son aire culturale est nettement délimitée par la zone des sables de la région vinicole de Collarès.

Ampélographie comparée. — Coelho de Seabra identifie le Ramisco au Mortagua, de Beira Alta, qu'il décrit aussi par le nom de Ramisco da Extremadura. Quelques viticulteurs aussi prétendent trouver une certaine ressemblance entre les deux cépages, croyant que les différences de caractères qu'ils présentent ne sont que le résultat de l'adaptation au climat local. Je ne suis pas de cet avis, et par tout ce que j'ai pu constater sur des exemplaires authentiques de Ramisco et Mortagua, j'incline à croire qu'il s'agit là de deux cépages tout à fait différents.

Le *Mortagua*, aussi nommé *Preto Mortagua, Moreto Mortagua, Elvatouriga* et *Tourigo* (Aguiar, 1866), est un cépage très vigoureux, à grand développement, allant bien dans tous les terrains, quoique préférant les sols peu argileux, fort répandu dans la province de Beira Alta, surtout dans la sous-région vinicole du Dão. Les feuilles de Mortagua sont moyennes et bullées à la page supérieure, lanugineuses à la page inférieure, et les pétioles sont rougeâtres ou un peu marron foncé, surtout à la base, presque de la même couleur que les sarments. Le Ramisco, au contraire, est un plant de vigueur moyenne ou plutôt peu vigoureux, qui va seulement dans les terrains sableux des bords de la mer, avec de très longs sarments, généralement frêles, de couleur marron clair, mouchetés de petites taches noires circulaires. Les feuilles, assez grandes parfois, sont d'un vert peu sombre, légèrement chagrinées à la page supérieure, très peu duveteuses à la page inférieure. Elles présentent toujours, comme caractère frappant, le sinus pétiolaire très profond, en 8 fermé, par superposition des deux lobes. Pour constater ce trait caractéristique du Ramisco, il faut observer les feuilles moyennes ou âgées, les feuilles très jeunes ne le présentant pas d'une manière frappante

Les grappes de Mortagua sont cylindriques, elles ont en moyenne un poids de 200 à 220 grammes et une longueur de 16 à 17 centimètres, contre une largeur de 8 centimètres au tiers supérieur, largeur qui se maintient à peu près jusqu'à la partie terminale. Les grains sont arrondis, presque sphériques, d'un noir vif, serrés les uns contre les autres. Le Ramisco présente d'ordinaire des grappes plus petites, pesant en moyenne 150 à 170 grammes, de 12 à 13 centimètres de longueur, contre 7 à 8 centimètres de largeur, très grappillées. ouvertes (de là le nom de *Ramisco enforcadado*), les grains petits séparés les uns des autres, de couleur bleu foncé, brillants comme vernis, supportés par des rafles vertes même à l'époque de la plus parfaite maturité. En conséquence de la verdeur des rafles, la composition physique des grappes de Ramisco se remarque par un fort pourcentage relatif en poids de rafle. Ainsi, d'ordinaire, les rafles pèsent 4 et 4.5 %, contre 96 et 95.5 de grains. Le Mortagua accuse au contraire un très faible pourcentage de rafle, 1.5 à 1.6 %, contre 98.5 à 98.4 de grains, à cause de la lignification hâtive des pédoncules. Le Mortagua est un cépage à plus grand rendement que le Ramisco ; il donne en moyenne 75 à 76 litres de moût par 100 kilogrammes de vendange. Le Ramisco donne en moyenne un rendement de 65 litres par 100 kilogrammes de vendange. Les raisins de Ramisco ont un parfum très fin et très caractéristique; les vins sont très fruités, ont un arome et un goût très délicat. Les raisins de Mortagua, quoique aussi d'un goût très agréable et très aromatique, produisent des vins moins parfumés et moins bouquetés.

Tant par les qualités physiques des moûts que par leurs qualités vinifères ces deux cépages s'éloignent l'un de l'autre, et on ne peut les confondre. Les moûts de Ramisco sont peu colorés, légers, se clarifiant rapidement; ils ont une forte acidité, 4 à 5 par 1000 en acide sulfurique; les vins qu'ils produisent sont du type *clairet*, de couleur rubis, très claire parfois, légers, frais, gracieux, d'une teneur alcoolique peu élevée. Les moûts de Mortagua au contraire sont plus colorés et plus lourds; l'acidité moyenne oscille entre 2.5 et 3 par 1000 (acidité totale, en acide sulfurique, de la pulpe); les vins sont plus rouges, couleur rubis intense, ont plus de moelleux, et ils sont plus lourds et plus riches en extrait sec que ceux de Ramisco.

Le Ramisco n'a donc rien de commun avec le Mortagua, malgré ce qu'a dit Coelho de Seabra. Ce sont des cépages de qualité supérieure des deux régions remarquables de Collarès et Dão, produisant des vins renommés, mais sans qu'il existe des raisons ampélographiques pour les fondre dans la même variété. Pour tous ceux qui connaissent bien le Pinot de la Côte-d'Or, il est facile de constater par ce qui vient d'être dit, que c'est aussi sans fondement qu'on a voulu identifier le Ramisco à ce cépage français.

Culture. — La forme généralement adoptée pour la culture du Ramisco à Collarès est celle du *chaintre*. La souche envoie de longs bras qui s'étendent sur le terrain, à une distance du sol de 20 à 25 centimètres à peu près, et qui ont parfois une longueur de 6 et 7 mètres. Ces bras, qu'on appelle dans la région *rastões*, sont supportés par des échalas de roseau (nommés *pontões*) qu'on fiche sur le terrain à la distance de 2 mètres. La vigne, à forme rampante, couvre ainsi une large surface et présente un aspect irrégulier et en foule, par la nature du *chaintre* en soi-même, et par les marcottages répétés, qu'on adopte, à la suite, pour le rajeunissement et le renouvellement du vignoble.

La plantation du Ramisco est exécutée d'une manière extrêmement intéressante. La bouture est placée sur la couche argileuse du sous-sol, laquelle parfois se trouve à de grandes profondeurs. Pour obtenir cette assise argileuse, on défonce le terrain à la bêche en creusant de grands puits (*mantas*), ayant une ouverture de 20 à 25 mètres carrés à la surface, et qu'on approfondit jusqu'au moment où on trouve de l'humidité et la couche ferme d'argile. Là, on place les boutures, en nombre variable, d'ordinaire 16 à 32 pour chaque *manta*, en pratiquant ce qu'on appelle l'*unhamento* (courbature à la partie terminale inférieure pour faciliter l'enracinement), et on les détend sur les talus du puits, de façon à éloigner les unes des autres les différentes boutures, à la sortie du terrain. Ces boutures doivent avoir parfois une longueur de 5 à 7 mètres pour pouvoir se fixer d'un côté à la couche argileuse du sous-sol et de l'autre côté parvenir à la partie supérieure des mantas.

Une des choses intéressantes à voir dans les plantations de Ramisco est le travail du creusement des puits. Des équipes d'hommes se mettent à la besogne avec des bêches et des pioches pour former le trou, en procédant avec méthode et par ordre à l'enlèvement du sable qu'on amoncelle d'un côté. Ils se disposent en série, par couples, travaillant d'ordinaire par équipes de six hommes, placés les uns derrière les autres, deux par deux.

Au fur et à mesure que le puits avance, ils se tiennent sur leurs gardes, afin d'éviter les éboulements de sable. Quand le travail touche à sa fin, deux hommes, munis de paniers d'osier sur la tête, descendent au fond du puits et complètent le défoncement, jetant les pelletées de sable en haut, où deux autres hommes les reprennent et les rejettent vers le premier couple qui est placé à l'ouverture du puits, pour retenir le sable qui doit ensuite couvrir les boutures. Les paniers en osier servent à protéger les hommes, qui travaillent au fond de la *manta*, contre le fréquent éboulement du sol, qui les asphyxierait, sans qu'il fût possible, quelquefois, aux autres hommes d'intervenir à temps. Cette manière d'opérer est tout à fait originale et curieuse, particulière aux plantations de Ramisco dans les terrains sableux du littoral océanique.

La taille et le traitement du vignoble à Collarès sont aussi tout à fait caractéristiques et spéciaux. On adopte la taille longue, en laissant 3 ou 4 bras sur la souche pour former le *chaintre*, et en forçant la plante à développer de longs sarments qui rampent à peu de distance du terrain pour constituer, comme il a été dit, les *rastões*. C'est ce qu'on appelle faire la *taille de estribeira* ou *por ponta*; on cherche toujours un grand développement terminal, de façon à obtenir de très longues boutures pour les nouvelles plantations, en même temps qu'on épuise la plante pendant quelques années pour obtenir de grands rendements. Cette taille, extrêmement épuisante pour les vignes, oblige à la pratique du provignage, qu'on exécute régulièrement sur les souches fatiguées; ce qui fait que tandis qu'une partie de la vigne est en pleine production et une autre à sa production maxima, une certaine portion du vignoble est dans sa première année de marcottage, et par conséquent en faible production. On ne peut pas, par suite, compter sur la production régulière d'un hectare de vigne, qui dans certaines années peut donner 15 à 16 pipes de vin (75 à 80 hectolitres), tandis que dans d'autres il ne donne plus que 4 à 5 pipes (20 à 25 hectolitres). Par l'effet du provignage, le vignoble n'est jamais régulier dans son aspect, il est comme planté en foule, et, à cause des amoncellements du terrain, par zones, pour couvrir les vignes épuisées, le sol se présente en surface onduleuse, comme une mer houleuse, avec de grands et longs dos d'âne, alternant avec de profonds vallons.

A cause des vents de l'Océan qui sont très forts pendant toute l'année, surtout au printemps à l'époque du bourgeonnement des vignes, et plus tard, aux mois de mai et juin, quand les grappes commencent à se développer, on adopte à Collarès, pour abriter les vignes, des palissades ou treillis en jonc ou roseau, qu'on dispose en séries superposées, en les échelonnant sur les pentes des collines du côté de la mer. Ces sortes de murs à roseau, parfois couverts de bruyères et paillassons pour opposer plus grande résistance aux vents, qu'on appelle *abrigos*, divisent parfois les propriétés vinicoles en plusieurs petits clos, donnant aux vignobles un aspect tout à fait spécial et caractéristique, que je n'ai jamais vu nulle part. A certaines époques de l'année, quand les vignes ne sont pas encore en végétation, la campagne se présente, dans l'ensemble, avec une teinte grisâtre et morne, due à la coloration des palissades grisées par le temps, ce qui rappelle la physionomie bizarre des vignes champenoises avec leurs échalas d'un gris sale, distribués en foule sur le terrain.

La production du Ramisco est très irrégulière, à cause du système de culture auquel on le soumet. Ainsi, un hectare peut, comme nous le disions, produire 75 à 80 hectolitres de vin, ou bien 20 à 25 hectolitres.

Le Ramisco est un cépage à maturation tardive; d'ordinaire les raisins ne sont pas bons à récolter avant le 15 septembre. Il est un peu sujet à la coulure. Les maladies cryptogamiques l'attaquent un peu, surtout le Mildiou, dans les années pluvieuses et humides. On le considère comme très résistant à l'Anthracnose. Par l'application rationnelle des traitements cupriques, on réussit à le défendre passablement des fortes invasions du Mildiou.

Comme dans les terrains sableux, où il est généralement cultivé, on n'a pas à craindre le Phylloxéra, ce n'est que très rarement qu'on a essayé le greffage du Ramisco sur les plants américains. On ne peut donc rien dire de précis pour son affinité avec les différents porte-greffes.

Vinification. — Le Ramisco est un des cépages rouges les plus estimés en Portugal pour la qualité supérieure des vins qu'il produit. Il est renommé pour la délicatesse exquise de son parfum et pour la fraîcheur et graciosité de son goût.

Comme je l'ai déjà écrit [1], à propos de ce même cépage et des vins qu'il donne, les vins à base de Ramisco, quand ils sont bien conservés ou pas trop vieux, sont des vins très parfumés, très gracieux, frais et légers, comme nous n'en avons pas de meilleurs, dans le groupement des vins de table rouges, en Portugal. C'est de ces vins que le célèbre œnologue portugais Ferreira Lapa a dit qu'ils avaient une organisation élégante et délicate comme la femme, avec la vivacité et l'énergie de l'homme : *fortiter in re et suaviter in modo.* Les vins de Ramisco ont cependant le défaut de vieillir très vite; ils *passent* avec facilité, surtout si on ne les conserve pas en caves appropriées et à une température basse. Exposés aux variations de température et en petits fûts, les vins de ce cépage, au bout de 5 ans, présentent la couleur pelure d'oignon caractéristique des vins vieux, et ils se désunissent dans leur goût et l'ensemble de leurs propriétés.

. A Collarès, la vinification du Ramisco est faite comme partout ailleurs on fait les vins rouges. Les vendanges se font d'ordinaire pendant la seconde quinzaine du mois de septembre, quand les moûts marquent une teneur en sucre, accusée par le glucomètre, de 17° à 18°. Dans quelques vignobles on égrappe une partie de la vendange pour amoindrir l'âpreté et l'acidité trop prononcées quelquefois des raisins; d'autres vignerons n'égrappent jamais. La fermentation est faite dans des cuviers en bois (*balseiros*) ou dans des *lagares* en pierre. Les lagares sont des bacs à fermentation de forme rectangulaire ou carrée, ordinairement construits en pierre, avec une capacité de 10 à 15 pipes de vendange, soit 50 à 75 hectolitres environ. La fermentation continue régulièrement pendant 3 à 4 jours, et quand les marcs tombent, on procède à l'encuvage dans des tonneaux ou de grands fûts, où se termine la fermentation secondaire ou lente. Les vins sont soutirés 3 ou 4 fois, selon leur dépouillement, et rarement on les laisse vieillir longtemps dans les celliers ou *adegas*.

Pour qu'on puisse bien se faire une idée de la valeur œnologique du Ramisco, je donne le résultat des analyses que j'ai faites dans mon laboratoire de l'Institut agronomique de Lisbonne, pendant les années de 1899 et 1902, sur les raisins et la composition des moûts de ce cépage, aussi bien que sur les vins qu'il a produits en diverses récoltes :

1. *Revue de viticulture*, 9ᵉ année, t. XVIII, n° 465, p. 554.

ÉTUDE SUR LA COMPOSITION PHYSIQUE ET CHIMIQUE DES RAISINS DE RAMISCO

Récolte de 1899.

I. — *ÉTUDE PHYSIQUE*

POIDS ET DIMENSIONS DE LA GRAPPE

Poids moyen (grammes)............................. 175
Dimensions { longueur........................... $0^m 13$
{ largeur maximun au tiers supérieur. $0^m 08$

POIDS ET DIMENSIONS DES GRAINS

Poids moyen (grammes)............................. 1.46
Dimensions { Diamètre longitudinal............ $0^m 014$
{ Diamètre transversal............ $0^m 012$

CONSTITUTION DE LA GRAPPE

Rafles... 4.29
Grains... 95.71
                                             —————
                                             100.00

CONSTITUTION DU GRAIN

Pulpe.. 87.37
Peaux.. 7.53
Pépins... 5.10
                                             —————
                                             100.00

NOMBRE DE PÉPINS

Sur 100 grains............................. 226

RENDEMENT EN MOUT

En poids :

100 kilogr. de raisins, grappes complètes (avec
rafles) produisent...................... 71 k. 68
100 kilogr. de raisins (sans rafles) produisent. 74 k. 90

En volume :

100 kilogr. de raisins, grappes complètes (avec
rafles) produisent...................... 65 l. 40
100 kilogr. de raisins (sans rafles) produisent. 68 l. 33

DENSITÉ-GLUCOMÈTRE

Densité à 15 degrés centigrades............. 1096
Degré glucométrique (Guyot), corrigé à 15°
centigrades............................. 20.48

II. — *ÉTUDE CHIMIQUE*

COMPOSITION CHIMIQUE DE LA PULPE = 87.37 %
DU POIDS DES GRAINS
(Moût)

Eau.. 75.48
Sucre fermentescible.......................... 20.80
Acidité totale¹............................... 0.32
Matières azotées.............................. 0.36
Ligneux insoluble............................. 2.45
Matières non dosées........................... 0.23
Matières minérales............................ 0.40
                                             —————
                                             100.00

COMPOSITION CHIMIQUE DES PEAUX = 7.53 %
DU POIDS DES GRAINS

Eau.. 59.74
Tanin.. 0.93
Acidité totale¹............................... 0.24
Ligneux et non dosé........................... 37.62
Matières minérales............................ 1.47
                                             —————
                                             100.00

COMPOSITION CHIMIQUE DES RAFLES = 4.29 %
DU POIDS DE LA GRAPPE

Eau.. 63.02
Tanin, non dosé............................... —
Matières résineuses........................... 0.74
Acidité totale¹............................... 0.19
Ligneux et non dosé........................... 33.75
Matières minérales............................ 2.30
                                             —————
                                             100.00

Récolte de 1902.

I. — *ÉTUDE PHYSIQUE*

POIDS ET DIMENSIONS DE LA GRAPPE

Poids moyen (grammes)............................. 165
Dimensions { longueur..................... $0^m 13$
{ largeur maximum au tiers supérieur... $0^m 10$

POIDS ET DIMENSIONS DES GRAINS

Poids moyen (grammes)............................. 1.52
Dimensions { diamètre longitudinal............ $0^m 014$
{ diamètre transversal............ $0^m 012$

CONSTITUTION DE LA GRAPPE

Rafles... 4.43
Grains... 95.57
                                             —————
                                             100.00

CONSTITUTION DU GRAIN

Pulpe.. 84.81
Peaux.. 8.62
Pépins... 6.57
                                             —————
                                             100.00

NOMBRE DE PÉPINS

Sur 100 grains............................. 209

RENDEMENT EN MOUT

En poids :

100 kilogr. de raisins, grappes complètes (avec
rafles) produisent...................... 79 k. 99
100 kilogr. de raisins (sans rafles) produisent. 83 k. 70

En volume :

100 kilogr. de raisins, grappes complètes (avec
rafles) produisent...................... 74 l. 06
100 kilogr. de raisins (sans rafles) produisent. 77 l. 50

DENSITÉ-GLUCOMÈTRE

Densité à 15 degrés centigrades............. 1080
Degré glucométrique (Guyot), corrigé à 15°
centigrades............................. 18.5

---

1. L'acidité totale a été calculée en acide sulfurique mono-hydraté ; pour convertir cette évaluation en acide tartrique il suffit de multiplier le nombre lu par le coefficient 1.53.

II. — *ÉTUDE CHIMIQUE*

COMPOSITION CHIMIQUE DE LA PULPE = 84.81 % DU POIDS DES GRAINS

(Moût).

Eau.	79.50
Sucre fermentescible	17.93
Acidité totale	0.48
Matières azotées	0.26
Ligneux insoluble	0.50
Matières non dosées	0.86
Matières minérales	0.47
	100.00

COMPOSITION CHIMIQUE DES PEAUX = 8.62 % DU POIDS DES GRAINS

Eau	74.05
Tanin	0.68
Acidité totale	0.50
Ligneux et non dosé	23.02
Matières minérales	1.75
	100.00

COMPOSITION CHIMIQUE DES RAFLES = 4.43 %

Eau	62.01
Tanin	0.73
Matières résineuses	
Acidité totale	0.29
Ligneux et non dosé	33.97
Matières minérales	3.00
	100.00

Voici la composition de quelques échantillons de vins de la région de Collarès, produits avec le *Ramisco* :

COMPOSITION D'UN VIN DE COLLARÈS

Fait avec du *Ramisco*, sans mélange. (Marque F.-C.). — Récolte de 1898.

Densité	995
Alcool	11.20 % en volume
Sucre réducteur	0.16 —
Acidité totale (en H² SO⁴)	0.37 —
Tanin	0.15 —
Extrait sec à 100°	2.16 —
Matières minérales	0.20 —

COMPOSITION D'UN VIN DE COLLARÈS

De la *Quinta de Monte Cèvres*, à base de *Ramisco*. — Récolte de 1898.

Densité	996
Alcool	10.70 % en volume
Sucre réducteur	0.15 —
Acidité totale (en H² SO⁴)	0.38 —
Tanin	0.12 —
Extrait sec à 100°	2.07 —
Matières minérales	0.23 —

COMPOSITION D'UN VIN DE COLLARÈS

Des vignobles de M. Antonio Costa, à base de *Ramisco*. — Récolte de 1901.

Densité	995
Alcool	10.10 % en volume
Acidité totale (en H² SO⁴)	0.42 —
Acides volatiles (en C² H⁴ O²)	0.12 —
Tanin	0.11 —
Glycérine	0.90 —
Extrait sec à 100°	2.30 —
Matières minérales	0.25 —

Les vins produits par le Ramisco sont très appréciés et ont une importance commerciale considérable. Ils sont tous consommés dans le pays ou exportés pour le Brésil ou les colonies, où ils atteignent des prix souvent très élevés. Les plantations de ce cépage augmentent tous les jours et commencent à s'étendre dans une zone limitrophe de la région vinicole de Collarès. Les vins de ce type se comptent parmi les meilleurs vins rouges de table que l'on consomme en Portugal.

DESCRIPTION. — Souche, peu vigoureuse, à port presque rampant; tronc moyen; écorce grossière, de couleur marron, se détachant facilement en lanières fibreuses; racines peu abondantes en bas, très abondantes en haut, à peu de distance du sol, dans le terrain sableux.

Bourgeons, moyens, simples, pointus; jeunes feuilles d'un vert pâle, légèrement cotonneuses en dessous; floraison tardive.

Rameaux, très allongés, de 6 et 7 mètres de longueur, de grosseur moyenne, assez ramifiés; mérithalles de 10 à 12 centimètres de longueur, assez courts à la base; écorce lisse, luisante, couleur marron clair à l'aoûtement, pointillée de petites taches noires circulaires; moelle dense, relativement peu résistante; nœuds saillants; le plus souvent les rameaux sont aplatis, pour ainsi dire fasciés; ce caractère coïncide avec une très bonne fructification; bois dur à la taille, ne cassant pas avec facilité.

Feuilles, moyennes, quinquelobées, larges autant que longues, d'un vert peu foncé; page supérieure presque lisse, quelquefois un peu chagrinée; page inférieure légèrement duveteuse, presque glabre; sinus supérieurs à peine ébauchés, sinus secondaires faiblement prononcés, le pétiolaire très profond, en δ fermé, les deux lobes se superposant. — Pétiole vert, de grosseur moyenne, long de 10 à 11 centimètres; dents inégales, aiguës. En automne, les feuilles prennent de bonne heure une couleur rougeâtre orangée et sèchent très vite.

Fruits. — *Grappes*, petites, insérées le plus souvent à partir du 3e nœud jusqu'au 6°, au nombre de 2 à 4 sur chaque sarment, selon l'état de vigueur du cépage; forme irrégulière, cylindro-conique parfois, mais très ramifiée, formant de petites fourches, de là le nom de *Enforcadado*; poids moyen de 160 à 175 grammes, longueur 13 centimètres, largeur 8 centimètres; rafle verte et en grande proportion sur les grains, 4 à 4.5 °/₀ sur le poids moyen, de 96 à 95.5 °/₀ de grains. — *Grains*, petits, arrondis, supportés par des pédoncules moyens, verts, d'ordinaire de 14 millimètres de diamètre longitudinal contre 12 millimètres de diamètre transversal; couleur bleuâtre; peau lisse, très brillante et fine, adhérente à la pulpe; chaque grain a en moyenne 2 à 3 pépins, dont le poids respectif est environ de 32 milligrammes; le jus est clair, faiblement coloré de châtain, assez acide et peu visqueux, il clarifie facilement; le raisin a un parfum exquis, rappelant un peu la violette, et possède une saveur très agréable.

Cincinnato da Costa.

TOURIGA

Synonymie. — Touriga fina, Touriga femea, Toiriga, Touriva, Tourigo (Beira). — Azal (?) (Minho, *Villa Maior*). — Gallo de Seixo (?) (*Marques Loureiro*).

Historique et origine. — Le *Souzão* et la *Touriga*, vrais contemporains, ont pris de l'extension dans les vignobles du Douro et Traz-os-Montes, justement au moment où le commerce des Portos, surtout entre les mains des Anglais, demandait des vins fortement colorés pour faire des coupages avec les produits français qui, malgré l'excellence de leur qualité, manquaient aussi de la couleur exigée sur le marché de l'Angleterre. C'est ainsi qu'en faisant l'exhumation de ce qu'on a écrit sur ce sujet, en fouillant des documents anciens fort curieux par rapport à la viticulture, nous apprenons, par exemple,

BIBLIOGRAPHIE. — Lacerda Lobo : Memorias Economicas da Academia Real das Sciencias de Lisboa (p. 72, 1790). — Rebello da Fonseca : Memorias de agricultura (t. II, pp. 42, 193, 1790). — Antonio Alves Pinto Villar : 1815, Jornal Horticolo-Agricola (p. 82, 1899). — Antonio Gyrão : Tratado theorico e pratico da agricultura das vinhas (pp. xii, lvi, 1822). — Francisco Ignacio Pereira Rubião : O Vinhateiro (pp. 55, 91, 1832, et pp. 55, 267, 1844). — Hum Gentil-Homem e Negociante Britannico : Huma palavra de verdade sobre vinho do Porto dirigida ao publico britannico (trad. de l'anglais, p. 9, 1844). — Baron de Forrester : Uma ou duas palavras sobre vinhos do Porto por um residente em Portugal ha onze annos (p. 7, 1844); The Oliveira Prize-Essay on Portugal (p. 80, 1853); Memoria sobre o curativo da molestia das videiras (p. 8, 1857). — Lavrados proprietarios de vinho no Alto Douro : Appendix á vindicação de José James Forrester contra as imputacões a elle feitas no parecer da direcção da Associação Commercial do Porto de 15 março de 1845 (p. 4, 1845). — Anonymo : Affonso Botelho de Sampaio e Sousa : A questão vinhateira do Douro (p. 103, 1849). — Cyrus Redding : A History and Description of modern Wines (p. 247, 1860). — Vicomte de Villa Maior : Preliminares da Ampelographia e œnologia do paiz vinhateiro do Alto Douro (pp. 23, 56, 80, 125, 129, 154, 162, 170, 192, 194, 195, 201, 205, 211, 226, 1865-1869); Memoria sobre os processos de vinificação (pp. 32, 35, 1867); Segunda Memoria sobre os processos de vinificação (p. 5, 1868); Jornal de Horticultura Pratica (p. 11, 1872); Manual de Viticultura Pratica (p. 508, 1875); Douro Illustrado (p. 186, 1876); Journal de viticulture pratique (n° 5, vol IV, 1868); Jornal Official de Agricultura; Escóla Ampelographica do Jardim Botanico de Coimbra (p. 605, 1877); O Instituto (p. 24, 1879). — Duarte d'Oliveira : Jornal de Horticultura Pratica (p. 211, 1871, et p. 209, 1875); Algumas considerações sobre e Nova molestia das vinhás (p. 65, 1874); Jornal Horticolo-Agricola (p. 34, 1901). — Cte Odart : Ampélographie universelle (6ᵉ édit., p. 538, 1873). — Ferreira Lapa : Technologia Rural (p. 92, 1874); Jornal de Horticultura Pratica (p. 131, 1875); Revista da Agricultura na Exposição Universal de Paris de 1878 (p. 198, 1879). — Alexandre de Sousa Figueiredo : Manual de Arboricultura (p. 188, 1875). — Henry Vizetelly : The Wines of the World characterized and classed (p. 106, 1875); Facts about Port and Madeira (pp. 75, 90, 1880). — Alberto Sampaio : O Agricultor do Norte de Portugal (p. 34, 1877-1878). — Mas et Pulliat : Le Vignoble (vol. II, p. 183, 1877). — Marques Loureiro : Supplemento ao Catalogo geral e descriptivo das plantas cultivadas no Real Estabelecimento de Horticultura de

J. Troncy

Touriga

que, quand les vins de Porto ont commencé à être introduits dans l'Angleterre, on les employait pour corriger (concertar) les vins faibles de la France. Les années où ces vins étaient forts et abondants, avant les guerres entre l'Angleterre et la France, sous le règne du roi Guillaume et de la reine Marie, cinq cents pipes de vin de Porto représentaient la consommation annuelle de la Grande-Bretagne [1].

Nous verrons, dans la monographie du Souzão, que ce cépage n'est que le Vinhão du Minho. Pour la Touriga tout fait croire, comme son nom l'indique très clairement, que son lieu d'origine est Tourigo, petit village du concelho de Tondella, dans la Beira-Alta qui a toujours produit d'excellents vins, vrais rivaux, dans certaines régions, de ceux que produisent Traz-os-Montes et même le Douro sur la marge gauche de ce fleuve. Son pays d'origine est donc Beira-Alta, géographiquement parlant.

1. La préférence que l'Angleterre avait à cette époque pour les vins portugais est aussi facilement expliquée par le traité de Methuen, puisque, en 1817, les vins français payant de droits d'entrée £ 56.5, par tonne, les vins de Porto ne payaient que £ 27.5.3. C'est la véritable cause qui a produit l'abaissement de l'importation française et l'augmentation des vins portugais. A ce propos écrit le Dr Halley : « Ces circonstances ont produit un tel encouragement dans le commerce des vins, que les Portugais se sont mis à développer sérieusement la culture de la vigne, et leurs plantations ont occupé bientôt une superficie de trente ou quarante lieux sur les deux marges du Douro, de sorte que, en conséquence du même commerce, la richesse de ce pays (Portugal) a augmenté simultanément avec sa population. » (*Relação dos factos praticados pela Commissão dos commerciantes de vinhos em Londres*, trad. de l'anglais, p. 112, 1813.)

(p. 21, 1879). — Paulo de Moraes : Manual de agricultura (p. 329, 1881). — Vicomte de Villar d'Allen : Relatorio annual da Commissão central dos serviços phylloxericos (pp. 27, 28, 1881). — Manuel Rodrigues Gondim : Boletim de Ampelographia e œnologia (p. 81, 1985); Relatorio dos serviços anti-phylloxericos na circumscripção do Norte de Portugal (p. 4, 1887). — José M. Tavares da Silva : Boletim de Ampelographia e œnologia (p. 90, 1885). — Cte de Rovasenda : Essai d'une ampélographie universelle (2e édit., p. 206, 1887). — Hermann Gœthe : Handbuch der Ampelographie (p. 131, 1887). — V. Pulliat : Mille variétés de vignes (3e édit., p. 371, 1888). — Antonio Carlos Pinto de Lemos : Portugal; Noticias ácerca dos seus vinhos (p. 211, 1888). — Dr. Joaquim Pinheiro d'Azevedo Leite : Boletim da Direcção geral de agricultura (p. 664, 1889). — Dr. Taveira de Carvalho : Portugal; Noticias ácerca dos seus vinhos (p. 190, 1888); Apontamentos para o estudo da Ampelographia portugueza (p. 802, 1895). — Gerardo Augusto Pery : Boletim da Direcção geral de agricultura (p. 75, 1889). — Joaquim Rodrigues Machado : Boletim da Direcção geral de agricultura (p. 665, 1889). — Dr. José Caetano dos Reis : Boletim da Direcção geral de agricultura (p. 666, 1889). — Vicomte Villarinho de S. Romão : Videiras americanas (p. 25, 1889); Viticultura e Vinicultura (p. 482, 1896); O-Minho e suas culturas (pp. 199, 204, 209, 1902). — Albino Florido da Cunha Toscano : Boletim da Direcção geral de agricultura (p. 940, 1890). — G. Foëx : Cours complet de viticulture (p. 70, 1891). — Xavier Rocques : Revue de viticulture (t. XVIII, pp. 37, 235, 1902). — Affonso Cabral : Relatorio Geral do Congresso Viticola Nacional (vol. I, p. 442, 1895); Douro et ses vins (p. 28, 1902). — Manoel Pestana da Silva : Relatorio Geral do Congresso Viticola Nacional (vol. I, p. 442, 1895). — Antonio Xavier Pereira Coutinho : Tratado elementar da cultura da vinha (p. 57, 1895). — Almeida e Brito : A Vinha Portugueza (p. 309, 1899; pp. 22, 29, 1902). — Charles Sellers : Oporto Old and New; Historical record of the Port wine trade (p. 234, 1899). — Cincinnato da Costa : O Portugal Vinicola (p. 162, 1900). — Rodrigues de Moraes : Viticultura Pratica Portugueza (pp. 16, 18, 1900); Gazeta das Aldeias (p. 326, 1901). — Antonio Batalha Reis : Commercio do Porto (23 août 1901); Miscellanea Agricola (p. 42, 1901). — E.-H. Rainford : Jornal Horticolo-Agricola (p. 163, 1901); Queensland Agricultural Journal (p. 411, 1902). — Palma de Vilhena : A Vinha americana em Portugal (p. 267, 1897); Guia Agricola (p. 86, 1902); Boletim da Direcção geral de agricultura in Relatorio ácerca da doença das vinhas do Douro denominada Maromba (p. 1063, 1894). — Joaquim Rasteiro : Revista agronomica (p. 19, 1903). — Conselheiro Ferreira da Silva, João Ignacio Teixeira de Menezes Pimentel, Dr. Joaquim Pinheiro d'Azevedo Leite.

Sa valeur reconnue, et une fois introduite dans les vrais vignobles du Douro, du mot Tourigo on a fait Touriga par un de ces caprices des langues qu'on ne peut pas facilement expliquer, mais qu'on voit encore de nos jours à chaque moment. C'était probablement choquant à l'oreille de dire Videira (Vigne) Tourigo, et par concordance grammairienne on a préféré le féminin Touriga. Cependant cette corruption n'est pas si grande qu'on puisse mettre en doute la véritable origine de son nom ; cette origine a échappé aux plus anciens ampélographes portugais qui supposaient que cette dénomination était purement fantaisiste et n'avait ni origine ni signification.

Dans le sud du Portugal, le *Tourigo* est très cultivé, car il est, d'après toutes probabilités, le frère jumeau de la Touriga ; mais ce point est cependant difficile à établir avec les ressources dont nous disposons actuellement, et il vaut mieux nous abstenir d'entrer dans des champs purement hypothétiques. Ce qui nous intéresse surtout pour l'instant est de savoir que la Touriga, d'après Lacerda Lobo, se trouvait déjà en 1790 dans l'encépagement de Moncorvo, Anciães, Alijó et Sabrosa, c'est-à-dire dans les deux provinces du Portugal (Traz-os-Montes et Douro) qui produisent les vins que notre pays exporte sous le nom de Porto, nom qui jouit, à juste titre, d'une réputation universelle. Par conséquent il ne reste pas le moindre doute que la Touriga est un cépage qui appartient à la première époque de la renaissance de la viticulture portugaise.

Le vicomte de Villa Maior, en étudiant la Touriga, a observé que ses caractères ampélographiques la rapprochaient du Cabernet franc, et, en effet, nous sommes disposés à croire qu'entre le cépage portugais et les Cabernets de la Gironde il peut exister quelques liens de famille ; toutefois nous possédons à la Quinta do Sibio (Haut-Douro) plusieurs individus de Cabernet franc qui ne sont pas identiques à la vraie *Touriga*. M. P. Viala, lors de sa mission viticole en Portugal, a eu l'occasion de les comparer et il a été tout à fait d'accord avec nous. Le Cabernet franc est connu au Douro sous le nom de *Tinta bastardeira*, mais c'est un cépage qui est presque disparu, malgré la finesse de son vin.

Le savant ampélographe Villa Maior nous donne *Azal* comme synonyme de Touriga, quoiqu'il n'existe rien de commun entre ces deux cépages. Il ne nous est pas facile également de découvrir comment Marques Loureiro a pu introduire dans son catalogue le synonyme *Gallo de seixo* pour la Touriga.

M. Roger Marès, qui a parcouru dernièrement le Douro et qui a étudié la Touriga sur place, dans une de ses conférences sur les vins de Porto, a dit que ce cépage rappelait un peu la *Syrah*, ou mieux encore les plants arabes.

Aire géographique. — La Touriga a, au Portugal, une aire géographique excessivement grande ; cependant, c'est surtout dans les provinces qui produisent le vin de Porto que sa valeur est parfaitement reconnue. Dans un vignoble où la Touriga n'existerait pas, le vin produit perdrait beaucoup de sa valeur commerciale. Ainsi, avant l'invasion phylloxérique, sur les deux marges du Douro, depuis Regoa jusqu'à la frontière espagnole, ce cépage prédominait dans tous les domaines, et les propriétaires devançaient les désirs de l'acheteur en lui assurant que leurs vins contenaient beaucoup de Touriga. C'était parfois une espèce de passeport pour des vins d'une valeur douteuse. Quand les reconstitutions ont commencé, il a été un peu délaissé ; mais peu après on a reconnu qu'on ne pouvait pas se passer de ce cépage si on voulait avoir de beaux prix pour les récoltes. Aussi, partout, on a commencé à greffer la Touriga, et aujourd'hui, de jour en jour, elle regagne le terrain perdu. A Traz-os-Montes, qui est une ramification viticole du Douro, la Touriga recommence à reconquérir du terrain et d'ici quelques années cette province produira des vins qui surpasseront quelques vins du Douro qui avaient leur réputation établie, mais où on a trop négligé le choix des variétés à greffer.

Sa valeur étant parfaitement reconnue par les vignerons, la Touriga a pris une assez grande importance dans l'encépagement de Val de Mendiz, Cazal de Loivos, Ervedoza. Valença, Roncão, Castédo, Soutello, Nagosello, et pour ainsi dire sur toute la rive droite du Douro, depuis le Corgo jusqu'à Barca d'Alva. Le vicomte de Villa Maior la donnait comme existant dans les propriétés suivantes, toutes plus ou moins renommées au Douro par l'excellence de leurs vins : Quinta do Sibio, Quinta da Caldeira, Quinta de Vesuvio, Quinta dos Acyprestes, Quinta do Pinheiro, Quinta da Roeda, Quinta do Noval, etc.

M. le Dr Taveira de Carvalho a fait une enquête sur l'aire ampélographique de Touriga, qui est toutefois des plus étendues. Nous remarquerons, surtout dans les seconde et troisième régions agronomiques, qu'il manque de signaler plusieurs endroits où on rencontre la Touriga dans des proportions assez importantes.

Deuxième région agronomique. — Chaves, Mirandella, Murça, Val-Passos, Villa Real, Vinhaes.

Troisième région agronomique. — Alfandega da Fé, Alijó, Armamar, Carrazeda de Anciães, Lamego, Mezão-Frio, Moncorvo, Regoa, Sabrosa, Santa Martha de Penaguião, S. João da Pesqueira, Taboaço, Villa Flôr, Villa Nova de Foscôa.

Quatrième région agronomique. — Anadia, Arganil, Sevér do Vouga.

Cinquième région agronomique. — Aguiar da Beira, Carregal do Sal, Castro Daire, Ceia, Celorico da Beira, Figueira de Castello Rodrigo, Fornos d'Algodres, Fraguas, Gouveia, Guarda, Mangualde, Moimenta da Beira, Nellas, Penalva do Castello, Pinhel, S. Pedro do Sul, Santa Comba Dão, Satan, Sernancelhe, Tarouca, Tondella, Vouzella.

Sixième région agronomique. — Covilhã, Penamacôr.

Septième région agronomique. — Almeirim, Arruda.

Culture. — La Touriga n'est pas des premiers cépages à débourrer et ses bourgeons sont assez résistants aux froids printaniers. On dirait qu'elle attend le beau temps pour prendre toute son expansion ; on la voit alors pousser tous les jours. Ses sarments se développent vigoureusement, ses fleurs apparaissent assez tardivement ; elle a une grande résistance aux intempéries du printemps et est rarement éprouvé par la coulure. Elle est assez féconde, mais demande à être taillée long dans les sols forts ; cependant sur les coteaux secs elle peut être taillée court, et si, dans ces circonstances, elle ne reçoit pas d'engrais, la production ne se maintient pas. M. Affonso Cabral a observé qu'au Douro elle se comporte bien en taille courte ou en gobelet.

Pour bien pouvoir juger de la fertilité de la Touriga, un viticulteur, M. Manuel d'Albuquerque, a fait, il y a quelques années, dans sa quinta de Insua, à Penalva do Castello (Beira Alta), une plantation d'environ un hectare de ce cépage franc et un autre hectare greffé sur Aramon $\times$ Rupestris n° 1. La différence entre la vigueur de ces deux champs d'essais était fort sensible, comme du reste c'est tout naturel, puisque, sauf de rares exceptions, les greffés sont toujours plus vigoureux, mais c'est surtout la production qui est devenue extraordinaire : la plantation sur américain a produit environ 80 hectolitres à l'hectare et celle en franc n'a pas dépassé la'moitié de ce chiffre. Il faut ajouter que le fait que nous venons de signaler a été constaté sur une vigne qui n'était pas en plaine ; cela prouve que la Touriga est d'un grand rendement. Quand ce cépage, avant l'invasion du Phylloxéra, était cultivé franc de pied, il fallait compter trois à quatre ans pour qu'il entre en fructification ; mais une fois greffé, on commence à récolter dès la seconde année.

Il pousse parfaitement sur les divers Rupestris et Riparias, mais le Solonis ne semble pas lui convenir, d'après des essais qui ont été faits par le Dr Joaquim Pinheiro de Azevedo Leite, de Provezende, au commencement de l'introduction des porte-greffes américains. M. Palma de Vilhena assure que Touriga se comporte à merveille sur les Riparias.

C'est un des cépages le moins sensible à l'Oïdium et il résiste assez bien au Mildiou. Au Douro, pour l'Oïdium, il est légèrement soufré.

La maturation au Douro a lieu à la même époque que l'encépagement général, mais à Traz-os-Montes, dans les régions moins chaudes, elle ne s'accomplit qu'un peu plus tard.

Vinification. — Les ampélographes et les viticulteurs portugais sont tous unanimes à considérer la Touriga comme un des plus beaux brillants de la couronne viticole du nord du Portugal, et le vicomte de Villa Maior, dans un élan d'enthousiasme pour cette variété, lui consacrait ces lignes très sincères, qui traduisent son opinion alors très respectée (1869), comme elle l'est d'ailleurs encore de nos jours : « La Touriga est un de ces cépages capables de faire la fortune et la réputation d'un pays viticole : plant robuste, suffisamment productif, il convient aux terrains silico-argileux et ferrugineux du Douro et à son climat ; il communique aux vins où il entre un parfum suave et un goût de fruit qui rappelle la pomme et les rend agréables, en faisant ressortir leur bouquet quand ils sont fabriqués soigneusement. Et il n'y a pas le moindre doute que l'introduction de la Touriga dans le vignoble de Soutello (Haut-Douro) a formé la réputation de ses vins qui depuis ont été considérés comme de premier ordre. Et ce fait ne doit pas être perdu de vue parce qu'il est la preuve d'un des principes fondamentaux de l'œnologie pratique : Il faut du bon raisin pour faire du bon vin. »

Le même auteur nous dit aussi que les vins produits avec ce cépage à Costa do Castedo (Haut-Douro), avec la collaboration du Souzão, Tinta Lameira et Mourisco, sont remarquables par leur corps, leur richesse, leur bouquet et leur couleur très brillante. D'après lui, la Touriga est un des cépages les plus estimés dans le vignoble du Douro, surtout dans la région qui se trouve entre Tua et Pinhão, où, en compagnie de la *Tinta Francisca* et du *Mourisco tinto*, il produit les vins les plus généreux. Il a observé que le raisin produit en moyenne 35.7 °/₀ de moût, dont la densité équivaut à 1.115, contenant en 100 parties :

Sucre.. 24.000
Acides.. 0.340

Les acides sont représentés ici par leur équivalent en acide sulfurique mono-hydraté.

Au Congrès viticole tenu à Lisbonne, en 1895, quand on discutait la fabrication des vins de Porto, M. Manuel Pestana da Silva s'exprimait ainsi à propos de la Touriga : « C'est un cépage qui réunit toutes les qualités nécessaires pour donner un vin précieux ; il a de la couleur, un cachet spécial, de l'alcool ; enfin tout ce qu'il faut pour avoir un

Porto avec tous ses caractères. » Sa valeur a été toujours tellement considérée que déjà, en 1815, Antonio Villar disait : « Le vin produit par Touriga est tout ce qu'on peut exiger d'un cépage de premier ordre. » Le baron de Forrester, toujours très sincère pour tout ce qui a rapport à la viticulture portugaise, considérait la Touriga comme un cépage des plus fins : *The finest*, écrivait-il, en 1853 (*The Oliveira Prize-Essay on Portugal*, p. 80). Déjà en 1844, il en parlait ainsi : « Il produit abondamment : son vin est sec, moelleux, et contient beaucoup de couleur. Quand on ne le mélange pas et qu'on le fabrique sans addition d'eau-de-vie, il faut bien le soigner pendant les deux premières années ; ce n'est pas un vin propre à être bu pendant sa jeunesse. » Tout dernièrement, M. Affonso Cabral (*Douro et ses vins*, p. 28, 1902) classait ainsi la Touriga : « Le premier des cépages fins du Haut-Corgo. »

Pour que le vin de Touriga puisse présenter toutes ses belles qualités, il faut attendre que la maturation arrive jusqu'à point ; et alors il est très alcoolique, légèrement corsé et d'un rouge brillant plus foncé que le fameux Cabernet Sauvignon qui fait la réputation des vins du Médoc, ayant plus de corps et plus de nerf que celui-ci. Pour bien étudier les vins de Touriga et du Cabernet Sauvignon, tant au point de vue de leur composition chimique que de leur dégustation, nous en avons fabriqué quelques décalitres à Murça (Traz-os-Montes) ; le dernier cépage nous était parvenu, il y a environ dix ans, directement de Bordeaux, et par conséquent son identité ne pouvant être mise en doute, d'autant plus qu'il nous a été envoyé quelques milles de racinés. Le Cabernet Sauvignon produit réellement un vin d'élite à Traz-os-Montes, tout ce qu'il y a de plus distingué, cependant la Touriga a peut-être plus de noblesse, et son bouquet est si fin et si délicat que le dégustateur le plus expérimenté se trouve embarrassé pour le décrire. Tous ceux qui étudieront ces deux vins, l'un à côté de l'autre, produits dans le même milieu, seront d'accord avec nous. Ces cépages peuvent se disputer avec acharnement le sceptre, et nous n'hésitons pas à les acclamer tous les deux : Le Cabernet Sauvignon pour les vins fins de table ! La Touriga pour les vins nobles, moelleux et liquoreux de notre Douro ! Ainsi chacun a sa place...

Nous venons d'émettre notre opinion sur le vin de Touriga et de Cabernet Sauvignon, mais pour que cette étude soit la plus complète possible, M. le professeur Ferreira da Silva a bien voulu se charger de l'analyse chimique et nous a fourni le tableau suivant, fort intéressant pour tous ceux qui s'occupent de viticulture en Portugal, parce qu'ils auront sous les yeux la valeur exacte de deux cépages qu'il faudrait propager dans de grandes proportions pour régénérer les vins qui, dans certaines régions, commencent à perdre toutes les belles qualités qui, aux temps passés, leur ont donné la haute renommée dont ils jouissaient.

Voici l'étude de M. le Conseiller Ferreira da Silva :

DÉGUSTATION ET COLORATION

TOURIGA	CABERNET SAUVIGNON
Vin rouge, limpide, couleur violette rouge, sec, peu tanique, acidulé, bouquet sui generis, distingué ; très légèrement gazeux.	Vin rouge, limpide, couleur violette rouge, sec, peu tanique, agréable, bouquet sui generis accentué, un petit peu gazeux.

EXAMEN MICROSCOPIQUE

Nombreux cristaux de bitartrate de potasse, ferment alcoolique; granulations et amas de matière colorante. | Nombreuses cellules de ferment alcoolique, cristaux de bitartrate de potasse, granulations et amas de matière colorante.

ANALYSE CHIMIQUE

	Touriga	Cabernet Sauvignon
Poids spécifique à 15°................	0.9955	0.9940
Force alcoolique, en degrés légaux français............	12° 44	11° 89
	Gr. par 100 c. 3	Gr. par 100 c. 3
Alcool en poids................	9.560	9.420
Extrait sec................	2.717	2.631
Acidité totale supposée en acide sulfurique $H^2 SO^4$................	0.539	0.539
Acidité totale supposée en acide tartrique $C^4 H^6 O^6$................	0.825	0.825
Acidité volatile computée en acide acétique $C^2 H^4 O^2$................	0.038	0.028
Acidité fixe computée en acide tartrique $C^4 H^6 O^6$................	0.777	0.790
Matières minérales (cendres)................	0.226	0.203
Sucre réducteur................	0.160	0.151
Glycérine................	0.222	0.611
Tanin................	0.116	0.040
Bitartrate de potasse................	0.161	0.048
Acide tartrique libre................	0.022	0.063
Sulfate de potasse................	0.017	0.019
Acide phosphorique................	0.010	0.010

RAPPORTS ŒNOLOGIQUES PRINCIPAUX

	Touriga	Cabernet Sauvignon
Extrait — acidité totale................	1.892	1.806
Extrait — acidité fixe................	1.940	1.841
Alcool + acide (Gautier)................	17.530	17.280
$\dfrac{\text{Alcool}}{\text{Glycérine}}$................	100/2.3	100/6.5

Nous avons étudié, à plusieurs reprises, le moût de Touriga à Murça (Traz-os-Montes) et nous avons relevé :

Année	Densité	Sucre	Alcool
1896	1099	234	13.8
1899	1103	244	14.4
1901	1092	215	12.6

Le directeur de la Station transmontaine d'encouragement agricole (Mirandella), M. Menezes Pimentel, nous a fourni les observations suivantes :

DATE des observations.	QUANTITÉ de grappes sur chaque sarment.	QUANTITÉ de grappes pour 1 kilo de raisins	RAFLE sur 1 kilo de raisins.	MUSTI-MÈTRE	GLUCO-MÈTRE	ARÉO-MÈTRE	THERMO-MÈTRE	VOLUME du moût produit par 1 kilo de raisins
1897 Septembre 16.......	2	7	65	1103	23.84	11	22	612
» 29.......	2	9	80	1107	23.84	14	23	614
1898 Septembre 17.......	2	3.5	31	1082	16.96	11.5	25	679
» 23.......	2	4.5	44	1101	21.33	14	21.5	748
1899 Août 23.......	—	5	37	1091.5	21.3	12	31	754
Septembre 19.......	—	3.25	40	1109.5	26.1	14	26	734
1900 Septembre 14.......	—	5.25	53.5	1096	—	13.5	23.5	715
» 25.......	—	4	56.7	1075	17.5	11	16.5	770

En 1885, Rodrigues Gondim, directeur de la Station ampélo-phylloxérique de Pinhão (Haut-Douro), publiait dans le *Boletim de Ampelographia e œnologia* l'analyse physique suivante de Touriga :

Moût... 712 gr
Rafle.. 46 gr
Peaux, pépins, etc... 203 gr

                        TOTAL... 961 gr

Pertes par pressurage, évaporation, etc. .... 39 gr

                        TOTAL... 1.000 gr

Volume du moût	Poids du moût	Baumé	Sucre %	Température du moût
0 l. 648	0 k. 712	14°	27.25	21° 5

M. le vicomte de Villar d'Allen, le distingué œnologue et directeur technique de la Real Companhia dos Vinhos do Norte de Portugal, étudiant le moût de Touriga en 1877, au Douro, une année de second ordre pour les vins de cette région, a constaté :

Sucre... 24.50
Alcool.. 15.75

Voici pour l'étude physique et chimique du Touriga ce que M. Cincinnato da Costa a publié dans son *Portugal Vinicola* :

	Gr.
Poids moyen de la grappe	225.00
Poids moyen des grains	2.02
Rafles (poids %)	2.34
Grains (%)	97.66
Pulpe (%)	86.25
Peaux (%)	9.40
Pépins (%)	4.35
100 kilog. de raisins, grappes complètes avec rafles, produisent kilog	72.95
100 kilog. de raisins, sans rafles, produisent	74.70
Degré glucométrique (Guyot) — à 15 degrés centigrades	22.40

	Moût	Peaux	Rafles
Eau	72.96	59.64	57.29
Sucre fermentescible	23.01	—	—
Acidité totale (en acide sulfurique)	0.19	0.15	0.15
Matières minérales	0.38	2.98	2.49
Tanin	—	0.89	1.57

DESCRIPTION. — Souche, très vigoureuse ; tronc cylindrique ou légèrement comprimé ; vieille écorce rouge brun se détachant sans effort en lanières filamenteuses étroites et courtes.

Bourgeons, forts, à jeunes feuilles blanc doré, soyeuses sur les deux faces, marginées de rose carmin ; au débourrement trilobées, mais les cinq lobes se présentant nettement dessinés à la troisième feuille.

Rameaux, d'un développement moyen, mi-érigés, vert clair luisant à l'état herbacé et glabres, couleur brun clair à la maturité du bois, légèrement canaliculés ; mérithalles moyens, de 8 à 10 centimètres ; nœuds légèrement saillants, pas cassants ; vrilles nombreuses, fortes, bi-partites.

FEUILLES, quinquelobées, de grandeur moyenne, aussi longues que larges; limbe peu boursouflé, vert foncé, légèrement aranéeux à la face supérieure; face inférieure très duveteuse, blanchâtre; parenchyme souple, ayant la touche veloutée rappelant la peau de chamois; les premiers et seconds sinus profonds presque en U; sinus pétiolaire ouvert, quelquefois étroitement ouvert ou presque fermé, à tel point que les bords inférieurs des lobes se touchent; nervures peu saillantes; dents courtes, mucronées, teintées de jaune clair. — Pétiole long, glabre, rougeâtre. A l'automne, après les vendanges, les feuilles deviennent d'un vert jaunâtre avec bandes carmin très vif.

FRUITS. — *Grappes*, de longueur moyenne, cylindro-coniques, peu serrées, courtes; pédoncule ramifié, portant fréquemment une autre grappe presque aussi grande que la principale, mais non ailée; pédicelles longs, minces; pinceau court, jaune rougeâtre au centre; pédoncule très long, assez gros et généralement aplati. — *Grains*, presque sphériques, de grandeur irrégulière, plutôt petits que gros, noir bleuté; pulpe molle, juteuse et parfumée; peau dure, riche en couleur rouge; pépins sur 100 baies : à un 44; à deux 48; à trois 8.

DUARTE D'OLIVEIRA.

Souzão

SOUZÃO

Synonymie. — Souzã, Souzam, Souzão de Basto, Vinhão, Tinta, Vinhão tinto, Tinta do Minho.

Historique et origine. — Lacerda Lobo et Rebello da Fonseca ont été les premiers à signaler, presque simultanément (1790), le *Souzão*; mais ce dernier auteur s'en occupe plus longuement et nous apprend que ce cépage existait au Minho. C'est Barnabé Velloso Barreto de Miranda, à cette époque-là provedor, ou inspecteur général de la célèbre *Companhia geral das vinhas do Alto Douro*, créé par le marquis de Pombal, avec de

BIBLIOGRAPHIE. — Lacerda Lobo : Memorias Economicas da Academia Real das Sciencias de Lisbôa (p. 72, 1790). — Rebello da Fonseca : Memorias de Agricultura (t. II, pp. 39, 186, 1790); Descripção economica do territorio que vulgarmente se chama Alto Douro in Memorias Economicas da Academia Real das Sciencias de Lisboa (t. III, p. 92, 1791). — Antonio Alves Pinto Villar : 1815, Jornal Horticolo-Agricola (p. 82, 1899). — Antonio Gyrão : Tratado theorico e pratico da agricultura das vinhas (pp. x, xviii, lvi, 1822). — Al. Henderson : The History of ancient and modern wines (p. 198, 1824). — Francisco Ignacio Pereira Rubião : O Vinhateiro (pp. 57, 90, 1832). — Cyrus Redding : A History and Description of modern Wines (p. 226, 1836). — Baron de Forrester : Uma ou duas palavras sobre vinhos do Porto, por um residente em Portugal ha onze annos (p. 8, 1844); The Oliveira Prize-Essay on Portugal (p. 80, 1853); Memoria sobre o curativo das molestias das videiras (p. 8, 1857). — Hum Gentil-Homem e Negociante Britannico : Huma palavra de verdade sobre vinhos do Porto dirigida as publico britannico (trad. de l'anglais, p. 9, 1844). — Manuel dos Reis Pereira Cabral : A Coallisão (nº 90, 1845). — Anonymo, Affonso Botelho de Sampaio e Souza : A questão vinhateira do Douro (p. 103, 1849). — Vicomte de Villa Maior : Preliminares da ampelographia e œnologia do Paiz vinhateiro do Alto Douro (pp. 56, 80, 125, 170, 192, 195, 201, 214, 1865); Segunda memoria sobre os processos de vinificação (p. 13, 1868); Manual de Viticultura Pratica (p. 497, 1875); Douro Illustrado (p. 178, 1876); Jornal Official de Agricultura; Escóla Ampelographica do Jardim Botanico de Coimbra (p. 605, 1877); O Instituto (p. 24, 1879). — Sousa Figueiredo : Manual de Arboricultura (pp. 188, 192, 1875). — Henri Vizetelly : The Wines of the World characterized and classed (p. 106, 1875); Facts about Port and Madeira (p. 92, 1880). — Ferreira Lapa : Vinicultura Portugueza in Jornal de Horticultura Pratica (p. 129, 1875); Revista da Agricultura na Exposição Universal de Paris de 1878 (p. 195, 1879). — Marques Loureiro : Catalogo do Estabelecimento Horticola (p. 21, 1879). — Paulo de Moraes : Manual de Agricultura elementar e pratica (p. 329, 1881). — Vicomte de Villar d'Allen : Relatorio annual da Commissão Central dos serviços phylloxericos (p. 27, 1881). — Dr. Manuel Paulino d'Oliveira : Relatorio da Commissão de estudo do Douro, in Agricultor do norte de Portugal (p. 211, 1881). — Alfredo de Vasconcellos Corrêa de Barros : Boletim de Ampelographia e Œnologia (pp. 64, 66, 1885); Portugal; Noticia ácerca dos seus vinhos (p. 118, 1888). — Dr. Joaquim Pinheiro d'Azevedo Leite : Boletim da Direcção geral de agricultura (p. 664, 1889). — José Tavares da Silva : Boletim de Ampelographia e Œnologia (p. 86, 1885). — Francisco de Meirelles : Boletim de Ampelographia e Œnologia (p. 170, 1885). — Antonio Carlos Pinto de Lemos : Portugal; Noticia ácerca dos seus vinhos (p. 123, 1888). — Francisco Manuel Martins

grands privilèges, et le Dr Pantaleão da Cunha Faria, qui l'ont introduit dans le Haut-Douro, où il s'est propagé rapidement, car ce cépage donnait « des vins très foncés et en même temps d'une couleur rubis très vif [1] ».

L'engouement pour des variétés produisant beaucoup de couleur s'expliquait à ce moment-là, car les Anglais surtout, entre les mains desquels se trouvait presque exclusivement le commerce des Portos, exigeaient et payaient à des prix plus élevés les produits qui avaient plus de couleur ; et s'ils ont été les créateurs du Port wine, c'est bien vrai que ce sont eux aussi qui ont changé, à l'origine, la nature des vins du Douro. Il y eut même un moment où les vignerons du Douro étaient désespérés par les exigences du commerce, et comme revanche (*Golpe de vista sobre a pretenção de alguns negociantes inglezes ácerca da Companhia Geral d'Agricultura das vinhas do Alto Douro*, 1826) ils écrivaient : « Les Anglais ont voulu que le vin excédat encore les limites dont la nature l'avait doué : au lieu d'une boisson, il devait être un feu potable pour l'esprit ; une poudre embrasée, pour le palais ; pour la couleur, de l'encre à écrire ; pour la douceur, un Brésil ; pour le parfum, une Inde. »

C'est par ces phrases, qu'au commencement du siècle dernier les vignerons du Haut-Douro protestaient contre la transformation de leurs excellents produits en une boisson terrible, que, par suite des exigences du commerce, on ajoutait au jus du raisin de la baie de sureau à forte dose et de l'eau-de-vie dans des proportions épouvantables pour rendre cette boisson « de la couleur de l'encre et un feu potable pour les esprits ».

Les vignerons sont alors entrés dans la voie qui leur était indiquée et sont devenus cultivateurs de sureaux, parce qu'il ne fallait pas plaisanter avec les menaces des acheteurs : il fallait se soumettre humblement aux lois qu'ils dictaient, et c'est alors que les plus clairvoyants se sont mis à la recherche de cépages qui, produisant beaucoup de couleur, pourraient suppléer à l'introduction du sureau dans leurs crus. Chez le Souzão et la

---

1. Barnabé Velloso Barreto de Miranda (provedor) et Pantaleão da Cunha Faria (deputado) ne se sont trouvés ensemble dans la Compagnie que pendant l'exercice de la septième Junta administradora, depuis le 11 avril 1781 jusqu'au 21 novembre 1785. C'est donc pendant cette courte période de quatre ans qu'il faut supposer que le *Souzão* a dû être introduit par eux au Douro (*Discurso Historico e Analytico sobre o estabelecimento da Companhia Geral da Agricultura das vinhas do Alto Douro*, par Christovão Guerner, p. 106, 1827).

---

d'Oliveira : Jornal de Horticultura Pratica (p. 200, 1888) ; Apontamentos para o estudo da ampelographia portugueza (p. 769, 1895). — Agostinho Corrêa Pereira : Boletim de Ampelographia e Œnologia (p. 369, 1886) ; Boletim da Direcção Geral de Agricultura (p. 40, 1889). — G. Foëx : Cours complet de viticulture (3e édit., pp. 69, 70, 1891). — Xavier Pereira Coutinho : Tratado elementar da cultura da vinha (pp. 57, 182, 1895). — Affonso Cabral : A Região vinhateira do Alto Douro (p. 106, 1895) ; Douro et ses vins (p. 29, 1902). — Vicomte Villarinho de S. Romão : Flagellos da vinha (p. 101, 1891) ; Viticultura e Vinicultura (p. 479, 1896) ; O Minho e suas culturas (pp. 194, 198, 201, 209, 226, 1902). — Palma de Vilhena : A Vinha americana em Portugal (p. 267, 1897). — J.-L.-W. Thudichum : A Treatise on Wines (p. 321, 1898). — Rodrigues de Moraes : Gazeta das Aldeias (p. 196, 1896) ; Viticultura Pratica Portugueza (pp. 16, 17, 1900). — J.-M. Guillon : Les époques de végétation de la vigne (p. 15, 1900) ; Revue de viticulture (t. XIV, p. 455, 1900). — Cincinnato da Costa : O Portugal Vinicola (p. 106, 1900). — Duarte d'Oliveira : Jornal Horticolo-Agricola (p. 34, 1901). — Étienne Salomon : Catalogue descriptif des cépages cultivés dans les établissements de (p. 14, 1901). — Antonio Batalha Reis : Miscellanea Agricola (p. 42, 1901). — Xavier Rocques : Revue de viticulture (t. XVIII, pp. 35, 235, 1902). — Antonio Caetano d'Oliveira, Conseiller Ferreira da Silva, Francisco Filippe da Veiga, Dr Adelino Costa, Antonio Christino.

Touriga ils découvrirent la précieuse couleur qui manquait à leurs crus pour donner entière satisfaction au commerce.

Environ un siècle s'est écoulé depuis cette grande lutte entre le producteur et le commerçant ; on peut dire maintenant que celui-ci avait probablement la raison de son côté, car les variétés primitivement cultivées produisaient un liquide excessivement pâle et l'addition habituelle du raisin blanc au cru devait le rendre encore plus incolore ou paillet [1].

Le gouvernement reconnut à cette époque comme nuisible à la renommée des Portos l'addition du raisin blanc au raisin rouge, et il fit publier un arrêt, le 30 août 1757, interdisant ce mélange, parce que — disait le décret — « les vins ainsi fabriqués ne pouvaient pas avoir une bonne couleur et leur conservation devenait difficile ». Le même arrêt défendait en outre, sous des peines sévères, l'addition de la baie du sureau. Rebello da Fonseca [2] nous raconte que plusieurs années avant le décret on avait fait de grandes plantations de sureaux, et sa baie, une fois parfaitement mûre, était récoltée, des-séchée avec grands soins, puis fortement foulée dans du vin jusqu'à ce que toute la couleur fût extraite ; on mélangeait alors ce produit au cru pour que le vin devînt plus foncé. Pour empêcher cette pratique coupable, le décret du 30 août 1757 prescrivit que tous les sureaux existant jusqu'à cinq lieux de distance des marges du Douro fussent arrachés ; mais beaucoup de propriétaires firent venir la baie d'autres pays où elle existait. Aussi l'arrêt du 16 novembre 1771, pour mettre des bornes à son usage, déterminait, sous des peines excessivement sévères pour les contrevenants, que tous les sureaux des provinces de Beira, Minho et Traz-os-Montes fussent détruits. Par ce moyen, cette pratique a bien été forcée de disparaître presque totalement [3]. Tous les viticulteurs privés de cette matière colorante artificielle se mirent à greffer du Souzão et d'autres cépages de beaucoup de couleur, faisant rentrer la vinification du Douro dans une voie plus honnête et donnant satisfaction entière au commerce qui, du reste, avait raison dans ses réclamations.

Nous avons vu que le Souzão a été apporté, du Minho dans le Douro, en 1790, à cause de la riche couleur qu'il communiquait aux vins, mais nous ne pouvons pas savoir s'il est réellement originaire du Minho, où il est connu aussi sous les noms de Vinhão et Tinta. Qu'est-ce que signifie *Souzão* qui est en portugais un augmentatif du nom propre Souza ? Nous ne trouvons pas la moindre trace qui puisse, tout au moins, nous mener à des suppositions.

1. « Les vignerons ne séparent pas le raisin blanc du raisin rouge, ce qui fait perdre au vin la couleur, et, s'ils ne le mélangeaient pas, on n'aurait pas besoin d'y ajouter de la baie de sureau qui donne un mauvais goût au vin. » (*Carta circular escripta pelos Feitores inglezes do Porto a todos os seus commissarios encarregados de lhes comprarem vinhos do Porto nas margens do Douro em 1754*, in *Relação dos factos praticados pela commissão dos commerciantes de vinhos em Londres*, p. 79, traduit de l'anglais, édit. de Rio-de-Janeiro, 1813).

2. *Descripção Economica do territorio que vulgarmente se chama Alto Douro*, in *Memorias economicas da Academia Real das Sciencias de Lisboa*, t. III, p. 91, 1791.

3. Le texte de l'arrêt du 16 novembre 1771 est fort intéressant et énergique :

§ 2. Tous les sureaux seront arrachés dans les terrains des trois provinces de Beira, Minho et Traz-os-Montes.

§ 3. Tous ceux qui pratiqueront des tromperies, ou des fraudes défendues par les Institutions de la Compagnie des Vins et par les arrêts du 30 août de 1751, du 16 janvier de 1768 et du 17 octobre de 1769 perdront tout leur vin, et les fûts dans lesquels s'est produit la tromperie.

§ 4. Les nobles contrevenants auront pour peine dix ans de déportation dans le Royaume de Angola ; les pions seront condamnés aux travaux publics, avec alganons, pour dix ans, et les ecclésiastiques seront dénaturalisés.

§ 7. Le Juge conservateur prononcera de suite, et sommairement, son jugement avec les Adjoints de la cour suprême de justice, permettant aux prévenus seulement la défense que de droit naturel et divin ils pourront faire et les jugements ne seront pas publiés, sans être d'abord présentés à S. Magesté par le Secrétariat d'Etat.

M. Rodrigues de Moraes (*Gazeta das Aldeias*, vol. II, p. 245, 1896) se demandait si ce nom ne proviendrait pas de l'origine du cépage dans le bassin de la rivière Souza, mais il n'a pas osé l'affirmer. Dans plusieurs régions du Minho, on cultive aussi un cépage sous les noms de *Souzão forte* et *Souzão correr* et qui paraît être une variété de Souzão; il y prend une expansion extraordinaire, et il est très estimé pour les hautains et tonnelles (ramadas).

Aire géographique — Le Souzão, ou le Vinhão, a une aire géographique très étendue dans toutes les provinces du nord du Portugal et surtout au Minho et au Douro. Dans certaines régions du Douro supérieur et inférieur, sa multiplication était devenue très intense dans l'encépagement général, à tel point qu'il donnait un caractère désagréable aux crus, devenant un véritable vin de coupage, dans la réelle acception du mot, mais comme on cherchait de l'œnocyanine, coûte que coûte, le produit était toujours payé à des prix élevés. Après la période phylloxérique, on est entré dans une nouvelle voie et le Souzão n'intervient plus autant dans le repeuplement qu'auparavant. Par contre, à Traz-os-Montes et dans les vignobles du Douro, par suite de la faveur accordée aux vins foncés, on le voit, dans les reconstitutions, se propager et gagner du terrain tous les jours. M. Agostinho Pereira écrivait, en 1886, à propos du Souzão : « La culture de ce cépage augmente tous les ans dans cette circonscription (Villa Real, Traz-os-Montes) à cause de la grande quantité de matière colorante que contient la pellicule des grains et qui rend le vin très rouge quand cette vigne y existe. » Au Minho, le Souzão, ou plutôt le Vinhão, puisque c'est sous ce nom qu'il est généralement connu dans cette province, tient toujours la même place : c'est-à-dire qu'il est très recherché, car il communique beaucoup de couleur au vin. Par contre, dans le sud du pays, il est presque tout à fait inconnu. Aussi pour donner l'idée la plus exacte possible de son aire géographique nous empruntons à M. le Dr Taveira de Carvalho les conclusions de son enquête. Ce cépage est cultivé simultanément sous les noms de Souzão et Vinhão.

Première région agronomique. — Amares, Barcellos, Bouças, Braga, Cabeceiras de Basto, Celorico de Basto, Espozende, Fafe, Felgueiras, Gondomar, Guimarães, Lousada, Maia, Marco de Canavezes, Paços de Ferreira, Paredes, Penafiel, Ponte da Barca, Ponte de Lima, Porto, Povoa de Lanhoso, Santo Thyrso, Terras de Bouro, Vallongo, Vianna do Castello, Villa do Conde, Villa Nova de Famalição, Villa Nova de Gaya, Villa Verde.

Seconde région agronomique. — Boticas, Chaves, Mondim de Basto, Ribeira de Pena, Valle Passos, Villa Real.

Troisième région agronomique. — Alijó, Armamar, Carrazeda de Anciães, Mesão-Frio, Regua, Sabrosa, Santa Martha de Penaguião, S. João da Pesqueira, Taboaço, Villa Flôr, Villa Nova de Foscôa.

Quatrième région agronomique. — Anadia, Mealhada.

Sixième région agronomique. — Castello de Vide.

Culture. — Le Souzão réussit bien dans tous les terrains; toutefois, dans les sols profonds et un peu frais, il devient grand producteur. Dans les situations trop chaudes du Haut-Douro, il est fréquemment grillé par le soleil, ce qui fait que quelques propriétaires n'en veulent pas, tout en reconnaissant la qualité qu'il donne au cru. Au Douro et à Traz-

os-Montes, on le taille toujours très court ; conduit à talons il produit peut-être davantage.
Par contre, au Minho, il faut lui donner une taille longue, parce qu'étant un cépage
vigoureux, tendant à s'emporter à bois, il devient improductif si on ne le charge pas
suffisamment. C'est ainsi que sur les *em forcado*, ou hautains, comme dans la Savoie, le
Souzão va à merveille et donne toujours d'abondantes récoltes. Tavares da Silva, qui a
publié en 1885 une très brève étude sur les cépages de la région de Regua, prétend que
le Souzão doit être taillé longuement et ajoute : « Il préfère les terrains profonds et frais,
et présente assez de résistance à la chaleur et aux pluies. Il est atteint par l'Oïdium et
millerande beaucoup. »

D'après Antonio Gyrão (*Tratado theorico e pratico da agricultura das vinhas*, p. x,
1822), « ce cépage produit beaucoup de vin, cependant il est mauvais dans les expositions
froides. Il veut des sites bien ensoleillés et du terrain riche. Dans ces conditions le vin
est excellent et très rouge. Sur les coteaux et dans les terrains maigres, le Souzão est
d'une médiocre production et ce n'est que tous les deux ans qu'on peut compter sur lui.
Il a la particularité d'être très grimpant. »

Même dans les régions humides, il est assez réfractaire aux maladies cryptogamiques, et,
dans les régions chaudes, le traitement de l'Oïdium n'exige pas un grand soin. Le Dr Manuel
Paulino d'Oliveira a observé, en 1880, qu'il avait une certaine résistance au Phylloxéra,
résistance relative bien entendu.

Son débourrement a lieu peu après celui de l'ensemble de l'encépagement ; aussi, c'est
bien rare que les gelées printanières lui causent des dégâts. Sa maturation est un peu tardive ; elle n'est complète que vers la seconde ou troisième époque de Pulliat.

Sur les porte-greffes que le Souzão préfère, nous n'avons que nos propres observations.
Nous l'avons dans nos propriétés du Douro greffé sur Rupestris Phénomène, produisant
abondamment ; mais au moment d'achever sa complète maturation, si la température est
trop élevée, les grappes deviennent souffrantes, comme si elles étaient brûlées par le
soleil. Nous croyons donc qu'il faudra préférer le Riparia Gloire de Montpellier ou encore
les Riparia × Rupestris n° 3309 de Millardet, sur lesquels nous possédons le Souzão dans
toute sa vigueur, produisant des grappes très fournies et fort belles. M. Palma de Vilhena,
qui pendant quelques années a eu sous sa direction la Station ampélographique de Regua
(Douro), a observé que Souzão avait une grande affinité avec les divers Riparias. Au
Minho nous cultivons ce cépage greffé sur Aramon × Rupestris Ganzin n° 1 et sur
un hybride américo-portugais qui conserve tous les caractères du Solonis. Sur ce dernier
porte-greffe, le Souzão a une exubérance extraordinaire, mais si on ne le taille pas très
long il devient tout à fait improductif.

Vinification. — Le Souzão est, sans conteste, un excellent raisin de cuve, surtout
si on tient à obtenir des vins fortement colorés, son jus ayant presque la couleur de celui
produit par l'*Alicante-Bouschet* et l'*Aramon-Teinturier-Bouschet*, mais tirant plus sur le
rubis foncé ou plutôt sur le rouge grenat, couleur qui se maintient pendant longtemps.

Le vin, non très bouqueté, a toutefois beaucoup de corps et on reconnaît facilement
qu'il doit être un excellent collaborateur pour les grands crus où d'autres cépages plus
fins ont la prédominance dans ces domaines. Pour les Portos, produits dans les
fameuses régions du Haut-Douro, sa place est parfaitement marquée et il rend de grands

services ; mais s'il s'agit de vins de table légers et parfumés, il vaudra mieux se rappeler que la proportion de son encépagement ne doit pas être exagérée. A la dégustation, on lui trouve un goût délicat, savoureux, avec un fumet spécial rappelant l'arrière-goût de la pêche.

Dans les régions où la température n'est pas assez élevée, sa maturation complète s'accomplit un peu tardivement et la rafle restant très verte fournit un excès de tanin qui rend le vin âpre et astringent. Dans ces circonstances, l'égrappage s'impose tout naturellement pour le Souzão, si on veut le corriger un petit peu. Sa fermentation est excessivement longue, et, en le vinifiant séparément, suivant le système adopté au Portugal, c'est-à-dire dans des cuves qui ont une grande surface exposée à l'air, malgré des foulages réitérés et exécutés par le pied humain, la fermentation complète met tant de jours à s'achever qu'on risque de voir le chapeau s'acétifier avant qu'on soit parvenu au 0° glucométrique pour pouvoir le décuver.

Antonio Alves Pinto Villar avait déjà observé, en 1815, que le vin de Souzão ne se conservait pas, mais il n'en a pas, sans doute, cherché la cause, pourtant bien claire après les observations que nous avons faites. Sur sa valeur il émet son opinion en termes peu suffisamment étudiés. Voici comme il s'exprime : « Le vin de ce cépage est le pire de tous ; il ne se conserve pas seul et est très vert, avec beaucoup de couleur, surtout dans la peau. » Bientôt après l'introduction du Souzão au Douro sa valeur a été reconnue et sa multiplication s'imposait pour donner du nerf et de la couleur aux crus; aussi Rebello da Fonseca écrivait, avec un certain enthousiasme et avec toute son autorité, en 1790 : « J'ai propagé beaucoup le Souzão dans mes propriétés, tout dernièrement ; comme cette variété produit peu avant d'atteindre un certain âge, je n'ai pu par conséquent fabriquer de ce vin séparément en grande quantité, mais j'ai fait, en 1787, séparer ce raisin dont j'ai obtenu 3 almudes (environ 75 litres). Après l'égrappage, j'ai fait fouler le raisin à nouveau dans un seau où la fermentation s'est accomplie, et aussitôt le vin fabriqué il a été mis en foudre, les pellicules étant pressées à la main, puisque je ne disposai pas d'une machine propre à ce service. Ensuite, j'ai fait laver les pellicules avec une certaine quantité de vin clair, qui est devenu aussi foncé que le premier. J'ai encore recommencé la même opération avec une pareille quantité de vin qui a également pris une couleur foncée. Ayant constaté ce fait, j'ai ordonné que tout le vin soit rentré avec les pellicules dans un seul tonneau d'environ neuf pipes (45 hectolitres) de vin plus clair qui fermentait encore. Eh bien ! le vin de ce tonneau est devenu le plus foncé, avec une couleur très vive. De toute la récolte de cette année ce fut celui-là dont la couleur eut le plus de valeur. »

Antonio Gyrão (1822) s'est occupé longuement du Souzão, qu'il devait parfaitement connaître ; toutefois par suite de faux renseignements et à défaut de sa propre observation, une erreur grave s'est glissée à propos de la couleur de la pulpe de ce raisin dans l'étude qu'il en a faite. Écoutons-le : « Ses grains ont une structure très particulière, car vraiment chaque grain se compose de deux couches concentriques : celle extérieure comportant une peau dure, pulpeuse à l'intérieur et contenant beaucoup de matière colorante; celle intérieure se compose d'une matière blanche, fade et renfermée dans un réticul très mince. En serrant entre les doigts une baie de Souzão, cette zone intérieure, que j'appelle second grain, se détache et on peut obtenir avec elle un vin parfaitement blanc. » Nous sommes forcés de rectifier Antonio Gyrão, parce que si le Souzão de son époque était celui actuel, comme tout nous porte à le croire, sa matière colorante existe exclusivement dans la pellicule. En pressant légèrement les grappes on obtient un jus blanc cendré, ou tout au plus un peu rougeâtre, ce qui prouve que la matière colorante ne se trouve nullement dans la pulpe des grains, contrairement à ce qu'a écrit Antonio Gyrão.

Pereira Cabral, un peu plus tard (1845), s'exprimait ainsi à propos de la couleur du Souzão : « De tous les vins purs [1] le plus foncé est le Souzão, mais sa couleur est d'un rouge rubis et non pas d'un rouge noir comme celui produit par la baie de sureau. » Justement à la même époque, le baron de Forrester, le grand révolutionnaire des vins de Porto, écrivait : « Le Souzão est un raisin rouge qui n'a pas de douceur du tout. Le vin qu'il produit est âpre et astringent, mais c'est le plus foncé parmi tous les cépages cultivés au Douro, où il est employé pour donner de la couleur aux autres vins. »

Une opinion à enregistrer, car elle a une certaine valeur, est celle émise par l'auteur anglais Henry Vizetelly (1875) dans son très curieux ouvrage, sous tous rapports : *The Wines of the World characterized and classed*. Voici comment il apprécie le Souzão : « C'est un vin manquant de bouquet et de goût, mais d'une couleur excessivement foncée. »

Le même écrivain anglais, visitant cinq ans plus tard le Douro (1880) et étudiant sur place notre viticulture, s'exprimait ainsi dans son curieux et intéressant volume *Facts about Port and Madeira — The vineyards and the vines of the Alto Douro* : « Le Souzão mérite qu'on lui fasse une mention spéciale : les grains sont ronds, la pellicule est épaisse et le moût, qui est d'un goût sub-acidulé, est remarquable pour son abondance et le brillant de sa matière colorante. Une splendide couleur pourpre est communiquée aux vins plus clairs simplement par l'introduction de ses pellicules dans les moûts les plus clairs. »

Le regretté Marques Loureiro, qui a introduit un grand nombre de cépages anglais et français en Portugal, et qui est parvenu à organiser dans sa vaste pépinière une des plus riches collections de vignes, décrivait ainsi le Souzão (1879) : « Très estimé par sa grande production et la vivacité de sa matière colorante, il sert pour donner aux vins plus clairs une magnifique couleur tout simplement par l'infusion des peaux de ses grains. »

Enfin, M. Cincinnato da Costa, d'accord avec tous les ampélographes qui ont écrit sur la couleur des vins de ce cépage, dit dans son *Portugal Vinicola* : « Le Souzão est, à mon avis, le cépage le plus rouge parmi tous ceux qui se cultivent en Portugal. C'est du moins le plus foncé en couleur des quatre-vingt-quatorze variétés que j'ai eu l'occasion d'étudier spécialement. »

En étudiant les moûts de Souzão, en 1901, nous avons constaté :

	Densité	Sucre	Alcool
A Murça (Traz-os-Montes)	1091	212	12.5
A Castedo (Haut-Douro)	1116	279	16.4
A Castanheiro do Norte [2] (Haut-Douro)	1099	234	13.8
A Moncorvo [3] (Traz-os-Montes)	1108	258	15.2

Le vicomte de Villa Maior a étudié au Douro ce moût en 1866 et a obtenu le résultat suivant :

1. *Pur*, dans le sens où ce mot est employé ici, veut dire vin sans addition de baie de sureau.

2. Observations, sans correction de température, de M. Francisco Filippe de Veiga. — C'est une région déjà un peu éloignée du fleuve Douro produisant du vin très utile pour les coupages des Portos de second ordre.

3. Observations, sans correction de température, de M. Antonio Caetano d'Oliveira. — Cette région produit surtout des vins blancs d'une grande densité et magnifiques pour la fabrication du Porto blanc qu'on exporte généralement pour la Belgique, la Hollande, l'Allemagne et surtout pour la Russie.

100 de raisin ont produit..... .... 64 de moût au poids
Densité du moût... 1099
Degré glucométrique........... .... 12.5

M. Menezes Pimentel, directeur de la Station transmontaine d'encouragement agricole, à Mirandella, nous a communiqué les observations suivantes recueillies en 1900 sur le Souzão :

QUANTITÉ de grappes pour 1 kilo de raisins.	RAFLE pour 1 kilo de raisins.	MUSTIMÈTRE	GLUCOMÈTRE	ARÉOMÈTRE	THERMOMÈTRE	VOLUME du moût produit par 1 kilo de raisins.
6	44 gr	1100	24	14	17.5	705

Le vicomte de Victor d'Allen, ancien président de la Commission anti-phylloxérique du nord du Portugal étudiant aussi le Souzão au Douro, en 1877, a relevé :

Sucre.. .... 25.00
Alcool...... .... 16.20

Alfredo Villa Nova Correia de Barros, qui a fait l'examen de plusieurs moûts à Alemtem (Minho), a trouvé pour le Souzão :

Densité Baumé	Sucre d'après Guyot	Alcool d'après Guyot
11.25	19° 70	14° 00

M. le Dr Adelino Costa a aussi étudié, en 1901, les moûts de Vinhão et d'Alicante Bouschet, à Guimarães (Minho), afin de bien juger de leur richesse alcoolique et voici ce qu'il a constaté, sans correction de température :

	Densité	Sucre	Alcool
Vinhão..:..........	1083	191	11.2 [1]
Alicante Bouschet.......	1071	159	9.3 [2]

D'après ce qui précède il ne reste pas le moindre doute que le moût de Souzão, ou Vinhão, est un des plus riches de l'encépagement portugais, même dans les régions à vins verts, comme Guimarães. Ici on peut voir l'énorme différence de densité qu'on a eu avec les deux cépages rivaux pour la couleur — Vinhão et Alicante-Bouschet — mais le premier a certainement une valeur œnologique bien supérieure au second sous tous les rapports, excepté, peut-être, comme production. C'est une question encore à étudier, d'autant plus que les divers Bouschets ne comptent que quelques années d'existence dans le Portugal et ne sont cultivés, par conséquent, que comme simples plants de collection.

A propos du rôle que le Vinhão joue dans la vinification du Minho, M. Antonio Christino, qui possède un des plus beaux domaines de Famalicão, nous écrivait dernièrement : « Ce cépage, se trouvant ici dans son vrai milieu, constitue aujourd'hui la base des vins les plus fins du Minho. » Nous enregistrons cette opinion qui exprime parfaitement la vérité des faits que nous avons contrôlés nous-même.

Nous devons à l'obligeance de M. le professeur Ferreira da Silva l'analyse chimique d'un

. 1. Le vin après fabrication complète nous a accusé 10° Salleron.
2. Le vin après fabrication complète nous a accusé 9° Salleron.

vin de Souzão, fabriqué à Murça, en 1901, comme vin de table, le raisin récolté avant surmaturation, sans être égrappé.

DÉGUSTATION ET COLORATION

Vin noir, couleur rouge foncé ; sec, acidulé et tanique ; bouquet agréable.

EXAMEN MICROSCOPIQUE

Dépôt insignifiant, composé par des cellules de ferment alcoolique, quelques-unes allongées.

ANALYSE CHIMIQUE

Poids spécifique à 15°	0.9963
Force alcoolique, en degrés légaux français	10° 88

Gr. par 100 c. 3

Alcool en poids	8.630
Extrait sec	2.747
Acidité — Totale — en acide sulfurique $H^2 SO^4$	0.499
Acidité — Totale — en acide tartrique $C^4 H^6 O^6$	0.765
Acidité — volatile en acide acétique $C^3 H^4 O^2$	0.073
Acidité — fixe en acide tartrique $C^4 H^6 O^6$	0.673
Matières minérales (cendres)	0.222
Sucre réducteur	0.147
Glycérine	0.257
Tanin	0.126
Bitartrate de potasse	0.198
Acide tartrique libre	0.030
Sulfate de potasse	0.071
Acide phosphorique	0.012

RAPPORTS ŒNOLOGIQUES PRINCIPAUX

Extrait — acidité totale	1.982
Extrait — acidité fixe	2.073
Alcool + acide (Gautier)	15.878
$\dfrac{\text{Alcool}}{\text{Glycérine}}$	100/2.9

M. Cincinnato da Costa, qui a publié dans son *Portugal Vinicola* la monographie du Souzão, nous fournit l'étude physique et chimique suivante faite sur du raisin qu'il a reçu du Haut-Douro :

	Gr.
Poids moyen de la grappe	301
Poids moyen (grammes) des grains	2.55
Rafles (poids °/₀)	3.53
Grains (°/₀)	96.47
Pulpe (°/₀)	89.31
Peaux (°/₀)	7.96
Pépins (°/₀)	2.73
100 kilog. de raisins, grappes complètes avec rafles, produisent kilog	78.81
100 kilog. de raisins, sans rafles, produisent	81.70
Degré glucométrique (Guyot) — à 15° centigrades	19.41

	Moût	Peaux	Rafles
Eau	79.34	90.49	62.31
Sucre fermentescible	12.64	—	—
Acidité totale (en acide sulfurique)	0.28	0.43	0.13
Matières minérales	0.40	2.23	3.15
Tanin	—	0.72	0.55

DESCRIPTION. — Souche, vigoureuse ; tronc cylindrique ; écorce brun clair se détachant facilement en courtes lanières.

Bourgeons, à débourrement moyen ; jeunes feuilles jaunâtres à la face supérieure et par-dessous blanchâtres.

Rameaux, longs, ronds ou légèrement aplatis, retombants, striés de veines roux ; à l'aoûtement, châtain vineux, les stries devenant sépia foncé ; mérithalles très irréguliers (6 c. à 12 c.) ; nœuds peu marqués, cassants, lavés de carmin ; vrilles nombreuses, très longues.

Feuilles, trilobées, épaisses, souples, grandes, aussi larges que longues, vert jaunâtre sur les deux faces, mais la face supérieure plus foncée, cotonneuse, à l'aoûtement tachée et pointillée de rouge carmin, et en octobre devenant jaune, lavée de rouge ; face inférieure lanugineuse ; nervures à la face inférieure saillantes, jaune clair, à la face supérieure même couleur, prenant plus tard la couleur carmin ; très minces ; les deux sinus à peine formés par le développement de trois dents du lobe supérieur, la terminale étant très grande, élancée, cependant, quoique rarement, les sinus s'ouvrent en U ; sinus pétiolaire profond, peu ouvert ; dents alternes, grandes, pointues et à la maturation carminées. — Pétiole long, cotonneux, strié de rouge.

Fruits. — *Grappes*, assez grandes, allongées, cylindro-coniques, régulièrement garnies mais peu serrées, presque toujours ailées, avec un ou deux grappillons longuement pédonculés qui ont la forme de véritables grappes ; quelquefois le pédoncule divisé produit deux grappes pareilles ; pédoncule long, fort, aplati ; première ramification courte et ligneuse ; pédicelles courts, gros, terminés par un bourrelet assez fort, rouge foncé ; pinceau court, conique, très rouge vineux foncé. — *Grains*, moyens, sphériques, de couleur noir bleuté, solidement attachés au pinceau ; chair assez ferme, juteuse, peu sucrée et peu relevée ; peau dure, parcheminée, riche en matière colorante ; pépins sur 100 baies : à deux, 24 ; à trois, 52 ; à quatre, 24.

Le *Vinhão du Minho* que nous donnons comme synonyme du Souzão à Traz-os-Montes et au Douro a été décrit, en 1885, par Correia de Barros. Comme complément de cette monographie, nous en extrayons la description suivante.

Souche, à tronc gros, fort ; écorce lisse. — Rameaux, ou sarments, gros, mais pas trop longs, élastiques ; mérithalles, yeux, pétioles, pédoncules réguliers ; vrilles régulières aussi et bifurquées. — Feuilles, lisses et ouvertes, presque rondes, pubescentes sur la face inférieure, peu épaisses, couleur foncée, trilobées, avec deux sinus profonds ; dents grandes et droites. Les feuilles de ce cépage sont les premières à prendre des tons rouges et à tomber à l'automne. — Fruits : *Grappes*, grandes, coniques, peu ailées et légèrement serrées. — *Grains*, grands, ronds, peau fine et très riche en œnocyanine ; goût sucré ; couleur noire, semblant bleutée par la pruine qui couvre les baies ; chaque sarment porte deux ou trois grappes. (En reproduisant la description de Correia de Barros, nous croyons ainsi parfaitement identifier les deux cépages — Souzão et Vinhão — qui ne sont, en réalité, qu'une seule et même variété. On vérifiera des petites différences dans les deux descriptions, mais elles sont, au fond, sans la moindre importance).

Duarte d'Oliveira.

Imp. F. CHAMPENOIS, Paris

Tinta Amarella

TINTA AMARELLA

Synonymie. — Bocca de mina (?).

Historique et aire géographique. — La *Tinta amarella*, signalée, pour la première fois en 1822, par Antonio Gyrão, le savant auteur du *Tratado theorico e pratico da agricultura das vinhas*, a une origine inconnue. Elle peut être une importation de la France, de l'Espagne ou de l'Italie, aussi bien qu'un plant obtenu de semis, ou tout bonnement un accident de sarment, comme cela arrive très souvent dans les pays viticoles, où à des époques reculées le greffage était une pratique de tous les jours. Ses caractères généraux ne la rapprochent d'aucun autre cépage du nord du Portugal. Nous ne pouvons donc lui établir son arbre généalogique. Le nom spécifique — amarella — qu'on lui a donné, signifiant en français jaune, n'a pas été certainement une question de simple hasard, car le peuple, dans les noms qu'il donne par intuition à toutes choses, cherche à traduire instinctivement ce qu'il sent ou ce qu'il voit. Ce n'était pas, certainement, sur les raisins qu'il rencontrait la couleur amarella (jaune), car ils sont rouges, mais sur les sarments qui, à l'aoûtement, deviennent d'un jaune noisette, ou encore sur les feuilles qui sont d'un vert plus ou moins jaunâtre. Quant à son nom de baptême nous n'avons pas pu trouver, malgré

BIBLIOGRAPHIE. — Antonio Gyrão : Tratado theorico e pratico da agricultura das vinhas (p. xii, lvi, 1822). — Francisco Ignacio Pereira Rubião : O Vinhateiro (p. 91, 1832). — Barron de Forrester : The Oliveira Prize-Essay on Portugal (p. 80, 1853). — Vicomte de Villa Maior : Preliminares da ampelographia e œnologia do paiz vinhateiro do Alto Douro (pp. 23, 56, 80, 129, 170, 214, 940, 1865); Memoria sobre os processos de vinificação (p. 35, 1867); Manual de Viticultura Pratica (p. 478, 1875); O Douro Illustrado (p. 180, 1876); Jornal Official de Agricultura : Escóla Ampelographica do Jardim Botanico de Coimbra (p. 605, 1877). — Manuel Rodrigues Gondim : Boletim Ampelographico (p. 82, 1885); Relatorio dos serviços anti-phylloxericos na circumscripção do norte (p. 4, 1887). — José Maria Tavares da Silva : Boletim Ampelographico (p. 86, 1885). — Dr Taveira de Carvalho : Portugal; Noticias ácerca dos seus vinhos (p. 190, 1888); Apontamentos para o estudo da Ampelographia Portugueza (p. 782, 1895). — Albino Florido da Cunha Toscano : Boletim da Direcção geral de Agricultura (p. 940, 1890). — Palma de Vilhena : in Relatorio ácerca da doença das vinhas denominada Maromba (p. 1063, 1894); Guia Agricola (p. 86, 1902). — Affonso Cabral : A região Vinhateira do Alto Douro (pp. 106, 131, 1895); Relatorio Geral do Congresso Viticola Nacional (vol. I, pp. 442, 473, 1895). — Pinto Machado : Relatorio Geral do Congresso Viticola Nacional (vol. I, p. 468, 1895). — Antonio Xavier Pereira Coutinho : Tratado elementar da cultura da vinha (p. 58, 1895). — Vicomte Villarinho de S. Romão : Viticultura e Vinicultura (p. 480, 1896). — Rodrigues de Moraes : Gazeta das Aldeias (vol. X, p. 68, 1900); Viticultura Pratica Portugueza (p. 17, 1900). — Cincinnato da Costa : O Portugal Vinicola (p. 116, 1900). — J.-M. Guillon : Les époques de végétation de la vigne (p. 15, 1900); Revue de viticulture (t. XIV, p. 455, 1900). — E.-H. Rainford : Jornal Horticolo-Agricola (p. 163, 1901). — X. Rocques : Revue de viticulture (vol. XVIII, p. 36, 1902). — João Ignacio Teixeira de Menezes Pimentel, Dr Adelino Costa, Comte d'Alpendurada.

toutes les recherches que nous avons faites, une hypothèse donnant plus de satisfaction. D'autres ampélographes seront, peut-être, plus heureux que nous l'avons été. ،

Ce cépage était anciennement assez répandu dans tout le vignoble qui s'étend sur les deux rives du fleuve Douro, depuis Regoa jusqu'à Barca d'Alva. Au nord, on le retrouvait dans l'encépagement de presque toute la province de Traz-os-Montes; toutefois, après l'invasion du Phylloxéra, il a été assez délaissé dans les régions à vin fin, mais par contre son importance a augmenté dans le vaste bassin de Baixo Corgo et ses alentours. En effet, dans ce centre viticole important, on l'a multiplié avec un véritable engouement, et son encépagement a été tellement exagéré que les vins ont commencé bientôt à devenir maigres et sans caractères, perdant beaucoup de leur valeur primitive, devenant conséquemment inférieurs à ce qu'ils étaient à des époques plus heureuses. Il est à regretter que les vignerons se soient laissés entraîner dans cette voie erronée. D'après M. Tavares da Silva, en 1885, la Tinta amarella constituait déjà le huitième de l'encépagement du Bas-Douro.

M. le Dr Taveira de Carvalho a cherché à connaître exactement son aire géographique et l'a établie ainsi :

Seconde région agronomique : Chaves, Villa Real. — *Troisième région agronomique* : Alijó, Armamar, Freixo d'Espada á Cinta, Mezão Frio, Regoa, Sabrosa, Santa Martha de Penaguião, S. João da Pesqueira, Taboaço, Villa Nova de Foscôa. — *Cinquième région agronomique* : Figueira de Castello Rodrigo, Moimenta da Beira, Nellas.

Culture. — La Tinta amarella aime les belles expositions des hauts coteaux où le soleil darde, pendant les longues journées d'été, ses ardents rayons. Pour bien mûrir ses raisins, il lui faut une haute température, et si elle est plantée dans les situations fraîches, ou dans les régions où les chaleurs ne sont pas fortes, on obtient des récoltes abondantes mais très médiocres comme qualité. La quantité a séduit les viticulteurs du Douro comme elle séduit du reste les vignerons du monde entier. Ceux-ci ne se rendent pas compte de la valeur relative de chaque plant, et suivent un faux chemin qui les mène à la ruine de leurs crus. Dans quelques domaines du Baixo Corgo, des cépages français, tels que l'Aramon et le Piquepoul Bouschet, sont venus jouer un rôle regrettable dans cette région, qui, à des époques reculées, produisait des vins payés par le commerce à des prix relativement élevés, mais il revient une bonne partie de la responsabilité du désastre qu'on est en train d'éprouver à la Tinta amarella.

Pereira Rubião disait déjà en 1832 (*O Vinhateiro*, p. 50), avec beaucoup de raison : « Combien de vignobles jouissant d'une grande renommée l'ont perdue en changeant leur encépagement qui ne produit plus que des vins médiocres? » De nos jours il est tout à fait reconnu que, pour obtenir un produit déterminé, on ne peut pas sortir des cépages qui dans l'origine ont donné ce produit.

En général, la Tinta amarella est taillée court et est presque partout conduite en taille simple ou double de Guyot. Son débourrement vient à la même époque que les autres cépages ou un peu plus tardivement, mais elle est des premiers à annoncer la véraison, car sa maturation est des plus précoces. On observe fréquemment, au débourrement, que plusieurs yeux se conservent dormants et ne se développent pas. On peut dire que c'est même un caractère persistant chez la Tinta amarella.

Ce cépage présente une certaine résistance aux maladies cryptogamiques, mais on rencontre fréquemment des individus atteints du court-noué. « Il est assez respecté par l'Oïdium et est peu porté à la coulure », écrit M. Tavares da Silva, et il ajoute : « Il résiste aux grandes chaleurs et très peu à la pluie. » D'un autre côté, le Cte d'Alpendurada, propriétaire à Lamego, s'exprime ainsi dans une lettre qu'il nous a adressée au sujet de la Tinta amarella : « Les individus de ce cépage sont rares dans mes vignobles et je l'ai toujours considéré comme offrant peu de résistance à la pourriture; il est sujet presque tous les ans au *encannelamento* (court-noué), et préféré par les divers rots. Ce n'est pas en conséquence une variété à cultiver dans cette région. »

Vinification. — La vinification de la Tinta amarella ne se fait jamais toute seule; on la récolte avec l'encépagement général : c'est une des raisons pour laquelle on ne connaît pas le peu de valeur qu'elle a. Les viticulteurs, considérant plus la quantité que la qualité, se sont laissé séduire par ses nombreuses grappes, sans penser à la qualité du produit. En effet, pour connaître la valeur exacte d'un raisin, il faut le vinifier séparément et l'étudier ensuite.

M. Albino Florido da Cunha Toscano a justement entrepris ce travail en 1890, à Regua, et, ainsi que nous allons le voir, la Tinta amarella peut être considérée comme un des cépages du Douro qui produit le plus de jus. Il a pris pour base de ses observations six cépages très répandus dans cette région, et voici la quantité de moût qu'il a obtenu, dans ses essais, sur 1 kilogr. de raisin :

	Septembre 23, 1890 Litre	Septembre 30, 1890 Litre
Tinta amarella	0.72	0.74
Malvazia	0.71	0.69
Mourisco tinto	0.70	0.68
Alvarelhão	0.66	0.66
Tinto Cão	0.63	0.63
Bastardo	0.71	0.62

Cette étude est fort curieuse, car elle démontre nettement combien les moûts gagnent avec la surmaturation, surtout au point de vue de la vinification des Portos, où on cherche à obtenir des moûts le plus concentrés possible, c'est-à-dire très riches en sucre et ses dérivés. On voit dans le tableau précédent que plusieurs cépages ont augmenté de valeur et que la Tinta amarella, au même point de vue, a marché à reculons : le 23 septembre elle produisait 0.72 de moût par kilogr. de raisin, le 30 elle en produisait 0.74. La quantité augmentait certainement au détriment de la qualité du moût.

Nous ne cacherons pas qu'il y a des viticulteurs qui ne sont pas d'accord avec nous sur la valeur de la Tinta amarella. Parmi eux, M. Affonso Cabral s'exprimait ainsi au Congrès viticole tenu à Lisbonne en 1895 : « Pour nos terrains (Haut-Douro) je fais un grand cas de la Tinta amarella, parce que, cépage des plus fins, elle est un grand producteur et a sur la Touriga, par exemple, l'avantage de ne pas être exposée comme elle à la coulure. » ·

Ne possédant qu'un nombre restreint de cépages de Tinta amarella, nous avons prié M. le Cte d'Alpendurada, un des viculteurs les plus éclairés de Lamego, de bien vouloir nous fournir une petite quantité de ce vin pour l'étudier, et nous avons pu constater qu'il était d'un rouge terne, prenant, dès sa première jeunesse, une couleur rouille désagréable à l'œil. C'est un vin plat, manquant de nerf, sans saveur, sans vivacité, dépourvu de caractères définis à la dégustation ainsi qu'à l'odorat, et n'ayant par conséquent aucun titre pour le recommander comme vin de table, et encore moins si on prétend en faire du Porto. A ce dernier point de vue, il abaisse la qualité des vins fins, raisons pour l'abandonner dans les régions qui produisent nos vins liquoreux qui jouissent, à juste titre, de la renommée universelle.

Les années pluvieuses ses raisins pourrissent facilement et, si on ne les vinifie pas à part, on est sûr d'avoir des vins qui se cassent facilement. Ces dernières années ce fait a été observé assez souvent dans les environs de Regua, où la Tinta amarella prédomine ; il est parfaitement expliqué quand on sait que cette variété est un des cépages préférés par le Botrytis cinerea, entre tous nos cépages rouges.

Nous avons étudié à Murça (Traz-os-Montes), en 1901, le moût de Tinta amarella, et voici ce qu'il a accusé :

Densité	Sucre	Alcool
1076	172	10.1

Cette même année nous l'avons observé aussi à Castédo (Quinta dò Sibio, Haut-Douro) et nous avons constaté qu'il était tout à fait au bas de l'échelle, comparé avec les autres moûts qui constituent la base de l'encépagement de notre clos dans cette belle région.

Densité	Sucre	Alcool
1099	234	13.8

En 1902, nous obtenions comparativement comme richesse alcoolique : pour Tinta amarella, 13.1 ; pour Souzão, 14.4 ; pour Donzellinho do Castello, 15.3, et pour Touriga, 16.2.

M. Menezes Pimentel a eu l'obligeance de nous fournir les observations suivantes, faites à Mirandella, sur la Tinta amarella :

DATE des observations.	QUANTITÉ de grappes sur chaque sarment.	QUANTITÉ de grappes pour 1 kilo de raisins	RAFLE pour 1 kilo de raisins.	MUSTI-MÈTRE	GLUCO-MÈTRE	ARÉO-MÈTRE	THERMO-MÈTRE	VOLUME du moût produit par 1 kilo de raisins
1896 Octobre 4......	2	3	74	1141	33.46	19.	23	—
» 4......	2	4	75	1135	31.40	18	23	—
» 5......	2	2.5	58	1133	—	18	19	696
» 7......	2	2	42	1091	19.71	13	19	764
» 7......	2	4.5	48	1088	19.25	12	25	—
» 7......	2	2.5	54	1093	21.09	13	25	—
» 7......	2	5	40	1092	19.94	12.5	24	761
» 8......	2	4	53	1102	23.84	14	20	708
» 8......	2	3	53	1099.5	22.92	13	18	—
1897 Septembre 15......	2	3	51	1083	18.34	12	22	686
» 15......	1 et 2	3	52	1096	21.09	13	24	702
» 27......	1 et 2	4.25	50	1095	21.55	13	20	696
» 27......	1 et 2	3.5	100	1101	23.15	13	20	642
» 28......	—	7	60	1091	20.17	12	21	702
» 28......	1 et 2	6	65	1103	23.84	14	20.5	630
» 29......	1 et 2	5.25	45	1093	21.09	13	20	690
» 29......	1 et 2	5	50	1111	25.21	15	20.5	662
» 29......	1 et 2	4.5	40	1105	23.84	14	24	694
1898 Septembre 16......	2	3	50	1095	20.17	13	26	736
» 23......	2	2	49	1079	16.42	11.5	21	786
1899 Septembre 13......	—	3	45	1092	21.5	12	25	778
1900 Septembre 12......	—	3	44	1084	—	12	24	776
» 25......	—	3	79	1082	19.5	11.5	16.5	730

M. Cincinnato da Costa a publié, dans son *Portugal Vinicola*, l'étude physique et chimique suivante du vin de la Tinta amarella, fait avec du raisin provenant des propriétés de M. le Dr Joaquim Pinheiro d'Azevedo Leite, de Provezende, une bonne région à vins de Porto :

	Gr.
Poids moyen de la grappe	435
Poids moyen des grains	3.20
Rafles (poids %)	1.95
Grains (%)	98.05
Pulpe (%)	91.84
Peaux (%)	6.04
Pépins (%)	2.12
100 kilog. de raisins, grappes complètes avec rafles, produisent kilog.	82.54
100 kilog. de raisins, sans rafles, produisent	84.20
Degré glucométrique (Guyot) — à 15° centigrades	20.26

	Moût	Peaux	Rafles
Eau	75.78	55.92	52.90
Sucre fermentescible	20.17	—	—
Acidité totale (en acide sulfurique)	0.21	0.22	0.03
Matières minérales	0.28	3.56	3.54
Tanin	—	1.19	2.14

DESCRIPTION. — SOUCHE, vigoureuse ; tronc un peu aplati ; écorce brun feuille morte, adhérente, se détachant en fragments.

BOURGEONS, moyens, à jeunes feuilles quinquelobées, à la face supérieure soyeuses, blanches, marginées de rose carmin, à la face inférieure blanches, cotonneuses ; dents glabres, finement marquées.

RAMEAUX, moyens, érigés, légèrement aplatis ; à l'aoûtement noisette clair, les nœuds peu marqués, nuancés de marron foncé ; mérithalles courts, inégaux (6 à 10 c.) ; vrilles fortes, longues, nombreuses.

FEUILLES, quinquelobées, moyennes, minces, aussi larges que longues, vert clair luisant, presque glabres à la face supérieure ; face inférieure vert plus clair ; légèrement cotonneuses ; sinus latéraux supérieurs profonds, peu ouverts ; sinus latéraux inférieurs généralement nuls ; sinus pétiolaire profond, presque fermé, ou tout à fait fermé ; nervures jaune clair, peu saillantes sur les deux faces ; dents grandes, assez régulières ; les terminales grandes, pyriformes, mucronées. — Pétiole assez long, glabre.

FRUITS. — *Grappes*, moyennes, ou grandes, portant généralement deux ailes et quelquefois aussi un petit grappillon ; le corps principal de la grappe est cylindrique, les ailes lui donnant la forme plus ou moins pyramidale ; les grappes sont rarement bien garnies ; pédicelles moyens, minces, terminés par un fort bourrelet ; pinceau assez adhérent, large, court, gélatineux, rouge vineux au centre ; pédoncule fort, long, cylindrique. — *Grains*, de grandeur très irrégulière, mais la majorité gros, sphériques, d'un noir bleuâtre ; pulpe très juteuse, jamais croquante, à saveur simple ; peau molle, mais consistante ; pépins par 100 baies : à un pépin, 8 ; à deux, 56 ; à trois, 28 ; à quatre, 8.

DUARTE D'OLIVEIRA.

TINTA RORIZ

Synonymie. — Roriz, Tinta Monteira (*Cincinnato da Costa*).

Historique et aire géographique. — La *Tinta Roriz*, ou tout simplement *Roriz*, n'appartient pas à la vieille garde de la viticulture portugaise ; ce n'est probablement qu'un cépage étranger introduit par un des anciens propriétaires de la Quinta de Roriz, soit Robert Archibold, ou son fils James Archibold, ou encore la famille Kopke. Les Archibold ont été en possession de ce domaine depuis la fin du xviie siècle jusqu'au commencement du xviiie siècle et y ont introduit beaucoup de vignes françaises, dont les noms défigurés ont amené une grande confusion. Vers le premier quart du xixe siècle, une famille russe, les Kopke, sont entrés en possession de cette propriété et eux, aussi, ont été chercher à l'étranger des cépages renommés dans l'intention d'accroître la réputation de leur vignoble.

Toujours entre les mains d'étrangers, la Quinta de Roriz, ou le Château de Roriz, comme on dirait plutôt en français, a maintenu la valeur de ses produits. Située sur la rive gauche du Douro, dans un des plus beaux sites de cette fameuse région, et plantée avec un encépagement très étudié, elle a toujours produit des vins excellents [1]. L'attention des vignerons voisins s'est portée vers cette magnifique propriété. Pour avoir des produits égaux, ils se sont procurés des greffons de ses vignes. Il y avait un cépage inconnu dans la région ; pour le désigner rien n'était plus simple que de lui donner le nom d'origine, Roriz, et, comme il était rouge, Tinta Roriz a traduit à merveille ce qu'il était.

Sur l'origine de ce cépage, ou tout au moins sur son introduction au Douro, il existe une autre version. Ce serait le Dr Casimiro Ribeiro da Silva, de Castanheiro do Norte, qui l'aurait fait venir, en 1870, de Roriz, petit village appartenant au concelho de Chaves. Si cette version était exacte, on aurait encore à chercher son origine. Renonçons-y, parce qu'il serait difficile, ou impossible, de faire la lumière sur un cas si nébuleux.

Excepté M. Affonso Cabral (1895) et M. Cincinnato da Costa (1900), aucun autre ampélographe n'a jamais fait mention de ce cépage, pas même Villa Maior, malgré qu'il ait

---

1. Le vin de la Quinta de Roriz est produit actuellement par les cépages suivants, qui constituent un type précieux de Port wine : Alvarelhão de vara branca, Tinta amarella, Tinta Francisca, Tinta Carvalha, Mourisco tinto, Touriga, Donzellinho do Castello, Souzão, Malvazia preta et Tinto Cão.

BIBLIOGRAPHIE. — Affonso Cabral : A região vinhateira do Alto Douro (p. 131, 1895). — Cincinnato da Costa : O Portugal Vinicola (p. 56, 1900). — João Ignacio Teixeira de Menezes Pimentel, Dr. Casimiro Ribeiro da Silva, Dr. Joaquim Pinheiro d'Azevedo Leite, Albino de Souza Rebello, Dr. Adelino Costa.

Tinta Roriz

écrit un long article sur la Quinta Roriz, dans ses *Preliminares da Ampelographia e œnologia do Paiz Vinhateiro do Douro* (p. 173, 1889), où la Tinta Roriz devait exister à cette époque-là.

Sur les deux rives du Douro, voisines de Roriz, on s'est mis à multiplier la Tinta Roriz; mais son aire géographique n'a pas pris une grande extension, quoique dans ces derniers temps, depuis l'invasion phylloxérique, elle soit propagée davantage et commence à entrer dans la province de Traz-os-Montes, où, à cause d'une température plus basse, son produit laissera probablement à désirer.

Dans l'arrondissement de Bragança, on la rencontre aux concelhos de Alfandega da Fé, Macedo de Cavalleiros, Moncorvo et Villa Flôr; à Val de Mendiz, Pinhão, Cazal de Loivos, Villarinho de Cottas, Provezende, Sabrosa. Celleiroz, Cheires, Castedo, S. Mamede de Tua, Castanheiro do Norte, Trelhariz, Riba Longa, Fiolhal, Ferradosa, etc. (Douro), la Tinta Roriz était assez estimée et on la fait entrer dans les reconstitutions.

Culture. — Son débourrement a lieu avec l'ensemble du vignoble, puis le cépage prend rapidement un grand développement.

Les vignerons ne sont pas tout à fait d'accord sur la taille qui convient le mieux à la Tinta Roriz, puisque ceux du Douro que nous avons consultés à ce sujet disent qu'il faudrait la conduire à taille longue, et, d'un autre côté, on nous écrit de Traz-os-Montes qu'il faut la tailler court. Toutefois il nous semble que ces derniers sont dans l'erreur parce que nous avons toujours remarqué que ce cépage taillé long se comporte mieux et devient un gros producteur, car ses grappes ne diminuent pas beaucoup de volume ainsi conduit. Nous ajouterons même qu'il faut s'abstenir de conduire court ce cépage greffé sur américain, parce qu'il deviendrait très sujet à la coulure par suite du grand développement que prennent les sarments au moment de la floraison. Le système Guyot, à long bois, doit convenir parfaitement à la Tinta Roriz, à condition qu'il soit appliqué suivant la force des souches.

Ce cépage vient à merveille dans les coteaux du Haut-Douro, où le vignoble est établi sur des pentes abruptes et vertigineuses et où, pour retenir la terre schisteuse obtenue à coups de pioche et fort souvent par l'explosion de la poudre ou de la dynamite, on est obligé de faire construire par d'habiles maçons de hautes murailles, très rapprochées les unes des autres, formant d'étroites terrasses, qui dans la majorité des cas ne comportent qu'une ou deux lignes de plantes. Dans les terrains profonds, la Tinta Roriz prend plus d'expansion et ses grappes sont plus volumineuses, devenant même parfois très grandes. N'ayant pu obtenir, à notre regret, des grappes directement de la Quinta de Roriz, comme nous le désirions, nous sommes redevables à M. Filippe da Veiga, de Castanheiro do Norte, un vétéran de la viticulture dourienne, des spécimens d'après lesquels nous avons fait exécuter notre peinture.

Nous cultivons ce cépage dans nos propriétés de Castedo, qui se trouvent sur la rive droite du Douro, presque vis-à-vis Quinta Roriz, mais il nous est impossible de nous prononcer, à l'heure actuelle, sur le porte-greffe qu'il préfère; toutefois il ne reste pas le moindre doute qu'il se développe admirablement sur les cépages américains. Cependant, nous sommes porté à croire qu'il doit préférer les porte-greffes assez hâtifs, c'est-à-dire les Riparias plutôt que les Rupestris, le Riparia Grand glabre étant très employé à la

Quinta do Roriz avec assez de succès. Au commencement de la reconstitution, il a été greffé, avec beaucoup de succès, par M. le Dr J. Pinheiro d'Azevedo Leite, sur l'York Madeira, porte-greffe aujourd'hui tout à fait banni des vignobles portugais.

La Tinta Roriz est un cépage de prédilection pour les maladies cryptogamiques; ainsi avant que le Mildiou soit connu au Portugal[1] on prenait de sérieuses précautions contre l'Oïdium parce qu'on savait déjà qu'il était d'une sensibilité extrême à cette maladie. Aussi n'était-il jamais planté dans les bas-fonds humides et marécageux, car on risquait de perdre tous les ans la récolte. M. Albino de Souza Rebello, de Soutello (Haut-Douro), nous disait dernièrement qu'il la considérait comme une des variétés portugaises des plus sensibles aux maladies cryptogamiques, surtout à l'Oïdium, contre lequel la défense devenait, les années humides, assez difficile. C'est une des causes qui fait que ce cépage est délaissé par beaucoup de propriétaires.

Par contre, à la maturation, même par des temps très pluvieux, la pourriture grise, ou Botrytis cinerea, respecte ce cépage. Sa maturation, surtout sur la rive droite du Douro, étant très précoce, son raisin devient la proie des abeilles et d'autres ennemis destructeurs des raisins précoces.

Vinification. — La Tinta Roriz est surtout un raisin de cuve et n'a que peu de valeur comme raisin de table, quoiqu'il soit des plus décoratifs. Ses grandes grappes, bien fournies, à beaux reflets, charment la vue, et son jus, très abondant, est assez doux sur les coteaux du Douro qui reçoivent l'action du soleil depuis le matin jusqu'au couchant. Toutefois, dans les régions plus fraîches, son moût devient relativement plus riche et de plus de valeur qu'on serait porté à le supposer, ainsi que le démontreront nos propres observations faites pendant la dernière vendange, en prenant comme terme de comparaison le Mourisco tinto, cépage bien connu dans tout le pays.

Ces deux variétés, à Costa do Castedo (Haut-Douro), nous ont donné les moûts suivants :

	Densité	Sucre	Alcool
Tinta Roriz	1100	236	13.9
Mourisco tinto	1108	258	15.2

Ici nous voyons que le Mourisco tinto est plus riche que la Tinta Roriz, mais par contre à Campanhã, dans les environs de Porto, région à vins verts, nous trouvons un résultat contraire :

	Densité	Sucre	Alcool
Tinta Roriz	1087	202	11.9
Mourisco tinto	1079	180	10.6

De cette étude comparative, on est naturellement porté à conclure que la Tinta Roriz a une certaine valeur pour la partie du pays où les chaleurs sont moins intenses.

M. le Dr Adelino Costa a fait, en 1900, des observations assez curieuses, à Guimarães (Minho), sur le moût de la Tinta Roriz, en le comparant avec les moûts de deux cépages français : le Petit Bouschet et l'Aramon.

1. Le *Peronospora viticola* a été signalé pour la première fois au Portugal par M. Rodrigues de Moraes, en 1881, à Regua, et l'année suivante nous le constatons dans les environs de Porto, ainsi que M. Taveira de Carvalho, à Amarante.

Voici ce qu'il a constaté :

	Densité	Sucre	Alcool
Tinta Roriz	1059	127	7.5
Petit Bouschet	1051	106	6.2
Aramon	1044	87	5.1

On remarquera qu'il existe une différence importante entre la richesse de ces trois cépages, le Tinta Roriz tenant la place d'honneur au Minho.

Nous ne connaissons pas le vin de la Tinta Roriz pur, car, à notre connaissance, il n'a encore jamais été fabriqué séparément; mais nous croyons que s'il n'était pas mélangé à d'autres cépages plus fins, son moût plat et sans saveur spéciale ne donnerait pas un vin de qualité. Ce n'est pas un cépage susceptible de donner de la renommée aux clos. En faisant nos essais nous avons eu l'occasion de vérifier aussi qu'il assez riche en œnocyanine, sa couleur rappelant le sirop de groseilles foncé.

Nous sommes redevables à M. Menezes Pimentel des observations suivantes, qui sont fort intéressantes :

DATE des observations.	QUANTITÉ de grappes sur chaque sarment.	QUANTITÉ de grappes pour 1 kilo de raisins	RAFLE sur 1 kilo de raisins.	MUSTIMÈTRE	GLUCOMÈTRE	ARÉOMÈTRE	THERMOMÈTRE	VOLUME du moût produit par 1 kilo de raisins
1896 Octobre 2	2	1	32	1094	—	13	19	760
» 8	2	5	61	1091	20.40	12.5	19.5	—
» 8	2	9.5	71	1094	21.09	13	19.5	—
1897 Septembre 15	2	11.5	60	1095	21.55	12.5	22	690
» 27	1 et 2	3.25	60	1120	27.05	15	20	646
» 29	2	4.5	75	1101	23.38	13	21	680
1898 Septembre 19	—	3	39	1083	16.96	12	27	731
1899 Août 22	—	3	50	1102	24.8	13.5	30	736
Septembre 12	—	2	30	1093	21.8	12.5	29	—
1900 Septembre 12	—	3.5	57.5	1092	—	12	24	750
» 26	—	2.25	56	1082	19	11	18	—

Nous empruntons au *Portugal Vinicola*, de M. Cincinnato da Costa, l'étude physique et chimique suivante du Tinta Roriz faite sur du raisin provenant du vignoble de Mirandella (Traz-os-Montes) :

	Gr.
Poids moyen de la grappe	466
Poids moyen des grains	2.49
Rafles (poids %)	2.03
Grains (%)	97.97
Pulpe (%)	87.71
Peaux (%)	8.99
Pépins (%)	3.30
100 kilog. de raisins, grappes complètes avec rafles, produisent kilog	79.94
100 kilog. de raisins, sans rafles, produisent	84.60
Degré glucométrique (Guyot) — à 15° centigrades	17.49

	Moût	Peaux	Rafles
Eau	84.50	75.23	44.16
Sucre fermentescible	14.32	—	—
Acidité totale (en acide sulfurique)	0.37	0.31	0.10
Matières minérales	0.48	2.55	5.06
Tanin	—	0.51	0.21

DESCRIPTION. — Souche, de force moyenne ; tronc légèrement aplati, tortueux ; écorce brun foncé, se détachant facilement en forts et longs filaments.

Bourgeons, petits, à jeunes feuilles quinquelobées, leur face supérieure est soyeuse, blanc jaune doré, marginée de carmin ; à la page inférieure blanches, cotonneuses ; dents peu marquées.

Rameaux, verts à l'état herbacé, vigoureux, semi-érigés, cylindriques, aplatis près des nœuds, glabres, rouge vineux depuis la véraison ; à l'aoûtement légèrement striés, noisette foncé et rougeâtres aux nœuds ; mérithalles très longs ; nœuds fortement renflés ; vrilles très longues, fortes, bi ou trifurquées.

Feuilles, quinquelobées, très grandes, plus longues que larges ; sinus latéraux supérieurs assez profonds, les bords dépourvus de dents et se superposant, laissant à peine une petite ouverture ; les sinus latéraux inférieurs quelquefois légèrement marqués ; sinus basilaire profond, mais souvent tout à fait fermé par la superposition des lobes ; dents larges, grandes, formant deux séries, celles terminant les lobes plus fortes, mucronées ; parenchyme d'épaisseur moyenne, avec variations considérables suivant la partie du sarment où les feuilles se sont développées ; la face supérieure glabre, bullée, vert foncé ; nervures peu saillantes, d'un vert jaunâtre ; la face inférieure légèrement cotonneuse, vert plus clair : nervures fortement teintées d'un jaune verdâtre. — Pétiole cotonneux, cylindrique, court, très fort, teinté de rouge. Les feuilles plus âgées se teintent, quelquefois à la véraison, ou même dès la floraison, de larges taches rouges, comme si elles étaient souffrantes de la maladie connue sous le nom de rougeot.

Fruits. — *Grappes*, très grandes, moyennement serrées, pyramidales ; la partie supérieure constituée par des grappillons, portés par des pédicelles moyennement longs ; une longue vrille grêle, tordue, partant du nœud du pédoncule, porte trois ou quatre grains plus petits que les principaux de la grappe ; pédicelles longs, minces, verruqueux ; bourrelet moyen, subéreux ; pinceau moyen, assez adhérent, rouge vineux ; pédoncule fort, long, cylindrique. — *Grains*, de grandeur très variable sur la même grappe, mais généralement moyens, sphériques ou légèrement aplatis du côté de l'ombilic ; noir jais, légèrement pruinés ; pulpe gélatineuse se détachant presque tout entière de la peau ; peu juteuse, molle, sucrée, assez fade ; peau épaisse, très dure, parcheminée, contenant assez de matière colorante ; pépins sur 100 baies : à un, 14 ; à deux, 57 ; à trois, 21 ; à quatre, 8.

Duarte d'Oliveira.

A Kreÿder

Imp. F. CHAMPENOIS, Paris.

Tinto Caõ

TINTO CÃO

Historique et origine. — Pour faire l'histoire du *Tinta cão* les ressources nous font
défaut et il serait hardi de se prononcer sur le pays où ce cépage a pris naissance. Est-ce
vraiment un cépage portugais, ou nous est-il venu de la France, de l'Espagne ou de
l'Italie ? Nous l'ignorons comme du reste pour beaucoup d'autres cépages ; les vignerons
considèrent le *Tinto cão* comme portugais, parce qu'ils le connaissent par tradition et
depuis leur enfance. Tinto cão en français signifie *chien rouge*, ou plutôt *chien noir*,
désignations qui doivent rappeler la couleur des grains. Il a été signalé en 1790, simultanément par les deux auteurs Lacerda Lobo et Rebello da Fonseca, le premier le donnant
comme existant dans la province de Traz-os-Montes, et le second dans le Douro ; toutefois,
comme on le verra à propos de sa vinification, vingt ans avant, en 1771, Manoel Xavier
Ribeiro Vaz de Carvalho cultivait déjà ce cépage sur une grande échelle et fabriquait avec
lui un vin spécial. Donc, si le Tinto cão n'appartient pas aux époques plus reculées de la
culture de la vigne en Portugal, il est sûr que vers le milieu du xviie siècle il y existait
déjà et jouissait d'une certaine réputation.

BIBLIOGRAPHIE — Lacerda Lobo : Memorias Economicas da Academia Real das Sciencias de Lisboa
(p. 72, 1790). — Rebello da Fonseca : Memorias de agricultura (t. II, pp. 39, 188, 1790) ; Descripção
economica do territorio que vulgarmente se chama Alto-Douro (Memorias economicas da Academia Real
das Sciencias de Lisboa, t. III, p. 92, 1791). — Antonio Alves Pinto Villar : 1815, Jornal Horticolo-
Agricola (p. 82, 1899). — Antonio Gyrão : Tratado theorio e pratico da agricultura das vinhas (p. 50,
xii, 1822). — Francisco Ignacio Pereira Rubião : O Vinhateiro (p. 91, 1832 et p. 267, 1844). — Baron
de Forrester : Uma ou duas palavras sobre vinhos do Porto por um residente em Portugal ha onze annos
(p. 8, 1844) ; The Oliveira Prize Essay on Portugal (p. 80, 1853). — Hum Gentil-Homem e Negocian e
Britannico : Huma palavra de verdade sobre vinho do Porto dirigida ao publico britannico (p. 10, 1844).
— Vicomte de Villa Maior : Preliminares da ampelographia e œnologia do Paiz vinhateiro do Alto Douro
(pp. 23, 80, 170, 176, 214, 1865) ; Manual de Viticultura Pratica (p. 507, 1875) ; O Douro Illustrado
(p. 185, 1876). — Cte Odart : Ampélographie universelle (6e édit., p. 539, 1873). — Alexandre de Sousa
Figueiredo : Manual de Arboricultura (p. 188, 1875). — Ferreira Lapa : Vinicultura Portugueza in Jornal
de Horticultura Pratica (p. 129, 1875) ; Revista da agricultura na Exposição Universal de Paris de 1878
(p. 195, 1879). — Marques Lourriro : Catalogo geral do estabelecimento horticula de (p. 182, n° 15, 1878).
— Dr Manuel Paulino d'Oliveira : Relatorio da Commissão de estudo e tratamento das vinhas do Douro
(O agricultor do norte de Portugal, p. 211, 1881). — Almeida e Brito : Commissão Central dos serviços
phylloxericos, 1880-1881 (p. 52, 1881). — Vicomte de Villar d'Allen : Relatorio annual da Commissão
central dos serviços phylloxericos (p. 27, 1881). — Manuel Rodrigues Gondim : Boletim Ampelographico
(p. 80, 1885). — Cte de Rovasenda : Essai d'une ampélographie universelle (2e édit., p. 205, 1887). —
Agostinho Corréa Pereira : Boletim da Direcção Geral de Agricultura (p. 41, 1889). — Vicomte de

Ce serait en vain qu'on chercherait à découvrir pourquoi on a donné *cão*, ou *chien*, comme nom spécifique à cette variété ; du reste nous trouvons aussi ce qualificatif dans *Esgana cão*, qui est la traduction du nom du cépage français *Étrangle chien* (*Mourvèdre*). Il existe chez nous les variétés blanches et rouges de ce cépage qui, signalé par Alarte en 1712, était, par conséquent, un cépage des plus anciens. Nous avons encore *Alvarinho cão* ; le nom vulgaire, en portugais, pour le *Solanum Dulcamara*, est *Uva de cão*, ou *Raisin de chien* en français.

Rebello da Fonseca, en 1790, est le premier des auteurs portugais qui parla longuement du Tinto cão ; il l'orthographia *Tinta cam* et il en faisait grand éloge : « Le Tinta cam, dit-il, est un cépage qui a droit à une des premières places parmi ceux qui sont cultivés au Portugal. Il mûrit bien, ne se passerille ni se pourrit. Sa production n'est pas grande, mais elle se maintient et on en fait un vin très rouge, fort et liquoreux. Manoel Xavier Ribeiro Vaz de Carvalho, un viticulteur fort distingué et intelligent, a cueilli à part, en 1771, le raisin de Tinta cam et en a fabriqué une certaine quantité de vin qui a été considéré comme très supérieur à tous les autres vins produits dans le même vignoble. Il l'a vendu au marchand anglais François Bearsley, qui l'aurait payé à un prix extraordinairement élevé si cela n'était pas interdit par les lois [1]. J'ai cherché souvent pourquoi les vins de Guiães sont préférés à tous les autres vins du Haut-Douro et j'ai reconnu que son exposition n'est pas supérieure à celles des autres terrains, pas plus que le sol ; je me suis convaincu que leur supériorité avait pour origine l'encépagement de ce vignoble où entrent en grande quantité le Tinta cam et le *Pé agudo* qui, en mélange avec de l'Alvarelhão, produisent un vin que les marchands anglais estiment beaucoup aujourd'hui et dans lequel ils avouent rencontrer de la couleur, du bouquet, du corps et un goût qui leur donnent entière satisfaction. »

Le vicomte de Villar d'Allen, un savant viticulteur, a étudié, lorsqu'il était président de la Commission centrale des travaux phylloxériques au Portugal (1881), plusieurs des cépages indigènes ; à propos du Tinto cão il s'exprimait ainsi : « Il n'est pas d'une abondante fertilité, mais il produit régulièrement tous les ans et son raisin est d'une nature

1. Le prix établi par la Companhia Geral da Agricultura das Vinhas do Alto Douro pour ces vins excellents était 25 $ 000 reis (125 fr.) la pipe d'environ 550 litres, d'après les lois de cette époque (§ XXXIII), et ce prix ne pouvait subir aucune modification, même pour les années qui avaient d'insignifiantes récoltes. Comme on le sait, cette Compagnie a été créée, en 1756, par le marquis de Pombal, le célèbre ministre du roi D. José I.

VILLARINHO DE S. ROMÃO : Videiras americanas (pp. 8, 9, 1889). — ALBINO FLORIDO DA CUNHA TOSCANO : Boletim da Direcção Geral de Agricultura (pp. 939, 940, 1890). — G. FOËX : Cours complet de viticulture (p. 70, 1891). — PALMA DE VILHENA : Relatorio ácerca da doença das vinhas denominada Maromba, in Boletim da Direcção Geral de Agricultura (p. 1063, 1894) ; Guia Agricola (p. 85, 1902). — Dr TAVEIRA DE CARVALHO : Apontamentos para o estudo da ampelographia portugueza (p. 799, 1895). — AFFONSO CABRAL : Relatorio geral do Congresso Viticola Nacional de 1895 (vol. I, p. 443, 1896) ; Douro et ses vins (p. 29, 1902). — CHARLES SELLERS : Oporto Old and New ; Historical Record of the Port wine trade (p. 234, 1899). — CINCINNATO DA COSTA : O Portugal Vinicola (p. 130, 1900). — RODRIGUES DE MORAES : Viticultura Pratica Portugueza (p. 16, 1900). — J.-M. GUILLON : Les époques de végétation de la vigne (p. 15, 1900) ; Revue de viticulture (t. XIV, p. 455, 1900). — E.-H. RAINFORD : Jornal Horticolo-Agricola (p. 163, 1901). — DUARTE D'OLIVEIRA : Jornal Horticolo-Agricola (p. 34, 1901). — XAVIER ROCQUES : Revue de viticulture (t. XVIII, p. 235, 1902). — Dr JOAQUIM PINHEIRO D'AZEVEDO LEITE.

vigoureuse, et il peut se conserver longtemps sur souche après maturation, sans que la pluie le fasse pourrir. »

Quand on parcourt aujourd'hui les anciens domaines viticoles du Douro, ceux surtout qui par leur importance ont créé, à juste titre, la renommée du Port-wine, on regrette vivement de voir que des cépages célèbres comme le Tinto cão, véritables créateurs de notre grande richesse, disparaissent de plus en plus pour faire place à d'autres tout à fait plébéiens et qui n'ont pas le moindre titre pour les recommander, et conséquemment les faire recevoir parmi les cépages nobles qui peuplent les montagnes accidentées qui bordent le fleuve le plus impétueux du nord du Portugal.

Mais une fausse orientation viticole règne dans tous les pays : en Espagne comme en Italie ; en France comme au Portugal ; ici, surtout dans la région des vins qui n'ont pas de rivaux au monde, comme vins liquoreux, cette erreur, qui se fera sentir sous peu, est d'abandonner, petit à petit, les variétés qui ont créé leur réputation depuis de longues années.

Le Cte Odart, dans son *Ampélographie universelle*, à propos du Tinto cão, montre par son laconisme qu'il ne le connaissait que très superficiellement : « Bon vin, dit-il, un peu dur ; a besoin de vieillir. » Rien n'est plus vague et plus incompréhensible, car le Tinto cão comme vin de table n'a pas besoin d'être trop âgé pour qu'il soit irréprochable.

De son côté, le baron de Forrester disait que le Tinto cão était un raisin à grains très durs, produisant du vin très sec, avec une belle couleur et un bouquet exquis ; d'après Antonio Gyrão, ce cépage produit peu, mais le vin est excellent.

M. le Dr Joaquim Pinheiro d'Azevedo Leite, qui habite une région de vin de premier ordre (Provezende, Haut-Douro) et que nous avons consulté à propos de Tinto cão, a eu l'obligeance de nous répondre : « Comme c'est un cépage de moyenne production, il est très peu greffé, surtout à présent qu'on préfère les variétés très productives. » Nous avons tenu à reproduire ces lignes qui traduisent une grande vérité et qui sont d'accord avec ce que nous observons, en général, dans les quintas les plus renommées du Douro.

Culture et vinification. — Pour que le Tinto cão montre ce qu'il vaut, œnologiquement parlant, il faut lui donner les bonnes expositions et les terrains schisteux du Douro, très maigres, dépourvus de toute fumure. Les propres lois du pays interdisaient de fumer le vignoble, la seule préoccupation étant de tout sacrifier à la qualité sans se préoccuper même de savoir si les plantes trouveraient leur alimentation [1].

1. Sur ce sujet très curieux est l'arrêt du 30 août 1757 signé par le roi D. José I, arrêt dont nous donnerons un résumé, l'article premier, qui démontre que le grand souci de cette époque-là était de n'avoir que du bon vin.

Art. I. — Il est contre les bonnes règles de l'agriculture de fumer les vignes ; celui qui les fume a en vue d'obtenir une plus grande récolte, au détriment de la qualité du vin, qui devient plus faible et perd la couleur naturelle :

J'interdis, après la publication de cet arrêt, à quiconque de mettre ou de faire mettre dans son vignoble de la fumure de toute espèce dans les limites des démarcations que j'ai fait faire sur les deux marges du fleuve Douro, sous peine, pour le contrevenant si le fait est prouvé d'accord avec le Droit devant le Juge Conservateur de la Companhia Geral da Agricultura das vinhas do Alto Douro :

Si le vignoble où on a mis la susdite fumure appartient à ceux de première qualité, se trouvant dans les endroits réservés pour la Feitoria (vins fins) : pour la première fois le propriétaire ne pourra vendre son vin pour l'exportation pendant cinq années et on en prendra possession pour la consommation intérieure moyennement le paiement de 10 $ 500 reis la pipe (52 fr. au lieu de 125 fr., prix établi par la loi pour les vins de Feitoria) ;

Pour la seconde fois on confisquera le vin et on le paiera au même prix de 10 $ 500 reis pendant dix ans ;

Enfin, pour la troisième fois, le vin ainsi que la propriété seront confisqués au bénéfice des intéressés dans la Companhia.

Il faut distinguer le Tinto cão produisant du vin dans une région à vins fins comme l'est celle du Douro supérieur, et le produisant dans d'autres conditions tout à fait différentes, parce que ses qualités changent d'une exposition à une autre, d'un terrain schisteux à un terrain argileux. Cultivé pour la production, le Tinto cão devient tout autre : sa qualité, comme vin liquoreux, laisse beaucoup à désirer.

Son débourrement a lieu des premiers. D'après Rodrigues Gondim, il serait contemporain comme débourrement avec la Tinta amarella et la Tinta carvalha à la Quinta da Roeda (Haut-Douro). En général, il est très respecté par les brouillards et les temps humides, et noue très bien, malgré les mauvaises conditions atmosphériques ; toutefois, comme nous l'avons dit, sa production ne donne pas toujours grande satisfaction dans toutes les conditions où il peut se trouver.

Il présente une certaine résistance à l'Oïdium, sauf du débourrement à la nouaison. Consignons ici, toutefois, l'opinion qu'a émise la *Commissão ácerca da molestia das vinhas do Douro* (1853) sur le Tinto cão : « Ce cépage est un des préférés de l'Oïdium, d'après les observations faites par les sous-commissions de Sabrosa et Villar de Maçada. »

Lors des premiers essais avec les cépages américains, M. le Dr Joaquim Pinheiro d'Azevedo Leite a fait des observations comparatives assez curieuses et il est arrivé à cette conclusion que le Tinto cão n'avait pas moins de résistance au Phylloxéra vastatrix que le Clinton et l'York Madeira[1], qui malheureusement ont été trop répandus dans le vignoble du Douro. A cette époque, déjà bien lointaine, M. le vicomte de Villar d'Allen et d'autres viticulteurs éclairés étaient convaincus eux aussi que ce cépage portugais résistait plus à l'insecte que les autres, mais le temps s'est chargé bientôt de démontrer qu'ils étaient dans l'erreur.

Nous avons fait à Murça (Traz-os-Montes) des observations en 1901 et 1902, sur du raisin de Tinto cão, récolté dans un vignoble de plaine. Le mustimètre nous a relevé, après correction à 15° :

	Densité	Sucre	Alcool
1901	1.088	204	12
1902	1.098	231	13.6

M. le vicomte de Villar d'Allen, dans ses études au Douro, en 1877, a observé que le moût de Tinto cão contenait :

Sucre	27.00
Alcool	17.30

Le vin de Tinto cão est très bouqueté et rappelle celui de Touriga, mais il n'est pas si foncé. Pinto Villar, en 1815, avec son sens pratique, faisait déjà les remarques suivantes : « Ce cépage produit un vin excellent, avec un magnifique bouquet et un goût charmant, mais il lui manque de la couleur. »

Rodrigues Gondim, qui, au moment de la grande lutte contre le Phylloxéra, a été nommé par le gouvernement directeur de la Station ampélo-phylloxérique du Pinhão, a étudié le

---

1. *Commissão Central dos serviços phylloxericos* (p. 52, 1881).

Tinto cão dans une des plus belles régions du Douro, et ses observations, qui ont porté sur un kilog. de raisin, lui ont donné l'analyse physique suivante :

Moût	613 gr
Rafle	62 gr
Peaux, pépins, etc.	252 gr
	927 gr
Pertes par pressurage, évaporation, etc.	73 gr
	1.000 gr

Volume du poids	Poids du moût	Baumé	Sucre °/₀	Température du moût
0 l. 575	0 k. 623	14°	27.25	21°

Les observations suivantes, faites sur le Tinto cão en 1890, à la Quinta da Vaccaria (Regoa), appartenant à l'État, par l'agronome Cunha Toscano, présentent un certain intérêt :

	Quantité de moût produit par 1 kilog. de raisin (en litres)	Degrés Baumé sans correction de température
Septembre 7	0.66	11
» 10	0.60	12.5
» 23	0.63	11.5
» 30	0.63	13
Octobre 4	0.63	15
» 6	0.62	13.25

Nous reproduisons ici l'étude physique et chimique faite en 1900 par M. Cincinnato da Costa, professeur à l'Institut agronomique de Lisbonne, sur du raisin de Tinto cão qui lui a été fourni par M. le Dr Joaquim Pinheiro d'Azevedo Leite, de Provezende (Haut-Douro) :

	Gr.
Poids moyen de la grappe	203
Poids moyen des grains	1.85
Rafles (poids °/₀)	1.89
Grains (°/₀)	98.11
Pulpe (°/₀)	84.70
Peaux (°/₀)	10.81
Pépins (°/₀)	4.49
100 kilog. de raisins, grappes complètes avec rafles, produisent kilog.	78.38
100 kilog. de raisins, sans rafles, produisent	79.90
Degré glucométrique (Guyot) — à 15° centigrades	21.33

	Moût	Peaux	Rafles
Eau	74.76	69.04	57.64
Sucre fermentescible	20.12	—	—
Acidité totale (en acide sulfurique)	0.22	0.19	0.14
Matières minérales	0.32	2.91	3.29
Tanin	—	0.25	1.12

DESCRIPTION. — Souche, de force moyenne ; tronc aplati et tordu ; écorce cendrée se détachant naturellement en courtes lanières.

Bourgeons, gros, jeunes feuilles quinquelobées à la face supérieure, soyeuses, blanc cendré, marginées et maculées de carmin rose ; face inférieure cotonneuse, blanche ; dents bien marquées, carmin foncé à leur extrémité.

Rameaux, très longs, arrondis, de moyenne grosseur, retombants, vert clair, rayés de rouge du côté exposé au soleil, pubescents, se cassant aux nœuds; mérithalles longs (10 à 15 c.); nœuds moyens; vrilles bi-trifurquées, nombreuses, teintées de rouge, très longues et fines.

Feuilles, grandes, minces, aussi larges que longues, quinquelobées; sinus supérieurs peu ouverts et peu profonds présentant souvent à la base du sinus une dent; sinus inférieurs également peu ouverts et quelquefois à peine indiqués; dans le premier cas ils ont aussi, comme les supérieurs, une dent à la base du sinus; le sinus pétiolaire est échancré en forme d'un U renversé; page supérieure vert jaunâtre, glabre; nervures d'un jaune plus clair et pas saillantes; page inférieure jaunâtre et cotonneuse; nervures plus claires et fortes; dents petites, en deux séries, les terminales des lobes grandes et élancées; toutes plus ou moins mucronées. — Pétiole cylindrique, fort, long, légèrement duveteux, teinté de rouge.

Fruits. — *Grappes*, moyennes, lâches, coniques, généralement le pédoncule se divise à la première articulation et porte deux grappes presque de la même forme; quand la grappe se présente simple, elle est plus serrée, portant des ailerons longuement pédicellés; pédoncule strié, très long, la partie supérieure cylindrique, lignifiée, et l'inférieure herbacée, aplatie ou fasciée; pédicelles courts, grêles; bourrelet gros, avec quelques verrues brunes, espacées; pinceau fort et vineux, se détachant avec effort. — *Grains*, petits, presque sphériques, noirs avec des reflets bleuâtres; chair peu juteuse, molle, à goût simple et parfois un peu acidulé quand la maturation n'est pas tout à fait complète; peau mince, molle; ombilic peu apparent. Pépins sur 100 grains : à un pépin, 2; à deux pépins, 40; à trois pépins, 45; à quatre pépins, 13.

Duarte d'Oliveira.

Moreto

MORETO

Synonymie. — Moretto, Mureto, Murete. Bomvedro (?), Lambrusca (?), Croetto (?), Crovetto (?), Uva nera (?), Sobrainha (?) (*Ponta Delgada*).

Historique et aire géographique. — La première mention que nous avons rencontré sur ce cépage est faite par Lacerda Lobo à la fin du xviiᵉ siècle. Cet auteur le donnait comme existant à Traz-os-Montes (Anciães, Villarinho da Castanheira), au Douro (Sabrosa) et Beira Alta (Lamego, Guarda), mais n'ajoutait pas un seul mot sur son origine ou sur sa valeur.

Dans un manuscrit portant la date de 1815, que le hasard a fait tomber entre nos mains, se trouve une étude très curieuse de Antonio Alves Pinto Villar, sur le produit des divers moûts du Douro. Nous y rencontrons aussi le *Moreto*, signalé au point de vue de son

BIBLIOGRAPHIE. — Lacerda Lobo : Memorias Economicas da Academia Real das Sciencias de Lisboa (p. 72, 1790). — Antonio Alves Pinto Villar : 1815, Jornal Horticolo-Agricola (p. 82, 1899). — Antonio Gyrão : Tratado theorico e pratico da agricultura das vinhas (p. x, xxiii, 1822). — Pereira Rubião : O Vinhateiro (vol. I, pp. 55, 89, 1832). — Antonio Teixeira de Macedo : Breve memoria sobre o estado da agricultura commercio e industria do districto de Ponta Delgada (p. 17, 1853). — Vicomte de Villa Maior : Preliminares da ampelographia e œnologia do paiz vinhateiro do Alto Douro (pp. 125, 162, 205, 226, 1865) ; Memoria sobre os processos vinificação (p. 21, 1867) ; Manual Viticultura Pratica (p. 490, 1875) ; O Douro Illustrado (p. 176, 1876). — Sousa Figueiredo : Manual de Arboricultura (p. 186, 1875). — V. Pulliat : Le Vignoble (t. II, p. 41, 1876-1877). — Paulo de Moraes : Manual de Agricultura (p. 303, 1877). — Ferreira Lapa : Jornal de Horticultura Pratica (p. 129, 1875) ; Revista da Agricultura na Exposição Universal de Paris de 1878 (p. 195, 1879). — Marques Loureiro : Catalogo geral do estabelecimento horticola de (p. 181, 1878). — Tavares da Silva : Boletim ampelographico (pp. 86, 93, 1885). — Cᵗᵉ de Rovasenda : Essai d'une ampélographie universelle (2ᵉ édit., p. 131, 1887). — H. Gœthe : Ampélographie (pp. 97, 99, 1887). — Antonio Carlos Pinto de Lemos : Noticias ácerca dos vinhos de Portugal (p. 211, 1888). — Gerardo Augusto Perry : Boletim da Direcção Geral de Agricultura (p. 75, 1889). — Ramiro Larcher Marçal : Boletim da Direcção Geral de Agricultura (p. 1211, 1216, 1890, et p. 378, 1892). — Alfredo Carlos Le Cocq : Relatorio ácerca da doença das vinhas do Douro denominada Maromba (p. 1063, 1894). — Antonio Xavier Pereira Coutinho : Tratado elementar da cultura da vinha (p. 57, 1895). — Dʳ Taveira de Carvalho : Apontamentos para o estudo da ampelographia portugueza (p. 715, 1895). — Affonso Cabral : Relatorio Geral do Congresso Viticola Nacional de 1895 (vol. I, p. 443, 1896) ; Douro et ses vins (p. 29, 1902). — Rodrigues Chicó : Portugal Agricola (vol. X, p. 322, 1898-1899). — J.-M. Guillon : Les époques de végétation de la vigne (p. 15, 1900) ; Revue de viticulture (t. XIV, p. 445, 1900). — Rodrigues de Moraes : Viticultura Pratica Portugueza (pp. 16, 18, 21, 23, 31, 1900). — Cincinnato da Costa : O Portugal Vinicola (p. 383, 1900). — Palma de Vilhena : Guia Agricola (p. 86, 1902). — Conseiller Dʳ Ferreira da Silva.

produit, mais nous ne sommes pas plus avancés pour faire son histoire. Son nom est écrit *Mureto*, ou *Moreto*, selon les divers auteurs, mais il est sûr que (1815) Pinto Villar a parfaitement orthographié *Moretto*, avec deux *tt*. Le Cte de Rovasenda suppose que le *Croetto*, ou *Crovetto*, est identique à la *Lambrusca* d'Alexandrie et au Moreto. Nous sommes plutôt porté à croire que le Moreto portugais est un tout autre cépage et n'a rien à voir avec celui-là par ses caractères généraux et la qualité de son produit. Pour permettre la comparaison, nous empruntons au *Boletino Ampelografico* (fasc. XV, p. 7) les lignes suivantes sur le Croeto : « C'est un cépage très productif et c'est sa qualité principale, car son vin, qui est des plus communs, se mélange ordinairement avec d'autres. *Feuilles*, sur-moyennes, tomenteuses à la face inférieure, de forme variable, à dentures grandes. *Grappe*, grosse, pyramidale, ailée, serrée ou demi-serrée. *Grains*, moyens, légèrement ovales, ou presque sphériques, noirs, d'une saveur insipide, quelquefois âpre et désagréable. »

Tous ceux qui s'occupent d'ampélographie savent parfaitement combien il est difficile, pour ne pas dire impossible, d'identifier les variétés par leurs descriptions, surtout quand elles sont seulement ébauchées et quand il n'existe pas de caractères bien accentués et définis ; toutefois, pour le Croetto ou le Moretto italien, nous ne croyons pas nous tromper en le considérant comme différent du cépage lusitanien portant le même nom. Ainsi W. Thudichum, qui a étudié les vignobles du Douro, écrivait avec raison : « Les vignes du Haut-Douro diffèrent dans leurs caractères botaniques spécifiques de toutes les autres vignes, comme le Port wine diffère des autres vins. » C'est ainsi que les ouvriers du Douro, hommes éminemment pratiques, se trouvent très embarrassés quand ils viennent dans le Minho pour faire la taille, car les cépages qui leur sont le plus familiers deviennent pour eux des inconnus, tellement leurs caractères se sont modifiés.

Le vicomte de Villa Maior prétend qu'en dehors du Portugal le Moreto est connu sous les noms de : *Blauer-Portugieser*, *Blauer-Oporto*, *Blauer-Franchischer*, *Fruh-Portugieser*, *Veste di Monica* et encore *Arruya* (ou *Arrouya?*). Nous ne pouvons comprendre comment il s'est procuré toute cette synonymie qu'on ne peut admettre d'aucune manière, car notre cépage — le Moreto cultivé au Douro — est entièrement différent de celui qui porte simultanément ces noms allemands et italiens. C'est une regrettable erreur d'étiquette qu'a fait le savant ampélographe portugais, Villa Maior, en identifiant Moreto avec le Blauer Portugieser.

Parmi les cépages portugais, ou considérés comme tels, le Moreto occupait, avant l'invasion phylloxérique, l'aire la plus vaste. Dans le Douro, depuis Regoa jusqu'à Barca d'Alva, on était sûr de le rencontrer prédominant dans l'encépagement général. A Traz-os-Montes, dans les plus vastes vignobles, surtout dans ceux où on faisait la culture de la vigne sous une certaine orientation, le Moreto y était abondamment représenté. Malheureusement avec la reconstitution, le Moreto est tombé dans l'oubli, et, petit à petit, a été banni des vignobles du nord du Portugal. Nous croyons cependant que son absence se fera réellement sentir dans les vins d'élite et qu'on l'appellera de nouveau au secours d'une renommée qu'il ne faut pas perdre coûte que coûte.

Pour qu'on puisse bien comprendre le rôle important que le Moreto a joué dans la vinification portugaise, aussi bien au nord qu'au sud, nous allons indiquer, d'après Taveira de Carvalho, l'aire géographique qu'il est parvenu à fixer après recherches :

Seconde région agronomique. — Macedo de Cavalleiros, Villa Real.

Troisième région agronomique. — Armamar, Carrazeda d'Anciães, Lamego, Mezão-Frio, Regua, Sabrosa, Santa Martha de Penaguião, Villa Flôr.

Quatrième région agronomique. — Agueda, Alcobaça, Anadia, Aveiro, Batalha, Cantanhede, Coimbra, Condeixa, Figueira da Foz, Ilhavo, Mealhada, Miranda do Corvo, Montemór-o-Velho, Oliveira do Bairro, Penacova, Penella, Soure.

Cinquième région agronomique. — Almeida, Fornos d'Algodres, Guarda, Mangualde, Mortagua, Penalva do Castello, Sabugal, Trancoso, Vizeu.

Sixième région agronomique. — Campo Maior, Castello de Vide, Fronteira, Fundão, Idanha-a-Nova, Portalegre, Souzel.

Septième région agronomique. — Olivaes, Santarem.

Huitième région agronomique. — Alandroal, Arraiolos, Beja, Borba, Castro Verde, Cuba, Extremoz, Evora, Mourão, Redondo, Reguengos, Villa Viçosa.

D'après M. Tavares da Silva, son importance dans l'encépagement du Bas-Douro peut être évaluée au 16/5 de la totalité. Selon M. Cincinnato da Costa, parmi les variétés de vignes cultivées à Alemtejo, le premier rang appartient au Moreto et il ajoute que l'Alemtejo semble être sa terre natale, — au sens figuré bien entendu —, parce que c'est là que le plant déploie sa plus grande vigueur, sa plus abondante production et fournit son meilleur rendement.

Comme on vient de voir, le Moreto se trouve dans toutes les régions agronomiques du pays, exception faite pour la première (le Minho), la région à vins verts et où on a toujours tâché de conserver l'encépagement primitif, avec beaucoup de raison, pour ne pas changer un type de vin qui, tel qu'il est, a encore actuellement beaucoup de valeur pour l'exportation dans l'Amérique du Sud. A l'île de Saint-Michel il se rencontre fréquemment.

Culture et vinification. — Le Moreto débourre presque à la première époque; il est d'une grande fertilité, surtout quand il est conduit à taille mi-longue et qu'il se trouve sur un bon porte-greffe. Sur les Riparias il vient très bien; des individus greffés sur Solonis, au début de la reconstitution, se comportent à merveille. Ce cépage coule rarement.

Dans les terrains ensoleillés du Douro, le Moreto produit bien, mais dans les sols trop humides il est assez sujet à la pourriture. Sa défense contre les maladies cryptogamiques ne paraît pas, jusqu'à présent, bien difficile dans le Douro; cependant dans les régions propices au Mildiou il faudrait le surveiller. M. Rodrigues Chicó, confirmant notre opinion, disait dernièrement dans le *Portugal Agricola* que ce cépage ainsi que le Mourisco tinto étaient les cépages portugais les plus résistants aux maladies cryptogamiques.

Pour juger de la valeur du Moreto nous avons vinifié séparément, à Murça (Traz-os-Montes), quelques décalitres et nous avons constaté au premier foulage que le moût accusait, à la température de 15° centigrades :

Année	Densité	Sucre	Alcool
1896	1076	172	10.1
1902	1084	194	11.4

Nous avons pu constater aussi que le moût étant fort riche en matière mucilagineuse, la fermentation intégrale et le zéro du décuvage correspondant à la disparition du sucre, était excessivement long à obtenir, presque aussi long que chez le Bastardo. Le jus est alors d'un rouge très beau, doué d'un bouquet fin.

En étudiant ce même vin, plus tard, après soutirage, nous avons trouvé qu'il était d'une belle contexture et d'une fraîcheur agréable. Le vin de ce cépage est d'une grande valeur pour les Portos ; il laisse à la dégustation une sève particulière qui s'oublie difficilement. Il a en outre une belle robe rubis ou grenat foncé, très appréciée dans la vinification du Porto.

Voici ce que démontre l'analyse chimique du vin de Moreto, faite sous la direction de M. le conseiller Perreira da Silva.

DÉGUSTATION ET COLORATION

Vin rouge, très riche en couleur (2° rouge violet, 87 vinicolimètre de Salleron) ; sec, tanique et acide.

EXAMEN MICROSCOPIQUE

Après être centrifugé, il y a très peu de sédiment, composé par des cellules de ferment alcoolique et amas de matière colorante.

ANALYSE CHIMIQUE

Poids spécifique à 15°.. 0.9963
Force alcoolique, en degrés légaux français............................. 11°05

Gr. par 100 c. 3

Alcool en poids.. 8.770
Extrait sec... 2.631
Acidité { totale { en acide sulfurique $H^2 SO^4$.................. 0.573
en acide tartrique $C^2 H^6 O^6$............................. 0.877
volatile en acide acétique $C^2 H^4 O^2$.................... 0.032
fixe en acide tartrique $C^4 H^6 O^6$...................... 0.837
Matières minérales (cendres)... 0.213

	Sucre	Densité
Catello de Vide	20.0	12.5
Crato	18.7	11.7
Gavião	22.5	13.7
Monforte	15.5	9.5
Niza	20.0	12.5
Portalegre	19.9	12.2

La moyenne est pour ce district : sucre 20.2 et densité 12.5.

Le même agronome, pour le district de Castello Branco (Alemtejo), a recueilli les chiffres suivants :

	Sucre	Densité
Castello Branco	17.5	10.7
Penamacôr	21.0	13.0

La moyenne est donc pour le district de Castello Branco : sucre 19.2 et densité 11.8, soit environ un degré de moins qu'au district de Portalegre.

Voici les résultats de l'analyse, faite par M. Cincinnato da Costa, sur un vin de Moreto, produit à Alemtejo :

	°/₀ en volume
Densité	996
Alcool	12.2
Sucre réducteur	0.81
Acidité totale	0.35
Tanin	0.19
Extrait sec à 100°	2.72
Matières minérales	0.25

Pinto Villar (1815) disait du Moreto : « Il produit un vin riche ayant toutes les qualités qu'on peut exiger d'un vin de qualité extra. » Le vicomte de Villa Maior s'exprime ainsi à propos de ce cépage : « Il est très productif et produit du bon vin dans ces terrains forts. » Pinto Villar et le vicomte de Villa Maior parlent tous deux du Moreto au Douro.

Teixeira de Macedo confirme également les qualités du vin produit à l'île de Saint-Michel : « Ce cépage rouge produit ici un vin excellent ».

M. Cincinnato da Costa a fait l'étude physique et chimique du raisin cultivé à Évora (Alemtejo). Nous la reproduisons d'après son excellent ouvrage *O Portugal Vinicola* :

	Gr.
Poids moyen de la grappe	209
Poids moyen des grains	2.72
Rafles (poids °/₀)	1.19
Grains (°/₀)	98.81
Pulpe (°/₀)	80.91
Peaux (°/₀)	8.33
Pépins (°/₀)	10.76
100 kilog. de raisins, grappes complètes avec rafles, produisent	79.73
100 kilog. de raisins, sans rafles, produisent	80.70
Degré glucométrique (Guyot) — à 15° centigrades	17.64

	Moût	Peaux	Rafles
Eau	73.80	72.07	33.92
Sucre fermentescible	12.94	—	—
Acidité totale (en acide sulfurique)	0.19	0.23	0.13
Matières minérales	0.56	1.66	2.61
Tanin	—	0.42	1.55

DESCRIPTION. — Souche, assez vigoureuse ; tronc aplati, marron foncé ; écorce s'exfoliant difficilement par petits fragments.

Bourgeons, petits et pointus ; à jeunes feuilles profondément trilobées, soyeuses sur les deux faces, blanches, avec des touches jaunâtres et des reflets bleuâtres ; marginées de carmin ; dentelure peu marquée, les dents terminales des lobes élancées.

Rameaux, courts, érigés, légèrement comprimés, droits, tachés et striés de rouge ; nœuds petits, arrondis ; peu cassants ; mérithalles très courts (0 ᵐ 04 à 0 ᵐ 05) ; vrilles courtes, minces.

Feuilles, quinquelobées, petites, plus longues que larges, vert foncé luisant et aranéeuses à la face supérieure ; face inférieure d'un vert jaunâtre et cotonneuse ; limbe épais, bullé ; sinus latéraux supérieurs profonds, ouverts ; les latéraux inférieurs rudimentaires et rarement marqués tous les deux ; sinus pétiolaire profondément ouvert ; nervures saillantes à la face inférieure et se détachant à peine à la face supérieure par leur couleur jaune. —

Pétiole long, strié de rouge carmin ; dents en deux séries, mucronées, celles qui terminent les lobes plus grandes.

Fruits. — *Grappes*, moyennes ou grandes, assez serrées, cylindro-coniques, avec une, deux et parfois trois ailes, pédonculées et courtes, et atteignant la moitié de la longueur de la grappe ; pédicelles, longs, minces, terminés par un fort bourrelet subéreux ; pinceau charnu, grand, court, strié de rouge vineux ; pédoncule moyennement long, très fort, cylindrique, la partie supérieure lignifiée. — *Grains*, presque sphériques, solidement attachés aux pédicelles, inégaux, les plus grands extérieurs, ce qui donne une forme irrégulière à la grappe ; noir pruiné ; pulpe très juteuse mais d'un goût fade ; peau dure, parcheminée ; pépins sur 100 baies : à un pépin, 14 ; à deux pépins, 48 ; à trois pépins, 29 ; à quatre pépins, 9.

Duarte d'Oliveira.

Clairette

CLAIRETTE

Synonymie. — Clairette blanche, Clarette, Petite Clairette, Clairette de Trans, Clairette pounchudo (Clairette pointue), Clairette rousse, Clairette rose (*Pellicot*). — Blanquette (dans quelques communes de l'Aude, *H. Marès*). — Picardan (par erreur), Clairette du pays, Clairette d'Aspiran. — Plant du pays, Clairettes de Saint-Jean, Cotticour, Malvoisie, Pelite Clarette (*H. Marès*). — Clerette (*Olivier de Serres*). — Clairette ponctuée (*Cte J. de Rovasenda*). — Petit blanc d'Aubenas (*V. Pulliat*). — Granolata (?).

Historique et aire géographique. — La *Clairette* est un des cépages les plus anciennement connus de la région méridionale de la France, elle est mentionnée par Olivier de Serres sous le nom de *Clerette*. M. H. Marès dit qu'elle tient le premier rang au vignoble de Marseillan, indiqué il y a plus de deux siècles sur les cartes de Cassini. Cet auteur pense qu'elle « pourrait bien être originaire des bords de la rivière de l'Hérault, où on la trouve si largement répandue dans les vignobles, depuis Clermont jusqu'à Agde ». Nous en avons nous-même assez fréquemment rencontré des ceps sauvages dans divers points de la région méditerranéenne (en Camargue et sur les bords de l'Hérault, notamment), et si on peut objecter que ce sont des pieds échappés aux cultures, provenant soit du semis de graines des raisins de vignobles voisins, soit de sarments accidentellement entraînés et bouturés, on ne saurait nier que la Clairette trouve dans ces contrées des conditions qui semblent être celles de son existence normale et qui marquent peut-être le milieu qui lui a donné naissance. Enfin, elle ne paraît exister en Italie et dans la péninsule Ibérique qu'à l'état d'exception et à la suite d'importations bien établies. En effet, don Simon Roxas Clemente et le vicomte de Villa Maior ne mentionnent pas ce cépage parmi ceux cultivés en Espagne et en Portugal, et le Cte de Rovasenda donne dans son *Essai d'ampélographie universelle* : « *Claretto bianco di Francia* (Acerbi, Trinci, Azzella) ; *Claretto bianco Lucques* (Mendola), différente de la Française, *Claretto rosso de France* (Acerbi, Trinci). »

La Clairette est un cépage essentiellement méridional ; on la trouve dans toute la

BIBLIOGRAPHIE. — Cte Odart : Ampélographie universelle (Paris, 1859, 4e édition, p. 477). — A. Pellicot : Le Vigneron provençal (Montpellier, 1866, p. 123). — Cte J. de Rovasenda : Essai d'une ampélographie universelle (Montpellier, 1881, p. 45). — Mas et Pulliat : Le Vignoble (Paris, 1876-1877, t. II, p. 111). — H. Marès : in Le livre de la ferme, de P. Joigneaux (Paris, 4e édition, t. II, p. 187) ; Cépages de la région méridionale (p. 69). — G. Foex : Cours complet de viticulture (Montpellier, 1895, 4e édition, p. 169). — A. Pellicot : Le Vigneron provençal (1866, p. 123).

région méditerranéenne de la France et la partie inférieure du cours du Rhône à partir de la vallée de la Drôme, où elle remonte jusqu'à Die. Elle existe dans les Pyrénées-Orientales, l'Aude, l'Hérault, le Gard, les Bouches-du-Rhône, le Var, les Alpes-Maritimes, les Basses-Alpes, quelques parties chaudes des Hautes-Alpes, le Vaucluse, l'Ardèche et la Drôme, dans les arrondissements de Nyons, Montélimar et Die, partout où l'altitude et l'exposition lui permettent de rencontrer les conditions de chaleur nécessaires pour bien mûrir son raisin. Bien que sa culture soit notablement diminuée dans le Bas-Languedoc depuis la crise phylloxérique, la reconstitution du vignoble s'y étant faite de préférence au moyen des cépages rouges à grande production, c'est pourtant la région où elle occupe les plus grandes surfaces et où elle constitue le plus fréquemment des pièces de vignes homogènes. On la trouve un peu partout en Provence, mais mélangée à d'autres cépages, sauf en quelques rares localités. C'est elle qui donne dans l'Hérault, à Florensac, à Pomerols, à Pinet, à Addissan, à Mèze, à Marseillan et à Maraussan, les vins dits de *Picardan*; dans le Gard, la Clairette de Calvisson, dans le Var la Clairette mousseuse de Trans, et dans la Drôme celle également mousseuse de Die. Enfin on en fait usage un peu partout comme d'un excellent raisin de conserve.

La Clairette semble de nature à se répandre avec de grandes chances de succès en Corse, où nous en avons vu de beaux échantillons près d'Ajaccio, en Algérie (notamment dans la région de Mascara et celles qui lui sont analogues) et d'une manière générale sur tout le littoral méditerranéen, en Espagne, en Italie, en Grèce, en Turquie et dans tout le nord de l'Afrique.

Ampélographie comparée. — On a donné le nom de Clairette à divers cépages blancs du Midi qui en sont nettement distincts. Le nom de *Clarette dè l'agé roun* (Clairette du grain rond) est souvent donné en Provence à l'*Ugni blanc*, qui diffère cependant de la vraie Clairette par un certain nombre de caractères très apparents. Tandis que cette dernière a un port érigé, des sarments noués un peu courts, des feuilles d'un vert sombre à la face supérieure, avec un sinus pétiolaire ordinairement fermé, des sinus latéraux peu marqués, une denture peu profonde et peu aiguë, une grappe moyenne, cylindro-conique, assez régulière, des grains sous-moyens, oblongs ; l'Ugni blanc a un port étalé, des mérithalles assez longs, des feuilles d'un vert clair jaunâtre, à sinus pétiolaire ouvert, les sinus latéraux extrêmes le plus souvent fermés, les autres bien marqués et étroits, une denture inégale, assez large, courtement mucronée, la grappe très longue, lâche, un peu ailée, se prolongeant assez longuement en une partie cylindrique qui a lui valu dans le Var le nom de *Queue de renard*, avec un grappillon latéral, à grains moyens, presque globuleux.

On désigne également en Provence et dans certaines parties de la Drôme, sous le nom de *Grosse Clairette*, l'*Œillade blanche* (*Picardan blanc*, *Gallet*, *Aragnan*). Ce cépage diffère de la Clairette vraie par ses feuilles plus petites que celles de cette dernière, d'un vert moins foncé et plus terne, un peu bullées à la face supérieure, à denture plus aiguë, enfin par ses grains presque sphériques et plus volumineux.

Enfin le nom de *Blanquette*, donné à la Clairette dans quelques localités de l'Aude, pourrait prêter à une interprétation erronée, le vin connu dans ce département sous le nom de blanquette de Limoux étant fait avec le *Mauzac* et non avec la Clairette. Mais les petites feuilles orbiculaires, recouvertes à leur face inférieure d'un léger duvet aranéeux du

Clairette rose

premier et ses grains sphériques, ne peuvent se confondre avec les feuilles plus longues que larges, quinquelobées, à épais duvet blanc au revers et avec les petits grains oblongs du second. D'ailleurs ils sont nettement distingués dans le pays.

La Clairette paraît pouvoir être considérée comme une véritable variété du V. Vinifera, on la rencontre fréquemment, comme nous l'avons dit, à l'état sauvage dans la région méditerranéenne et elle reproduit avec une remarquable fixité les caractères de ses feuilles et de ses fruits par le semis. Elle a donné lieu, comme la plupart des cépages très anciennement cultivés, à diverses variations. La mieux fixée et la plus intéressante est la *Clairette rose*, que l'on appelle parfois *Clairette .rousse* (de rossa-rose) et que l'on ne doit pas confondre avec la Clairette rousse, qui pour quelques-uns correspond à une coloration dorée, un peu rubigineuse, qu'acquiert la pellicule de son grain dans certains milieux chauds et exposés au soleil. La Clairette rose est assez répandue dans le Var, où elle est cultivée côte à côte avec la blanche et sans qu'on observe jamais de types intermédiaires entre l'une et l'autre. D'après M. Pellicot, elle serait plus vigoureuse et plus rustique que cette dernière, elle aurait la feuille un peu plus grande, les lobes en seraient mieux dessinés, d'un vert moins foncé et moins gai, le duvet du revers moins blanc. Nous n'avons pu, en ce qui nous concerne, constater ces différences lorsque nous avons comparé des ceps de même âge et placés dans les mêmes conditions, la coloration du grain nous a paru seule différer.

On distingue dans certains endroits comme des variétés, la *Clairette blanche*, la *Clairette* ou *Petite Clairette verte*, la *Clairette rousse* (non la rousse-rossa dont nous venons de parler), la *Clairette picotée*, les variations de couleur très superficielles auxquelles correspondent ces dénominations ne sont qu'accidentelles; elles se produisent sous l'influence des milieux plus ou moins secs ou ensoleillés et disparaissent quand on en transporte les boutures ou les greffons autre part.

Le volume des grains de la Clairette est également variable suivant les circonstances de climat et de sol, ils paraissent en général plus gros dans la partie septentrionale de l'aire occupée par ce cépage que dans la partie méridionale, quelle que soit d'ailleurs l'origine des bois qui leur ont donné naissance. Il n'y a donc pas là non plus de variation réellement fixée.

Enfin un certain nombre de pieds ou de sarments de certains ceps de ce cépage portent des fleurs anormales, dont les organes reproducteurs, plus ou moins modifiés par des phénomènes de chlorantie, ne permettent pas à la fécondation de se produire. Ce caractère parfois passager et accidentel est souvent définitif et se reproduit par la segmentation des rameaux; il se crée ainsi des variétés coulardes qui, bien entendu, ne doivent pas être propagées.

Culture et vinification. — La Clairette est un cépage d'une vigueur très remarquable et très rustique; aussi s'accommode-t-elle de terrains secs et pauvres dans lesquels elle donne plus que la plupart des autres cépages de même ordre; elle redoute seulement les sols humides, ceux qui lui conviennent le mieux sont les terrains marneux, forts, pierreux, profonds et bien ressuyés; les terrains légers lui sont moins favorables. Elle s'accommode mieux de l'ombrage des arbres que les autres vignes de la région méridionale.

Elle se greffe avec le plus grand succès sur tous les porte-greffes américains d'un usage courant ; elle jouit même de la propriété remarquable de diminuer l'intensité de la Chlorose causée par le calcaire sur le porte-greffe ou même de la faire disparaître parfois complètement. Les greffons doivent être sélectionnés avec un soin particulier, afin de faire disparaître les variétés coulardes qui, comme nous l'avons vu, peuvent, dans certains cas, se perpétuer indéfiniment. Les pieds de Clairette conservent longtemps l'aspect de jeunes plantiers, ils émettent des sarments d'une grande vigueur qui, à raison de leur port érigé, sont facilement *éliobés*, c'est-à-dire décollés par le vent lorsqu'ils ne sont pas liés à un support quelconque, échalas ou fil de fer. Dans ces conditions, il est prudent de lui laisser à la taille un nombre relativement considérable de coursons, à moins qu'on ne la soumette de bonne heure à une taille demi-longue ou longue. Sa grande vigueur la rend très apte à s'accommoder à ces derniers types de taille lorsqu'elle est située dans ces terres fortes et fertiles que nous avons indiquées comme lui convenant particulièrement ; on peut y joindre des pincements au moment de la floraison pour diminuer les chances de coulure ; elle supporte, sans en souffrir, cette opération. Les rendements de la Clairette varient beaucoup suivant la nature et la fertilité du sol où on la cultive, suivant l'âge de la plantation et suivant la taille qui lui est donnée. D'après M. H. Marès ils oscillent fréquemment entre 15 et 50 hectolitres à l'hectare, avec une moyenne d'environ 25 hectolitres.

Très sujette à l'Anthracnose et plus particulièrement à la forme maculée de cette maladie dans les milieux humides, elle coule souvent par suite des déformations des organes floraux occasionnés par les lésions auxquelles elle donne naissance. Ainsi que nous l'avons vu, des modifications du même ordre dues à des phénomènes de chlorantie entraînent fréquemment aussi l'avortement. Elle est également assez sujette au Mildiou, à l'Oïdium, et la finesse de sa pellicule la rend sensible, dans les années humides, à la pourriture à laquelle l'époque généralement tardive de sa récolte l'expose plus particulièrement. Sa maturité arrive à la 3e époque un peu tardive.

M. H. Marès s'exprime comme il suit au sujet des vins de Clairette : « Les vins de Clairette, désignés en Languedoc sous le nom de *picardans*, sont pleins, corsés, très agréables, et conservent les premières années un goût de fruit prononcé. Ils sont secs ou doux, selon le degré de maturité qu'on laisse atteindre au raisin. Les vins secs imitent avec succès les vins de Madère. Les vins doux prennent avec l'âge un arome et un goût de rancio fort remarquable. On ne fait guère les vins secs que lorsque le moût atteint de 14° à 15°, et on atteint ordinairement 16° de l'aréomètre Baumé. On fait les vins doux lorsque le moût arrive à 18° à 20° ; il s'épaissit quelquefois davantage, par exemple lorsqu'à une série de jours humides, qui a poussé à la maturité, succèdent les vents du nord si connus sous les noms de *tramontane* et de *mistral*. Alors le raisin, dont la peau est très attendrie, se dessèche et se passerille ; la quantité est très diminuée, mais les qualités deviennent supérieures. Le degré du moût dépasse 20° et atteint jusqu'à 25°. »

Les vins mousseux de Clairette de Trans et de Die ne sont pas champagnisés à proprement parler, ils sont simplement *forcés*. Aucune pratique bien régulière n'est établie en ce qui les concerne ; le moût est filtré généralement sans débourbage préalable et mis en bouteilles qui ne sont pas dégorgées. Ces vins, imparfaitement dépouillés de ferments étrangers, se conservent peu de temps d'ordinaire ; il est regrettable que jusqu'ici des procédés plus perfectionnés ne leur aient pas été appliqués, la richesse glucométrique et la finesse de goût des moûts de Clairette étant de nature à permettre d'en obtenir des produits de qualité supérieure. Les viticulteurs du Diois se sont préoccupés de l'insuffisance des méthodes mises en œuvre et ont provoqué l'envoi, par le ministre de l'agriculture, lors de la dernière récolte (1902), d'un œnologue compétent qui a étudié sur place les améliorations à y apporter et dont les conseils donneront lieu vraisemblablement à des progrès sérieux dans la préparation des vins mousseux de Clairette.

La Clairette est presque constamment mélangée aux cépages colorés pour l'obtention des vins rouges en Provence. On a constaté que lorsqu'elle ne dépasse pas la proportion d'un dixième, non seulement elle ne diminue pas la couleur, mais qu'elle tend plutôt à l'augmenter, ce qui s'explique par le fait de la richesse glucométrique de son moût qui, fermenté, dissout, grâce à l'alcool qu'il contient, une forte proportion de la matière colorante qui serait demeurée en pure perte dans les pulpes de raisins. Il contribue à augmenter sensiblement la finesse du vin et à lui donner de l'agrément.

Enfin, la Clairette donne un excellent raisin de table qui, s'il ne peut guère aborder les marchés à raison de la tardivité de sa maturité, est précieux comme provision de ménage, par suite de sa conservation relativement facile : « Suspendus au moyen de fils, dit M. H. Marès, ou placés sur des claies couvertes d'une légère couche de paille, dans un fruitier sec, exposé au nord, ils se rident légèrement, prennent un goût parfait et arrivent sans se gâter jusqu'en avril. C'est, à notre avis, le meilleur raisin à conserver pour l'hiver. »

DESCRIPTION. — Souche, très vigoureuse, à tronc fort et noueux, à port érigé.

Bourgeons, gros, pointus, à écailles marron, avec un duvet blanc ; bourgeonnement très duveteux, blanc, le bord des jeunes feuilles teinté de rouge violacé.

Rameaux, longs, peu sinueux, de grosseur moyenne, grêles, à mérithalles moyens, à nœuds assez gros, aplatis ; ramifications nombreuses ; bois dur, renfermant peu de moelle, à écorce de couleur brun café au lait, rayée de brun à l'aoûtement, vert clair quand il est encore herbacé ; cloison des nœuds épaisse ; vrilles plutôt courtes, un peu grêles, bifurquées.

Feuilles, moyennes, quinquelobées, plus longues que larges, épaisses, bullées et tourmentées, à sinus pétiolaire assez profond, généralement fermé par la superposition des lobes latéraux ; sinus latéraux peu profonds, surtout ceux près de l'origine ; face supérieure glabre, d'un vert foncé contrastant avec la face inférieure qui est blanchâtre, revêtue d'un duvet abondant et serré ; dents peu profondes, peu aiguës ; les nervures sont bien saillantes en dessous ; jaunit en automne avec taches envinées sur les bords et persiste très tard. — Pétiole long, vert pâle, teinté de violet clair.

Fruits. — *Grappes*, moyennes, cylindro-coniques, assez longues, ailées, peu serrées ; à pédoncule moyen, assez long, ligneux à la base, d'un vert jaunâtre ; à pédicelles assez longs et de grosseur moyenne. — *Grains*, oblongs, sous-moyens, à peau mince, passant du blanc verdâtre au blanc jaunâtre, plus ou moins nuancé de rouille, parfois picoté de points bruns, d'un beau rose dans la variété rose, pruinée ; à chair assez ferme, juteuse, sucrée, d'une saveur douce et relevée.

G. Foëx.

BIANCOLELLA

Synonymie. — Petite blanche.

Observations. — La *Biancolella* ne paraît pas très répandue ; M. de Rovasenda, d'après le professeur G. Frojo, l'indique à l'île d'Ischia ; nous n'avons jamais entendu dire qu'elle fût connue autre part qu'en Corse et notamment dans les environs de Bastia. Il est peu probable qu'elle s'étende beaucoup hors de ce milieu, malgré la qualité réelle de son raisin et sa maturité plutôt précoce, à cause de sa sensibilité au Mildiou.

La Biancolella n'est pas confondue en Corse avec le *Biancone*, que l'on rencontre également aux environs de Bastia et dont le nom seul pourrait prêter à quelque confusion. En effet, tandis que la feuille de ce dernier cépage est profondément découpée et 5-7 lobée, que son grain est sur-moyen et presque sphérique, peu sucré et légèrement acide, la feuille de la Biancolella est 3-5 lobée, son grain, moyen, est oblong, sucré et de saveur agréable.

La Biancolella est, comme la plupart des cépages des environs de Bastia, une vigne à taille longue, mais sans exagération ; elle se prête bien à la culture sur treillages, avec un assez grand développement de souche et de bras ; sa maturité correspond à peu près à la seconde époque de M. Pulliat. Très sensible au Mildiou et à l'Oïdium, sa culture tend, pour cette raison, à être de plus en plus abandonnée, malgré sa bonne résistance à la coulure et sa fertilité moyenne.

Ce cépage n'est pas vinifié à part, mais il paraît apporter, par son mélange avec les autres raisins, un élément d'alcoolicité et de finesse tout à la fois aux vins qui en proviennent et dont il ne diminue pas sensiblement la couleur quand il ne dépasse pas la proportion de un dixième par rapport aux cépages rouges.

DESCRIPTION. — Souche, assez vigoureuse, à tronc plutôt grêle et à port étalé ; écorce en lanières fines.

Bourgeons, peu volumineux, coniques et à fortes écailles, à débourrement d'époque moyenne, d'un roux grisâtre.

Rameaux, longs, peu sinueux, de grosseur moyenne ou forts, à mérithalles plutôt courts,

---

BIBLIOGRAPHIE. — Le Cte Joseph de Rovasenda dans son Essai d'une ampélographie universelle (trad. F. Cazalis et G. Foëx, Montpellier, 1881, p. 18) mentionne comme il suit ce cépage : « Biancolella. Ile d'Ischia. FRO. (prof. Giust. Frojo). — Guyot (127) la cite parmi les vignes de Corse. »

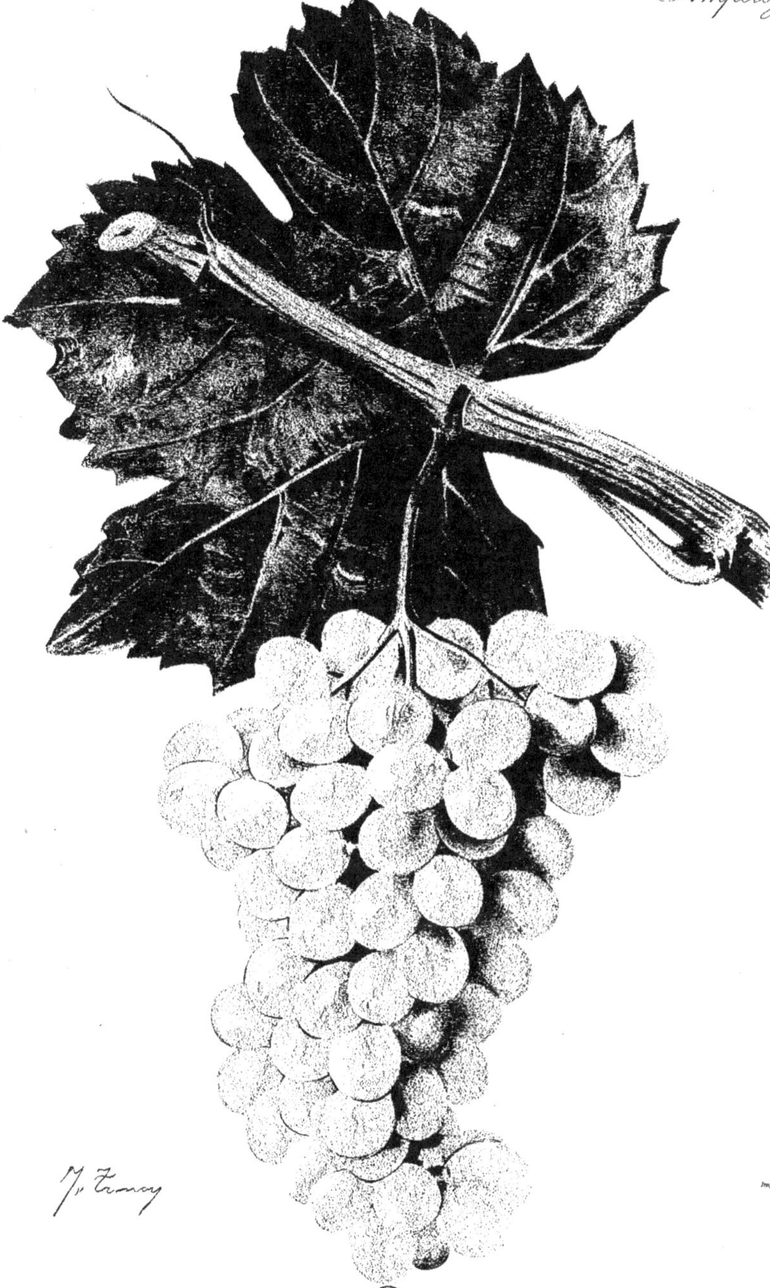

Biancolella

à larges stries vaguement délimitées, nœuds assez gros, à ramifications assez nombreuses ; bois renfermant peu de moelle ; écorce de couleur ocre jaune ; cloison des nœuds assez épaisse ; couleur des sarments herbacés vert pâle, rayés de violet lilas ; les grappes situées sur le 2e ou le 3e nœud à partir de la base ; vrilles grêles, bifurquées.

FEUILLES, moyennes, tri ou à peine quinquelobées, à sinus pétiolaire très ouvert en forme de V ; sinus latéraux extrêmes, peu marqués ; près de l'origine, peu indiqués ; lobe extrême, large ; lobes latéraux peu détachés ; limbe assez régulier, un peu bullé entre les nervures et sous-nervures, de consistance parcheminée, d'un vert pâle, glabre, assez luisant en dessus, presque de même couleur et glabre en dessous ; dents assez longues, profondes ; nervures grêles, saillantes et bien dessinées en dessous. — Pétiole plutôt court, fort. à angle obtus avec le limbe, d'un vert jaunâtre.

FRUITS. — *Grappes*, moyennes, coniques, moyennement denses, régulières, avec un pédoncule long, grêle, herbacé, mais lavé de roux clair ; pédicelles longs, plutôt grêles, munis de bourrelets assez forts, un peu verruqueux ; pinceau incolore. — *Grains*, moyens, oblongs ou sub-oblongs, assez croquants ; peau assez résistante, à ombilic persistant, central, d'un blanc légèrement jaunâtre, pruinée ; à chair assez ferme ; jus sucré et de saveur agréable.

G. FoËx.

ASPIRANS

Les Aspirans sont des cépages assez répandus dans la région méditerranéenne. On les trouve disséminés dans tous les vignobles, principalement dans les départements de l'Hérault et du Gard, et c'est surtout comme raisins de table qu'ils sont cultivés.

Les Aspirans constituent une véritable famille dans laquelle on peut distinguer et caractériser quatre types : l'Aspiran noir, l'Aspiran gris, l'Aspiran blanc et l'Aspiran Verdal.

ASPIRAN NOIR

Synonymie. — Aspirant, Spiran, Espiran, Epiran, Piran, Verdal noir, Verdaï, Riveyrenc, Ribeyrenc.

Observations. — L'Aspiran est un cépage très ancien dans le Midi de la France. Il a existé à toute époque et a toujours joui d'une grande réputation à cause de ses fruits qui sont savoureux et recherchés pour la table. Il ne présente d'analogie avec aucun autre cépage ; c'est une variété de vigne très spéciale et fixée depuis fort longtemps. On pourrait croire que l'Aspiran est originaire du village d'Aspiran, dans l'Hérault ; il n'en est rien, cette similitude de nom n'est qu'une simple coïncidence.

L'Aspiran peut être cultivé dans tous les sols, mais il préfère les terres fraîches et bien exposées. Sur les coteaux maigres, il donne des raisins peu juteux, à grains petits et très sucrés ; dans les plaines, ses fruits sont à gros grains et pourrissent facilement. C'est en quelque sorte exclusivement pour la table que l'Aspiran est cultivé. Dans presque toutes les parcelles de vignes on trouve, en effet, quelques souches d'Aspiran, que l'on distingue aisément d'ailleurs à leur port semi-érigé et gracieux, et à leur feuillage très découpé et d'un vert tendre. Les fruits que donnent ces souches sont consommés par les membres de la famille ou vendus sur les marchés locaux. Les raisins d'Aspiran ne supportent pas le transport à de grandes distances : ils s'égrainent, s'écrasent, perdent leur pruiné et arrivent alors en mauvais état. Aussi, il n'existe pas de plantations importantes de ce cépage faites

BIBLIOGRAPHIE. — H. Marès : Cépages de la région méridionale (p. 60). — G. Foëx : Cours de viticulture (1895). — V. Pulliat : Mille variétés de vignes (pp. 14 et 357) ; le Vignoble (t. III, p. 85). — A. Pellicot : Le Vigneron provençal (1886, p. 92).

Aspiran

en vue de l'expédition des fruits, comme cela a lieu pour les Chasselas, les Cinsauts et les Œillades. Mais, dans le Languedoc, les populations font une consommation considérable de raisins d'Aspiran, dont la cueillette commence vers le 25 août et se termine vers le 20 septembre. Et c'est à l'état frais que ces raisins, qui sont fins et savoureux, entrent dans l'alimentation ; conservés dans le fruitier, comme on le fait pour les Olivettes, ils pourrissent ou moisissent, si on ne prend des précautions exceptionnelles.

Avec l'Aspiran, on fait aussi un excellent vin. Comme cépage pour la cuve, il peut donc jouer un rôle important. Le vin obtenu est fin, bouqueté, alcoolique, moyennement coloré. C'est un vin de table de tout premier ordre. Du reste, dans les crus de Saint-Georges (Hérault) et de Langlade (Gard), l'Aspiran entrait pour un quart ou un cinquième. Dans la reconstitution, par la vigne américaine, de ces crus remarquables, une bonne place a été faite également à l'Aspiran. Son rendement, sans être très élevé, atteint facilement 30 à 35 hectolitres par hectare.

Les feuilles et les fruits permettent de caractériser nettement l'Aspiran. Les feuilles sont très découpées, très dentelées et d'un vert tendre ; les raisins sont moyens, de couleur violacée et recouverts d'un pruiné très abondant. L'ensemble du cépage est gracieux et séduisant. On reconnaît toujours les Aspirans quand on les a vus une seule fois.

La culture de l'Aspiran est facile. Il accepte, comme le Morrastel et la Carignane, les divers porte-greffes américains ; sur le Riparia Gloire, notamment, il se comporte d'une manière irréprochable. Le mode de taille qu'il paraît préférer est celui généralement adopté dans la région méridionale, c'est-à-dire la taille à coursons, en souches basses et en gobelet. C'est, en effet, à la taille courte qu'il donne ses fruits les plus beaux et les meilleurs. Taillé à long bois, l'Aspiran, qui est assez fertile, produit des grappes nombreuses, mais qui restent petites ; les fruits perdent alors toute leur valeur.

L'Aspiran est assez sensible aux maladies cryptogamiques. Il craint beaucoup l'Oïdium et aussi le Mildiou. Les soufrages et les sulfatages ne doivent donc pas être négligés quand on veut avoir de beaux fruits. Il résiste assez à l'Anthracnose et son débourrement tardif le met à l'abri des gelées printanières précoces.

Quoique les caractères de l'Aspiran noir soient bien fixes, il n'est pas rare de rencontrer des pieds dégénérés dont les fruits, peu volumineux, ont des grains petits et très noirs. C'est là une variété inférieure qui doit être proscrite.

L'Aspiran, malgré ses qualités remarquables, n'a jamais été cultivé sur de grandes étendues. C'est un cépage local, qui est resté confiné dans le Languedoc et même plus particulièrement dans quelques communes de l'Hérault (Pignan, Saint-Georges, Lavérune, Villeveyrac...) et du Gard (Nages, Langlade, Uchaud...). Il s'est peu répandu dans la Provence et dans le Roussillon, et n'est jamais remonté vers le Centre.

Dans la reconstitution du vignoble méridional, l'Aspiran n'a pas été oublié, mais il a été réduit à la portion congrue. On voulait avoir beaucoup de vin, et l'on greffait alors les cépages très fertiles, comme l'Aramon et la Carignane ; ou bien on visait l'obtention d'un vin de couleur, et c'est aux hybrides Bouschets qu'on s'adressait. Mais, à mesure que l'on appréciera davantage la qualité des vins, on élargira la place de l'Aspiran. Assurément, dans les plantations futures on se préoccupera bien plus qu'on ne l'a fait dans le passé de la qualité des produits, et à ce moment on pensera à l'Aspiran, à ce cépage à deux fins, dont les raisins sont exquis et le vin remarquable.

DESCRIPTION. — Souche, vigoureuse, forte, à port semi-érigé; tronc gros; écorce grossière, se détachant par larges plaques, et d'un gris terne.

Bourgeons, doubles, gros et courts, violacés grisâtres; jeunes feuilles épaisses avec poils blancs assez abondants, surtout à la face inférieure, de couleur rouge carminé à l'extrémité; les grappes de fleurs apparaissent peu de temps après la feuillaison.

Rameaux, assez forts, peu ramifiés, longs, droits, d'un rouge clair à l'aoûtement, d'un vert luisant, rosé par places à l'état herbacé; mérithalles plutôt longs, de forme cylindrique, luisants; bois dur, d'un vert clair à l'intérieur; moelle peu abondante; nœuds peu accusés, moyennement renflés; vrilles discontinues, longues, bifurquées, fortes.

Feuilles, moyennes, plutôt grandes, peu épaisses, assez résistantes au froissement, de forme élégante, présentant cinq lobes très accusés, à sinus profondément découpés et à lèvres se superposant le plus souvent à leur sommet; sinus pétiolaire ouvert en V profond; limbe très peu bullé et légèrement gaufré; face supérieure d'un vert jaunâtre, luisant, glabre, légèrement bordée de rouge; face inférieure très peu duveteuse; dents très régulièrement et très finement découpées, en deux séries, profondes, très acuminées; nervures vertes, assez accusées. — Pétiole long, assez gros, renflé à son insertion, jaune vert et même parfois rougeâtre à la fin de l'été. Après la maturité des fruits, les feuilles sèchent en prenant une coloration jaune clair.

Fruits. — *Grappes*, insérées à partir du 3ᵉ nœud, au nombre de une ou deux sur le même sarment, rarement davantage; de grosseur moyenne, le plus souvent ailées, un peu allongées, amples, jamais tassées, presque lâches, très jolies d'aspect; pédoncule assez fort, court, de couleur jaunâtre ou rouge jaunâtre, renflé à la base; pédicelles bien séparées, d'un vert jaune; les grains s'en séparent facilement et abandonnent un long pinceau presque incolore. — *Grains*, de grosseur moyenne, de forme oblongue, peu serrés, d'un noir violet, assez luisants, quoique recouverts d'une pruine très abondante; stigmate persistant au centre; assez fermes, croquants, à peau fine, très juteux; pulpe fondante; jus incolore, à saveur, fraîche, acidulée et sucrée.

ASPIRAN GRIS

Synonymie. — Verdal gris.

Observations. — L'*Aspiran gris* semble appelé à plus d'avenir que l'Aspiran noir. Par sa fertilité, sa vigueur et la qualité de ses fruits, il s'imposera dans bien des cas. Dans les jardins, pour la culture en treille, dans les sols secs et peu fertiles, lorsqu'on voudra faire du vin blanc de choix, on aura intérêt à choisir ce cépage de préférence à bien d'autres. Mais la maturité de ses fruits est moins précoce que celle de l'Aspiran noir. Ce n'est guère que dans les premiers jours de septembre, en effet, que l'on peut cueillir quelques grappes mûres dans le Bas-Languedoc. C'est donc un cépage encore plus méridional que l'Aspiran noir.

J. Troncy

Imp. F. CHAMPENOIS, Paris

Aspiran gris

La culture de l'Aspiran gris restera limitée à la région méditerranéenne. Son aire d'adaptation ne nous paraît pas très étendue. Plus au nord, ses fruits, qui sont à grains assez gros et serrés, pourrissent; plus au sud, ses raisins perdent les qualités de fraîcheur qui les distinguent. D'autre part, la vente de ses fruits, pour la table, ne peut se faire au delà d'un rayon très restreint, car, expédiés à de grandes distances avec un emballage même très soigné, ils dépérissent, s'écrasent, perdent toute leur valeur. Mais, sur les marchés de la région, les raisins d'Aspiran gris font prime, et ces marchés sont assez vastes pour rendre la culture de ce cépage avantageuse.

L'Aspiran gris présente de très grandes analogies avec l'Aspiran noir, d'où il dérive très probablement. Mais les caractères qui différencient l'Aspiran gris de l'Aspiran noir sont tellement tranchés, que l'on est obligé de considérer ces deux variétés de vigne comme constituant deux cépages distincts. D'ailleurs, l'Aspiran gris, quoique se présentant, selon les milieux, avec des aspects un peu différents, possède une certaine fixité et perpétue, par le greffage et le bouturage, ses qualités principales.

L'Aspiran gris n'est cultivé que pour la table. A ce point de vue, il est très recherché, car ses raisins sont très savoureux et encore plus jolis d'aspect que ceux de l'Aspiran noir. Mais on pourrait faire avec les raisins de l'Aspiran gris un excellent vin blanc.

DESCRIPTION. — Souche, très vigoureuse et très fertile, à port assez érigé; tronc fort. — Bourgeons, gros, doubles, jaune roux; bourgeonnement d'un vert légèrement rosé. — Rameaux, gros, ramifiés, d'une teinte roux acajou à l'aoûtement; nœuds rapprochés, renflés. — Feuilles, grandes, épaisses, moins découpées que celles de l'Aspiran noir et d'un vert moins clair aussi, à dents moins fines et moins acuminées; les sinus supérieurs profonds et ouverts, les nervures rosé clair à leur origine. — Fruits, à grappes insérées près de la base du sarment, au nombre de deux et quelquefois trois; grosses, ailées, presque aussi larges que longues, non tassées; pédoncule fort, court, de couleur rougeâtre, ligneux à son insertion et renflé fortement; grains, gros, un peu plus oblongs que ceux de l'Aspiran noir, de couleur gris vineux et recouverts d'une pruine abondante; assez fermes, à peau fine; pulpe fondante; jus incolore, à saveur très fraîche et acidulée.

ASPIRAN BLANC

Observations. — L'*Aspiran*, ou *Spiran blanc* ressemble au Chasselas par son fruit et même par son port, mais il s'en distingue par ses feuilles qui sont plus découpées et d'un vert plus jaunâtre. En outre, l'Aspiran blanc mûrit tardivement ses raisins; ce n'est qu'à partir du 15 septembre que, dans le Bas-Languedoc, on peut cueillir des grappes mûres.

La culture de l'Aspiran blanc est facile; ce cépage se prête à tous les modes de taille et accepte les divers porte-greffes américains. La taille à coursons et la taille à long bois peuvent lui être appliquées; sur les coteaux, on donnera la préférence à la taille courte; dans la plaine et les jardins, on devra le conduire sur fils de fer, à la taille Guyot.

L'Aspiran blanc n'est pas, selon nous, assez répandu; ce cépage pourrait rendre de réels services en permettant d'alimenter les marchés de raisins blancs lorsque la cueillette des Chasselas est terminée et que celle des Clairettes n'est pas commencée ; il répondrait ainsi à un besoin économique. Ses raisins étant bien faits et très jolis comme coloris, la vente en serait facile et avantageuse.

V. Pulliat confond, à tort, l'Aspiran blanc avec l'*Aragnan blanc* du Var, le *Gallet* du Gard, le *Picardan blanc* de l'Hérault, et même l'*Œlliade blanche* de ce dernier département.

Jusqu'à ce jour, l'Aspiran blanc n'a guère figuré que dans les jardins fruitiers et dans les collections ampélographiques ; il peut prétendre à une place plus importante. On pourrait même le cultiver pour la cuve, car il donne un vin blanc fin, fruité. Sa résistance aux maladies cryptogamiques n'est ni plus, ni moins grande que celle des cépages blancs du Midi, comme le Terret, le Piquepoul, le Chasselas, etc. Quelques soufrages et trois sulfatages le mettent à l'abri de l'Oïdium et du Mildiou.

A mesure que l'attention des viticulteurs se portera davantage vers un meilleur choix des cépages au double point de vue de la qualité des vins et de la vente des raisins de table, on appréciera les qualités réelles de l'Aspiran blanc. Nous voudrions voir ce cépage, comme tous les Aspirans du reste, occuper une place d'honneur dans les vignobles, car ils la méritent.

Ce type d'Aspiran est relativement rare. C'est pourtant une variété intéressante. On rencontre l'Aspiran blanc en mélange avec l'Aspiran noir et gris. Il diffère des deux autres variétés d'Aspiran par une série de caractères indiqués dans la description.

DESCRIPTION. — Souche, moyennement vigoureuse, à port très peu érigé ; tronc moyen, écorce lisse. — Bourgeons, doubles et courts ; jeunes feuilles d'un vert jaunâtre. — Rameaux, forts, longs, peu ramifiés, de couleur grise à l'aoûtement ; mérithalles longs, de forme cylindrique ; bois dur. — Feuilles, grandes, épaisses, résistantes, moins dentelées et à sinus moins profond que celles de l'Aspiran gris ; face supérieure d'un vert tendre ; face inférieure un peu duveteuse. — Fruits, à grappes peu nombreuses, mais grosses, au nombre de une ou deux par sarment ; ailées et allongées, peu serrées ; grains de grosseur moyenne, peu oblongs, d'un vert jaunâtre et recouverts d'une pruine épaisse ; fermes, croquants, à peau un peu grossière, d'une teinte vert blanchâtre ou blanc jaunâtre, juteux ; jus incolore, à saveur sucrée et fraîche.

ASPIRAN VERDAL

Synonymie. — Verdal, Aspiran rose.

Observations. — L'Aspiran Verdal est intermédiaire, par ses caractères, entre l'Aspiran gris et l'Aspiran blanc ; il mûrit à peu près à la même époque que l'Aspiran gris ; ses feuilles, moins finement découpées par les dents que celles de l'Aspiran noir, sont aussi plus bullées et plus tourmentées. Mais ce qui le définit surtout, ce sont ses grappes qui,

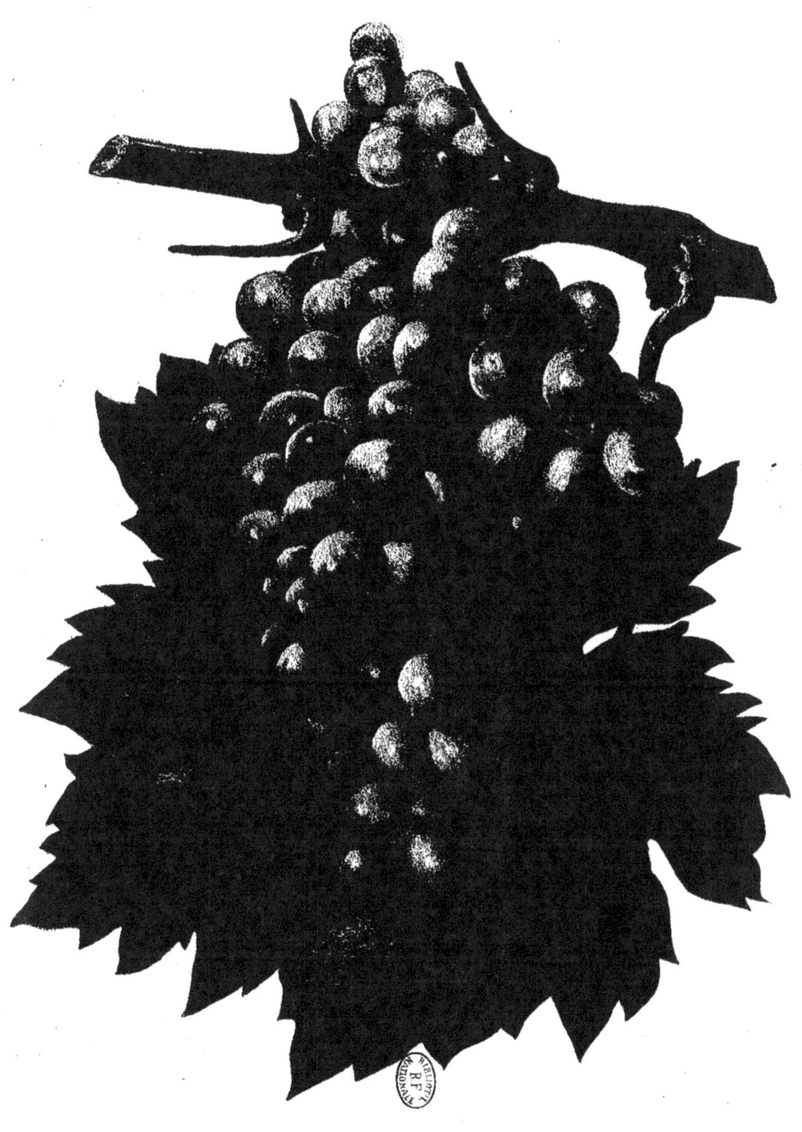

J. Troncy

Aspiran verdal

à la maturité complète, prennent une teinte d'un vert jaunâtre, d'un rose tendre sur les parties du grain bien exposées à la lumière ; ce rose ne s'étend jamais sur tout le grain, ce qui donne un aspect très particulier aux fruits partiellement rosés. C'est de toutes les variations de l'Aspiran, celle qui a les fruits les plus juteux, les plus fermes et les plus résistants à la pourriture, mais sa peau reste cependant fine, elle est la moins pruinée.

L'Aspiran Verdal est mélangé avec les autres variétés de l'Aspiran ; on la trouve plus fréquemment dans l'Hérault que dans les autres départements méridionaux.

DESCRIPTION. — Souche, très vigoureuse, à tronc trapu et fort ; écorce très épaisse, en grosses lanières fissurées, d'un gris brun sale. — Bourgeons, simples, très volumineux, à bourgeonnement plus tardif que celui des trois autres variétés, à jeunes feuilles d'un jaune doré clair, luisant, avec grappes de fleurs d'un rose tendre. — Rameaux, très ramifiés, plutôt courts, amincis vers leur sommet, presque droits, à mérithalles courts, ou très courts, vaguement et largement striés ; d'un roux gris lavé de brun à l'aoûtement, d'un vert jaunâtre avec bords rosés à l'état herbacé ; bois dur, épais et moelle peu abondante ; vrilles fortes, bifurquées. — Feuilles, grandes, fortement tourmentées, plutôt épaisses, d'un vert peu luisant à la face supérieure, d'un vert plus clair et glabre à la face inférieure ; tri ou quinquelobées, les sinus seulement découpés, les supérieurs à lobes au moins tangents, à mucron se recouvrant ; sinus pétiolaire profond, presque fermé ; larges dents bien découpées, aiguës, mais larges de base, moins finement dentelées que chez l'Aspiran noir ; pétiole fort, long, à large embase, lavé de rose clair. — Fruits, à grappes sur-moyennes ou moyennes et très irrégulières de forme, denses et à grains serrés, cylindriques souvent, avec ailerons plus accusés à diverses hauteurs ; pédoncule court, souvent presque sessile ; pédicelles grêles, courts, à large bourrelet aplati ; grains peu elliptiques, presques sphériques, moyens, d'un vert jaunâtre, lavé de rose vif sur les parties exposées à la lumière et jamais sur tout le grain ; peau plutôt fine, peu pruinée, à pulpe très juteuse, de saveur fraîche et agréable ; pépins nombreux, de 3 à 6.

B. Chauzit.

MOURAC

Synonymie. — Mourac noir, Mourast, Camirouch, Saoubadé, Arech, Fer.

Observations. — Cépage rouge, occupant une place importante dans l'encépagement du Jurançonnais, d'importation relativement récente dans le vignoble de Monein, se retrouvant dans toutes les contre-vallées de la chaîne des Pyrénées jusqu'à celle du Salat, où il porte le nom de Camirouch. Dans la vallée de Luchon on le nomme Saoubadé (qui se conserve), Arech (rustique) dans la plaine de Rivière, et Fer, dans les communes voisines des Hautes-Pyrénées. On le cultive ordinairement en hautains, à taille longue (8 à 10 yeux). Il fructifie bien et régulièrement, même quand le sarment ne provient pas d'un côt de retour. Il produit un vin de qualité moyenne, coloré, un peu âpre et d'un bon degré alcoolique, quand on attend sa maturité complète, que facilite sa bonne résistance à la pourriture grise. Maturité de 2ᵉ époque.

DESCRIPTION. — Souche, vigoureuse ; tronc légèrement aplati ; écorce à lanières longues et larges ; sous-écorce brune.

Bourgeons, gros et courts, très lanugineux ; débourrement de 2ᵉ époque ; jeunes feuilles d'une coloration jaunâtre avec parties vertes légèrement vineuses sur une face.

Rameaux, longs, aplatis ; d'une coloration brun acajou clair à l'aoûtement, à stries fines, accentuées ; bois dense et moelle peu abondante ; nœuds forts et rapprochés, de 4 à 11 centimètres ; vrilles grêles.

Feuilles, planes, de dimensions au-dessous de la moyenne, plus longues que larges ; les plus grandes, en petit nombre, à peine lobées, les autres à cinq lobes ; sinus pétiolaire en U ou en V profond et peu ouvert, parfois fermé ; sinus latéraux en V, les inférieurs beaucoup moins accentués que les supérieurs ; lobe supérieur très anguleux ; dentition irrégulière, peu aiguë, à mucrons cornés ; coloration d'un vert terne, avec rougissement superficiel irrégulier au pourtour du limbe, lors de la maturité ; surface légèrement bullée, peu duveteuse ; lanuginé blanc à la face inférieure. — Pétiole long et mince, vineux.

Fruits. — *Grappes*, au nombre de deux à partir du deuxième ou troisième œil ; courtes, à ailes courtes, très ramassées et presque dressées, avec la partie inférieure volumineuse, presque cylindriques dans leur forme générale ; pédoncule court, se boisant à maturité jusqu'au premier renflement ; rafle verte ; pédicelles très courts, lenticellés, à embase assez large ; pinceau violacé, court. — *Grains*, sphériques, très serrés, d'un beau rouge violacé foncé et très pruiné ; pulpe verdâtre ; peau moyennement épaisse ; un ou deux pépins allongés. Poids d'une grappe moyenne, 154 gr. ; rafles, 5 gr.

H. de Lapparent.

Mourac

A. Kreÿder

Nador

NADOR

Observations. — Ce curieux cépage a été trouvé dans la propriété du colonel Fallet à Nador, près de Médéa, en Algérie ; il existe dans une parcelle très anciennement plantée par les indigènes. Ces derniers ne distinguent pas cette variété de leur Farana noir avec lequel il a, du reste, une grande ressemblance. Cependant le feuillage est beaucoup plus découpé et rappelle celui du Carbernet, avec des dimensions bien plus grandes ; la grappe est aussi moins allongée que dans le Farana noir, les grains sont plus gros ; il a une certaine analogie avec le Ribier. Le *Nador* mérite une place dans les cultures en treilles ; il est très rustique, son feuillage est élégant, et les beaux raisins qu'il porte peuvent se conserver assez longtemps et être consommés dans l'arrière-saison. Le Nador réclame la taille longue ; il n'est cultivé que dans la région montagneuse de l'Algérie.

DESCRIPTION. — Souche, vigoureuse ; port très étalé ; tronc gros et fort.

Bourgeons, petits, aplatis dans le sens transversal et acuminés, à fortes écailles d'un brun acajou très foncé, à débourrement précoce mais lent dans son évolution, à jeunes feuilles d'un brun doré luisant et grappes de fleurs lavées de vineux sale.

Rameaux, longs, de force moyenne, peu vineux, mais ovoïdement renflés aux nœuds, finement et profondément parcourus par des stries régulières, d'une teinte rouge acajou peu foncé et luisant sous une pruine peu abondante ; bois dur, moelle assez volumineuse, d'un vert jaunâtre clair et presque luisant ; vrilles longues et grêles.

Feuilles, assez grandes, profondément découpées en cinq lobes, à sinus latéraux profonds en boucle, les lèvres des divers sinus se recouvrent toujours à leurs extrémités, laissant un trou à leur base, chaque lobe est lobulé, surtout le lobe terminal ; dents saillantes, très inégales ; face supérieure vert foncé, légèrement bullée ; face inférieure avec toutes les nervures hérissées de poils rigides, si bien que l'ensemble paraît fortement pubescent, velouté. — Pétiole rosé, long, grêle et à angle obtus avec le limbe.

Fruits. — *Grappes*, courtes, grosses, ailées, serrées, composées de grains de grosseur régulière ; pédoncule court, gros, ligneux ; pédicelles courts, tendres, jaunâtre clair ; bourrelet peu développé, avec verrues apparentes ; pinceaux très petits. — *Grains*, obovoïdes, de 23^{mm} sur 19^{mm}, croquants ; peau résistante, d'un noir violacé et pruineux ; pulpe peu sucrée, à saveur relevée, agréable ; graines au nombre de trois, grosses.

Dr L. Trabut.

NOUBI

Observations. — Le *Noubi* est un beau cépage, indigène en Algérie, qui tend à devenir rare ; il est peu cultivé en raison de la difficulté de transporter son fruit dont la chair est beaucoup moins résistante que celle de l'Ahmeur bou Ahmeur, qui mûrit en même temps dans les mêmes stations. Cependant, ce raisin arrive sur les marchés de Médéa où il est très estimé. La culture du Noubi est celle de presque tous les plants indigènes algériens ; la taille longue seule peut amener une production abondante et régulière. Le Noubi n'a jamais été vinifié, il ne donnerait d'ailleurs qu'un vin faible.

DESCRIPTION. — SOUCHE, très vigoureuse ; port étalé ; écorce épaisse.

BOURGEONS, petits, pointus, allongés, à fines écailles d'un brun acajou clair ; jeunes feuilles luisantes, teintées d'un vert doré clair.

RAMEAUX, longs, droits, très gros et ramifiés, à nœuds peu saillants, à mérithalles moyens, vaguement striés ; vrilles peu nombreuses, remplacées souvent par des grappillons, avec une teinte acajou doré ; moelle très abondante ; sarments herbacés très clairs presque blancs, restant jaune clair à maturité.

FEUILLES, grandes, tourmentées, à cinq lobes, aussi larges que longues, minces ; sinus pétiolaire fermé ; sinus latéraux supérieurs assez profonds et fermés, les inférieurs moins marqués ; dents très grandes, inégales ; face supérieure vert foncé, brillante ; face inférieure vert clair, glabre. — Pétiole mince, de longueur moyenne, renflé aux extrémités d'insertion, rosé ainsi que les nervures principales à leur origine.

FRUITS. — *Grappes*, grosses ou moyennes, irrégulières, généralement courtes, ramifiées, moyennement serrées, composées de grains inégaux, mais également mûrs ; pédoncule court, gros, ligneux ; pédicelles longs, tendres, verts, verruqueux ; bourrelet peu développé, avec verrues apparentes ; pinceau petit. — *Grains*, gros, sub-ovoïdes, à chair peu résistante, fondante ; peau assez épaisse, dure, rose, d'un gris violacé ; pruine très abondante ; jus peu sucré, saveur agréable ; graines 2-3, grosses, à bec court et gros, chalaze circulaire, raphé peu saillant.

Dr L. TRABUT.

Noubi

Colonel Fallet

COLONEL FALLET

Observations. — La région de Médéa, en Algérie, a de tout temps été connue chez les indigènes pour la qualité de ses raisins ; de très bonnes variétés ont été conservées dans les cultures des colons qui ont remplacé celles des indigènes. Le plant qui fait l'objet de cette notice a été trouvé au Nador, dans les vignobles du colonel Fallet, au milieu d'un lot de vignes acquis depuis longtemps aux Arabes.

Ce plant, quoique très remarquable par son feuillage très simple et très particulier, n'est pas désigné sous un nom spécial par les indigènes que j'ai pu consulter. Beaucoup de raisins noirs sont chez eux dans le même cas. Ce plant fournissant un raisin fragile, peu susceptible de transport sur les marchés, n'a pas été multiplié et ne doit pas être estimé des cultivateurs arabes qui recherchent surtout les races à grains durs et à belle couleur. J'ai pensé qu'il était juste de dédier au colonel Fallet un cépage qui perpétuera parmi les viticulteurs le nom d'un colon qui a su donner une grande impulsion à la viticulture algérienne en produisant dans son vignoble du Nador des vins exquis, aujourd'hui très appréciés.

Ce plant, comme presque tous les plants indigènes, prend un très grand développement et réclame la culture en treille ; taillé court, il donne de très longs sarments qui s'étendent au loin ; il mûrit à Médéa dans les premiers jours d'octobre. Aucun essai de vinification n'a été fait avec ce cépage ; le raisin est cependant assez sucré, très agréablement parfumé, il est aussi très juteux et conviendrait bien pour faire des vins blancs ou rosés.

DESCRIPTION. — Souche, très vigoureuse, à gros tronc ; port étalé et écorce dense, finement dilacérée.

Bourgeons, coniques, saillants, à écailles d'un brun noirâtre, forts, épais ; jeunes feuilles d'un vert mat.

Rameaux, longs de plusieurs mètres, droits ou peu sinueux, ramifiés, à nœuds peu saillants ; bois épais, dur, d'un jaune verdâtre ; moelle peu abondante ; à mérithalles moyens ou longs ; écorce fortement striée, d'abord très claire et pruineuse, puis rouge brun ; vrilles nombreuses, grêles.

Feuilles, grandes et très grandes, presque entières, le plus souvent plus larges ou beaucoup plus larges que longues ; sinus pétiolaire largement ouvert en U ; sinus latéraux supérieurs très peu profonds, les inférieurs peu marqués ou nuls ; nervures vert clair, saillantes, et fortement amincies à leur insertion ; dents peu profondes, très inégales, grandes, et nettement en deux séries, les deux principales plus larges de base indiquant toujours la place des lobes, non mucronées ou à mucron peu apparent; limbe lisse, d'une consistance moyenne; face supérieure d'un vert foncé et terne; face inférieure glabre, vert clair. — Pétiole long, rosé.

Fruits. — *Grappes*, ailées et à ailes longues, détachées sur une ramification grêle, accompagnées de grappillons sur les ramifications secondaires, très longues, ramifiées, cylindriques, lâches, composées de grains de grosseur régulière; pédoncule long, grêle, enviné à son insertion, à large embase; pédicelles grêles, courts, à large bourrelet lenticellé; pinceau petit, teinté de rose. — *Grains*, moyens, de 19 ^{mm} sur 14 ^{mm}, légèrement obovoïdes, à chair fondante non croquante; peau mince, résistante, d'un noir bleuté, pruine abondante; jus sucré et légèrement acide, à saveur relevée; graines 4, moyennes, allongées, à bec long; chalaze allongée; raphé long, saillant.

Dr L. Trabut.

A Kreyder

imp. F. CHAMPENOIS, Paris.

Farana noir

FARANA NOIR

Synonymie. — Farrana noir, Farana noir de Médéa, Farana Lekhéal, Farana Lekhal.

Observations. — Ce cépage est surtout abondant dans la région de Médéa, en Algérie ; le nom de *Farana noir* n'implique aucune parenté avec le *Farana blanc*. Ce beau raisin est d'une culture facile, il se montre résistant aux maladies ; sa maturité est tardive ; il est résistant à la pourriture. Le moût manque d'acidité pour faire des vins ordinaires, cette acidité ne dépasse pas 2 gr. 5 $^o/_{oo}$ en acidité tartrique, le sucre atteint 220 à 250 grammes. On pourrait employer ce cépage, qui est fertile, à la fabrication des vins de liqueur du type Porto ; c'est ce qu'a fait M. R. Marès.

DESCRIPTION. — Souche, vigoureuse ; port semi-érigé ; tronc trapu.

Bourgeons, très volumineux, larges de base et pointus, à écailles acajou rosé, mal imbriquées et épaisses ; jeunes feuilles d'un vert terne, duveteux ; jeunes grappes de fleurs envinées sous un duvet blanc roussâtre.

Rameaux, longs, gros, droits ; mérithalles courts, à grosses stries mal délimitées, d'une teinte brun cannelle à l'aoûtement, d'un jaune verdâtre enviné à l'état herbacé ; nœuds saillants ; ramifications nombreuses ; bois dur ; moelle peu abondante ; vrilles peu nombreuses, grêles et peu ramifiées.

Feuilles, assez grandes, aussi ou plus larges que longues, à limbe épais et tourmenté, à cinq lobes ; sinus latéraux supérieurs profonds, généralement ouverts, les inférieurs parfois nuls ; sinus pétiolaire ouvert et profond en V ; dents grandes, profondes, aiguës, cuspidées, glabres, vert foncé en dessus, vert clair en dessous ; à l'automne quelques feuilles se teintent en pourpre foncé ; nervures fines, peu saillantes. — Pétiole de longueur moyenne, à large insertion, mince, enviné rosé.

Fruits. — *Grappes*, grosses, longues, ailées et ramifiées, assez lâches ; pédoncule court, ligneux à la base ; pédicelles longs, grêles, avec bourrelet large ; verrues peu apparentes ; pinceau petit, coloré en pourpre foncé. — *Grains*, de 20-22 ^{mm} sur 18-19 ^{mm}, subsphériques, légèrement déprimés à l'ombilic ; chair ferme, croquante ; peau épaisse, résistante, couleur noir foncée ou légèrement violacée ; pulpe ferme, sucrée, goût très astringent ; graines 2-3, petites, bec long, chalaze allongée et peu marquée.

Dr L. Trabut.

ZITANIA

Observations. — *Zitania* en arabe veut dire *Olivette*. Ce cépage est ainsi appelé à cause de la forme de son grain qui ressemble à une petite olive oblongue, arrondie d'un côté et pointue de l'autre.

Le Zitania est le seul de tous les cépages indigènes de la Palestine qui ait une valeur pour la cuve. En général, la vigne n'est pas cultivée dans le pays pour la fabrication du vin, mais spécialement pour la production du raisin de table et c'est pour cette raison que les variétés blanches sont plus recherchées, plus soignées et plus importantes que les variétés rouges dans toute la Palestine.

Ceci ne se rapporte qu'à la culture faite par les indigènes. Les colonies, installées par les Israélites réfugiés de Russie et de Roumanie et par les Allemands du Wurtemberg, ont créé de grands vignobles avec des cépages du Languedoc, du Médoc, d'Italie et du Wurtemberg.

Le grain de Zitania est caractéristique par sa forme, par l'épaisse pruine qui le recouvre et par son goût particulier qui ressemble à celui du Cabernet. On peut faire avec le Zitania un bon vin fruité, mordoré, de fort bonne conservation, s'améliorant avec le temps et perdant vite le peu d'âpreté qu'il peut avoir pendant la première année. Des connaisseurs l'ont préféré à plusieurs vins fabriqués avec les meilleurs cépages languedociens. Le moût, à l'aréomètre Baumé, pèse 12° et le degré alcoolique du vin varie ensuite entre 11° et 12° (11° 60 et 11° 95). Mais, malheureusement, ce cépage est peu productif, et, à la taille courte, sa production diminue encore énormément; il aime la taille longue, l'espace, la grande végétation. Il présente encore l'inconvénient de posséder sur la même souche, à côté des grappes très mûres, des grappillons acides qui poussent, au milieu de l'été, à l'extrémité des sarments. Son bois est très tendre, il se taille avec la plus grande facilité. En somme, c'est un cépage de valeur qui mérite de fixer l'attention des viticulteurs. C'est le Cabernet de la Palestine. Il ne faut pas confondre ce cépage avec le *Zitania du Liban* que l'on cultive beaucoup à Schtaura. Ce dernier, quoique portant le même nom, est une variété tout à fait distincte. Le Zitania de la Palestine aime les terres un peu fortes. Il est attaqué par l'Oïdium et l'Anthracnose, mais il résiste assez au Mildiou.

Débourrement vers le 15 mars en Palestine, floraison commencement de mai, véraison vers le 5 juillet et maturité vers le 15 août.

DESCRIPTION. — Souche, de vigueur moyenne; tronc moyen, semi-érigé; écorce épaisse, caduque, se détachant en lanières irrégulières.

Zitania

Bourgeons, ovoïdes, recouverts d'un duvet blanchâtre, filamenteux, très abondant surtout au moment de leur épanouissement ; jeunes feuilles légèrement duvetées sur les deux faces, d'une couleur bronzée ; les jeunes grappes des fleurs partent du 4e au 5e bourgeon.

Rameaux, longs, très gros, aplatis sur plusieurs côtés, droits, rouge café foncé, pourvus de ramifications nombreuses et courtes ; rameaux herbacés rouges ; mérithalles longs, fortement striés, avec des côtés saillants, glabres et lisses ; nœuds saillants, avec diaphragmes plans ; vrilles nombreuses, discontinues, très fortes, très rameuses, trifurquées, ligneuses à la maturité.

Feuilles, de forme trilobée, aussi larges que longues, peu épaisses ; lobe supérieur grand, terminé par une forte dent ; sinus latéraux peu profonds, ouverts ; sinus basilaire peu profond en U ; limbe à surface plane et lisse ; face supérieure glabre et verte ; face inférieure glabre, d'un vert moins accusé ; dents formant deux séries, courtes, aiguës ; nervures fortes, saillantes, légèrement tomenteuses. — Pétiole de longueur et de force moyennes, de coloration violacée, avec sillon peu apparent, légèrement poilu, inséré, par rapport au plan du limbe, à angle aigu.

Fruits. — *Grappes*, lâches, insérées sur les rameaux à partir du 4o ou 5e bourgeon, de grosseur moyenne, coniques, moyennement longues et étroites ; pédoncule cylindrique, court, consistant à la maturité, ligneux ; rafle aplatie, verte ; pédicelles de longueur et grosseur moyennes ; bourrelet gros, avec verrues apparentes ; pinceau petit, coloré, adhérent fortement au grain. — *Grains*, moyens, olivoïdes, irréguliers, de maturité inégale, mêlés de grains verts, consistants ; pruine abondante ; ombilic persistant et central ; peau mince, élastique, rouge violacé, avec matière colorante abondante ; pulpe fondante, peu colorée ; jus abondant, à saveur sucrée ; pépins gros, bombés, allongés.

J. Niégo.

MARRAVI

Observations. — De tous les cépages de Palestine, le *Marravi*, ou *Marraoui blanc*, a le moins d'importance ; on le cite pour mémoire ; il n'est bon ni pour la cuve, ni pour la table. Son port rampant, ses feuilles découpées lui donnent un aspect buissonnant. Ses grappes grosses, à grains peu abondants, mauvais de goût, et qui mûrissent très tardivement, portent même des grains qui n'arrivent jamais à maturité complète. Il débourre en Palestine à la fin de mars et fleurit à la mi-mai ; sa véraison commence fin juillet et il mûrit fin août.

DESCRIPTION. — Souche, très vigoureuse ; tronc gros, à port érigé ; écorce très forte.

Bourgeons, moyens, coniques ; au bourgeonnement d'une couleur blanchâtre, duveteux ; jeunes feuilles d'une couleur vert pâle, duvetées et blanches à la partie inférieure.

Rameaux, courts, grêles, sinueux, polyédriques, non ramifiés ; rameaux herbacés, d'un vert clair ; mérithalles courts, légèrement striés, glabres, avec des côtes saillantes, d'un jaune cannelle clair à l'aoûtement ; nœuds saillants ; diaphragmes plans ; vrilles peu nombreuses, discontinues, moyennes, peu rameuses.

Feuilles, grandes, plus longues que larges, quinquelobées, épaisses, parcheminées ; lobe terminal très développé, terminé en pointe aiguë ; lobes latéraux de forme irrégulière ; sinus latéraux supérieurs peu profonds, ouverts ; sinus latéraux inférieurs souvent profonds et ouverts ; sinus basilaire profond, en V ; limbe à bords repliés en dessus ; face supérieure verte, gaufrée, pourvue de légers poils cotonneux ; face inférieure vert blanchâtre, avec poils cotonneux sur toute la surface ; dents en deux séries, longues, aiguës, tachées de pourpre sur les bords dans le jeune âge ; nervures fortes, saillantes. — Pétiole de longueur et de force moyennes, ou grêle, violacé, avec sillon peu apparent, formant avec le plan du limbe un angle aigu.

Fruits. — *Grappes*, lâches et allongées, insérées sur les rameaux aux 4e et 5e bourgeons, de grosseur moyenne, coniques, ailées, étroites ; pédoncule cylindrique, long, consistant à la maturité, ligneux ; rafle vert pâle ; pédicelles longs, gros, terminés par un bourrelet très gros pourvu de grosses verrues ; pinceau gros, blanc, adhérent moyennement au grain. — *Grains*, de grosseur moyenne, subovoïdes, de grosseur irrégulière, souvent inégalement mûrs, d'un jaune doré à fond verdâtre ; pruine abondante ; ombilic persistant, excentrique ; peau épaisse, élastique ; chair consistante, ferme ; jus abondant, peu sucré ; pépins gros, aplatis, au nombre de 1 à 2.

J. Niégo.

J. Troncy

Imp. F. CHAMPENOIS, Paris.

Marravi

Ampélographie.
J. Troncy
Imp. F. CHAMPENOIS, Paris.
Coudsi

COUDSI

Observations. — Le nom de *Coudsi* vient du mot arabe « *Kuduss* » (*saint*), ou *ville
sainte* (Jérusalem). Il est ainsi appelé parce qu'il est surtout cultivé dans les environs de
Jérusalem.

C'est un cépage de valeur soit pour la cuve soit pour la table. Les grappes sont ailées,
allongées, de belle apparence ; les grains plutôt petits, allongés, prennent une belle teinte
dorée sur la partie exposée au soleil ; c'est le plus sucré des raisins de Palestine. Quand il
est bien mûr, il fatigue le palais, car le sucre se concentre dans le grain qui ne pourrit pas,
même à une extrême maturité ; il passerille sur pied. Ce cépage donne un vin qui pèse de
12° à 13° d'alcool. On peut en faire aussi un vin liquoreux estimé. Il est très attaqué par
l'Oïdium. Débourrant vers le 20 mars, il fleurit en Palestine vers le 10 mai ; sa véraison
a lieu vers le 5 juillet, il mûrit à la seconde dizaine d'août.

DESCRIPTION. — Souche, de vigueur moyenne ; tronc moyen ; port érigé ; écorce
d'épaisseur moyenne, caduque, se détachant en lanières fines.

Bourgeons, gros, de forme ovoïde, très allongés au débourrement et recouverts d'un
duvet cotonneux blanchâtre, très épais ; jeunes feuilles d'une couleur vert clair à la partie
supérieure, recouvertes d'un duvet épais, cotonneux ; jeunes grappes de fleurs partant des
4e et 5e bourgeons et enveloppées dans un lacis cotonneux blanchâtre et très épais.

Rameaux, courts, moyens, cylindriques, rarement aplatis, sinueux, à ramifications nulles
ou très rares ; rameaux herbacés, violacés, durs ; mérithalles courts, faiblement et vaguement striés, avec des côtes complémentaires saillantes, légèrement duveteux ; nœuds
saillants, avec diaphragmes bien indiqués ; vrilles peu nombreuses, discontinues, moyennes,
peu rameuses, ligneuses à la maturité.

Feuilles, de grandeur moyenne, cordiformes, plus longues que larges, à limbe moyennement épais, peu résistant ; lobes inférieurs et latéraux d'une égale grandeur ; sinus
latéraux peu profonds, ouverts ; sinus basilaire profond en U ou en V peu ouvert ; le
limbe est plan et largement bullé ; face supérieure cotonneuse sur toute la surface et
d'une coloration vert clair ; face inférieure cotonneuse ; dents en deux séries, courtes,
obtuses, à bords pourprés dans le jeune âge et à mucron très détaché ; nervures
moyennes de force, très duveteuses à la face inférieure et bien proéminentes, plutôt en
creux à la page supérieure. — Pétiole de longueur et force moyennes, de grosseur régu-

lière, violacé, avec sillon peu apparent, légèrement poilu, à large embase à son insertion, inséré, par rapport au plant du limbe, à angle aigu.

FRUITS. — *Grappes*, lâches, partant des 4e et 5e bourgeons, très longues, grosses, très ramifiées à leur base, coniques, avec sommet ramifié ou subdivisé ; pédoncule aplati, de longueur moyenne ou court, restant consistant à la maturité quoique herbacé ; rafle vert clair ; pédicelles longs, grêles ; bourrelet peu développé, avec verrues peu apparentes ; pinceau moyennement long, faiblement adhérant au grain. — *Grains*, gros, sub-ovoïdes comme cylindriques, généralement réguliers et également mûrs, croquants, verts blanchâtres ou jaune doré, mais à fond toujours jaune verdâtre, très transparents, avec pruine peu abondante ; ombilic persistant, central ; peau mince, élastique, légèrement ambrée ; pulpe abondante, assez ferme, incolore ; jus abondant, très sucré ; pépins de grosseur moyenne, allongés et bombés, au nombre de deux à trois.

J. NIÉGO.

Schobani

SCHOBANI

Observations. — *Schobani* en arabe veut dire *Raisin du berger*. Ce cépage de Palestine est exclusivement un raisin de table. Les grains en sont gros, de couleur vert pâle, croquants, sucrés, agréables à manger. On le cultive beaucoup dans les environs de Jaffa et on en expédie les produits en Égypte. Il est très attaqué par l'Oïdium ; il débourre vers la mi-mars, fleurit les premiers jours de mai ; la véraison a lieu vers le 10 juillet et la maturation s'achève vers la deuxième quinzaine d'août.

DESCRIPTION. — Souche, de vigueur moyenne ; tronc fort, rampant ; écorce caduque, s'enlevant en lanières grosses, irrégulières.

Bourgeons, moyens, coniques, cotonneux, au bourgeonnement duveteux et d'une couleur violacée ; jeunes feuilles violacées à la partie inférieure, duveteuses.

Rameaux, de longueur et grosseur moyennes, arrondis, sinueux, non ramifiés, nuls ; rameaux herbacés, verts ; mérithalles courts, faiblement striés, duveteux ; nœuds aplatis, avec diaphragme bien indiqué ; vrilles peu nombreuses, bifurquées.

Feuilles, grandes, aussi longues que larges, quinquelobées, très épaisses, parcheminées ; lobes inférieurs très développés par rapport aux lobes latéraux ; lobes latéraux très découpés ; sinus latéraux très profonds, ouverts ; sinus basilaire profond, fermé ; limbe gaufré, à bords repliés en forme de cloche ; face supérieure aranéeuse, vert foncé ; face inférieure cotonneuse sur toute la surface ; dents en plusieurs séries, longues, aiguës ; nervures fortes, saillantes, violacées vers le centre et à la partie supérieure de la feuille. — Pétiole long, fort, renflé aux extrémités, rougeâtre avec sillon apparent, pourvu de poils hérissés, inséré, par rapport au plan du limbe, à angle aigu.

Fruits. — *Grappes*, moyennement compactes et insérées sur les rameaux à partir des 3e et 4e bourgeons, grosses, cylindriques et ramifiées, longues et larges ; pédoncule aplati, long et gros, à la maturité herbacé ; rafle verte, avec ramifications longues ; pédicelles longs, de grosseur moyenne ; bourrelet développé, avec verrues nombreuses et apparentes ; pinceau gros, peu adhérent au grain. — *Grains*, gros, subsphériques, de grosseur à peu près régulière, également mûrs, fermes, jaune doré pâle ; pruine abondante ; ombilic très marqué et excentrique ; peau mince, élastique ; chair ferme ; jus peu abondant, à saveur sucrée ; pépins gros, allongés, au nombre de 3 à 4.

J. Niégo.

DJENDALLI

Observations. — Le *Djendalli* est un raisin de la Palestine, à grains assez allongés ; il ressemble au Coudsi par la forme, mais il ne prend jamais la couleur ambrée à maturité ; il est assez estimé mais ne se conserve pas bien ; on l'expédie principalement à Port-Saïd et à Alexandrie. Il est attaqué par l'Oïdium, résiste un peu au Mildiou et à l'Anthracnose. Il n'a jamais été vinifié. Il débourre pendant la deuxième quinzaine de mars et fleurit au commencement de mai ; sa véraison a lieu vers le 5 juillet et sa maturité à la fin du même mois.

DESCRIPTION. — Souche, vigoureuse ; tronc gros, à port érigé ; écorce caduque s'enlevant en grosses lanières irrégulières.

Bourgeons, moyens, coniques, à bourgeonnement duveteux ; jeunes feuilles cotonneuses et blanches à la partie inférieure.

Rameaux, de longueur et grosseur moyennes, arrondis, droits, peu ramifiés, violacés à l'état herbacé, et d'un brun vineux à l'aoûtement ; mérithalles moyens, légèrement striés ; nœuds saillants, avec diaphragmes concaves et épais ; vrilles peu nombreuses, grêles, très rameuses, trifurquées, ligneuses à la maturité.

Feuilles, de grandeur moyenne, quinquelobées, aussi larges que longues, épaisses, parcheminées ; lobe terminal moyennement développé par rapport aux lobes latéraux ; lobes latéraux très découpés ; sinus latéraux supérieurs peu profonds, ouverts ; sinus basilaire profond, fermé ; limbe plan et bullé ; face supérieure d'un vert clair et aranéeuse ; face inférieure couverte d'un épais lacis aranéeux blanchâtre sur toute la surface ; dents en plusieurs séries, longues, aiguës, lavées de pourpre sur les pointes ; nervures fortes et saillantes. — Pétiole de longueur moyenne, fort, de grosseur régulière, avec sillon peu apparent, couvert de poils rugueux, inséré, par rapport au plan du limbe, à angle aigu.

Fruits. — *Grappes*, lâches, insérées sur les rameaux au niveau des 4e et 5e bourgeons, petites, ramifiées, coniques, de longueur et largeur moyennes ; pédoncule cylindrique, long ; rafle violacée ; pédicelles longs, grêles ; bourrelet peu développé, avec verrues apparentes ; pinceau petit, blanc, adhérant au grain. — *Grains*, petits, ovoïdes, de grosseur irrégulière, également mûrs, dorés, transparents, avec pruine peu abondante ; ombilic bien marqué, central ; peau mince, élastique ; pulpe juteuse ; jus abondant, sucré ; pépins de grosseur moyenne, aplatis, au nombre de 1 à 2.

J. Niégo.

Ampélographie.
Djendalli

Aglianico

AGLIANICO

Synonymie. — AGLIANICO, GNANICO, AGNANICO, AGLIANICA (provinces de Potenza, Avellino, Benevento, Salerne, Naples). — AGLIATICA (Gesualdo). — ELLENICA, ou ELLENICO (Torre del Greco, Taurasi, Campomaggiore). — ELLANICO (Macchiagodena). — UVA NERA (Castelfranci, Vallata). — AGLIANICO TRIGNARULO, ou TRIGNARULO (Calitri). — UVA DI CASTELLANETA (Pulsano, Francavilla Fontana). — AGNANICO DI CASTELLANETA (Mottola), AGLIANO, ou GAGLIANO (Sammarzano), UVA DEI CANI (Corato, Tolve, Sogliano). — GHIANNARA, ou GHIANDARA (Venafro, Pozzilli, Sesto Campano). — L'OLIVELLA DE S. COSMO

BIBLIOGRAPHIE. — J.-B. PORTA : Villæ Libri XII (Neapoli, 1584). — ANDREA BACCIUS : De naturali vinorum historia, de vinis Italiae et de conviviis Antiquorum (libri septem ; Rome, 1596). — I VINI D'ITALIA : Giudicati da Papa Paolo III (Farnèse) e dal suo bottigliere Sante Lancerio (Opera pubblicata la prima volta dal prof. Gius. Ferraro da manoscritti della biblioteca di Ferrara ; della 1ª metà del secolo XVI). — GIUSEPPE ACERBI : Delle viti italiane, ossia materiali per servire alla classificazione, monografia e sinonimia, preceduto dal tentativo di una classificazione geoponica (Milano, Giovanni Silvestri, 1825 ; où sont indiqués l'Aglianica vera, Ag. Cola Giovanni, Ag. Sorcella et l'Aglianicone, pp. 304 e 305). — MONTUORI AVV. NICOLA : Stato dell' Agricoltura nel circondario di Avellino nel 1837 (Tip. Sandulli, Avellino, 1838 ; Memoria estratta dal vol. III, dell' anno IV del Giornale Economico del Pricipato Ulteriore). — G.-D. CESTONI : Elementi di Agricoltura pratica (Napoli, Tip. Gius. Zambrano, 1843 ; à la page 154, l'Aglianico figure dans la série 5ª du groupe de raisins doux et sucrés, et l'Aglianicone parmi les raisins aqueux). — GUG. GASPARRINI : Su le viti e le vigne del distretto di Napoli (in Annali civili del Regno di Napoli, 4ª fasc. LXIX, 1864, p. 65 ; l'Aglianico est donné comme synonyme du Pignolo décrit par Gallesio). — VINCENZO PENMOLA : Delle varietà di vitigni del Vesuvio e del Somma (Lavoro letto al R. Istit. d'Incorag. di Napoli ; Napoli, Tip. Alb. dei poveri, 1848, parmi les 112 vignes traitées, il cite l'Aglianica verace, l'Aglianichella di S. Severino, p. 30 ; l'Aglianicone, p. 31 ; l'Aglianico bianco). — BERTI PICHAT CARLO : Istituzioni d'agricoltura, ossia corso teorico pratico di agricoltura (Torino, Unione Tip. Edit., 1866). — FROIO GIUSEPPE : Sul miglior modo di coltivare la vite in Italia Genova (Tip. Ist. Sordo muti, 1871). — STAZIONE SPERIMENTALE AGRARIA DI ROMA (fasc. III : Esame comparativo dei vini inviati alla mostra int. di Vienna, del 1873, p. 44). — BOLLETTINO AMPELOGRAFICO, pubblicato del Ministero di Agr. Ind. e Comm. (fasc. I : Relazione sugli studii ampelog. eseguiti nelle Puglie, Roma, 1875, p. 49 ; fasc. III : Primi studii ampelog. del Principato Citeriore e del Principato, Uteriore. Roma, 1875, pp. 113, 164, 176, 178 ; fasc. VII, anno 1877 : Ricò Ed. Prospetto analitico dei mosti della Prov. di Salerno ; fasc. IX, anno 1878 : Primi studii ampelog. della Prov. di Terra di Lavoro, p. 798 ; fasc. IX, anno 1878 : Elenco dei vitigni della Prov. di Napoli, p. 872 ; fasc. IX, anno 1878 : Uve della Provincia di Lecce, p. 1046). — VALAGARA RAFFAELE : Relazione su l'agricoltura, la pastorizia, e l'economia rurale del Principato Ulteriore (Avellino, Tip. Tulimiero e Cⁱ, 1879, p. 48 e seg.). — Prof. ALESSANDRO GIGLIO : Relazione su l'agricolt., la pastorizia e l'economia rurale del comune di Bisaccia (Avellino, Tip. Tulimiero e Cⁱ, 1879, p. 12). — BOLLETTINO AMPELOGRAFICO, fasc. X, 1879 : Viti coltivate in Provincia di Benevento (pp. 114 e 115) ; fasc. XV, anno 1881 : Studii ampelogr. della Prov. di Lecce (p. 110) ; fasc. XV, 1881 : Catalogo delle uve coltivate in Basilicata (p. 158). — JOSEPH DE ROVASENDA : Essai d'une ampélographie universelle (traduit de l'italien par MM. F. Cazalis et G. Foëx (Paris-Montpellier, 1881, p. 2). — RELAZIONE correspond à l'Aglianico femminile de Avellino et Salerno et à la Tintora de Carinola (Bolletino Ampelografico, fasc. IX, p. 814) (?). — La Ghianna, de Rocca Romana est synonyme de Piede di Palumbo, de Traetto, de l'Aglianica, ou Glianica, de Pontelatone et de l'Aglianico zerpoluso, d'Avellino (?).

Les sous-variétés ont donné lieu aux dénominations suivantes : Aglianico verace, A. di razza, A. di Soumma, A. Cola Giovanni, Aglianico mascolino, A. femminile, A. Sorcella; Aglianico S. Severino, Aglianicone, Aglianichiello ou Aglianicuccia, Aglianico zerpoluso, Aglianico lungo ; Aglianico nero, Aglianico rosso, Aglianico bianco ; Aglianico dolce, Aglianico forte, Aglianico amaro.

Del Direttore della Cautina sperimentale di Pozzuoli per l'anno 1882. — Nelli Luigi : Monografia agraria del Circondario di Altamura (Napoli, 1882, p. 13). — Bacchetti : La viticoltura a Rionero in Vulture (in Rivista di Viticolt. ed Enolog. Conegliano, 1882, p. 239). — Bollettino Ampelografico, fasc. XVI : Catalogo dei vitigni della Prov. di Avellino (Roma, 1883, p. 247). — Atti della Giunta per l'inchiesta agraria (vol. IX, fasc. I, Relazione del Commissario Comm. A. Branca sulla 2ª circoscrizione, Potenza, Cosenza, Catanzaro, Reggio)(Roma, 1883, pp. 10 e 76; Vol. VII, fasc. II : Il circondario di Vallo della Lucania; Monografia dell' Ing° A. R. Passaro, Roma, 1883, p. 375). — R. Arcuri e Casoria : Contributo agli studi ampelografici per l'Italia meridionale (in Agricoltura meridionale, anno VI, fasc. 16, Portici, 1883, pp. 242 e 43). — V. Tenore e G.-A. Pasquale : Atlante di botanica popolare (vol. III, monog. 263-399, Napoli, Tip. Petraroia, 1881-86). — Bollettino Ampelografico, fasc. XVII, Roma, 1884 : Risultato delle analisi dei mosti della Prov. di Napoli; fasc. XVII : Analisi dei mosti della Prov. di Foggia (p. 46); fasc. XXI : Catalogo dei vitigni della Prov. di Molise (Roma, 1886, p. 12). — Hermann Goethe : Handbuch der Ampelographie, Beschreibung und Klassification (Berlin, P. Parey, 1887, p. 32). — Mostra enologia tenuta in Potenza nel 1887 : Publicazione eseguita per cura del Dr Michele Lacava (Napoli, Morano, 1887). — Victor Pulliat : Mille variétés de vignes ; Descriptions et Synonymies (3e édit., Paris, 1888, p. 2). — Dr Ferdinando Rossi : Contributo allo studio delle uve della Prov. di Napoli (Napoli, 1889). — R. Cantina sperimentale di Barletta, Annuario 1887 : Relazione del Dr Fonseca : Saggi ampelenologici (p. 48 à 50). — Dr Antonio Jatta : Notizia sommaria sulle varietà di viti coltivate nelle Puglie (p. 134, Barletta, 1889). — Dr Antonio Fonseca : I vigneti e gli stabilimenti enologici del Marchese Curtopassi (Barletta, Tip. Dellisanti e Cl, 1890, p. vii). — Seconda mostra enologica lucana, tenuta in Potenza nel 1888 : Pubblicazione fatta per cura del Dr M. Lacava (Potenza, Tip. Pomarico, 1891). — J.-A. Sannino : Note ampelografiche, Aglianico (in Italia Enologica, anno V. Roma, 1891). — Dr Ant. Fonseca : I vitigni delle Puglie (in Annuario Generale della Viticol. e la Enolog, per cura del Circolo Enofilo Ital., anno I, 1892, Roma, Tip. nazion. G. Beztero, pp. 221, 223 et 224). — Giov. Bianchi : I vitigni e i vini di Basilicata (Monografia in Annuario Generale per la Vit. e la Enol., anno II, Roma, 1893, p. 49 à 73). — T. Chiaromonte : Ricerce analitiche sulle uve delle Prov. di Foggia, Bari e Lecce (Estratto dalle Stazioni Agrar., Ital., vol. XXIII, fasc. V; Asti, Tip. A. Bianchi, 1892). — P. Trentin : Manuale del negoziante di vin i italiani nell' Argentina (Buenos-Ayres, Tip. elzevir. P. Tonini, 1895). — Ministero di Agricoltura, Ind. e Commercio : Notizie e studi intorno ai vini ed alle uve d'Italia (Roma, Tip. naz., G. Bottero, 1896, pp. clix à clxix et 660, 62, 63, 67, 76, 77, 78, 81, 682, 84, 85, 86, 87, 90 e 691), et Notizie e studi sull' agricoltura. Attività degli Istituti Enologici dalla loro fondazione a tutto il 1894 (Roma, Tip. naz., G. Bottero, 1896). — Dr Michele Carlucci : Il vino di Aglianico (in Giornale di Viticoltura, Enologia ed Agraria (Avellino, Tip. Pergola, 1896, p. 80 a 83). — E. Ottavi e Art. Marescalchi : Vade-mecum del commerciante di uve e di vini in Italia (Casale, Tip. C. Cassone, 1897, pp. 330, 333, 337). — Salv. Mondini : Produzione e commercio del vino in Italia (Milano, Hoepli, 1899, p. 208). — Dr Giuseppe Gaeta : Valore intrinseco dell' uva (in Giornale di Viticoltura ed Enologia, anno VII, pp. 146-47, 149, 219 e 266, Avellino, Tip. Pergola, 1899). — Giuseppe Cav. Froio : Il presente e l'avvenire dei vini d'Italia (Napoli, Lib. Pellerano, 1876). — G.-A. Pasquale : Manuale di arboricoltura (Napoli, Dr V. Pasquale, édit. 1876). — Cte Gius. di Rovasenda : Saggio di una Ampelografia universale (Torino, Tip. Subalpina di Stef. Marino, 1877). — Ing. Pietro Selletti : Nuovo trattato teor.-prat. di viticolt. e vinificaz. (Genova, Tip. R. Istituto Sordo muti, 1877, p. 33). — Gius. Perelli Minetti : Sull' assoluta necessità di migliorare la vinificazione delle tre Puglie (Barletta, Tip. éd., V. Vecchi, 1876, p. 99).

Historique et origine. — L'*Aglianico*, cultivé, depuis des temps très reculés, dans diverses provinces de l'Italie méridionale, est mentionné non seulement dans les publications du siècle dernier, mais aussi dans celles des siècles précédents et particulièrement du xvie. Bacci, dans ses ouvrages : *De naturali vinorum historia*; *De vinis Italiæ*, etc., publiés à Rome en 1596 et traitant des vins de l'Italie méridionale, consacre au vin d'Aglianico un chapitre particulier, dont voici la traduction :

Entre le *Mangiaverra* et le *Lacrima*, on peut classer l'*Aglianico*, ainsi nommé, soit pour le distinguer du Lacrima dans le voisinage duquel il naît sur les coteaux de Somma, soit parce que ses raisins moins noirs donnent un jus rouge et une substance légèrement grasse, dense et épaisse. Le vin d'Aglianico est robuste, surtout si les vendanges ont été faites par un temps sec; mis dans de bons vases, il prend du bouquet, devient léger, agréable, moelleux, invariable; il nourrit et réconforte l'estomac et les autres parties du corps, il est digestif (liv. V, p. 223).

Il est parlé aussi du vin d'Aglianico dans les *Vins d'Italie jugés par le pape Paul III (Farnèse) et par son tonnelier Sante Lancerio*, petit ouvrage publié par le professeur Ferraro et tiré des manuscrits de la bibliothèque de Ferrare, lesquels datent, il semble, de la première moitié du xvie siècle. Voici l'avis donné par Lancerio sur ce vin :

Le vin d'Aglianico est produit dans le royaume de Naples, sur la montagne de Somma, où se fait le bon « Grec »; il est rouge et sa renommée égale à celle du Grec, surtout si la vendange a été favorisée d'un temps sec. Ces vins, forts en couleur, deviennent meilleurs, plus moelleux, à mesure que celle-ci s'atténue, et ils sont parfaits quand ils ont l'arome, la limpidité, la douceur. Sa Sainteté en buvait très volontiers et les appelait « la boisson des vieillards », à cause de leur bonté.

Une autre publication très intéressante du xvie siècle est de J.-B. de la Porte : elle a pour titre *Villae* et se compose de douze volumes publiés à Naples en 1584. J'ai pu en consulter, à la bibliothèque du ministère de l'Agriculture à Rome, une traduction italienne manuscrite et probablement inédite, intitulée *Les douze livres della Villa*, par J.-B. de la Porte, de Naples, traduits du latin en italien par le Dr Leandro M. Guidi. Il est remarquable que, parmi les variétés de cépages citées dans le livre VII, chap. V, de cet ouvrage intéressant et documenté, il ne soit pas question de l'Aglianico, pourtant bien connu à cette époque, et l'auteur qui demeurait près de Naples, à San Martino, non loin d'Antignano, connaissait certainement ce cépage auquel il faisait probablement allusion en écrivant ces lignes :

Columella nous décrit aussi les *Helvolæ* que d'autres, dit-il, appellent *Variæ*; elles ne sont ni rouges, ni noires, mais si je ne me trompe, on les désigne ainsi à cause de leur teinte rouge pâle; la plus foncée donne un meilleur rendement, tandis que l'autre donne un vin plus savoureux; la couleur des raisins n'est uniforme ni dans l'une ni dans l'autre.

Après avoir dépeint d'autres caractères et rappelé ceux décrits par Pline, il conclut ainsi :

Je dirai donc que nos vignes *Hellaniche* sont les *Helvolæ* des Anciens; elles sont de deux sortes : l'une est de couleur plus foncée, l'autre, que j'ai vue en dehors de la Campanie, est d'une couleur plus tendre, et dans les vignobles de Sorrente elle donne un vin presque blanc. Leurs raisins sont vermeils, et si une année la récolte est nulle, l'année suivante elle sera abondante, pour la raison que chez nous on taille tous les deux ans; quelques-uns cependant font cette opération tous les ans.

Il faut lire à ce sujet Roy-Chevrier (*Ampélographie rétrospective*, p. 171, 173). Il résulte de ce qui précède que par le nom d'*Hellanica*, M. Della Porta voulait désigner notre Aglianico ; mais je ne crois pas acceptable son opinion que ce cépage correspondrait aux *Helvolæ* des écrivains latins, car ceux-ci par Helvolæ entendaient désigner un raisin gris, alors que l'*Aglianico* a des raisins d'un violet intense, presque noirs ; avant maturité seulement ils sont d'un rouge violet.

Les trois documents que nous venons d'examiner prouvent, jusqu'à l'évidence, qu'au xvi° siècle l'Aglianico était très répandu dans la Campanie. L'importance de ce cépage et sa grande extension actuelle et ancienne m'ayant décidé à rechercher s'il fut cultivé à une époque antérieure et particulièrement pendant la période romaine, je crois faire œuvre utile en exposant ici, succinctement, aux gens d'étude, les résultats de mes recherches.

On sait que les diverses contrées de l'Italie, et particulièrement la *Campanie*, le *Latium*, l'*Étrurie* produisaient des vins très estimés, dont la renommée est, encore de nos jours, connue de ceux à qui les auteurs latins sont familiers. Qui n'a entendu parler, en quelque banquet, du *Falerno*, du *Cecubo*, du *Caleno*? Pline le jeune (*Nat. Histor.*, lib. XIV, cap. VIII), parlant des vins fameux de son temps, raconte que l'empereur Auguste buvait de préférence le *Setino* et que Livia, sa femme, attribuait son grand âge (82 ans) à l'usage qu'elle avait toujours fait du *Pucino*.

A une époque antérieure, disent Pline et Martial, le *Cecubo* était en honneur ; il poussait près du golfe d'Amicla, sur un sol marécageux planté de peupliers. Le second rang, ou plutôt la seconde noblesse, ajoute Pline, revenait au vin produit sur le territoire de Falerne et particulièrement au *Faustiano*. Selon les uns (Bacci), le territoire de Falerno s'étendait du fleuve *Liri* (aujourd'hui le Garigliano) jusqu'au *Saone* (aujourd'hui Savone) ; d'autres le placent à l'est de la chaîne des monts *Massici*, d'où il se serait étendu, à gauche de la voie Appienne, jusqu'à Casilinum (Capoue) sur le fleuve Volturno. Pline le jeune décrit ainsi cette contrée : « Le territoire de Falerno commence au pont Campano [1] s'étendant sur la gauche et en se dirigeant vers la Colonia urbana di Silla [2], transférée depuis peu près de Capoue. »

Pour bien connaître la topographie de ces lieux célèbres, il faut qu'on sache que les Massici forment une chaîne de montagnes qui, partant de Roccamonfina, s'échelonne vers la mer, en une série de collines prenant fin à l'endroit où s'élevait l'ancienne *Sinuessa* (aujourd'hui Roche de Mondragon). Les vignobles de ces collines donnaient les meilleurs vins de la région. Les vins Massici sont célébrés dans des vers immortels de Virgile, Horace, Silius Italicus et d'autres auteurs latins. La plaine qui s'étendait, au pied de ces monts, vers l'est, constituait le champ Falernien (Ager falernus), d'après les meilleurs historiens. De toutes les collines de Massici la plus célèbre était le *Faustiano* (actuellement Falciano, d'après Manzi). Nul endroit, dit Pline, n'avait un tel renom pour ses vins, qu'un terrain favorable rendait des plus généreux. Ils étaient classés en trois catégories : sévères, doux, vifs, et on les distinguait ainsi : au sommet de la colline était le *Gaurano*, à

---

1. D'après les plus célèbres écrivains modernes, le pont « Campano » était celui construit sur le « Saone » et non pas celui du « Liri », comme on le croyait au xvi° siècle.

2. Urbana, ou Colonia Urbana, était située sur la voie Appienne, à mi-chemin entre Sinuessa et Capoue, d'après Pellegrini.

mi-côte le *Faustiano*, au bas le *Falerno* [1]. Plus légers que les précédents, les vins d'*Albani* et de *Sorrente* tiennent le troisième rang et sont ainsi appréciés par Pline : « Ils peuvent rivaliser avec les Massici du mont Gauro, produits sur le versant qui fait face à Pozzuoli et Baia. »

Il est donc certain qu'au temps de Pline on livrait au commerce deux sortes de vins, *Massici* ou *Falerni* [2] : celui des monts Massici s'élevant entre les rivières Liri et Saone, au nord de la Campanie et jusqu'aux confins du Latium, — c'était le vrai —, et celui du versant méridional du mont Gauro, près de Pozzuoli. Pline, dans le liv. XIV, chap. IV, nous renseigne à ce sujet; il affirme que les vignes du Massici étaient transplantées sur le mont Gauro et que le vin qu'on en obtenait était appelé vin Falerno; mais ces vignes dégénéraient très vite [3].

Le nom de Falerno donné au vin fait dans deux localités différentes, bien que voisines, a donné lieu à des équivoques relativement à la position du mont Gauro. Certains l'ont placé dans la petite chaîne des Massici, en cela induits en erreur par Pline qui nomme *Gaurano* le vin du sommet du Faustiano; d'autres soutiennent que le nom de Gauro était commun à plusieurs monts; enfin beaucoup affirment que le vin de Falerne était fait exclusivement près de Pozzuoli. D'après les écrivains modernes les plus réputés, les faits, tels que nous les avons exposés précédemment, sont exacts : si Pline parle des vignes du Falerno transplantées sur le mont Gauro, Pellegrini (*Les antiquités de Capoue*, Naples, 1771, vol. I, p. 244-245) est d'avis qu'on transplantait aussi les vignes du Gauro sur les monts Massici, ce qui explique le nom de Gaurano donné au vin provenant de la partie supérieure du Faustiano.

Nous avons encore d'autres documents relatifs à la nature du vin qui était fait près de Pozzuoli. D'après Ateneo, le vin Gaurano, rare mais d'une grande renommée, est généreux, bien constitué et plus corsé que le Prenestino et le Tiburtino [4]. Galeno (chap. III, liv. I, des *Antidoti*) s'exprime ainsi : « Nous trouvons aussi, avec une nature opposée, les vins légers Albani, Sabini et celui fait sur la partie du mont Gauro qui fait face à la ville de Pozzuoli, enfin les vins Aminei venant des collines voisines de Naples ».

Les faits que nous venons de citer prouvent qu'au temps de Pline et même antérieurement, dès l'époque de la deuxième guerre punique, sur le mont Gauro (aujourd'hui mont Barbaro [5]), près de Pozzuoli, on cultivait des vignes qui donnaient un vin très estimé; qu'on y transplantait des vignes originaires de Falerno, dont le produit était vendu par les intéressés sous le nom de vin de Falerne, ou des Massici, dont il n'avait pas, d'ailleurs, la finesse originaire. Il est probable aussi que les vignes du Gauro étaient transplantées

---

1. C. PLINII SECUNDI, *Nat. historia*, lib. XIV, cap. VIII. Tria ejus genera, austerum, dulce, tenue. Quidam ita distingunt : sommis collibus Gauranum gigni, mediis Faustianum, imis Falernum.

2. Les anciens donnaient indifféremment aux vins « Massici » le nom de « Falerni » et vice versa, les territoires producteurs étant contigus.

3. Nam Gauranas scio a Falerno agro translatas vocari « Falernas » celerrime ubique degenerantes.

4. Gauranum rarum invenitur, at optimum est, et robustum et densum, Tiburtino Præenestinoque pinguis. Marsicum valde est austerum et confert stomacho, nascitur in Campania circa Cumas (Athenæi, *Dipnosophistarum veteliis*, MDLVI, lib. primus, cap. XXIIII, p. ii).

5. D'après Pellegrino, ce nom de « Barbaro », substitué à celui de « Gauro », s'explique par le séjour momentané des Sarrasins à Pozzuoli. Selon Johanna Villano (*Antiquités de Pozzuoli et de ses environs*, annotations de P. Sarnelli, publiées à la suite de l'ouvrage *Histoire de la ville et du royaume de Naples*, de G. Antonio Summonte, Naples, 1643), et d'autres écrivains du xviiᵉ siècle, le mont « Gauro » fut appelé « Barbaro », à cause de son abandon et conséquemment de sa stérilité.

sur les Massici. Notons enfin que le vin Gaurano était dur. En tous cas, nous avons
sur lui des indications très nettes jusqu'à Aténéo, qui vécut au IIIe siècle de notre ère
et qui eut occasion d'en boire à Rome et dans un voyage en Campanie.

Le Falerno était vraisemblablement en circulation au moyen âge. J. Roy-Chevrier
(*Ampélographie rétrospective*), dans le chapitre ayant trait à Aténéo, raconte que l'évêque
de Cahors, Didier, fit don, en 640, de vin de Falerne à un certain Paolo, et celui-ci lui
écrivant pour le remercier, disait : « Une seule amphore de Falerne m'eût fait grand plaisir,
et vous m'en envoyez dix et du plus exquis! » On ne peut dire si ce vin, qui était dans le
commerce au VIIe siècle, était du Falerne authentique, c'est-à-dire fait sur le Massico ou
s'il avait son origine sur le versant du Gauro, près Pozzuoli. Cette dernière hypothèse
est vraisemblable si l'on considère que, dès le temps de Pline, le vrai Falerne commençait
à diminuer de valeur, les vignerons, ce qui est compréhensible, préférant la quantité à
la qualité; d'autre part, il ne faut pas oublier qu'au VIIe siècle l'agriculture en général
et particulièrement l'industrie vinicole périclitaient dans presque toute l'Italie, notamment dans le Latium et la province romaine; il n'y avait guère que le duché de Naples,
auquel appartenait Pozzuoli, qui fût dans des conditions à peu près normales au point
de vue politique et commercial. Pétrarque, durant ses investigations sur le lieu de sépulture
de Scipion l'Africain, visita plusieurs fois les alentours de Pozzuoli, et, dans l'une de ses
lettres, il cite le mont Barbaro, auquel il attribue la production ancienne du Falerne.
Boccace, dans *l'Amorosa Fiammetta*, est du même avis, de même que Villani, dans ses
Chroniques. Celui-ci ajoute même que le vin de Falerne provenait aussi de la colline de
Posilipo, située à l'est du mont Gauro.

Bacci, à la fin du XVIe siècle, traitant des vins de Campanie anciens et de ceux de son
temps, ne parle pas des vins produits près de Pozzuoli, ou, pour mieux dire, il place le
Gauro parmi une des collines formant la chaîne des Massici. Quant à l'opinion de quelques
écrivains de son époque, que le *Grec*, vin alors en haute estime, était l'ancien vin de
Falerne, il ne la partage pas pour deux raisons : d'abord à cause de la distance qui sépare
les Massici du Vésuve (30 milles environ), et ensuite parce qu'il se base sur les écrits
des anciens auteurs qui, en général, étaient convaincus de la prompte dégénérescence des
vignes transplantées du lieu de leur origine en une autre région. Villifranchi, vers la fin
du XVIIIe siècle (1773), dans son *Œnologie toscane*, parlant du mont Gauro et de ses vins,
rappelle que ceux-ci, depuis environ un siècle, avaient reconquis leur antique renommée.

D'après les notices et les faits exposés, nous pouvons reconstituer, dans ses grandes
lignes, l'histoire du vin du Gauro. Ce vin, connu depuis une haute antiquité, acquit une
grande renommée vers la fin de la République et au commencement de l'Empire romain;
il était servi dans les festins, ainsi que le Falerne, le Caleno, etc. La décadence de l'empire
d'Occident, et plus encore l'invasion des Barbares rendirent presque nulles son importance
commerciale; les vicissitudes dont la riche et florissante Pozzuoli fut l'objet, particulièrement au moyen âge [1], le manque d'un débouché important, tout cela ne pouvait favoriser

---

1. La ville de « Pozzuoli », ravagée l'an 410 de l'ère vulgaire par Alaric, roi des Goths, puis par Genséric et
Totilla, demeura déserte pendant seize ans. Les Napolitains la repeuplèrent, mais elle n'était pas au bout de
ses malheurs : Grimoaldo, duc de Bénévent, la mit à nouveau à feu et à sang. Au Xe siècle, ce furent les Sarrasins
qui la mirent au pillage et, en 1550, elle fut presque entièrement détruite par les Turcs. Les éléments eux-mêmes
ajoutèrent encore à la rage des hommes : l'incendie de la soufrière en 1190, les tremblements de terre de 1448 et
1538, enfin les pluies diluviennes de 1696, consommèrent sa ruine (*Naples et ses environs*, 1845, vol. II, p. 428).

la production, ni le commerce du vin Gauro qui exigeait des soins minutieux et un long vieillissement. On abandonna à peu près l'ancienne pratique du vieillissement et on livra à la consommation un vin commun à peine fait. Plus tard, ce furent les vignobles, peu étendus il est vrai, cultivés sur les versants méridionaux du mont Gauro, qui disparurent. Depuis, à la fin du xviie ou au commencement du xviiie siècle, on y replanta la vigne [1] et des arbres fruitiers, et alors les vins des environs de Pozzuoli et du Gauro reprirent quelque importance, mais ne purent arriver à la hauteur de leur antique renommée.

S'il est vrai qu'entre le ve et le xvie siècle, les habitants de Pozzuoli furent en butte à toutes les infortunes, leurs vignes ne furent pas anéanties. On peut même affirmer en principe que les variétés donnant le vin réputé de Gauro, ou de Falerne, replantées sur le mont Barbaro, se répandirent peu à peu dans les localités environnantes et que d'elles sortirent les vins fameux connus sous le nom de *Grec, Lacryma, mi-Lacryma, Aglianico,* dont parlent Bacci, Porta, Villifranchi, etc.

Pour bien s'en convaincre, il suffit d'examiner les vins produits actuellement près de Pozzuoli et sur les flancs du mont Barbaro. Ces vins, d'une belle couleur rubis ou grenat, sont robustes, alcooliques, agréablement acides, corsés, astringents, ont enfin tous les caractères des vins « austères » du mont Gauro, dont parlent Pline et Aténéo, tout en se rapprochant plus encore de l'Aglianico décrit par Bacci et Lancerio, surtout si l'on tient compte de la durée actuelle de la fermentation.

Aujourd'hui, les vins de Pozzuoli dérivent de trois cépages : l'*Aglianico*, l'*Olivella*, le *Piede di Colombo* ; le premier domine, les deux autres sont en moindre proportion. Il faut noter que ces mêmes cépages sont cultivés en beaucoup d'endroits sur les Massici, avec la seule différence que l'Aglianico s'y trouve en petite quantité, tandis que l'Olivella et le Piede di Colombo abondent, principalement ce dernier. Cela confirmerait l'opinion de Pellegrini déjà citée. Quant à moi, je suis d'avis que les cépages qui produisent aujourd'hui les vins de Pozzuoli sont les mêmes qui donnaient l'antique Gaurano ; qu'en conséquence, l'Aglianico actuel, de même que celui cultivé au xvie siècle, du temps de Bacci, est un de ceux qui composaient le groupe des vignobles du Gauro à l'époque de Pline.

Mais ici une question se pose : Pourquoi et à quelle époque donna-t-on le nom d'Aglianico à une des variétés cultivées sur le mont Gauro ? Pour nous éclairer sur cette question complexe, consultons l'opinion des anciens sur les variétés. A l'exception de Démocrite et peut-être de Columelle, les auteurs latins et les écrivains du moyen âge croyaient que les divers cépages étaient variables selon le temps et leur changement de milieu. C'est pour cela, sans doute, qu'ils ont négligé d'en décrire les caractères morphologiques, bien qu'ils fussent d'avis que quelques-uns d'entre eux pouvaient être cultivés en des milieux divers sans qu'il y eût une sensible différence dans la qualité du produit, parmi ceux-ci il faut citer les *Aminæ* [2], pendant que la plupart perdaient leur valeur, dégénéraient quand on les changeait de place. C'est pour cela que dans l'établissement des vignobles on donnait

---

1. *Guide des étrangers intéressés aux choses remarquables de Pozzuoli*, Naples, 1784, et *Œnologie toscane de Villifranchi.*

2. Cette opinion avait été exposée avec réserve par Pellegrini dans ses ouvrages déjà cités ici. Les *Aminées* constituaient un groupe de six variétés différentes : *deux Aminées germaines, pures, la petite et la grande ; deux jumelles dont l'une était à gros grains et l'autre à petits grains, l'Aminée laineuse,* enfin une *Aminée* ressemblant à la grande *Aminée pure*, mais ayant un plus grand rendement. Varrone cite en outre l'*Aminea scantiana.*

à la situation et à l'exposition du terrain une importance prépondérante. Le choix du cépage était secondaire. C'est ainsi d'ailleurs qu'en général on opère encore aujourd'hui [1]. En conséquence, il était usage de donner aux meilleures variétés le nom de la contrée où elles étaient cultivées. C'est ainsi que Pline désignait sous le nom de *Gauranæ* les vignes cultivées près de Pozzuoli. On entendait par vignes de Falerne celles du champ falernien (ager falernus), lesquelles devaient constituer le groupe des Amineæ, nom dérivé, d'après Filargiro et Macrobio, des peuples Aminéi, originaires de la Thessalie, qui habitèrent les premiers le pays appelé depuis Falerne [2]. Des exemples analogues se trouvent dans d'autres auteurs latins pour lesquels un nom générique s'appliquait aux variétés diverses cultivées dans une région déterminée et donnant un vin classé.

Mais si les écrivains, convaincus de la variation des cépages et de l'action prépondérante du sol, donnaient de préférence aux vins le nom du lieu de leur origine, sans tenir compte de l'espèce de vigne qui les avait produits, les praticiens d'alors, et plus' encore ceux qui suivirent, durent, en raison des progrès de la viticulture, distinguer les différentes variétés qui constituaient un groupe et donner à chacune d'elles un nom particulier. On suppose que l'Aglianico, qui devait appartenir aux vignes Gauranæ, était alors connu sous le nom de *Ellenica*, ou *Hellanica*. Ce qui me le fait croire, ce sont ces deux faits : d'abord les écrits de J.-B. de la Porte, où il traite des vignes Hellanica, qu'il juge correspondantes aux *Helvolæ* des Latins (nous avons vu que cela était invraisemblable), ensuite l'usage fait aujourd'hui de ce nom dans les diverses régions. En effet, l'Aglianico s'appelle *Ellanico* à Macchiagodena (province de Campobasso), *Ellenico* à Taurasi, à Torre del Greco et à Campomaggiore, trois localités très distantes l'une de l'autre et appartenant aux trois provinces d'Avellino (ancienne Irpinea), Naples (Campanie) et Potenza (Lucanie). Cela, comme on le conçoit, ne peut être un fait éventuel, mais doit représenter la tradition d'un nom très ancien, qui, autrefois, fut changé pour les motifs que j'exposerai plus loin.

Ce nom de Ellenico fait penser qu'il fut donné au cépage qui nous occupe, en souvenir des Grecs ou Hellènes qui l'importèrent peut-être à l'époque de la fondation de Cumes, ou bien durant leurs migrations, constatées plus tard à diverses reprises. Il est vraisemblable aussi qu'Ellenico eût rappelé les Hellènes, lesquels, supérieurs aux Romains non seulement dans les arts mais aussi en viticulture, avaient cultivé et propagé dans le Midi leurs meilleurs plants. Il est digne de remarque que l'Aglianico est aujourd'hui très en faveur dans les localités où s'étaient fixées les colonies helléniques et où elles exercèrent leur influence. Il y a, dans ces conditions, le territoire baigné par le golfe de Naples, la province de Salerne, celle de Potenza et les Pouilles, contrées qui subirent l'heureuse influence des villes de la grande Grèce (nous entendons cette dénomination dans le sens le plus large), situées sur les côtes Tyriennes ou sur celles de la mer d'Ionie. Le changement du nom de Ellenica en celui de Ellanico d'abord, puis d'Aglianico, dut se faire dans le langage vulgaire, vers la fin du xve et au commencement du xvie siècle, c'est-à-dire à

---

1. A ce sujet, voici ce que dit Pline : « D'après ces exemples, si je ne me trompe, on ne tient compte que du terrain et de la région (je veux dire du climat), car eux seuls, non le cépage, sont à apprécier tout d'abord ; le choix du cépage vient après, car il est prouvé que n'importe quelle variété donne des résultats différents selon le sol et la région où elle est plantée. »

2. L'avis émis par Servio, après Virgile, et renouvelé par de nombreux écrivains postérieurs que le mot « Amineo » pourrait dériver de a (non) et de minium (couleur rouge), c'est-à-dire « non rouge », soit blanc, est inadmissible.

l'époque où le royaume de Naples était sous la domination de la maison d'Aragon, parce que, en langue espagnole, le double l (ll) se prononce comme le « gli » des Italiens. Nous en trouvons la preuve dans les publications déjà examinées du xvi siècle, dont deux écrites dans le langage commun; l'une donne le nom d'Aglianico, comme celui généralement adopté, l'autre (celle de J.-B. de la Porte) conserve le nom primitif de Hellanica.

En ce qui concerne l'introduction et la diffusion de l'Aglianico dans les provinces autres que la Campanie, je ne saurais en parler avec certitude. Je sais qu'en Lucanie, au xiii siècle, la cour d'Anjou faisait usage des vins de *Melfi* et des autres localités situées sur les flancs du mont Vulture, dont les vignes sont actuellement presque exclusivement constituées par l'Aglianico. Parmi les documents relatifs à la domination dans le Midi de la maison d'Anjou, il se trouve une lettre où Charles Ier donnait ordre au bourreau de Basilicata de se procurer pour son compte et de transporter au château de Lagopesole 400 « salme » du meilleur vin « rubeo » de Melfi [1], de ce « bon vin rouge de Vulture », dont Pierre de Provence, son maître d'hôtel, devait toujours être pourvu pour sa table (Minieri-Riccio, *Il regno di Carlo Ier*).

Il est à remarquer que, même avant cette époque, la vigne était cultivée sur le Vulture et avec les mêmes variétés qu'aujourd'hui; le vin y était fait avec grand soin, et s'il était recherché par la cour, c'est que les seigneurs, c'est-à-dire les grands vassaux de cette époque, l'appréciaient fort. Au temps de Frédéric II de Souabe qui, laborieux, sage et économe, faisait fructifier ses domaines par la culture des céréales et de la vigne, ainsi que par l'élevage des bestiaux [2], la région du Vulture, où s'élevaient les châteaux de l'empereur, avait déjà acquis une certaine importance qui ne fit que s'accroître dans la suite.

Nous sommes très peu documentés sur la viticulture de ce centre et des autres crus de la Lucanie à l'époque romaine [3]; seuls, Caton et Varron citent les vignes *Lucaniæ*, entendant par là toutes les variétés cultivées dans la province de ce nom. Columelle ni Pline n'en parlent. Ce dernier cependant y fait allusion quand il écrit : « Il est, près de la mer « d'Ausonie, des vins d'une grande renommée, tels les Tarentini et les Lucani auxquels « cependant on préfère les Turini, mais au-dessus de tous il y a les Lagarini qu'on fait « dans les environs de Grumento [4], et qui doivent leur célébrité à l'usage qu'en fit « Messala ». Il serait fantaisiste de supposer que le *Lucanum* de Caton et de Varron était l'actuel Aglianico, cultivé si grandement aujourd'hui à Basilicate et Cilente, lesquels faisaient autrefois partie de la Lucanie. Il convient aussi de noter que, à Saponara di Grumento, les vignes actuelles, outre les autres cépages, possèdent l'Aglianico.

Aire géographique. — L'Aglianico est cultivé, à des degrés divers, dans la plupart des provinces de l'Italie méridionale et particulièrement dans celles d'une certaine altitude, telles que les provinces de Potenza, Naples, Avellino, Salerno et Benevento; il est moins important dans les provinces de Terra di lavoro, Campobasso, Foggia, Bari et Lecce.

1. Fortunato Giustino, *Il castello di Lagopesole*. — Trani (v. Vecchi, 1902, XXV document du 16 septembre 1200 des Archives de Naples), *Règne de la maison d'Anjou*, n° 42, fol. 65.

2. *Les monuments du moyen âge des environs du Vulture*, étude d'Émile Bertaux. Supplément à la *Napoli nobilissima*, anno VI, Naples, 1897, p. 1.

3. Le Vulture se trouve aujourd'hui dans la province de Potenza, laquelle formait autrefois une grande partie de la Lucanie; mais, à l'époque romaine, il se trouvait entre les trois importantes régions de Sannio, Apulia et Lucania.

4. Aujourd'hui Saponara di Grumento.

La culture de l'Aglianico est pratiquée dans trois centres principaux : la Basilicate, l'Avellinese et le Beneventano, qui par leur continuité peuvent être considérés comme un centre unique ; elle se fait aussi dans la province de Naples. Dans la Basilicate, il faut remarquer la région du Vulture, dont les fertiles versants de l'est et du midi sont aujourd'hui couverts de florissants vignobles, presque exclusivement constitués par l'Aglianico ; et ce cépage n'est pas cultivé seulement sur les pentes de ce volcan, éteint aujourd'hui, mais encore dans toute la province, plus ou moins selon les endroits. D'après le professeur Bianchi, sur 124 communes dont se compose la Basilicate, 104 le possèdent, et, parmi ces dernières, 40 lui donnent une très grande extension ; dans quelques-unes il est absolument prépondérant, notamment aux environs de Melfi : Rionero in Vulture, Barile, Rapolla, Melfi, Atella, Ripacandida, Maschito, Forenza, Pescopagano, Ruvo del monte.

Dans l'arrondissement de Potenza, les communes suivantes le cultivent presque exclusivement : Genzano, Acerenza, Pietragalla et Palmira ; il est cultivé sur une grande échelle à Potenza, Vaglio, Tolve, Tito, Picerno, Baragiano, Balvano, Ruoti, Avigliano, Cancellare, etc. ; enfin, dans l'arrondissement de Matera, les communes de Montepeloso, Grassano, Tricarico, Cirigliano, Gorgoglione l'emploient aussi.

Dans la province d'Avellino, l'Aglianico est très répandu dans les communes situées sur les pentes des collines et sur les versants qui limitent les vallées les plus importantes, telles que celles du Calore, du Sabato, de l'Ofanto.

Il représente soit 1/3, soit 1/2, soit 3/4 des ceps dans les vignes appartenant aux communes de Montella, Cassano, Nusco, Montemarano, Castelfranci, Paternopoli, Gesualdo, Fontanarosa, San Angelo all' Esca, Montemiletto, Luogasano, Taurasi, Mirabella Eclano, Torre le Nocelle, Montefusco, etc., dans la vallée de Calore ; San Stefano del sole, Aiello, Sorbo Serpico, Salza, Parolise, S. Paolina, Tufo, Altavilla, Chianche, Chianchetelle, Mercogliano, Ospedaletto, S. Angelo alla Scala, Pietrastornina, Grottolelle, S. Felice, Montefredane, Rocca Bascerana, San Martino, dans les vallées du Sabato ; et Caudina San Angelo dei Lombardi, Lioni, Morra Irpino, Andretta, Cairano, Rochetta, San Antonio, dans la vallée de l'Ofanto ; Solofra, Banzano, dans la vallée de Montiro ; Orsara di Puglia, Ariano di Puglia, Montelone di Puglia, etc.

La province de Beneventano qui, au point de vue viticole, doit être considérée comme la suite de celle d'Avellino, cultive aussi l'Aglianico, principalement dans les environs de Bénévent, moins dans la région de Cerreto Sannita et très peu dans celle de S. Bartolomeo in Galdo. Voici pour Bénéventano les communes à retenir pour le sujet qui nous intéresse : Pannarano, Apollosa, Arpaise, Ceppaloni, San Maria a Tuoro, San Martino Sannita, Castelpoto, Foglianise, Vitulano, S. Giorgio la Montagna, S. Nazaro-Calvi, Campoli, Cautano, Tocco Gaudio, Pago Veiano, Pescolamazza, Torrecuso, Paupisi, S. Nicola Manfredi, Fragneto l'Abate, Fragneto monforte, San Leucio Pietralcina, San Giovanni Ceppaloni, etc. ; aux alentours de Cerreto, les noms suivants : Guardia Sanframondi, San Lorenzello, Faicchio, Cerreto Sannita, Frasso Telesino, Campolattaro, Solopaca, Telese, S. Lorenzo maggiore ; enfin, dans la région de San Bartolomeo, S. Marco Cavoti, S. Giorgio la Molara, Castelpagano, etc.

On peut considérer comme appartenant au même centre viticole la province de Salerno, qui touche à la province d'Avellino et à celle de Basilicate et avec lesquelles elle a beaucoup de cépages communs. Citons, dans cette dernière province, les collines et la plaine

voisine de Salerno, Pontecognano, Eboli, Monte Corvino Rovello, Siano, Sarno, S. Severino, Bracigliano, Bucino, etc.

Dans la province de Naples, le centre le plus important de la culture de l'Aglianico
est Pozzuoli et ses environs où ce cépage domine. On y remarque Pozzuoli, Baia,
Pianura, Soccavo, Marano et plus particulièrement la région du mont de Procida où l'on
cultive surtout l'Aglianichiello. L'Aglianico est également important à Procida, dans
l'île d'Ischia (particulièrement à Ferrara-Fontana, Foria di Casamicciola, Ischia,
Barano d'Ischia, etc.), bien que n'y étant pas prépondérant, et aussi à Ventotene et à
Capri.

On le trouve, dans des proportions moindres, dans diverses communes de la région du
Vésuve, sur les versants des monts Lattari, ainsi que dans la presqu'île de Sorrente. On le
rencontre encore, mais en nombre restreint, dans la province de Caserta. Il est cultivé,
d'une manière générale mais très clairsemé parmi de nombreuses variétés, dans la province de Campobasso ; enfin on le rencontre dans les vieilles vignes des trois provinces
des Pouilles : Foggia, Bari et Lecce, où il est plus abondant dans la partie voisine de la
Basilicata. Il y a également, dans les Pouilles, quelques vignobles, constitués exclusivement par l'Aglianico, dans les provinces de Foggia et de Bari (Andria).

En ce qui concerne l'altitude à laquelle l'Aglianico est cultivé, elle varie de quelques
mètres au-dessus du niveau de la mer, comme à Pozzuoli, jusqu'à 900 mètres ou à peu
près. Sur le Vulture il pousse à plus de 600 mètres, à Ruoti il est à une altitude d'environ
700 mètres, à Avigliano et à Potenza à presque 800, à Trévico, dans la province d'Avellino, à environ 900 mètres. Il est incontestable néanmoins que l'altitude la plus propice à
ce cépage est celle comprise entre 200 et 500 mètres à 600 mètres, avec une bonne
exposition. En dehors de ces limites, la maturité n'est pas toujours complète, et les vins
manquent généralement d'alcool et ont trop d'acidité.

Ampélographie comparée. — Dans le langage ordinaire, et quelquefois dans les contrats
de location stipulés chez les notaires, on a la coutume de donner à l'Aglianico le nom
d'*Aléatico*. On doit éviter avec le plus grand soin cette substitution, parce que le nom
d'Aléatico étant donné à un cépage bien déterminé, à raisins « aromatiques », cultivé en
Toscane, en Pouille, en Basilicate et en d'autres contrées, ne peut ni ne doit être appliqué
pour désigner la variété dont nous exposons la monographie, sans créer une déplorable
confusion.

C'est par erreur que le nom Aglianico a été considéré par Odart comme synonyme
d'Aléatico. Cet auteur, dans son ouvrage *Ampélographie universelle*, parlant de l'Aléatico
noir de Toscane, classe parmi ses synonymes l'Aglianico du xve siècle. Il est probable
qu'Odart a écrit cela parce qu'il avait consulté Bacci qui, dans l'*Histoire des vins italiens*,
parle d'une manière spéciale de l'Aglianico ; mais, quand on lit le chapitre consacré à ce
dernier, on a la conviction que Bacci voulait parler du vin d'Aglianico et non d'Aléatico. Il
est d'autre part impossible de confondre les vins de ces deux variétés bien distinctes. Du
reste ni Pierre Crescenzi, ni Soderini, ni J.-B. de la Porta, pas plus que les autres écrivains des xive et xvie siècles (Tatti et Gallo) que j'ai lus, ne citent l'Aléatico, et il faut
arriver à la seconde moitié du xviiie siècle pour trouver quelques notes sur le raisin *Lia-
tico*, ou *Léatico* (synonyme d'Aléatico), laissées par Cosimo Trinci et J.-C. Villifranchi.

L'Aglianico fut considéré comme synonyme du *Pignolo* décrit par Gallesio, d'abord par le botaniste Gasparrini, dans son ouvrage sur *Les vignobles et les cépages du district de Naples* (1844, p. 65); depuis, par G.-A. Pasquale, dans son *Traité d'arboriculture*; enfin, plus tard, par MM. Arcuri et Casoria, dans leur travail sur l'agriculture méridionale, (année 1883, p. 242 et 43, ayant pour titre, *Contributo agli studii ampelografici del l'Italia meridionale*). Cette synonymie est-elle exacte? Il faut considérer tout d'abord que le nom de *Pignolo*, ou *Pignola*, est donné à des cépages cultivés en diverses contrées d'Italie très éloignées les unes des autres; en cela il y a probablement quelque différence entre eux. Le Pignolo est très répandu dans l'Italie septentrionale, surtout en Lombardie. Pierre de Crescenzi en parle dans son *Traité d'agriculture*, traduit en florentin, revu par Nferigno (Bologne, 1874, p. 197). Il a été supérieurement décrit par Gallesio dans son livre *Pomona italiana* (1817-19), sous le nom de *Pignolo*, ou *Pignola*, de *S. Colombano*. L, A. dit que ce cépage est cultivé sur les coteaux de S. Colombano, de la Brianza, du Piacentino; qu'il est très répandu dans le Novarese, principalement sur les collines de Valdisesia, ainsi que dans les plaines du Lodigiano et dans celles de l'Oltrepo pavese.

Acerbi, dans *Le Viti italiane*, énumérant les cépages cultivés dans les diverses contrées de l'Italie, cite le Pignolo parmi ceux de la province de Cremone (p. 42) et des collines de l'Oltrepo pavese (p. 58); il rappelle le *Pignolo* du territoire de Valenza, en Piémont (p. 107); la *Pignola*, ou *Pignola grossa*, du territoire de Schio, dans la province de Vicenza (p. 218); le *Pignolo veronese*, des vignes de la province de Vérone (p. 236); la *Pignola* des coteaux de S. Colombano dans le Milanais (p. 252); le *Pignolo rouge*, ou *Prugnolo di Toscana*. Il cite, en outre, ce cépage comme étant cultivé dans la province de Mantoue, aux environs de Côme, Monza, Bassano, Udine et dans le Genovesato. Semmola, lorsqu'il parle des vignobles du Vésuve, près de Naples, décrit une variété qu'il nomme Pignola, ou *Pignolata*. Le Pignolo est en outre cité, çà et là, dans les fascicules du *Bulletin ampélographique*, et il a été décrit comme cépage de la Lombardie par le professeur Tamaro, dans l'*Annuaire général pour la viticulture et l'œnologie* (1893, p. 9). M. Rovasenda, sous la dénomination de *Pignolo, Pignola, Pignuolo, Pignuola, Pigneiron, Pignoletta*, etc., comprend les nombreux cépages des différentes parties de l'Italie et de quelques départements français portant ce nom et ayant une forme commune de la grappe. Étant donnée la grande diffusion du Pignolo il est intéressant de déterminer si ce cépage correspond à notre Aglianico, ainsi que le suppose Gasparrini.

Je n'ai jamais eu l'occasion de comparer entre eux ces deux cépages; il m'est donc difficile d'affirmer s'ils sont de même nature ou s'ils forment deux variétés distinctes. Je dois pour l'instant me borner à établir une comparaison prudente en me basant pour le Pignolo sur la description qu'en ont fait Gallesio et Tamaro. De cette comparaison, il résulte que bien qu'ayant entre eux beaucoup de caractères communs, ces cépages diffèrent en plus d'un point : c'est ainsi que la feuille du Pignolo (d'après la planche coloriée de Gallesio) est plus longue que large et a les sinus supérieurs ouverts; la grappe est petite, cylindrique, les grains gros, ronds, serrés, souvent attachés les uns aux autres; la peau est d'un noir légèrement bleuté, la pulpe est vermeille [1]. L'Aglianico a la feuille aussi large

---

1. Les caractères ampélographiques donnés par Gallesio, sont les suivants : Racemis parvis, cilindricis; acinis rotundis; sibi invicens confertis; cortice nigro, succo rubescente, linguam suggente, austero.

que longue, les sinus fermés ou presque; la grappe est moyenne ou grande, pyramidale, un peu ailée; les grains ronds; de petits grains verts, non mûrs, sont parsemés dans le raisin; la pulpe est verdâtre. On rencontre, il est vrai, mais très rarement, quelques grappes secondaires cylindriques ou à peu près, et ressemblant assez sur ce point à celles du Pignolo. Il y a encore une grande différence dans la végétation; le Pignolo est très vigoureux, l'Aglianico ne l'est que peu; ses rameaux, aux nœuds rapprochés, sont grêles, sa moelle peu importante.

Si maintenant l'on se rapporte à la description de Tamaro on trouve, en ce qui concerne la grappe, une différence moins grande. En effet, le Pignolo y est décrit avec une grappe grosse, formée de grains serrés, et ayant la forme d'une pomme de pin, les raisins en sont ronds ou à peu près et pruinés, gros, d'une saveur douce, avec un jus rouge; les pédoncules sont courts. Il résulte de cette description que le Pignolo est très vigoureux, avec sarments longs et résistants, et moelle abondante.

M. Rovasenda, qui cultive simultanément, à la Bicocca, l'Aglianico et le Pignolo, les place tous les deux au n° 11 de sa classification, ce qui démontre qu'il trouve en eux de grands caractères communs. Il me semble pourtant que la longueur des entre-nœuds, la couleur du suc, la grosseur des grains démontrent que nous nous trouvons incontestablement en face de deux cépages différents. En tous cas, le Pignolo décrit par Gallesio diffère beaucoup de l'Aglianico; j'en conclus que la synonymie établie par Gasparrini n'est pas acceptable. Une étude comparative des deux plantes pourra bien en établir la différence.

L'Aglianico a des dérivés; outre l'Aglianico proprement dit, dont nous donnons la monographie, on connaît : l'*Aglianicone*, l'*Aglianico S. Severino*, l'*Aglianichiello*, l'*Aglianico zerpoluso*; certains même distinguent un *Aglianico mâle*, un *femelle*, etc., mais ceux-ci sont bien synonymes des précédents et varient selon les lieux.

Il arrive que dans les provinces où l'Aglianico domine, on donne souvent son nom à certaines variétés à raisins noirs ayant avec lui quelque vague ressemblance; tel est le cas de l'*Aglianico forestiale*, de l'*Aglianicone* de quelques localités, etc., mais il n'y a pas lieu de s'en occuper ici. Des sous-variétés citées plus haut, les plus importantes, celles que j'ai eu occasion d'étudier en certains endroits, se distinguent par la grosseur du fruit. Des différents organes de l'Aglianico, celui qui varie le plus est la grappe. L'*Aglianico commun*, ou *vrai*, s'il pousse en un terrain argileux ou fertile, a la grappe serrée; le même fait se produit avec des vignes jeunes, taillées court; au contraire on a des grappes mi-serrées, lâches, dans les terres sèches, maigres, ainsi qu'avec les vignes vieilles à taille longue. Cette variation fixée a déterminé les sous-variétés dont je donne ci-dessous les caractères différentiels les plus importants.

L'*Aglianico comune*, ou *verace*, ou *liscio*, a un développement moyen par rapport aux autres formes; il donne un produit moyen ou abondant dans les vignes jeunes ou en terrain fertile; ses grappes ne dépassent pas la moyenne dans les terres sèches ou maigres, elles sont serrées dans les vignes jeunes ou en terre fertile. Le vin est robuste, coloré et peut se conserver. Nous décrirons plus loin ses caractères ampélographiques.

L'*Aglianico S. Severino*, ou *di Lapio* (Montemarano), est, quant aux organes, semblable au précédent; mais sa végétation est vigoureuse; la feuille est moyenne, 3 ou 5-lobée, avec la partie supérieure plus verte, plus lisse; les dents plus aiguës; rameaux plus longs portant des entre-nœuds moyens; fleurs abondantes mais craignant la pluie de juin.

Grappe moyenne, cylindrique ou légèrement conique, mi-serrée, avec un grain mi-sphérique et pruineux. Il est un peu plus précoce que le précédent. Il donne un vin coloré, agréable, moyennement alcoolique.

L'*Aglianico zerpoluso* a un moins grand développement que le précédent; rameaux rougeâtres, avec entre-nœuds courts; feuille lobée, avec grosses dents arrondies, le pétiole, plus court que [la nervure médiane, est mince, rosé. Grappes moyennes ou grandes, demi-serrées ou même flottantes, à pédoncule rosé, résistant; pédicelles rouge vin, portant des grains ronds, plus grands que ceux des autres sous-variétés décrites, de couleur azurée, pruineux; peau dure, âpre; jus de saveur douce. Le fruit est sujet à pourrir si l'automne est pluvieux.

L'*Aglianichiello*, *Aglianichella*, *Aglianicuccia* (Pozzuoli), ou *Aglianico femminile* (Campagna), présente des différences plus caractéristiques. Feuille petite, 3 ou 5-lobée, plus longue que large; dents aiguës, et pétiole faible, court, rosé; rameau maigre, rougeâtre, entre-nœuds courts. Grappe petite ou moyenne, d'ordinaire cylindrique, parfois conique; grains inégaux, petits, sphériques, pruineux, souvent avec petits grains non mûrs. Sur le mont de Procida (province de Naples), il porte des grappes serrées, petites, les grains sont les 2/3 de ceux de l'Aglianico commun; son rendement moyen est médiocre, mais le vin plus alcoolique, plus fin, est plus délicat. On le rencontre assez fréquemment sur les versants intérieurs du mont Barbaro (ancien Gauro), près Pozzuoli, et au mont de Procida. Dans l'Avellinese il est cultivé avec l'Aglianico commun.

L'*Aglianicone*, ainsi que son nom l'indique, a un développement supérieur aux autres sous-variétés citées. Rameaux robustes, entre-nœuds longs, bois résistant; feuilles grandes, à 3 lobes. Grappe grosse, pyramidale, ailée, serrée; pédoncule long, robuste; pédicelles à bourrelet rouge. Grains gros, ronds, pruineux. Rendement abondant, mais de qualité médiocre; craint beaucoup les pluies de juin; en ce cas donne des grappes avec peu de gros raisins. L'Aglianico étudié à Pozzuoli diffère de celui de la province d'Avellino en ce qu'il a des grappes longues de 0^{m}25 à 0^{m}35, serrées, avec des grains très gros, sphériques, aqueux, de couleur rouge violet clair. Formes de la feuille et de la grappe semblables à celles de l'Aglianico commun, dimensions à part; rameaux plus robustes et plus longs. Des sous-variétés que nous venons d'examiner deux sont plus précoces: l'Aglianico S. Severino et l'Aglianicone; les autres sont plus tardives.

Culture. — L'Aglianico est un cépage qui se plie à toutes les formes possibles de la taille et de la culture. Nous le trouvons bas ou très bas en Basilicate et en Pouille; d'élévation moyenne dans quelques communes des provinces de Salerno, Benevento et Avellino; élevé ou très élevé dans les provinces d'Avellino, Naples, Bénévent, Salerno, Caserta, etc. En Pouille, on taille les souches basses, à deux coursons, portant chacun deux yeux, comme pour les autres cépages locaux, rarement à trois coursons ou davantage. Dans quelques parties de la province de Potenza, on emploie aussi cette taille. En Basilicate, dans une partie de la province d'Avellino, c'est-à-dire aux environs de San Angelo dei Lombardi, près de Melfi, ainsi que dans quelques régions de la province de Salerno, particulièrement vers Basilicata, les vignes sont toutes basses et taillées avec un seul rameau à fruit plus ou moins long, selon la vigueur des plants et leur distance, sur cette branche à fruits on laisse de 4 à 5 et même de 10 à 12 yeux. Ce rameau est courbé au 2e ou 3e entre-nœuds et prolongé horizontalement. Dans quelques localités on a coutume de laisser un bras avec un rameau long recourbé en arc. Les vignes sont maintenues d'ordinaire par des roseaux, à raison de deux par cep quand la branche à fruit est dirigée horizontalement. Ces roseaux sont réunis et attachés par le haut, écartés à la base. On se sert aussi d'échalas tirés de troncs d'arbres, etc.

Dans certaines communes de la vallée de Calore et de la vallée Caudina (province d'Avellino), ainsi que sur les versants des collines en quelques localités des provinces de Salerno et Caserta, un peu aussi dans le Beneventano, la vigne est de moyenne hauteur et à taille longue. Chaque pied n'est pas isolé ; on en réunit deux ou trois formant un groupe appelé « fossa ». Ces « fosse » sont disposées en carrés de deux mètres de côté. Au milieu de chaque groupe s'élève un pieu portant à son sommet le reste des rameaux taillés, lesquels sont destinés à supporter la branche *frasca*. Celle-ci, qui se compose de un ou deux rameaux avec leurs ramifications secondaires, donne ainsi prise et appui aux branches à bois ou de « succession » (comme certains les nomment) sorties des premiers bourgeons des longs bois.

Les bois longs, laissés sur la vigne, sont ordinairement entrelacés deux à deux de manière à former comme des cordes. Après les avoir liés préalablement au tuteur, à la hauteur du deuxième ou du troisième entre-nœuds, on les dirige horizontalement sur les côtés du carré, en sorte que le bois des deux ceps voisins, ainsi conduits, sont réunis par leurs extrémités et liés ensemble ; s'ils sont trop courts, on les maintient au moyen d'un rameau de châtaignier ou d'autre bois, ou même d'un sarment intermédiaire. De cette façon, les bois à fruits forment une sorte de filet à mailles carrées, tendu à environ 1 mètre ou 1 m 50 au-dessus du sol. Ce système économique et rationnel présente de gros inconvénients quand on l'applique trop près du sol, car alors il est difficile et pénible de circuler pour les travaux de culture, particulièrement pour les sulfatages.

Les vignes hautes sont de deux sortes : celles soutenues par de grands pieux de châtaigniers ou autres, et celles ayant pour tuteur des arbres, tels que l'orme, l'érable, etc. La taille des environs d'Avellino vaut la peine d'être décrite. Les vignes, élevées de deux, trois et parfois quatre mètres, sont disposées par groupes de 3 ou 4, avec intervalles de 3 à 4 mètres ; chacun de ces groupes est appuyé sur un gros pieux de châtaignier de 5 ou 6 mètres de hauteur, au sommet duquel pend la « frasca ». Dans certaines communes, ces vignes sont taillées à sarments longs qui se renouvellent chaque année ; dans d'autres, au contraire, elles sont taillées en cordons avec coursons, qui s'étendent de l'un à l'autre groupe formant ainsi des lignes festonnées. Celles-ci sont formées quelquefois d'une seule ramification, mais plus souvent de deux, entrelacées, sur lesquelles on ménage, à une distance convenable, de nombreux coursons à deux ou trois yeux ; aux extrémités, un ou deux rameaux de prolongement, selon les cas. Dans certaines localités, on renouvelle les cordons au bout de 4, 5 ou 6 ans ; dans d'autres, au contraire, on les laisse se développer jusqu'à ce qu'ils aient atteint 8, 10 et même 12 mètres s'étendant ainsi sur 2 ou 3 groupes successifs.

Dans la région de Pozzuoli (Naples), les vignes d'Aglianico sont cultivées très hautes, à quatre, cinq et même six mètres, à cause du climat. A des hauteurs diverses, elles portent soit des bras avec de nombreux coursons, soit des rameaux tendus horizontalement de cep à cep, ou courbés en arc et même formant des cercles. Elles sont maintenues par des grands pieux de châtaignier et sur rangs très rapprochés : 2 ᵐ 50, 3 mètres, 3 ᵐ 50 au plus, ayant entre elles, sur chaque rang, 1 ᵐ 50 à 2 mètres au maximum.

Les vignes hautes, soutenues par des arbres, sont taillées généralement selon un des modes ci-dessus exposés. Il y a encore d'autres tailles en usage, mais celles que nous venons de décrire sont les plus caractéristiques.

Nous avons parlé déjà des vignes basses ; nous ajouterons qu'elles sont plantées de 1 mètre à 1 ᵐ 20 de distance ; on en rencontre même à 0 ᵐ 80, et dans ce cas il y en a 15.000 à l'hectare. Dans les vignes de moyenne hauteur, quelquefois on cultive des céréales ou des légumes. Le terrain portant les vignes hautes ou très hautes est toujours utilisé par des cultures herbacées.

L'Aglianico a peu d'affinité avec les vignes américaines, surtout avec le Rupestris et quelques Riparias ; il se greffe plus facilement sur des Riparias sélectionnés à l'école d'Avellino (Riparias glabres nᵒˢ 23, 24, 26, et Riparia tomenteux nᵒ 21), mais en général son affinité est bien inférieure à celle constatée sur le Riparia, pour le Sangiovese, la Malvasia et plus encore la Syrah ou le Cabernet Sauvignon. A cause de la faible végétation de l'Aglianico, son greffage sur des plants américains lui donne un médiocre développement. Les feuilles sont sensibles aux attaques du Mildiou et exigent des sulfatages répétés avec des bouillies plus concentrées que celles servant à préserver les autres cépages.

Vinification. — L'Aglianico, aux environs de Pozzuoli et dans la région du Vulture, donne des vins alcooliques, colorés, riches en extrait, en un mot de vrais vins de coupage corsés, classés parmi les meilleurs de l'Italie méridionale ; couleur rouge grenat vif, soutenue et brillante, saveur franche, fraîche, douce, astringente, sans goût de terroir. Leur richesse alcoolique varie de 12 à 14 et 15 %; ils ont en acidité totale (acide tartrique) 6 à 8 %₀₀, en moyenne 7 ; l'extrait sec pèse 30, 40 et jusqu'à 50 grammes par litre.

En des endroits plus tempérés, plus élevés, par exemple dans beaucoup de communes des provinces d'Avellino, Benevento, etc., l'Aglianico donne des vins moins riches en alcool, d'environ 11°, très acides, 7 à 10 %₀₀ ; couleur rouge grenat ou rouge rubis clair, très soutenue ; goût sec, frais ou acide, astringent, mais homogène ; fermentation de 10 à 12 jours. Ils font de très bons vins de table lorsqu'on les laisse fermenter pendant 6 ou 7 jours avec leurs marcs, surtout lorsque la rafle est enlevée avant ou après le foulage.

Dans beaucoup de localités de la province de Potenza, le raisin d'Aglianico est vinifié avec un mélange de raisins blancs, particulièrement de *Bombino*, appelé dans cette région *Calatamburro*. La proportion en varie entre deux et six dixièmes. Naturellement les caractères des vins ainsi obtenus diffèrent beaucoup entre eux. Il y a des vins rouge rubis, rouge cerise et même rosés. A Ruoti (arrondissement de Potenza), on fait un type de vin de table qui un est des meilleurs de la province. Il est le produit d'un mélange d'Aglianico et de Calatamburro en quantité presque égale. Souvent au Calatamburro on ajoute une petite quantité d'autres raisins blancs tels que l'*Asprinio*, la *Manica nera*, etc. Le moût fermente avec les marcs pendant 5 ou 6 jours seulement, puis on le décuve tandis qu'il est encore en fermentation et après quelque temps on le traite ainsi : on ajoute au vin nouveau, qui fermente encore dans les tonneaux, du moût d'Aglianico, mis à l'étuve pendant 15 à 20 jours et bouilli avec les peaux jusqu'à réduction aux 4/5 ou aux 3/4. Ce liquide, d'un rouge intense, épais, sirupeux, est versé chaud, même bouillant, dans les tonneaux, avec les peaux. Il est communément appelé « mamma ». La fermentation lente, qui est ravivée par l'addition de cette matière sucrée, dure jusqu'à décembre, favorisée par une température constante de 15 à 16° qui règne dans les caves percées dans le grès, lesquelles sont très propices à la conservation des vins, Ces vins sont brillants, d'un rouge rubis vif, d'odeur agréable, piquants, ronds, homogènes, peu astringents. Alcool, 11 à 12°; acidité, 6 %ₒ, en moyenne ; extrait sec, 22 à 25 %ₒ. L'influence de l'air ambiant et du terrain est très grande sur le vin d'Aglianico.

Cépage plutôt tardif (il est de la 4ᵉ saison, d'après Pulliat), on le récolte ordinairement en octobre, et en certains endroits, comme dans la région du Vulture et dans quelques communes de la province d'Avellino, on vendange en novembre. Il aime les terres sèches, bien exposées, chaudes ; dans les terres froides ou fraîches il n'arrive pas toujours à complète maturité, du moins au-dessus de 3 ou 400 mètres au-dessus du niveau de la mer. Dans les régions peu chaudes, à cause de leur altitude, les meilleurs produits sont obtenus dans les terres argilo-calcaires, surtout si elles sont caillouteuses, et sur les terres volcaniques. On obtient aussi de bons produits dans les terrains de moyenne compacité, siliceux, et formés de la désagrégation des grès, pourvu qu'ils soient secs. Les vins des vignes plantées en terrain argilo-calcaire sont colorés, robustes, alcooliques et peuvent être classés parmi les vins de coupage. De même ceux des terres volcaniques, tels que ceux de Pozzuoli, près de Naples, et de la région du Vulture, sont très colorés et alcooliques. Dans les terres siliceuses, l'Aglianico a un rendement faible ; le vin est moins coloré, moins corsé, pauvre en tanin, mais plus agréable, homogène, fin et susceptible de prendre un bouquet accentué après un court vieillissement. En un mot, c'est un vin fin de prix. Enfin, la vigne, en terre fraîche et fertile, donne un vin riche en acide, faible en couleur, en alcool, en extrait, de qualité médiocre.

Le vin d'Aglianico, comme tous les vins riches en acide, extrait et tanin, est de bonne conserve. Les expériences, faites à l'École d'œnologie et de viticulture d'Avellino, ont prouvé, qu'après 5 ou 6 ans de fût, non seulement il n'avait pas perdu de sa valeur, mais qu'il était devenu plus fin en se dépouillant de sa rudesse originelle ; en fût, puis en bouteilles pendant 9 ou 10 ans, il a toujours gagné en qualité.

Sa vinification actuelle, lorsqu'il est jeune, lui donne comme caractère dominant une astringence excessive, justifiée par des doses élevées de tanin et un goût de fruité qui dure assez longtemps. Pour le livrer à la consommation et lui donner un goût plus agréable pour une vente rapide, on peut employer l'un des trois procédés suivants : 1° mélanger au raisin d'Aglianico une certaine quantité de raisins blancs (comme à Basilicate) de *Malvasia lunga*, dans la proportion d'environ 2/10 ; ou bien égrapper complètement le raisin et laisser fermenter l'ensemble pendant 5 ou 6 jours ; puis décuver le liquide quand il contient encore du sucre, ou encore laisser fermenter le moût avec les 3/4 seulement des marcs. Ces trois méthodes, expérimentées à l'École œnologique, ont donné de bons résultats ; la seconde est néanmoins la plus efficace. La rudesse du vin, due à la proportion très grande des éléments solides dans le raisin d'Aglianico et à sa richesse en matières astringentes (tanin, couleur), est aussi modifiée par les procédés ci-dessus.

La composition du fruit de ce cépage varie, ainsi qu'il est facile de le comprendre, suivant les terrains, dont les vignes ressentent beaucoup l'influence, suivant le mode de culture et plus encore le climat dès diverses provinces où il est répandu.

On a fait de nombreuses analyses de moûts d'Aglianico ; je donne ci-dessous les moyennes groupées par provinces. D'après le professeur Bianchi, voici la composition du raisin d'Aglianico cultivé dans la région du Vulture, province de Potenza :

ANALYSE MECANICA		1888	1889	1890	MOYENNE GÉNÉRALE
Poids des grappes	Moyenne	118^{gr}63	136^{gr}02	141^{gr}40	132
	Maximum	208	392	230	
	Minimum	70	73	39	
Poids des 100 grains	Moyenne	180	»	»	
	Maximum	236	»	»	
	Minimum	148	»	»	

		1888	1889	1890	1891	MOYENNE GÉNÉRALE
Rendement en moût (poids) de 100 parties de raisins	Moyenne	74.50	80.78	84.35	84.03	»
	Maximum	80	86	87.80	86.73	80.91
	Minimum	70	77	80	81.18	»
PRINCIPAUX ÉLÉMENTS DU MOUT						
Sucre °/₀	Moyenne	20.65	20.03	20.47	22.17	»
	Maximum	23	23.25	23.25	24.75	20.88
	Minimum	17	17.75	16.	18.75	»
Acidité totale (en acide tartrique)	Moyenne	6.26	9.13	9.07	7.46	»
	Maximum	9.18	13.26	14.28	10.54	7.98
	Minimum	4.25	5.13	4.93	5.78	»
Crème de tartre °/₀	Moyenne	»	»	5.002	»	»
	Maximum	»	»	6.525	»	5.002
	Minimum	»	»	3.918	»	»

M. Nesbitt di Lacco Ameno a fait plusieurs analyses de l'Aglianico de la province de Naples ; en voici les principaux résultats (*Bulletin ampélographique*, fasc. XVII) :

		ILES D'ISCHIA	DE PROCIDA	DE CAPRI	ENVIRONS DI POZZUOLI
Sucre °/₀	Moyenne	23.40	27.16	20.42	23.24
	Maximum	29.41	30.30	21.27	30.26
	Minimum	19.23	23.83	19.60	16.13

Voici les analyses du Comice agricole de Pozzuoli faites par M. Rimoli :

	AGLIANICO		AGLIANICHIELLO
	Sucre %	Acidité totale %₀₀	
Moyenne..................	24.01	11.4	Sucre % 22.22
Maximum................	30.26	15.7	Acidité %₀₀ 13.8
Minimum	16.12	7.1	

Toujours pour la province de Naples, Arcuri et Casoria donnent les résultats suivants (*Agriculture méridionale*, 1883, 6ᵉ année, p. 242) :

	VERSANT OUEST du Vésuve Zone basse.	VERSANT EST DES MONTS LATTARI Zone		
		Basse.	Moyenne.	Haute.
Rafle.......................	3.84	7.41	3.60	5.13
Baies.......................	96.16	92.60	96.40	94.87
Peau et pépins.............	9.61	7.40	6	12.50
Liquide { en poids.........	86.55	85.20	90.40 (?)	82.36
Liquide { en volume........	83.33	78.51	80	73
Composition du moût :				
Glucose....................	18.38	18.82	20	19.50
Acidité totale (en acide tartrique)..	8.90	9.20	8.4	5.4

Le Dʳ F. Rossi donne à l'Aglianico de Sainte-Anastasie cette composition : glucose, 21.25 % ; acidité totale en acide tartrique, 8.40 %₀₀.

Pour la province de Salerno, voici les moyennes des analyses du professeur Ricco (*Bulletin ampélographique*, fasc. VII, p. 541, 1877) :

	AGLIANICO		AGLIANICONE		AGLIANICHIELLO	
	Glucose %	Acidité %₀₀	Glucose %	Acidité %₀₀	Glucose %	Acidité %₀₀
Moyenne.................	19.46	7.98	16.96	10.63	17.87	9.30
Maximum	22.82	11.05	18.76	13.50	19.08	10.40
Minimum	16.75	4.50	15.62	7.00	16.57	8.25
Nombre d'analyses........	15		6		2	

Pour la province de Bénévent, 6 analyses donnant comme moyenne : Sucre, % 16.5 ; acidité, 8.71.

Province de Caserta, 3 analyses : glucose %, 17.74 ; acidité, 7.70.

Voici, d'après Chiaramonti, la composition moyenne de l'Aglianico dans les Pouilles, (Foggia et Bari) :

COMPOSITION MÉCANIQUE		COMPOSITION CHIMIQUE DU MOUT	
Poids moyen des grappes....................	313 ᵍʳ		
Pour un kilog. rafles.......................	38 ᵍʳ	Glucose..............................	18.90 %
— grains.................	962 ᵍʳ	Acidité..............................	6.65 %₀₀
Peau et pépins.............................	160 ᵍʳ	Crème de tartre......................	6.93 %₀₀
Moût en volume...........................	710 cc.	Acides libres........................	3.88 %₀₀
Moût et marc.............................	883 cc.		

La moyenne de 8 analyses, faites, à différentes époques et par divers opérateurs, sur l'Aglianico de la province de Foggia, est la suivante :

	moyenne	19.55			moyenne	5.93
Sucre °/₀	maximum	22.41		Acidité °/₀	maximum	7.10
	minimum	18.70			minimum	4.10

Province de Bari, moyenne de 4 analyses : glucose °/₀, 19.32; acidité °/₀₀, 8.01.

Province de Lecce : glucose °/₀, 24.63; acidité °/₀₀, 4.90.

Province d'Avellino, moyenne de 35 analyses de moût faites à l'École œnologique d'Avellino : sucre °/₀₀, 18; acidité °/₀₀, 8.8.

Le Dʳ G. Gaeta, préparateur à la chaire de viticulture de l'École ci-dessus, ayant étudié postérieurement (1898) les vignes de la province d'Avellino, donne ces chiffres :

	POIDS MOYEN des grappes	RAFLES °/₀	GRAINS °/₀	PEAU ET PÉPINS	MOUT EN POIDS
Aglianico	98 ᵍʳ	4.59	95.41	20.41	75
Aglianichiello	73	4.33	95.67	22.79	72.88
Aglianicone	197	4.78	95.22	23.65	71.57

Voici les résultats obtenus par l'auteur de cette monographie, après ses études de 1900, sur les sous-variétés de l'Aglianico :

	AGLIANICO					AGLIANICHIELLO			
	POIDS DES grappes gr.	POIDS de 100 grains	RAFLES °/₀	RAISINS °/₀	MOUT °/₀ de raisins	POIDS des grappes.	POIDS de 100 grains	RAFLES °/₀	MOUT °/₀ de raisins
Moyenne	113	138	4.28	95.72	73 °/₀	62.30	113.50	2.98	75.17
Maximum	174	171	5.04	96.67	78 en poids / en vol.	72.70	127	3.15	en poids / en vol.
Minimum	81	57	3.33	94.96	67, 21-71	45	100	2.78	72.22

COMPOSITION DU MOUT

	RÉSULTATS DU DOCTEUR GAETA			RÉSULTATS DE L'AUTEUR	
	Glucose °/₀	Acidité °/₀₀		Glucose °/₀	Acidité °/₀₀
Aglianico	17.37	12.30	Aglianico	16	11.70
Aglianichiello	16.10	11.40	Aglianichiello	20.40	11.32
Aglianicone	17.30	15.67	Aglianico-Zerpoluso	20	9.97

Voici une autre analyse faite par le professeur de chimie de l'École œnologique et portant sur 5 variétés d'Aglianico du territoire de Nusco (province d'Avellino) :

	POIDS MOYEN	POIDS	POIDS	COMPOSITION DU MOUT	
	des grappes	des grains %	des rafles %	Sucre %	Acidité %₀
Aglianico	62ᵍʳ 12	94.49	5.51	19.82	12.42
— St-Severino	64.20	93.77	6.23	21.26	12.11
— Zerpoluso	51.07	94.20	5.80	17.77	12.38
Aglianichiello	50.20	94.43	5.57	18.74	13.38
Aglianicone	144	95.60	4.40	20.20	13.35

Dans la province d'Avellino, l'Aglianico donne un moût de 16 à 20 et même 22 %, de glucose, et 9 à 11 %₀ d'acidité en acide tartrique, laquelle s'élève à 12, quelquefois 14 %₀, quand les raisins ne sont pas parfaitement mûrs.

Il résulte de l'ensemble de ces analyses que le moût d'Aglianico est en général riche en acides libres, même quand le glucose s'y trouve en fortes proportions ; c'est ce qui donne au vin cette fraîcheur caractéristique, cette vivacité et cette couleur soutenue. Dans les Pouilles, l'Aglianico est regardé comme un des cépages donnant un vin plus acide que celui des autres variétés dominantes. La richesse en sucre du moût varie entre 17 et 20 % dans les endroits frais ou mal exposés et particulièrement quand les vignobles dépassent 200 mètres au-dessus du niveau de la mer ; elle peut s'élever à 23 et 24 %, et il est des cas, peu fréquents il est vrai, où elle atteint 27 et 28 % dans le voisinage de la mer par exemple, et dans les régions où l'on vendange tard. Les vins ont alors 10 à 15° d'alcool.

DESCRIPTION. — Souche, de force moyenne ; port érigé ; écorce grossière se détachant en lanières irrégulières ; jeune écorce rougeâtre.

Bourgeons, cotonneux, avec un riche duvet blanc sur les trois ou quatre petites feuilles terminales tant à la face supérieure qu'à la face inférieure ; seules les dents très petites sont glabres ; le bourgeon terminal est légèrement nuancé de rose ; les jeunes feuilles sont duveteuses sur la face supérieure, mais elles le sont de moins en moins et les quelques poils qu'elles ont encore disparaissent complètement quand elles sont devenues normales ; elles sont alors glabres ; cependant la face inférieure demeure toujours blanchâtre ; jeunes feuilles, au milieu de leur développement, vert pâle se rapprochant du jaune, entières ou à trois lobes, bullées.

Rameaux, grêles ; mérithalles moyens ou courts, très courts à la base, moyens sur le reste du sarment ; à l'état herbacé d'un vert jaunâtre et duveteux, plus tard ils deviennent couleur cannelle rougeâtre ; entre-nœuds courts, striés, avec points noirs ; nœuds de couleur plus accentuée que les mérithalles, légèrement aplatis ; aoûtés, de couleur noisette et pointillés de noir, quelquefois avec de larges taches rouge brun, les nœuds gris roussâtre, c'est-à-dire plus foncés que les mérithalles, lesquels sont droits, ronds, avec écorce finement striée ; bois dur ; moelle d'environ 1/3 du diamètre des rameaux ; vrilles faibles ou moyennes, bifurquées.

Feuilles, moyennes, aussi larges que longues, pentagonales, épaisses, souples, lisses, plates, avec tendance à se fermer en automne, ordinairement trilobées, quelquefois quin- quelobées (feuilles de l'extrémité des rameaux des vignes vigoureuses) ; lobe terminal très grand, rhomboïdal, presque obtus ; sinus latéraux supérieurs moyennement profonds, tantôt presque fermés, tantôt complètement fermés, avec souvent une dent dans le fond ; sinus latéraux inférieurs nuls ou à peine formés, ouverts ; sinus pétiolaire en U, presque tout à fait fermé (dans les vignes jeunes et vigoureuses) ; teinte générale d'une couleur vert gai avec jaune dominant et faisant distinguer même de loin ce cépage des autres. En automne, teinte rouge ; face supérieure glabre ; face inférieure cotonneuse, avec poils courts, rapprochés et en brosse, uniformes sur tout le parenchyme, plus longs sur les nervures qui sont saillantes sur la face inférieure ; dents peu profondes, larges, obtuses. — Pétiole plus court que la feuille, petit, rond, vert jaunâtre, avec teinte rosée à son insertion sur le rameau.

FRUITS. — *Grappes*, moyennes, peu serrées ou serrées, coniques ou pyramidales, avec deux ailerons peu développés pouvant manquer quelquefois dans les petites grappes qui sont alors cylindriques ; pédoncule moyen ou court, herbacé, rarement semi-ligneux à sa base, jaune verdâtre quand le raisin est bien mûr, dans le cas contraire, verdâtre ; rafle jaune quand la maturité est complète, vert jaunâtre quand elle est incomplète ou que les grappes sont très serrées ; pédicelles courts, rouge foncé, se détachant difficilement du grain ; pinceau court, verdâtre. — *Grains*, moyens, sphériques ; fréquemment, parmi les grains normaux, petits grains verts ; peau épaisse, coriace, violet foncé, tanique, pruineuse, résistant à la pourriture ; pulpe fondante, verdâtre, légèrement acide, de saveur franche, douce si la maturité est complète.

M. CARLUCCI.

Panse précoce

Imp. F. CHAMPENOIS, Paris.

PANSE PRÉCOCE

Observations. — On ignore tout à fait l'origine de cette vigne, à moins qu'elle n'ait été jusqu'ici confondue avec d'autres. Mas et Pulliat, qui l'ont décrite et figurée dans leur « Vignoble », disent l'avoir reçue du Jardin botanique de Dijon, sans indication d'aucune synonymie, et, malgré leurs recherches depuis lors, ils n'ont pu lui découvrir une autre dénomination. Mais ce beau cépage est souvent confondu par les auteurs avec le *Sicilien*, qui est aussi désigné sous le nom de Panse précoce (Pellicot), et ce fait a certainement beaucoup contribué à ce que l'attention n'ait pas été attirée sur lui. Cependant, on peut distinguer ces deux cépages : le Sicilien est à feuilles glabres et lisses ; sa grappe est moyenne ou sous-moyenne, ordinairement cylindro-conique, peu ou point ailée, mais non rameuse et assez ramassée, tandis que chez la Panse précoce (Pulliat), les feuilles sont duveteuses, la grappe grosse, rameuse, conico-cylindrique, peu serrée et elle a les grains blanc verdâtre ou jaune verdâtre, peu dorés au lieu de jaune doré.

La Panse précoce ne semble pas jusqu'ici être sortie des vergers ou des serres, où elle est cultivée comme raisin de table, le plus souvent sous des noms divers.

En outre du Sicilien, la Panse précoce se rapproche beaucoup, même beaucoup plus du *Van der Laan Traube*, dont elle ne diffère guère que par des caractères très faibles, tels que grappes plus rameuses, plus grosses, sur pédoncule plus long, bourgeonnement blanc tomenteux clair faiblement carminé, feuilles moins divisées, dentelure plus aiguë, etc. La *Bicane*, ou *Panse jaune*, outre ses grains plus ellipsoïdes, plus jaunes, mûrit ses raisins beaucoup plus tard que la *Panse précoce*. La *Panse précoce musquée* ne peut être non plus confondue avec notre Panse précoce, dont le raisin n'a pas de saveur musquée ; elle mûrit aussi beaucoup plus tôt, 1re époque au lieu de fin de 2e. En résumé, c'est du Van der Laan Traube que notre Panse précoce se rapprocherait le plus ; elle n'en est peut-être même qu'une forme dérivée.

La Panse précoce débourre quelques jours après le Chasselas. Un terrain sec, sablonneux ou caillouteux, bien exposé, semble lui convenir tout particulièrement. Comme à toutes les variétés vigoureuses à gros fruit, il faut que ses souches soient assez espacées pour qu'elles puissent prendre le développement qui leur est nécessaire. La taille courte sur souche basse lui convient peu ; c'est la forme en cordons horizontaux simples ou doubles ou en cordons verticaux qui nous paraît la mieux appropriée, avec taille courte.

BIBLIOGRAPHIE. — Mas et Pulliat : Le Vignoble (t. I, pl. 94).

La maturité de la Panse précoce est à peu près contemporaine de celle du Chasselas, c'est-à-dire de 1re époque ; aux environs de Paris elle mûrit en pleine terre, année moyenne, du 20 au 25 septembre.

Dans les situations où l'on craint le Phylloxéra, il faut la greffer sur des porte-greffes assez vigoureux. La Panse précoce ne nous paraît pas, sous le climat de Paris, être très exposée aux maladies cryptogamiques ; elle nous a même semblé être très résistante à l'Oïdium et au Mildiou, ou tout au moins autant que le Chasselas ; mais sa grappe est beaucoup plus résistante à la pourriture grise et aux insectes, sans doute en raison de la peau de ses grains assez dure.

La production est élevée ; nous obtenons facilement dans nos collections de Neauphle-le-Château, pour un écartement de souche de 1 m 20 en tous sens, 2 à 3 kilog. de raisins sur chacune. Le poids moyen des grappes en grande culture est d'environ 250 grammes, mais elles arrivent facilement à 350 et même à 400 grammes ; en espalier il serait facile de dépasser ces chiffres. Le poids moyen des grains a été trouvé (moyenne de 180) de 2 gr. 657, mais il n'est pas rare de voir ce poids dépassé de beaucoup, arriver à 4 et même 5 grammes. Un grain pesant 4 gr. 130 s'est ainsi décomposé :

Pellicule fraîche.. 0 gr 252, soit 6.10 %
Pépins frais (3).. 0 gr 150, — 3.64 %
Pulpe et jus... 3 gr 728, — 90.26 %

Ce rendement en pulpe et jus est donc très élevé. Le poids de la rafle fraîche a varié de 6 à 7 grammes, soit de 3 à 3.5 % du poids total de la grappe. D'autre part, 2.100 grammes de raisins pressés ont donné :

Jus.. 1625 gr, soit 77.3 %
Marc.. 575 gr, — 22.7 %

Dans un deuxième essai, 2700 grammes de raisins, provenant d'une autre souche, ont donné :

Jus ou moût... 2250 gr, soit 83.3 %
Marc.. 450 gr, — 16.7 %

Ces deux essais montrent la richesse en jus du raisin de ce cépage. Le moût du premier essai marquait au mutsimètre, après repos, 1072.7 à 15°, celui du second 1071.

La vinification ne présente rien de particulier, elle se fait comme celle des autres cépages blancs de cuve. Une certaine quantité de moût, mis à fermenter à part, en 1901, nous a donné un vin vert pâle sans beaucoup de bouquet, mais agréable et titrant à l'analyse :

Alcool.. 9.6
Acidité totale.. 4
Extrait sec... 23 (avec l'œnobaromètre)

Ce qui constitue un vin bien équilibré et qui s'est parfaitement conservé jusqu'à ce jour (février 1903), tout en s'améliorant beaucoup en bouquet et en finesse. En 1901, malgré l'effet d'une grêle qui n'a presque rien laissé, le moût de ce cépage marquait encore au mutsimètre 1071.

Comme raisin de table, le raisin de la Panse précoce n'est pas moins intéressant ; ses grappes sont belles, appétissantes, ses raisins, sans être de première finesse, sont néanmoins excellents ; ils se conservent facilement sur la souche et supportent bien le transport. En somme, la Panse précoce est un cépage très intéressant tant comme raisin de cuve que comme raisin de table. Maturité de 1re époque, contemporaine de celle du Chasselas ou de quelques jours plus tardive.

DESCRIPTION. — Souche, vigoureuse ; tronc gros, couvert d'une écorce gris clair assez finement gerçurée ; racines puissantes.

Bourgeons, ovoïdes, pointus, brun rouge, ténus, à écailles glabres, sauf sur les bords ; bourgeonnement blanc tomenteux clair, légèrement carminé sur les bords ; jeunes feuilles vert jaune en dessus, blanches duveteuses en dessous, puis devenant grises, pubescentes, quinquelobées ; sinus pétiolaire fermé ; sinus supérieurs assez profonds ; limbe un peu tourmenté ; jeunes grappes apparaissant au 4e ou 5e nœud, vert grisâtre, stipules allongées, vert roussâtre au sommet.

Rameaux, brun cannelle clair, glabres, assez gros, 6-8 ^{mm} de diamètre, moyennement dressés, finement et régulièrement striés ; nœuds rapprochés 7-8 centimètres, peu renflés ; moelle fauve, assez développée, avec diamètre des 3/7 de celui du sarment ; diaphragme mince, plan, 1.5 ^{mm} d'épaisseur ; canal médullaire élargi dans le voisinage des nœuds ; vrilles faibles, simples ou bifurquées, se desséchant de bonne heure.

Feuilles adultes, grandes, 0 ^{m} 17 long sur 0 ^{m} 14, larges, luisantes et glabres en dessus, fortement duveteuses, grisâtres en dessous, ce duvet souvent floconneux ; limbe chagriné, quinquelobé ou mieux divisé en trois grands lobes, les deux latéraux plus ou moins subdivisés en deux sous-lobes, le supérieur formant le plus souvent un losange, les deux inférieurs semi-ovales en forme de couperet ; sinus supérieurs profonds en U, les deux inférieurs peu profonds, le pétiolaire très profond, avec lobes se croisant plus ou moins par leur extrémité ; dentelure peu profonde, obtuse. — Pétiole moyen, 8 à 12 centimètres de longueur, aplati ou faiblement canaliculé en dessus, sub-glabre et teinté de rose. Défeuillaison assez tardive.

Fruits. — *Grappes*, sortant des 4e et 5e nœuds, grosses, ramifiées, assez lâches sur pédoncule assez court, grêle pour la grosseur de la grappe, vert lisse, peu résistant ; pédicelles assez robustes de 4-6 ^{mm} long. — *Grains*, légèrement ellipsoïdes, 17 1/2 ^{mm} sur 16 ^{mm} en moyenne, peau un peu translucide, assez épaisse, vert jaunâtre à la maturité ; pulpe verdâtre, fondante, à saveur bien sucrée et suffisamment relevée ; pépins 2 à 3, ordinairement 3, pointus, verdâtres, 7 ^{mm} de long sur 4 de large, à peine lobés au sommet ; chalaze un peu saillante.

P. Mouillefert.

GOUGET NOIR

Synonymie. — Gouge noir.

Observations. — Le *Gouget noir* est cultivé, dans la région montluçonnaise, depuis l'origine du vignoble. Bien qu'il ne reste, dans les archives régionales, aucune indication concernant la création de ce vignoble, il faut faire remonter son existence à deux siècles au moins.

Ce vignoble, qui s'étage sur les collines des communes d'Henriel, de Domérat, La Chapelande et sur les deux côtés de la vallée du Cher, à une altitude de 300 à 400 mètres, était autrefois complanté, comme cépages rouges, en Gouget, pour la plus grande partie, et en *Bon noir*. La reconstitution, commencée en 1893, fut une occasion d'introduire de nouveaux cépages, tels que les Gamays, qui prennent, au détriment du Gouget noir, une place chaque année plus importante. D'une maturité plus tardive que le Gamay, le Gouget mûrit souvent avec difficulté. Ce cépage, dans une région où le mois de septembre est généralement froid et pluvieux, est donc mal adapté au climat.

D'où vient-il? Quel est-il? Bien des suppositions ont été faites, mais pas une n'est satisfaisante. Les uns voient en lui un Pinot, d'autres un Gamay et cependant l'examen attentif de ce plant décèle des caractères bien distincts de ceux des Pinots et des Gamays.

Outre sa mauvaise maturité, qui devait le faire écarter de la région, le Gouget noir est très sujet à la Pourriture grise. Ce défaut a causé au vigneron montluçonnais, par la généralisation de la casse, des tribulations telles qu'il se décide enfin à remplacer ce vieux cépage par les Gamays Saint-Romain, Picard, teinturiers..., qui donnent des vins de qualité supérieure, sans diminution bien apparente de rendement.

Le Gouget noir débourre tardivement, environ 10 jours après les Gamays. Mais, dans la région montluçonnaise, où la vigne a été plantée un peu partout sans souci de la gelée, sa végétation tardive ne l'empêche pas d'être fréquemment victime des gelées printanières. Si ces gelées surviennent au début du débourrement, les contre-bourgeons se développent et donnent encore une récolte suffisante.

Ce cépage, très vigoureux, est très résistant à toutes les maladies cryptogamiques; le Mildiou, le Black-Rot et l'Oïdium, même lorsque les traitements sont négligés, causent des dégâts relativement peu considérables. L'Anthracnose seule est à redouter, et dans bien des vignobles le badigeonnage d'hiver au sulfate de fer est devenu la règle.

Le Gouget noir se soumet à toutes les tailles, mais il a une préférence bien évidente pour la taille en cordon, dite de Royat. Autrefois, avant la reconstitution, il était soumis à une taille primitive qui consistait à laisser chaque année, à l'extrémité des 3 ou 4 bras

J. Troncy

Gouget Noir

qui couraient sur le sol, un rameau taillé à 3 ou 4 yeux. Le bois de remplacement était fourni, sur chaque bras, par le rameau de l'année placé le plus près du vieux bois. Son rendement moyen à cette époque ne dépassait pas 40 hectolitres à l'hectare ; aujourd'hui, à la taille de Royat, il donne facilement 70 hectolitres à l'hectare. Le Gouget est donc un plant vigoureux, rustique et productif. Il se greffe facilement sur tous les porte-greffes, ce qui, en dehors d'autres caractères, le rapproche des Gamays.

Jamais ce cépage n'aurait été délaissé sans son défaut de maturité et sa prédisposition à la pourriture. Il n'est pas rare de trouver sur la même grappe des grains mûrs, des grains verts et des grains pourris. Placé entre le danger de voir sa vendange pourrir entièrement et celui de produire un vin acide peu recherché du commerce, le vigneron se décide le plus souvent pour cette dernière alternative et cueille une vendange dont la maturité est insuffisante. Le vin de Gouget noir est généralement peu coloré, peu alcoolique (6° à 8°), pauvre en tanin (au point souvent de ne pouvoir subir le collage sans adjonction de tanin), presque complètement dénué de bouquet et toujours riche en acide.

Ce cépage, supplanté par les Gamays, est appelé, dans un certain nombre d'années, à disparaître de la région. Le vignoble montluçonnais ayant été, depuis plus de deux siècles, fermé à tous les autres cépages, la disparition du Gouget noir sera d'autant plus longue à être complète que les vignerons ne connaissent les Gamays que depuis 9 ans. Dès maintenant, cependant, les Gamays et le Gouget noir se partagent le vignoble montluçonnais, et les vins des premiers jouissent déjà, et à juste titre, d'une réputation supérieure à celle des vins de Gouget noir.

Nous rappellerons que le Gouget noir est un type tout différent du Gouget blanc précédemment décrit (*Ampélographie*, t. IV).

DESCRIPTION. — Souche, forte, vigoureuse ; tronc gros ; écorce grossière en larges lanières.

Bourgeons, gros et ramassés, débourrement tardif, vert clair, glabre ; jeunes feuilles vert clair, glabres sur les deux faces et luisantes sur la face supérieure ; dents peu aiguës.

Rameaux, longs, de diamètre moyen, droits ; mérithalles de 12 à 15 cm., à nœuds saillants ; bois brun, rougeâtre, à stries assez fortes ; aoûtement tardif ; vrilles fortes, longues, ramifiées.

Feuilles, moyennes, rondes, 10 à 12 cm. de diamètre, planes, 3-5 lobées ; sinus pétiolaire et sinus latéraux arrondis, peu profonds ; face supérieure luisante, vert clair, un peu plus clair à la face inférieure ; nervures vertes. — Pétiole de grosseur moyenne, 7 à 8 cm. de long. Les feuilles se colorent à l'automne en jaune et en rouge vineux ; elles tombent assez tardivement.

Fruits. — *Grappes*, situées aux 3° et 4° nœuds, pesant 100 grammes environ, plutôt petites et cylindriques, 8 à 10 cm. de longueur, serrées ; pédoncule de 5 à 6 cm. de longueur, de grosseur moyenne ; rafles vertes ; pédicelles et pinceaux courts. — *Grains*, moyens, ronds, 10 à 12 ^{mm} de diamètre ; ombilic apparent, nouaison tardive ; peau assez épaisse, d'une coloration rouge vineux, à maturité inégale ; jus incolore, abondant ; pépins de grosseur moyenne, allongés, 2 à 3 par grain.

L. Chambron.

VERDURANT

Observations. — Les cépages blancs n'ont jamais été bien répandus dans le vignoble montluçonnais et ce n'est guère que depuis 1893, début de la reconstitution, que la production des vins blancs prend quelque importance. Dans le même vignoble qui n'avait subi, durant deux siècles au moins, aucune variation, les ceps de *Verdurant* étaient disséminés au milieu des plants de Gouget. Lors des vendanges, les Verdurant étaient laissés et ce n'est que lorsque les raisins rouges étaient ramassés que le vigneron songeait à cueillir les raisins blancs. Depuis 1893, les vignes blanches sont absolument distinctes des vignes rouges. Pourquoi ce mélange de cépages? Les vignerons expliquaient cette bizarrerie peu pratique en prétendant que les raisins des vignes blanches mûrissaient beaucoup, même quand elles étaient plantées en mélange !

Le Verdurant est un cépage blanc, à maturité très tardive, qui a quelque analogie avec le Pinot de la Loire. Dans tous les cas, cette variété est certainement, dans la région montluçonnaise, hors de son berceau et de son aire géographique naturelle. Ce cépage mûrit très rarement et donne un vin d'une verdeur accentuée qui fait les délices des indigènes, habitués dès leur jeune âge à cette boisson acide. Cependant, dans les rares expositions où le Verdurant mûrit, il donne un vin très agréable à boire. Depuis la reconstitution, le Verdurant fuit devant les Romorantin, Meslier, Chenin, dont la maturité plus hâtive assure à la région un vin blanc pourvu de sérieuses qualités commerciales.

Le Verdurant débourre très tardivement, environ 15 jours après le Gamay, et gèle rarement en raison de ce retard ; mais, lorsqu'il est atteint par les gelées printanières, la récolte est complètement détruite, car ses contre-bourgeons sont infertiles.

Ce plant, très vigoureux, très rustique, réussissait parfaitement jadis dans tous les sols d'origine primitive ou primaire de la région ; il a, d'ailleurs comme son ancien voisin le Gouget noir une grande affinité pour les divers porte-greffes américains.

Mélangé au Gouget noir, le Verdurant était soumis, comme lui, à la même taille barbare qui consistait à laisser, chaque année, une branche de 3 à 4 yeux à l'extrémité des 3 ou 4 sarments tortueux qui rampaient sur le sol. Susceptible d'être soumis à la taille longue et à la taille courte, la taille en cordon, dite de Royat, lui réussit parfaitement.

Le Verdurant résiste assez bien au Mildiou, au Black-Rot, à l'Anthracnose ; mais il est très sujet à l'Oïdium, on le défend facilement au moyen des soufrages.

Verdurant

Le Verdurant est un plant vigoureux et productif, susceptible de donner d'excellent vin dans une région chaude, car, dans la région montluçonnaise, sa maturité est l'exception. Son vin est pauvre en alcool (5° à 8°), sans bouquet et très acide. Le raisin de Verdurant n'est pas sujet à la pourriture comme celui du Gouget noir.

Ce cépage se réfugie peu à peu sur les hauteurs bien exposées au midi de la vallée du Cher, entre Montluçon et Saint-Amand ; là seulement il peut quelquefois mûrir. Il est mélangé, dans toute cette dernière région, avec quelques plants de Sauvignon.

Il serait intéressant de rechercher pourquoi, il y a deux siècles, à l'origine du vignoble montluçonnais, les vignerons se sont adressés à deux cépages, qui, comme le Gouget noir pour les vins rouges et le Verdurant pour les vins blancs, convenaient si peu à la région ! La reconstitution imposait dans ce vieux vignoble une modification complète de l'encépagement ; cette importante réforme est aujourd'hui en très bonne voie d'exécution.

DESCRIPTION. — Souche, forte, vigoureuse ; tronc gros ; écorce régulière, assez fine.

Bourgeons, gros et courts, à débourrement tardif, vert blanchâtre, duveteux ; jeunes feuilles blanchâtres, plus farineuses à la face inférieure qu'à la face supérieure, légèrement aranéeuses en dessous ; dents aiguës.

Rameaux, longs, de grosseur moyenne, droits, érigés ; mérithalles de 12 à 15 cm., à nœuds saillants ; sarments brun clair, bien unis, s'aoûtant très tardivement et souvent incomplètement ; vrilles très fortes.

Feuilles, moyennes, plus longues que larges, environ 8 cm. de large sur 12 cm. de long, 3-5 lobées, planes, fortes, épaisses ; sinus pétiolaire aigu, fermé très souvent par les deux lobes pétiolaires qui se recouvrent ; sinus latéraux aigus, profonds ; face supérieure vert clair et face inférieure plus pâle. — Pétiole fort, 7 à 8 cm. de longueur, vert. Les feuilles se colorent, à l'automne, en jaune pâle et durent très longtemps ; elles résistent souvent aux premières gelées.

Fruits. — *Grappes*, situées aux 4ᵉ et 5ᵉ nœuds, longues de 10 à 15 cm. et d'un poids moyen de 4 à 500 grammes, serrées ; pédoncule court, 3 cm. de longueur, et fort ; pinceau court. — *Grains*, légèrement ovoïdes, serrés, petits ; peau épaisse, résistante, blanc verdâtre et légèrement ambrée sur le côté exposé au soleil ; jus incolore, abondant, acide ; pépins, 2 à 3, gros et courts.

L. Chambron.

BACHET

Synonymie. — Bachet, Bachey (vallée de l'Aube et de l'Aujon). — Gris Bachet (à
Maranville). — François noir (à Arrentières, à Colombé-la-Fosse, Aube, et dans le canton
de Juzennecourt, Haute-Marne). — François noir de Bar-sur-Aube (à Bar-sur-Aube). —
François, ou Bachet rouge (*Bosc*).

Historique et aire géographique. — Le *Bachet* est un cépage à raisin noir, dont la
culture très ancienne est spéciale à quelques cantons des départements de l'Aube et de la
Haute-Marne. Bosc est le premier auteur qui signale le Bachet, en 1823, dans sa liste très
complète des cépages des environs de Bar-sur-Aube; il cite les deux noms sous lesquels
ce cépage est encore désigné aujourd'hui, mais il ne nous renseigne pas sur l'importance
de sa culture.

Le vignoble de la vallée de l'Aube est parmi les plus anciens de la province de Champagne; il y avait des vignes dans les environs de Bar-sur-Aube dès le xiᵉ siècle et ces
vignes avaient toujours été entretenues jusqu'à maintenant par provignage. Il a fallu
l'invasion phylloxérique pour obliger les cultivateurs de ces vignobles à l'arrachage et à
la replantation complète de leurs vignes. En 1898, nous avons rencontré dans les vignobles
de Bar-sur-Aube les mêmes cépages que ceux cités par Bosc en 1830, par le Dʳ Guyot
en 1865 et tous présentaient des ceps centenaires. Le Bachet tout particulièrement se fait
remarquer dans ces vignobles par la longévité de ses souches.

Sa culture est localisée dans une trentaine de communes de la vallée de l'Aube; il occupe
environ 200 hectares répartis dans les vignobles de Colombé-la-Fosse, de Colombé-le-Sec,
de Rouvres, de Lignol, d'Engente, dans l'Aube; d'Argentolles, de Biernes, de Maranville.
de Châteauvillain, de Braux, de Créancey et de quelques autres communes dans la Haute-
Marne.

BIBLIOGRAPHIE. — Bosc : Nouveau cours complet d'agriculture (t. XVI, art. Vigne, Paris, Déterville,
1823); Encyclopédie méthodique de Panckoucke (t. VII, art. Vigne, 1831). — A. Julien : Topographie
de tous les vignobles connus (4ᵉ édit., p. 50, Paris, 1832). — Demerméty : Essai viticole de la Côte-
d'Or (Journal d'agriculture et d'horticulture de la Côte-d'Or, 7ᵉ année, janvier 1843, p. 5). — J. de
Rovasenda : Essai d'une ampélographie universelle (p. 68, 1887). — Acerbi : Delle Vite italiane (p. 327,
d'après Rovasenda). — Jean Guichard : Notes sur les vignobles de l'Aube (Vigne américaine, 1898). —
Ad. Berget : Rapport au Congrès viticole de Lyon de 1898 (p. 196). — Dʳ Guyot : Les vignobles de
France (t. III, p. 96). — Jean Guichard : Les cépages du canton de Châteauvillain (Revue agricole et
viticole de la Haute-Marne, p. 329, Chaumont, 1900). — Charles Baltet : La production du vin et du
cidre dans le département de l'Aube (Troyes, 1890).

Bachet

En dehors de ces vignobles, nous n'avons rencontré le Bachet qu'à l'état de ceps isolés au milieu de plantations de Gamay, de Troyen, dont les plants provenaient des environs de Bar-sur-Aube.

Les vignobles de la vallée de l'Aube se reconstituent activement depuis 1900, le Bachet y conserve une petite place, dans les nouvelles plantations, entre le Gamay et le Pinot.

Ampélographie comparée. — Le nom de *Bachet* doit avoir pour origine la déformation du nom de Buchey, commune du canton de Juzennecourt (Haute-Marne), d'où ce cépage serait originaire; il est encore cultivé dans les vignes de cette localité.

Le nom de *François noir*, qu'il porte plus spécialement à Bar-sur-Aube, supposerait pour ce cépage une autre origine. Il aurait été importé de l'Ile-de-France comme le Meslier doré qui est cultivé à Bar-sur-Aube sous le nom de *François blanc*. Mais il n'y a pas plus de parenté ampélographique entre le François blanc, ou Meslier, et le François noir, ou Bachet, qu'entre le Gamay blanc-Melon et le Gamay noir. En dressant une liste des vignes de l'Aube nous trouvons cinq noms : Pinot, Gamay, Troyen, François et Gouais, qui, avec les qualificatifs de *blanc* et de *noir*, désignent dix cépages bien distincts. Il existe seulement entre ces cépages groupés deux à deux une similitude dans leur valeur culturale : Pinot blanc (Chardonnay) et Pinot noir sont les cépages de haute qualité; Gouais blanc et Gouais noir (Enfariné) sont deux cépages à vins âpres et acides; François blanc (Meslier) et François noir (Bachet) sont deux cépages à vins de qualité moyenne exigeant des terres assez fertiles et profondes et ayant sensiblement la même fertilité.

Le nom de *Gris Bachet*, donné au Bachet dans quelques localités (Maranville, Aizanville), ne désigne pas une variété à raisin gris, il provient de l'aspect du feuillage du cépage, dont les feuilles, roulées en cornet, montrent leur face inférieure recouverte d'un tomentum gris continu donnant à tout le cep un faciès spécial; on connaît l'appellation analogue de Gris Meunier donnée au Pinot Meunier.

Nous n'avons pas rencontré de variation de couleur dans les vignes de Bachet; certains ceps portent des feuilles plus profondément lobées que le type, mais ne sauraient constituer par cela même une variété distincte.

La végétation du Bachet est parallèle à celle du Gamay noir. Ce cépage est caractérisé par sa souche forte et trapue et son puissant système radiculaire; par ses sarments court-jointés et surtout par son feuillage abondant, vert clair, à revers gris cendré; ses grappes moyennes, tassées, ressemblant à celles du Pinot noir, à grains sphériques, sont de première époque de maturité.

Culture et vinification. — Le débourrement peu hâtif et fortement duveteux du Bachet lui permet de résister assez bien aux gelées de printemps, aussi le cultive-t-on au bas des coteaux, dans les terres assez profondes et fertiles. Les éboulis argilo-calcaires, perméables, lui conviennent particulièrement. Ce cépage redoute les terres crayeuses, sèches, ainsi que les terrains humides et calcaires où il chlorose très fortement. C'est de tous les cépages de l'Aube celui qui est le plus sensible à la Chlorose. Par contre son système radiculaire puissant résiste bien au Pourridié.

Son feuillage craint le Mildiou, mais il est facile de le défendre; sa grappe est assez sensible à l'Oïdium et à la Pourriture grise.

On conduit presque toujours le Bachet à la taille courte, à deux ou trois coursons de deux yeux francs par cep ; sa floraison est robuste et il coule rarement. Le rendement du Bachet atteint quelquefois celui du Gamay noir, il est en moyenne de 30 hectolitres à l'hectare ; la vendange est faite en même temps et mélangée à celle du Gamay noir.

Sa reprise au bouturage est excellente et il donne des chevelées robustes. Il se greffe assez facilement et possède une bonne affinité avec les Riparias, les Riparias × Rupestris et le Rupestris du Lot. M. Vacherat, pépiniériste à Auxon (Aube), a obtenu en moyenne 52 % de bonnes greffes-boutures en greffant le Bachet sur Riparia grand glabre.

Il est rarement vinifié seul, aussi les appréciations sur la qualité de son vin sont discordantes. Bosc, en 1830, écrit : « Le François, ou *Bachet rouge*, passe pour donner du vin médiocre, excepté à Colombey-la-Fosse ». Demermété, à Dijon, en 1842, vinifie ce cépage à part et en obtient un « vin agréable, de belle couleur ». Actuellement, dans l'Aube, on estime que sa vendange améliore celle du Gamay en lui donnant de la couleur et du moelleux. Des raisins de Bachet analysés en 1901, à la Station œnologique de Bourgogne, ont donné un moût de la composition suivante :

Densité..	1072
Matières réductrices (en glucose).................................	150 gr par litre
Acidité (en acide sulfurique)...................................	6 gr —

Comparativement, récolté dans la même vigne, le Pinot fin donnait 188 grammes de sucre et 5 gr. 4 d'acidité par litre.

Les grappes, courtement cylindriques, souvent épaulées, pèsent 100 grammes en moyenne et jusqu'à 180 grammes.

En résumé, le Bachet est un cépage de bonne vigueur, de production régulière, mûrissant facilement et de bonne qualité. C'est un mauvais greffon pour les terrains chlorosants.

DESCRIPTION — Souche, vigoureuse, à port semi-érigé ; tronc fort ; racines grosses s'enfonçant profondément ; écorce grossière, se détachant en lanières courtes.

Bourgeons, gros, larges, à débourrement d'époque moyenne ; bourgeonnement blanc jaunâtre, revêtu d'un duvet blanc, abondant sur les deux faces des jeunes feuilles, quelquefois légèrement rosé sur la face inférieure ; jeunes feuilles à revers blanchâtre, par suite de l'abondance des poils, vert jaunâtre, avec poils aranéeux sur la face supérieure.

Rameaux, trapus, assez gros ; mérithalles courts, 4 à 6 centimètres, à nœuds peu saillants ; sarments herbacés, rougeâtres ; rameaux ligneux, sinueux, gris brun ou châtain, s'aoûtant tôt et complètement, à yeux larges, arrondis, recouverts d'écailles brunes ; bois dur, à moelle peu abondante ; vrilles moyennes, fortes, bien lignifiées ; ramifications nombreuses.

Feuilles, moyennes, aussi larges que longues, de 12 à 13 centimètres, assez souvent trilobées à la base du sarment, plus entières sur la partie moyenne et supérieure du cep ; les nervures principales de la feuille se tournent vers la face supérieure et disposent la feuille en gouttière ou en cornet en donnant au cépage un faciès caractéristique ; les lobes inférieurs bien développés ; sinus pétiolaire en V largement ouvert et à fond arrondi ;

sinus inférieurs nuls ou à fond arrondi ; dentelure large, avec mucron bien accentué ; limbe peu gaufré ou légèrement bullé, moyennement épais, doux au toucher, vert pâle et glabre sur la face supérieure après la disparition des poils laineux des jeunes feuilles ; face inférieure recouverte d'un duvet continu, formé par des poils appliqués, grisâtres ; nervures vertes, peu saillantes. — Pétiole de 6 à 8 centimètres, plus court que la nervure principale qui a 8 à 9 centimètres, cylindrique, faiblement strié de rouge, formant un angle aigu de 60° à 70° avec le limbe. Les feuilles portent à l'arrière-saison quelques taches rouge clair ; défoliaison tardive.

. Fruits. — *Grappes*, situées du 3e au 5e nœud, au nombre de deux par sarment et quelquefois grappillon au 6e nœud ; elles apparaissent tôt et sont recouvertes d'un duvet rose grisâtre ; tassées, cylindro-coniques ou courtement cylindriques, de 10 à 12 centimètres de diamètre et autant de longueur ; la première souvent épaulée, pesant de 80 à 120 grammes (180 pour les plus grosses) ; pédoncule grêle, résistant, quoique peu lignifié, court ou très court ; rafle verte ; pédicelles courts ; bourrelet large ; pinceau petit, peu coloré. — *Grains*, moyens ou sous-moyens, sphériques, de 10 à 12 millimètres de diamètre, quelquefois très légèrement ellipsoïdes par suite de leur compression, réguliers dans la grappe, assez serrés, bien adhérents à leurs pédicelles ; pellicule moyennement épaisse, élastique, noire, riche en matière colorante, avec pruine bleuâtre, abondante ; ombilic central blanc, non saillant ; pulpe verdâtre, peu abondante ; jus incolore, abondant, à saveur douce, sucrée, agréable, mais non relevée ; pépins 2-3 par grain, moyens ou petits, brun foncé.

J. Guicherd.

FRANC NOIR DE L'YONNE

Synonymie. — FRANC NOIR, FRANC NOIR DE L'YONNE (Yonne, arrondissements de Sens et de Joigny ; Aube, arrondissements de Troyes et de Nogent-sur-Seine). — FRANC NOIR DU GATINAIS (Loiret). — MORINEAU, PLANT DE MORET, PLANT DE VILLENEUVE (Coulanges-la-Vineuse, Yonne). — ROCHELLE NOIRE, ROCHELLE (Seine-et-Oise, arrondissement d'Étampes). — DOYEN NOIR (Yonne, cat. *Bury* de Saumur). — HAUTE-PLAINE (sud de Seine-et-Marne et Loiret, à Beaumont-en-Gâtinais, à Malesherbes). — ROCHE NOIRE, ROCHELLE NOIRE, VIGANNE? (*J. Merlet, abbé Rozier, Bosc*). — TROYEN?, par erreur (*D* *J. Guyot, P. Mouillefert*).

Historique et origine. — C'est M. G. Couderc qui a, le premier, employé la locution *Franc noir de l'Yonne* pour désigner ce cépage dans les tableaux qu'il a joints à son rapport sur l'influence du cépage greffon, présenté en 1894 au Congrès viticole de Lyon, et pour le distinguer d'autres variétés de vignes portant quelquefois le nom de Franc noir, telles que le Franc noir à jus coloré, ou *Gros noir de Villebarou*, et le Franc noir de la région de l'Est, ou *Gougenot*.

Le nom de *Franc noir* désigne un cépage à raisin noir, à feuilles bien rondes et étoffées, caractérisant, dans la région du Centre-Nord, les ceps régulièrement productifs et appelés par les vignerons plants « francs » ou « affranchis », par opposition aux ceps à feuilles découpées, coulards, qui ne sont pas franchement fertiles. C'est par une raison analogue que dans la Côte-d'Or on appelle souvent Franc-Noirien les bonnes sélections du Pinot noir et que le Pinot de Pernand est quelquefois appelé à tort Franc-noir.

BIBLIOGRAPHIE. — JEAN MERLET : L'abrégé des bons fruits (Paris, 1667). — ABBÉ ROZIER : Cours complet d'agriculture (t. X, 1800, p. 178). — Bosc : Nouveau dictionnaire d'histoire naturelle (t. XXIII, art. Vigne, Paris, 1804). — D* GUYOT : Les vignobles de France (t. III, p. 144). — C** ODART : Ampélographie universelle (6e édit., p. 625). — J.-E. BURY : Catalogue des cépages du Jardin de Saumur (1880, p. 18). — ROVASENDA : Essai d'une ampélographie universelle (2e édit., 1887, pp. 59, 68). — P. MOUILLEFERT : Les vignobles et les vins (1891, p. 176). — G. COUDERC : Tableau n° 10 (C. R. Congrès viticole de Lyon, 1894). — J. GUICHERD : Notes sur les vignobles de l'Aube (1898). — E. DURAND : Manuel de viticulture pratique (1900, p. 104). — T. SIMPÉE : La reconstitution dans l'Yonne (Revue de viticulture, 1902, n° 383). — CHAPPAZ : Les vins de l'Yonne (Revue de viticulture, 1902, n° 457). — Notes et communications de MM. CHAPPAZ, MERLE, SIMPÉE, abbé MATHIEU, E. DURAND, MOUILLEFERT, BOUHEY-ALLEX, ROUSSEAUX, SALOMON, JEANNIN, A. BERGET, LETELLIER, DE ROUFFIGNAC, S. JEANNIARD. La publication de M. l'abbé Mathieu sur le Franc noir, parue dans la *Vigne américaine* d'octobre 1896, se rapporte au Franc noir des vignobles de l'Est (Vosges, Haute-Saône), cépage décrit par M. Ad. Berget, sous le nom de *Gougenot*, dans la monographie de l'*Ampélographie* qui suit celle-ci.

Franc Noir de l'Yonne

La locution *Franc noir de l'Yonne* ne peut donner lieu à aucune erreur, étant employée couramment par les viticulteurs et les pépiniéristes des régions intéressées à la multiplication de ce cépage. Dans les vignobles où le Franc noir de l'Yonne a quelque importance, le nom de Franc noir est exclusivement employé, sans cela nous aurions proposé l'adoption, comme nom principal, de celui, peut-être plus ancien, de *Rochelle noire* qu'il porte encore dans quelques localités de Seine-et-Oise où la vigne n'a qu'une importance secondaire.

C'est sous le nom de Rochelle noire que les anciens ampélographes ont désigné ce cépage : Jean Merlet, l'abbé Rozier, Bosc le citent dans leurs trop courtes descriptions. Les lignes suivantes de Merlet, en 1667, relatives à la Roche noire, « raisin qui charge beaucoup, dont la grappe est grosse et longue, et son grain assez menu, fort serré et a peine à mûrir », s'appliquent au Franc noir, mais peuvent s'appliquer aussi à d'autres cépages ; les descriptions de l'abbé Rozier et de Bosc pour les Rochelles sont tout aussi frustes, et si ce nom n'avait pas persisté pour désigner dans le Gâtinais le cépage que nous décrivons nous n'aurions point songé à préciser l'ampélographie rétrospective du Franc noir de l'Yonne. Pulliat n'a point décrit cette variété de vigne sur laquelle son attention avait été appelée vers 1895. Dans les collections de l'École d'Écully nous avons rencontré le Franc noir de l'Yonne sous le nom de *Rochelle* ; les boutures envoyées à Pulliat provenaient de La Ferté-Alais, en Seine-et-Oise.

Les noms de Doyen, de Morineau, donnés au Franc noir dans la région d'Auxerre, tendent à ne plus être employés ; nous les avons rapportés parce que sous le nom de *Doyen* le cépage avait été adressé aux collections du Jardin viticole de Saumur. *Morineau* signifie *Plant de Moret*, et de même que *Plant de Villeneuve* ces désignations employées aux environs d'Auxerre montrent que ce plant a été importé de la basse vallée de l'Yonne.

Le Dr Guyot cite le Franc noir comme cépage principal du vignoble de Villeneuve-sur-Yonne, mais, bien à tort, il croit pouvoir l'assimiler au Troyen ; d'autres auteurs, sans y aller voir, ont alors écrit que dans le vignoble de Villeneuve on cultivait le Troyen, ce qui est une erreur, et, bien plus, que le Troyen était le Gueuche, ajoutant une seconde erreur à la première.

Aire géographique. — L'adaptation spéciale du Franc noir aux sols argilo-siliceux mêlés de silex, aux terrains de « pierres à fusil », semble devoir lui assigner pour origine le sommet des coteaux crayeux limitant le plateau d'argile à silex qui constitue le pays d'Othe, à cheval sur les départements de l'Aube et de l'Yonne, entre les vallées de l'Armançon, de l'Yonne, de la Vanne et de la Seine. Les principaux centres de cette région viticole sont Joigny, Villeneuve-sur-Yonne et Sens. C'est de ces vignobles que le Franc noir s'est répandu depuis longtemps à l'est jusqu'à Troyes, au nord jusqu'aux environs de Provins et de Fontainebleau, à l'ouest jusqu'à Étampes, au sud jusqu'à Pithiviers, Montargis et Auxerre, mais en restant presque toujours sur les sols d'argile à silex reposant sur la craie sennonienne.

Dans l'Yonne, le Franc noir est cultivé seul, sans aucun mélange sur les coteaux du Tholon (Aillant, Senan, Paroy), sur ceux des rives de l'Yonne (Joigny, Saint-Jullien-du-Saut, Villeneuve-sur-Yonne, Étigny, Véron). Dans les environs de Joigny il est quelquefois associé au Tressot, ou Vérot, et depuis quelques années à l'Othello greffé. Notre collègue M. Chappaz estime qu'avant l'invasion phylloxérique il y avait 9.000 hectares plantés en Franc noir dans les arrondissements de Sens et de Joigny, il en reste encore 4.000 hectares en vignes phylloxérées et il y en a environ 1.500 hectares reconstitués.

Dans l'Aube, où le Franc noir occupe 500 hectares entre Saint-Florentin et Troyes, il est cultivé seul, mais sa vendange est mélangée à celle des vignes d'Enfariné (Gouais noir). On le plante greffé à La Villeneuve-au-Chêne, à Ervy et dans la vallée de la Vanne, à Vulaines, à Rigny-le-Ferron, à Villeneuve-l'Archevêque.

Les vignobles de Franc noir sont actuellement très atteints par le Phylloxéra ; dans les nouvelles reconstitutions, on lui conserve une assez large place malgré sa maturité tardive.

Dans le nord du Loiret et dans le sud de Seine-et-Marne, dans la région appelée Gâtinais, le Franc noir, sous le nom de Haute-Plaine, garde une place importante dans les nouvelles plantations. En Seine-et-Oise, dans la vallée de l'Essonne, à La Ferté-Alais, à Videlles, les anciennes vignes de Franc noir ou Rochelle, détruites par le Phylloxéra, sont rarement replantées et la culture de la vigne tend à disparaître de cette région.

Dans cette aire géographique on peut estimer à 10.000 hectares environ l'étendue des plantations de Franc noir de l'Yonne.

Ampélographie comparée. — Le Franc noir de l'Yonne a été rapproché du Troyen par le Dr Guyot, mais par erreur. Les deux cépages ont un feuillage bien distinct et les grappes du Troyen sont plus courtes et de maturité plus hâtive. Plusieurs viticulteurs nous ont présenté le Franc noir comme étant la variété noire du Melon ; c'est là un grossier rapprochement qui ne supporte pas un examen même superficiel. Seule la forme générale de la feuille du Franc noir rappelle celle du Melon, mais cette dernière est moins duveteuse, plus gaufrée, et la grappe du Melon est plus courte et de maturation plus précoce.

Le Franc noir de l'Yonne est également distinct du Gougenot qui a été répandu sous le nom de Franc noir de la Haute-Saône par Gloriod, l'ampélographe de la Haute-Saône, et par Millot, des Vosges. Le Gougenot est un cépage de première époque hâtive de maturité et il a le grain légèrement ovoïde, plus gros que celui du Franc noir de l'Yonne qui est globuleux. Le Cte Odart signale, avec une description bien insuffisante, parmi les cépages de la Lorraine un Franc noir, ou Morillon noir, qui doit être rapporté au type de la Haute-Saône, ou Gougenot. C'est seulement par leur bourgeonnement que le Gougenot et le Franc noir de l'Yonne ont quelque analogie. M. Couderc signale encore, dans ses tableaux du Congrès de Lyon, un Franc noir, ou Gros Morillon d'Indre-et-Loire, qu'il rapproche du *Chichaud* de l'Ardèche, du *Saint-Jacques* des Pyrénées? et du *Gascon* du Loiret, mais il s'agit d'un raisin plus précoce, à plus gros grains et à feuillage plus découpé, moins duveteux que celui du Franc noir de l'Yonne.

Nous ne connaissons pas de variations de Franc noir, il se présente toujours sous le même aspect et sa fertilité régulière a dispensé de toute sélection. Sous le nom de *Rochelle blanche* nous avons rencontré quelquefois la Folle blanche et dans le Gâtinais le Chenin blanc, mais aucun de ces deux cépages ne peut être considéré comme étant la variété blanche de la Rochelle noire, du Franc noir de l'Yonne.

Cépage de la fin de la 2e époque de maturité de Pulliat, le Franc noir de l'Yonne semble être peu à sa place dans la région où il est cultivé. S'il donne un excellent produit les années de maturation facile comme 1893, 1895, 1900, son vin est à peine buvable dans les années tardives comme 1902, et l'estime dont il jouit auprès des vignerons est soumise à des hauts et des bas aussi étendus que les qualités de son vin. Après une période d'années chaudes, on s'engoue de ce cépage que l'on délaisse ensuite pendant les années tardives. Il reste pourtant, parce qu'il possède dans la basse vallée de l'Yonne une qualité précieuse entre toutes : il débourre très tard, après le Portugais bleu, et ses bourgeons, très protégés par un épais tomentum, échappent bien souvent aux gelées de printemps qui détruisent les Gamays, l'Enfariné, les Pinots. Sa récolte est la plus sûre, la plus constante de celles de tous les autres cépages de la région. Sa fertilité régulière justifie son renom de cépage *franc*.

La floraison du Franc noir est également tardive ; en année normale, elle a lieu seulement dans la première quinzaine de juillet. A ce moment, ses jeunes grappes sont sensibles aux atteintes de l'Oïdium et il exige des soufrages soignés ; il est presque aussi sensible à cette maladie que le Tressot. Son feuillage vert glaucescent, épais, résiste bien au Mildiou, mais une fois envahi il est difficile à défendre.

Sa véraison ne commence que dans la deuxième quinzaine de septembre et elle se poursuit rapidement ; la récolte a lieu vers le 15 octobre. Les sarments du Franc noir ne s'aoûtent pas jusqu'à leur extrémité, mais ils résistent bien à l'échamplure d'hiver. S'il ne survient pas de gelées précoces, il conserve son abondant feuillage, coloré magnifiquement de tous les tons rouges jusqu'au 20 novembre ; c'est un de ses caractères distinctifs, il porte encore toutes ses feuilles quand les autres sont déjà défeuillés.

En résumé, le Franc noir de l'Yonne est un cépage caractérisé par son bourgeonnement très duveteux, sa feuille ronde, d'un beau vert bleuté, par ses longues grappes cylindriques souvent ailées, formées de grains sphériques à peine moyens, de maturation tardive, fin de la deuxième époque de Pulliat. Au printemps il entre très tard en végétation et à l'automne il conserve son beau feuillage jusqu'en novembre. C'est le plus tardif des cépages de l'Yonne et de l'Aube sous le rapport du débourrement, de la maturation et de la défoliation.

Culture. — Le Franc noir occupe le plus souvent les coteaux cailouteux de l'argile à silex, formation géologique qui couvre d'immenses surfaces dans les arrondissements de Joigny, de Sens et de Troyes. Il réussit également bien dans les terrains argilo-calcaires ou dépôts meubles des pentes formés par le mélange de la craie et de l'argile à silex. Dans ces terres rouges, chaudes, à sous-sol perméable, le Franc noir croît vigoureusement. On le conduit toujours à la taille courte. Aux environs de Joigny, les ceps sont fréquemment taillés en gobelet de quatre à six bras portant chacun un courson de deux yeux. Dans les anciennes vignes, les ceps étaient en lignes ou perchées, distantes de 0 ^{m} 80 à 0 ^{m} 90, et le même espace était observé sur les lignes. Dans les vignes greffées on plante à un mètre en carré. Dans l'Aube et dans la vallée de la Vanne, la charpente des souches est disposée en treillons ; sur chaque souche on tire au niveau du sol trois à cinq bras que l'on élève en éventail contre des échalas maintenus entre eux par une lisse en bois placée à 60 centimètres de hauteur. Chaque bras se termine par un courson taillé à trois yeux ; les pampres sont accolés aux échalas. Dans le Gâtinais, la taille est très courte et les souches sont en tête de saule avec un nombre variable de coursons taillés à un œil ou à deux yeux au plus. Soumis à la taille longue le Franc noir s'épuise vite. Il se comporte particulièrement bien en cordon Royat.

Cépage très fertile, il est indispensable d'assurer sa production par de fortes fumures au fumier de ferme ; aux environs de Troyes on emploie fréquemment les boues de ville. Les fumures azotées sont des plus nécessaires à ce cépage parce qu'il est généralement cultivé dans des sols où la nitrification des engrais est rapide. Sa végétation n'est jamais fougueuse, sauf dans les terres profondes, et il exige un épamprage sévère. Nous pensons que le pincement de ses rameaux et de l'extrémité de ses longues grappes serait utilement pratiqué.

Lorsque la vigne était multipliée par bouturage, le Franc noir donnait en pépinière des plants avec un abondant chevelu de racines ; en pépinière de greffes-boutures il donne de bonnes reprises, mais aoûte mal ses pousses d'un an. Greffé, sa vigueur n'est pas supérieure à celle qu'il possède franc de pied, mais il a une bonne végétation et une bonne fructification sur le Rupestris du Lot, qui lui a généralement servi de porte-greffe, sur le Riparia × Rupestris et sur les hybrides franco-américains, en particulier sur l'Aramon × Rupestris n° 1 et sur le Mourvèdre × Rupestris n° 1202. C'est un bon greffon peu chlorosant.

Vinification. — La récolte du Franc noir de l'Yonne termine les vendanges dans la Basse-Bourgogne et aux environs de Troyes. Lorsque ce raisin est mûr il gagne à être vendangé rapidement, car il craint la pourriture. La vendange et la vinification ne comportent pas de soins spéciaux, souvent ses raisins peu mûrs gagneraient à être égrappés et séparés de leur rafle verte. Au contraire, le cuvage est souvent prolongé ; aux environs de Troyes les raisins, mis dans des futailles défoncées, sont foulés au bâton, puis le fond de la futaille est replacé et le moût laissé au contact des rafles pendant deux ou trois semaines ; dans l'Yonne le cuvage dure 8 à 15 jours.

Le raisin du Franc noir de l'Yonne possède la composition suivante :

Poids moyen d'une grappe .... 150 gr

100 parties de raisin renferment :

Rafles	3.1
Pépins et pellicules	10.4
Pulpe et jus	86.5
Total	100.0

Il faut environ 135 à 140 kilog. de raisins pour produire un hectolitre de vin. Le moût est généralement peu riche en sucre et acide. Des raisins de Franc noir récoltés dans nos collections à Nuits-Saint-Georges ont donné au 15 octobre 1902 un moût de composition ci-dessous :

	Densité	Matières réductrices en glucose	Acidité, en acide sulfurique
Franc noir de l'Yonne	1065	129 gr	12 gr 4
Gouais noir de l'Aube (Enfariné)	1051	106 gr	14 gr 0

M. Mathieu, à la Station œnologique de Bourgogne, a analysé, comparativement à ceux d'autres cépages, des raisins de Franc noir récoltés dans l'Aube vers le 20 octobre 1902. Il a obtenu les résultats suivants :

CÉPAGES ET PROVENANCES	PROPORTION de jus % en poids.	DENSITÉ	SUCRE (dosage direct).	ACIDITÉ totale en ac. sulf.	ALCOOL à produire.
Franc noir (Montgueux).................	80	1048	88 gr	14 gr	5°15
Enfariné Gouais —	77	1065	137	10.6	8.00
Gamay —	76	1071	149	8.3	8.75
Pinot fin —	76	1083	180	7.4	10.60
Melon —	69	1062	131	8.8	7.65
Franc noir (Auxon)	75	1067	136	12.0	7.95
Gouais noir, Enfariné (Auxon).........	72	1062	117	14.9	6.85
Gamay noir (Auxon)	73	1072	148	9.2	8.70
Meslier doré —	67	1075	155	8.3	9.10
Gouais blanc –	71	1070	142	10.2	8.35

En année normale, le Franc noir de l'Yonne donne des vins dosant 7° à 9° d'alcool. « Ces vins, écrit M. Chappaz (*Revue de viticulture*, n° 457), sont en général peu alcooliques, mais très acides et très colorés ; ils conviennent parfaitement comme vins de coupage pour les vins du Midi et pour les vins de Gamay. Dans les années exceptionnelles et à bonne exposition, le Franc noir donne un vin excellent, ce qui peut donner à penser qu'en année moyenne la maturité n'en est pas parfaite ».

M. Rousseaux, à la Station agronomique d'Auxerre, a analysé en août 1902 un certain nombre de vins de Franc noir pur de la récolte de 1900, prélevés dans les caves de propriétaires d'Aillant-sur-Tholon ; ses analyses sont résumées dans le tableau suivant :

VINS DE FRANC NOIR PURS, RÉCOLTÉS A AILLANT-SUR-THOLON (YONNE)

	NUMÉROS DES ÉCHANTILLONS								
	1	2	3	4	5	6	7	8	9
Alcool........................	6°95	8°2	8°475	8°1	8°425	7°1	7°45	8°32	8°22
Acidité totale en ac. sulfurique...	5gr015	5gr321	4gr830	4gr270	4gr223	4gr073	3gr834	4gr774	4gr533
Acidité volatile en ac. sulfurique..	1.269	1.073	1.086	1.230	0.866	0.582	0.896	1.220	1.382
Extrait sec à 100°...............	14.32	16.96	16.38	13.92	14.48	12.92	14.36	15.28	15.72
Sucres réducteurs..............	1.23	2.24	1.52	1.37	1.33	1.26	1.02	1.31	0.4
Cendres	1.92	1.96	1.56	1.52	1.62	2.08	2.04	1.92	1.84
Sulfate de potasse	0.194	0.224	0.268	0.209	0.239	0.358	0.268	0.246	0.157
Bitartrate de potasse............	2.55	2.50	2.27	2.27	2.53	2.36	2.55	2.41	2.50
Somme Alcool + Acide.........	11.726	13.521	12.855	11.77	12.473	11.173	11.304	12.899	12.415
Rapport Alcool : Extrait.........	3.9	4.1	4.2	4.7	4.7	4.4	4.1	4.4	4.1

M. Rousseaux fait suivre ces analyses de la note suivante : « La plupart de ces vins ont une somme alcool + acide très inférieure à 12.5 (cette somme a été calculée en tenant compte de l'acidité volatile selon les indications de M. Armand Gautier, *Revue de viticulture*, 1902, n° 432). Il convient d'ajouter que ces vins de 1900 ont été analysés près de deux ans après leur récolte ; ils contiennent une proportion notable d'acides volatils. »

Des vins qui ont été faits en 1902 avec des raisins recueillis par M. Rousseaux dosent au décuvage 6° 1 à 6° 7 d'alcool et 10 gr. 3 à 11 grammes d'acidité, mais la maturité des raisins était très incomplète.

M. Merle, de Joigny, apprécie de la manière suivante les vins de Franc noir : « Ce sont des vins ordinaires de 7° à 8° d'alcool, riches en acidité et en tanin. Ils sont durs à boire pendant les six premiers mois, puis cette dureté s'atténue considérablement. A cause de leur acidité et de leur fruité, les négociants de Paris recherchent ces vins pour faire leurs coupages avec les vins du Midi et leur prix atteint 30 à 40 fr. la feuillette de 136 litres. »

Le Franc noir peut donner en moyenne 40 à 50 hectolitres de vin à l'hectare ; en cordon Royat nous avons vu sa récolte atteindre 120 hectolitres de vin. Les vins des années où la maturation est complète, comme 1893, 1895 et 1900, ont une belle couleur, se conservent très bien et acquièrent de la finesse et du bouquet.

DESCRIPTION. — Souche, vigoureuse, à port érigé ; tronc fort.

Bourgeons, larges, coniques, châtains ; bourgeonnement très tardif ; jeunes feuilles légèrement gaufrées, vert jaunâtre, avec longs poils lanugineux sur la face supérieure, très duveteuses sur la face inférieure, un peu rosée sur le pourtour ; grappes légèrement rosées, entourées de duvet à leur naissance.

Rameaux, moyens ou courts, gros, coniques ; ramifications assez nombreuses, vertes à l'état herbacé ; sarments aoûtés châtain clair ou gris, finement striés, fragiles ; mérithalles de longueur moyenne, 7 à 8 centimètres, cylindriques ; vrilles longues, bi ou trifurquées, duveteuses à l'état herbacé, se lignifiant tard.

Feuilles, moyennes ou grandes, entières, quelquefois avec trois lobes marqués par un ou deux sinus latéraux peu profonds, à fond arrondi, presque orbiculaire (16 à 20 centimètres de long sur 15 à 18 de large) ; sinus pétiolaire fermé, à bords se recouvrant, légèrement arrondi au point d'insertion du pétiole ; limbe plan, étalé, épais, de consistance molle ; la feuille adulte glabre, d'un vert foncé, glaucescent ; sur la face inférieure le duvet persiste mais se réunit en flocons nombreux, denses, qui donnent à cette face de la feuille un aspect grisâtre ; nervures peu saillantes, vert clair ; denture régulière, aiguë sur les jeunes feuilles, obtuse sur les feuilles adultes. — Pétiole, de 5 à 8 centimètres, cylindrique, vert. Les feuilles se colorent à l'automne de riches teintes allant du jaune orangé au rouge vineux en passant par tous les tons intermédiaires, les taches débutent sur les bords et s'étendent à tout le parenchyme ; défoliation très tardive.

Fruits. — *Grappes*, insérées du 3e au 5e nœud, au nombre de deux par sarment, quelquefois une seule, moyennes ou sur-moyennes, allongées, cylindro-coniques, pendantes, de 15 à 20 centimètres de longueur sur 8.5 ou 10 centimètres de diamètre ; tassées et pesant de 100 à 200 grammes ; pédoncule de force moyenne, long, peu lignifié, vert ; rafle verte, herbacée ; pédicelles longs, grêles ; bourrelets faibles, un peu envinés ; pinceau court. — *Grains*, moyens ou sous-moyens, sphériques, de 12.5 à 14 millimètres de diamètre ; peau peu épaisse, élastique, noire, recouverte d'une abondante pruine bleue ; pulpe peu abondante, verdâtre, fondante ; jus incolore, abondant, sucré, à saveur agréable ; pépins, 2 à 3 par grain, petits ou très petits.

J. Guicherd.

Gougenot

GOUGENOT

Synonymie. — Franc noir de la Haute-Saone (*Gloriod* et *Clémençot*). — Franc noir de Vénère, de Gy, de Cendrecourt ou de Jussey (Haute-Saône). — Gougenot (*A. Berget*).

Historique et origine. — Le cépage précoce très peu connu que nous dénommons ainsi pour la première fois a été jusqu'à présent confondu avec le Franc noir des départements de l'Yonne, de l'Aube et de la Haute-Saône, dont M. Guicherd a établi la monographie. Comme il se rencontre avec son homonyme sur les confins de la Haute-Marne et de la Haute-Saône, la communauté d'appellation ne pourrait que perpétuer cette fâcheuse confusion. C'est pourquoi nous avons cru devoir, conformément à un usage courant, substituer à cette dénomination banale le nom du premier propagateur de cette variété, son *inventeur* au sens juridique du mot.

Des informations concordantes qu'ont recueillies sur place nos zélés correspondants, il résulte en effet que ce cépage n'a été apporté dans les vignobles où il occupe aujourd'hui le plus de place, ceux du canton de Gy (Haute-Saône), que vers 1845 par un vieil instituteur nommé Gougenot. Installé dans la commune de Vénère, à l'extrême limite de la culture de la vigne, il planta de cette variété une vigne dans le clos attenant à la maison d'école. Le succès de son innovation ayant frappé ses nouveaux compatriotes, le nouveau cépage se propagea dans tout le vignoble de la localité, puis de proche en proche dans tous ceux du canton de Gy. Plus tard, le même Gougenot prit sa retraite dans le pays de sa femme, à Cendrecourt (canton de Jussey), où il porta son Franc noir précoce, qui de même se répandit dans ce nouveau rayon viticole [1]. Il a été impossible de découvrir d'où Gougenot avait originairement tiré cette variété. Tout fait présumer qu'il fut, sinon

1. Lettre de M. Ducrey, 1er décembre 1902.

BIBLIOGRAPHIE. — E. Gloriod : Notes ampélographiques sur quelques cépages franc-comtois (add. aux Rapports du Congrès de Chalon-sur-Saône, éd. par M. Roy-Chevrier. Chalon, 1896, p. 76). — Abbé Mathieu : Notes ampélographiques sur le département de l'Allier (Vigne américaine, octobre 1896). — Clémençot : Reconstitution du vignoble dans la Haute-Saône (Gray, 1897, p. 17). — A. Berget : Une excursion aux pays des Gamays blancs et des Mesliers (Vigne américaine, décembre 1897), et A travers les vignobles du Nord-Est (Vigne américaine, décembre 1901). — Berget et Gloriod : Notes ampélographiques sur les cépages de la Haute-Saône (Revue de viticulture du 26 décembre 1902. — Communications de MM. A. Gloriod, Noirot, viticulteur à Blondefontaine (Haute-Saône); Gauthier frères, à Voisey; Millot, à Mandres-sur-Vair (Vosges), et Ducrey, à Chancevigney (Haute-Saône).

son obtenteur, du moins le premier qui l'ait sérieusement observée et multipliée. Dans ces conditions, pour remédier à une appellation défectueuse et qui provient d'une assimilation inexacte, le moyen le plus légitime nous a paru d'attribuer son nom au cépage sans état civil dont nous donnons ici la première monographie.

La propagation du Gougenot s'est faite silencieusement, par infiltration progressive autour des deux localités où elle avait commencé. Elle ne paraît pas s'être étendue à tous les vignobles du département de la Haute-Saône elle est restée confinée à la portion de l'arrondissement de Gray à gauche de la Saône et à celle de l'arrondissement de Vesoul à droite de cette rivière. Entre ces deux groupes, dans les vignobles de Gy à Vesoul, à partir de la commune d'Oiseley, nous n'avons plus retrouvé que le Franc noir de l'Yonne, avec lequel son identité est restée confondue dans le département. Il ne paraît pas non plus avoir encore été propagé en dehors de la Haute-Saône, car M. Millot, de Mandres-sur-Vair (Vosges), qui l'envoya vers 1892 à M. l'abbé Mathieu, alors curé de Doyet (Allier), un des premiers ampélographes qui en aient fait mention [1], venait seulement de le recevoir de Jussey (Haute-Saône) et n'en possédait encore dix ans plus tard que quelques ceps en collection. Leur culture le porte cependant à juger que ce cépage serait pour la région lorraine « une bonne acquisition [2] ».

L'apparition du prétendu Franc noir, de Gougenot, dans l'ampélographie et sa détermination comme variété précoce distincte ne datent que du Congrès ampélographique de Chalon-sur-Saône, organisé en septembre 1895 par les soins et grâce à la générosité de M. J. Roy-Chevrier. Ce Congrès marque une date dans l'histoire de l'ampélographie du Nord-Est. L'exposition qu'il avait provoquée et les discussions qui la suivirent eurent pour résultat de déterminer un mouvement d'études qui amena la publication des travaux de Ch. Rouget et la révélation d'un certain nombre de cépages intéressants, jusque là inaperçus ou confondus avec d'autres par abus de synonymie : les Sacy ou Gauche, Gloriod (Gamay blanc?), Peurion, Fréau hâtif, Pinot blanc vrai, Meslier hâtif, etc. Le Franc noir de la Haute-Saône est du nombre. Il avait été apporté à l'exposition qui accompagnait le Congrès par MM. Gloriod, jardinier à Chambornay-les-Pin (Haute-Saône), et Clémençot, professeur au lycée de Lons-le-Saulnier, qui l'avaient recueilli ensemble dans les vignobles de ce dernier, sur le territoire de Gy. Dans les notes jointes à leur exposition commune, M. Gloriod faisait mention de sa première importation à Vénère [3]. C'est à ces messieurs que nous devons la connaissance de cette variété. Dans une excursion que nous fîmes à Gy l'année suivante, ils nous le montrèrent épars dans tout ce grand vignoble, d'ampélographie si variée et si hétérogène [4]. C'est avec les boutures marquées à cette occasion que nous avons pu greffer les nombreuses souches qui nous ont fourni les moyens d'étudier plus complètement cette variété dans nos collections de Pontailler-sur-Saône.

De notre enquête il résulte que, sauf à Vénère, le Gougenot ne compose nulle part de vignes entières. Partout, dans le canton de Jussey comme dans ceux de Gray et de Gy, il n'a encore été utilisé qu'à titre de variété d'assortiment, surtout associé au Gamay, parti-

1. *Vigne américaine*, octobre 1896.
2. *Viticulture et ampélographie vosgiennes*, Neufchâteau, 1902, p. 33, et lettre du 26 décembre 1902.
3. Notes jointes au compte rendu publié par M. Roy-Chevrier, Chalon, 1896.
4. Décrit dans notre relation de la *Vigne américaine*, p. 76, novembre et décembre 1897.

culièrement dans les sols pauvres et sablonneux ou humides et froids, où ce dernier mûrit mal ou ne donne que des récoltes trop irrégulières. Il est donc difficile d'évaluer la surface qu'il couvre actuellement dans les vignobles de la Haute-Saône. Il serait téméraire de l'estimer au-desssus de 3 à 400 hectares.

Ampélographie comparée. — Le Gougenot a été confondu pratiquement avec deux cépages : le Franc noir tardif de l'Yonne et le Pinot noir. Avec le premier, son feuillage a quelque analogie. Mais si tous deux sont à page inférieure duveteuse, la page supérieure du Franc noir de l'Yonne est plus lisse et d'un vert glaucescent beaucoup plus franc. La grappe de ce dernier est plus allongée, à grains moins serrés et d'une maturité plus tardive de 15 jours à trois semaines. Par le port et le dessin général de son feuillage, comme par les dimensions et l'aspect de son fruit, le Gougenot rappelle plutôt les Pinots avec lesquels il semble avoir quelque parenté, mais par sa plus grande vigueur, son port encore plus érigé, par les dimensions plus considérables de ses feuilles, plus rondes, à sinus pétiolaire non lyré et toujours ouvert, beaucoup plus duveteuses, par son bois et ses pétioles rosés et ses grappes plus tassées, à grains plus gros, il s'en différencie trop fortement pour pouvoir être considéré comme une simple sous-variété de la tribu des Pinots. A vrai dire, les cépages auxquels il nous paraît le plus ressemblant sont l'*Aubin*, ou *Blanc de Lorraine*, et surtout le *Damery blanc* que nous avons reçu des environs de Troyes.

L'Aubin a la même époque de maturité, mais un port plus buissonnant, des feuilles plus petites et plus plissées, à page inférieure plutôt blanche que grisâtre, au sinus pétiolaire plus étroit ; en revanche sa grappe est plus forte, plus généralement ailée et à grains toujours blancs. Avec le Damery, la ressemblance est frappante ; même port, même couleur rosée du bois et des pétioles, même bourgeonnement, même forme et même apparence du feuillage, toutefois un peu plus petit et à nervures plus hispides inférieurement chez le Damery. Les grappes ont à peu près les mêmes dimensions, mais notre Damery est à fruits blancs et à grains plus habituellement ronds et pourvus de pépins plus gros, plus trapus et plus grossièrement dessinés, à bec plus court. Surtout, il mûrit au moins 15 jours plus tard. Ce Damery est bien différent de celui que nous avons reçu de l'Yonne sous le même nom. Y a-t-il quelque parenté entre le Damery séquanais et le *Petit Danezy*, ou *Dannery* de l'Allier? Notre Damery est-il le frère blanc du *Dameron*, ou *Damery* de l'Aube, de la Haute-Marne et des Vosges? Celui-ci est-il identique, comme Ch. Rouget incline à le penser, au Dameret, ou Dameron jurassien, que décrit cet ampélographe [1]? Pourrait-on considérer le Gougenot comme un dérivé ou une sélection précoce de cette variété? Autant de questions qui ne pourront être tranchées qu'après enquête complémentaire dans la monographie de ce cépage encore mal déterminé.

Quoi qu'il en soit, le Gougenot demeure spécifiquement caractérisé par ces traits distinctifs : Bourgeonnement blanchâtre ; bois brun lavé de rouge, teinte qui persiste dans les pétioles et à la base des nervures ; port très érigé ; grandes feuilles d'un vert mat, peu dessinées, à bords plissés et face inférieure couverte d'un duvet abondant et grisâtre. Grappes courtes et tassées, à grains noirs, assez gros, légèrement ellipsoïdes, couverts

---

1. *Les Vignobles de la Franche-Comté*, Poligny, 1897, p. 97.

d'une abondante pruine bleuâtre. Véraison et maturité précoces (8 à 10 jours avant le Gamay noir ordinaire).

Culture. — En raison de sa grande vigueur naturelle, le Gougenot nous paraît susceptible d'une taille assez généreuse, dont l'ampleur sera proportionnée à la fertilité et à la profondeur du terrain. Naturellement érigé, il va bien en treilles et cordons. Nous avons pu vérifier aussi qu'il s'accommodait fort bien de la taille courte avec 3 ou 4 coursons. Comme ses raisins sont habituellement insérés du 4e au 6e nœud, il préférerait sans doute une taille mi-longue, analogue à celle du Bordelais. Quelques observateurs se plaignent en effet d'avoir éprouvé avec lui de la coulure par une taille trop courte, accident pourtant très rare sur cette variété. Sous réserve de cette appropriation de la taille au terrain et d'un choix convenable des boutures-greffons, le Gougenot est un cépage naturellement bien fertile et d'une grande régularité de production. Sans égaler celle du Gamay dans les années de grande abondance, cette production est beaucoup plus constante en raison de deux faits : son débourrement plus tardif d'une huitaine et sa grande résistance à la coulure contre les froids du printemps, l'humidité du sol ou les pluies contemporaines de la floraison. Il n'est pas non plus sujet à s'épuiser par excès de production, le volume de ses fruits étant toujours assez restreint malgré la vigueur du cep. La production moyenne du Gougenot peut être évaluée environ à 2 kilogr. par cep à taille courte, la plantation étant faite à 1 mètre en tous sens; elle peut doubler à taille longue, mais il convient alors d'accroître un peu les distances.

En raison de sa précocité et de sa bonne tenue dans les mauvais sols, le Gougenot n'a été jusqu'ici employé dans la Haute-Saône qu'en mélange avec le Gamay dans deux sortes de terrains : dans les vignes hautes ou d'exposition défectueuse, où le Gamay mûrit mal, et dans les sols sablonneux, pauvres, froids et humides du bas des coteaux où les gelées et la coulure sont plus fréquemment à craindre. M. Clémençot lui reproche de perdre ses sarments dans les années de fortes gelées d'hiver. Ce fait ne paraît pas être d'une extrême fréquence, car tous nos correspondants s'accordent à le recommander dans les terrains bas, où pourtant cet inconvénient paraît plus à redouter. Son raisin, un peu serré, n'est pas exempt de pourriture dans les automnes pluvieux. Mais le seul reproche un peu grave qui soit fait à la rusticité de ce cépage est d'offrir une assez grande sensibilité au Mildiou; chez nous, elle n'a point paru exceptionnelle, les sulfatages ordinaires ont suffi à le préserver convenablement. Nous n'avons pas observé que ce cépage fût particulièrement sensible à l'Oïdium. Sa résistance au Black-Rot n'a pas encore été déterminée.

Au point de vue de la précocité, le Gougenot, bien qu'il débourre plus tard que le Gamay, le devance à la véraison et à la maturité d'environ 8 à 10 jours, avantage précieux dans le Nord-Est; mais il attend bien sur la souche la maturité de son associé et peut donc servir à corriger la verdeur des moûts de Gamay dans les lieux où celui-ci donne souvent des vins trop acides. En somme, le Gougenot est un cépage français qui paraît posséder, avec plus de valeur œnologique, mais sans avoir la beauté de son fruit, toutes les qualités dont le besoin a poussé à l'importation de certaines variétés étrangères, comme le Portugais bleu. En raison du moindre volume de ses fruits, sa production serait un peu inférieure, mais en revanche la qualité de son vin est certainement meilleure. Révélé plus tôt au public viticole, il aurait certainement pris une sérieuse extension au moment de la reconstitution. Il vient encore à temps pour faciliter celle des vignobles des bassins de la Seine et de la Meuse.

Vinification. — Le Gougenot n'a encore été que peu étudié au point de vue œnologique. Nos correspondants du nord de la Haute-Saône, tout en disant qu'ils ne le cultivent qu'en mélange avec le Gamay, s'accordent dans ce jugement que son vin, pourvu d'une belle couleur, « doit rester généralement un peu plat, manquer d'acidité et peut-être aussi un peu d'alcool par rapport au Gamay [1] ». Mais comme les gosiers sont habitués dans la région des Faucilles à des vins d'une verdeur qu'on trouverait ailleurs certainement excessive, il y a lieu de n'enregistrer ce jugement que sous bénéfice de contrôle en d'autres régions. Or, M. Ducrey nous écrit que « depuis l'introduction en grand du Franc noir dans le vignoble de Vénère, celui-ci s'est fait une certaine réputation pour ses vins, car ce plant, qui, suffisamment précoce, mûrit bien son fruit, produit un vin bien coloré et bien buvable, qui paraît bon à côté de l'affreux verjus que donnaient les autres plants, même le Gamay, ce qui prouve que le Franc noir serait une ressource précieuse pour les régions froides et humides [2] ». Chez nous, en situation bien supérieure, le Gougenot ne s'est pas révélé inférieur au Gamay, au contraire, comme le montrent les analyses comparatives suivantes de leurs moûts en 1901 et 1902, les deux cépages étant cultivés côte à côte ainsi que le Portugais bleu, dans le même sol et sur le même porte-greffe :

	1901			1902		
	GOUGENOT	GAMAY	PORTUGAIS	GOUGENOT	GAMAY	PORTUGAIS
Densité au mustimètre ...	1070	1057	1059	1072	1067	1059
Sucre par litre....... ...	156	122	127	162	148	127
Alcool possible.........	9°2	7°2	7°5	9°5	8°7	7°5
Acidité en SO^1 H^2.... ..	8 gr	8gr5	7 gr	7gr9	8gr1	7 gr

L'avantage paraît donc être en faveur du Gougenot dans les années froides et pluvieuses comme les deux dernières que nous venons de traverser. Aussi, malgré l'extrême médiocrité de ces produits, le vin de Gougenot que nous avons pu faire en 1902 était-il mieux constitué que celui du Gamay. Leur analyse a donné les résultats suivants :

VINS RÉCOLTÉS A PONTAILLER-SUR-SAONE EN 1902

	GAMAY (type ordinaire du pays)	GOUGENOT
Alcool..	7° 7 à 15°	8° 7
Acidité totale......	6 gr 84 en SO^1 H^2	6 gr 7
Extrait sec...................................	19 gr 7	21 gr 7
Tanin....................................	0 gr 2	0 gr 2
Sucre....................................	traces	traces

M. Viala, qui a eu à déguster ces pauvres *reginglets*, les juge ainsi : Vin acide plutôt qu'âpre, non sucré, non vineux, ni moelleux, ni velouté. Odeur sans fumet, ni goût, ni distinction. Vin neutre, rouge vif peu foncé. Le second légèrement supérieur au premier.

1. Jugements de MM. Gauthier et Noirot.
2. Lettre du 1er décembre 1902.

Cet essai est donc à renouveler en année ordinaire, quand il sera possible d'obtenir les produits moyens indispensables pour établir une comparaison probante.

DESCRIPTION. — Souche, moyenne, à port très érigé ; tronc moyen, à écorce grise assez adhérente sur bois gris brun ; racines fortes et plongeantes.

Bourgeons, simples, moyens, coniques, trapus, de couleur acajou, avec pointe blanchâtre ; bourgeonnement blanc, de même que les deux premières folioles, les suivantes d'un vert jaunâtre, recourbées en calotte, avec fin duvet à la page inférieure et duvet lanugineux le long des nervures super et infer ; ramifications peu nombreuses ; vrilles fortes, à deux lacets très enroulés qui maintiennent le sarment dans une constante verticale ; fleurs abondantes et bien odorantes, à étamines plus longues que le pistil.

Rameaux, allongés et flexibles, ronds et d'assez fort diamètre ; à l'état herbacé d'un vert jaunâtre veiné de rose franc et marqué de nombreuses lenticelles brunes ; à l'aoûtement, précoce, passent au brun lavé de rose clair, avec larges veines plus rouges, de couleur plus foncée et plus mate à la base et aux nœuds, assez forts ; mérithalles courts, de 4 à 6 cm. en moyenne, plus grêles, un peu plus allongés à l'extrémité du rameau ; diaphragmes plans ou légèrement convexes, larges et toujours lavés de rose ; moelle blanche ou jaunâtre, d'un demi-diamètre.

Feuilles, orbiculaires et épaisses, moyennes ou grandes, gaufrées, mates au toucher et coriaces, peu découpées ; trois lobes peu saillants et arrondis, les inférieurs nuls ou marqués par un faible sinus arrondi et très ouvert ; lobe supérieur un peu plus allongé, avec longue dent terminale recourbée ; sinus latéraux étroits et lyrés, le pétiolaire étroit mais toujours ouvert ; tablier d'un quart de diamètre, toujours relevé, ce qui détermine une légère inflexion du lobe terminal, les bords de la feuille sont souvent un peu recourbés ; denture peu profonde, irrégulière, à fin mucron connivent ; face supérieure du limbe d'un vert mat, souvent teintée de rouge vineux sur les bords à maturité ; face inférieure toujours couverte d'une trame aranéeuse grossière et blanchâtre. — Pétiole long et fort, rosé, ainsi que le point de départ des nervures, érigé d'environ 45° et formant angle presque droit avec le limbe ; défeuillaison assez précoce, la feuille sèche par carrelages.

Fruits. — *Grappes*, insérées à partir du 3e nœud sur les 3, 4 et 5, toujours moyennes et serrées, brièvement cylindriques, avec une ou deux épaules, courtes et serrées, à pédicelles courts, verts et un peu grêles, disques moyens à lenticelles, souvent colorés de rouge vineux ; pédoncule très grêle qui se lignifie rapidement, si court que les raisins sont toujours serrés contre la souche. — *Grains*, assez gros, généralement globuleux, parfois un peu ellipsoïdes et souvent déformés par compression ; diamètre variable de 18 mm sur 18 à 17 mm sur 16, les plus gros sont normalement ellipsoïdes avec 20 mm sur 18 ; couleur foncée avec pruine bleuâtre abondante ; chair juteuse, douce et sucrée, légèrement relevée ; 2 à 4 pépins d'un blanc grisâtre, trapus, à bec moyen un peu élargi ; chalaze et raphé peu apparents ; maturité générale de 1re époque hâtive.

Adrien Berget.

Rastignier

RASTIGNIER

Synonymie. — Rastignier ou Précoce de Lang (Lang'sche Frühtraube, Tyrol). — Méraner früh (?) (*Oberlin*). — Uva nera (Tyrol italien).

Historique et origine. — Le *Rastignier* est un cépage précoce à raisins noirs, originaire du Tyrol, où il est encore très peu répandu et très peu connu, car nous n'avons pu obtenir sur lui de cette région que des renseignements trop sommaires. Suivant M. Mader, successeur du Dr Mach dans la direction de l'Institut agricole de San Michele (Tyrol autrichien), le Rastignier a été observé pour la première fois, il y a une trentaine d'années, dans les environs de Bozen, où un vigneron appelé Lang le multiplia pour en planter une vigne entière. Depuis, le Rastignier s'est faiblement répandu dans toute la vallée de l'Adige, même dans la partie italienne. On l'utilise, concurremment avec la *Luglienga bianca* (notre Lignan), le *Seidentraube* des Allemands, pour la production de raisins de table précoces ou la plantation de petits vignobles dans les hautes altitudes, où les cépages locaux habituels (*Lagrein, Teroldigo, Vernatsch*, etc.) n'arrivent pas à maturité.

Le Rastignier semble avoir été signalé pour la première fois en ampélographie par une brève mention faite par H. Gœthe dans la 2e édition, 1887, de son *Handbuch der Ampelographie*, grâce à une communication du Professeur Mader. Le Dr Mach l'envoya à V. Pulliat en 1893, comme à nous-même en 1898, et le fit connaître ainsi aux ampélographes français. Pulliat put alors en donner la première description, appuyée sur des observations culturales, dans son ouvrage posthume *les Raisins précoces pour le vin et la table*, 1897. Il ne semble pas que depuis cette époque, le Rastignier ait été chez nous l'objet d'une propagation sérieuse. Il paraît encore confiné aux collections d'amateurs.

Ampélographie comparée. — Nous avons adopté le nom de Rastignier pour désigner cette variété, comme le plus répandu dans son pays d'origine. Elle y est pourtant connue encore près de Bozen par celui de *Précoce de Lang* (Lang'sche Frühtraube), du nom de

BIBLIOGRAPHIE. — H. Gœthe : Handbuch der Ampelographie (2e édit., 1887, p. 87). — V. Pulliat : Les Raisins précoces pour le vin et la table (Coulet et Masson, 1897, pp. 88-91, avec planche). — S. Romain : Les cépages précoces (Revue de viticulture, 4 décembre 1897). — A. Berget : La reconstitution par les cépages précoces (Revue de viticulture, 1900), et la Viticulture septentrionale (Vigne américaine, octobre 1902). — Catalogues Salomon et Oberlin (?). — Communications de MM. le Dr Mach (1898), Portele et Mader (1902).

son propagateur dans ce rayon viticole. Dans le Tyrol italien, elle porte le nom très vague d'*Uva nera*, par opposition au Lignan qui est désigné par celui d'*Uva bianca* (raisin blanc), mais cette désignation s'y applique aussi indistinctement à toutes les variétés à gros grains. Il n'y a pas d'analogies sérieuses entre le Rastignier et le Lignan blanc, ni pour le feuillage, beaucoup plus lisse et luisant chez le premier, ni pour l'apparence et le volume des fruits, bien supérieurs chez le second. Il n'en existe pas non plus avec le cépage improprement dénommé *Luglienga nera*, plus tardif que le Lignan blanc et nettement distinct de celui-ci par ses caractères ampélographiques. M. Oberlin a signalé, dans son précieux *Catalogue systématique*, publié en allemand, à Colmar, 1900, une variété de première époque de précocité qu'il désigne sous le nom de *Méraner früh* et qui semble devoir être le Rastignier. Méran est en effet une localité du Tyrol très connue pour son commerce de fruits de primeur. M. Mader nous écrit que le raisin précoce en question y est cultivé sur une hauteur aux environs du vieux *burg*, et il pense, sans avoir pu le vérifier avec certitude, que cette variété doit être identique à celle que Lang multiplia près de Bozen. Comme ce fait implique un doute sur l'origine certaine de ce cépage, l'adoption du nom de Rastignier nous a paru préférable pour réserver la question.

Quoi qu'il en soit, ce cépage est caractérisé par une grande vigueur, un feuillage ample et glaucescent, d'un ton vert assez clair un peu particulier, moins brillant que celui du Lasca ou du Portugais, avec page inférieure légèrement duveteuse ; feuille cordiforme, quinquelobée, à sinus pétiolaire toujours ouvert. Grappe moyenne, assez irrégulière, brièvement cylindrique, généralement épaulée et serrée ; grains globuleux, moyens, un peu plus petits que ceux du Lasca et du Portugais, à peau ferme, d'un noir foncé, pruiné de bleu. Maturité plus précoce d'une huitaine que celle du Lasca et du Portugais, les deux cépages avec lesquels son emploi possible évoque comparaison.

Culture. — Le Rastignier ne semble guère avoir été cultivé jusqu'ici que pour la table, en raison, non de la beauté de son fruit qui ne dépasse pas la moyenne, mais de sa grande précocité. Il s'accommode très bien à cause de sa vigueur naturelle de la disposition en treille basse pour espalier, la plus convenable dans cette production. Le cordon horizontal de deux mètres de développement paraît à Pulliat le plus recommandable pour cette culture. Chez nous, à taille courte, le Rastignier s'est montré suffisamment fertile, mais sa grande production de bois faisait présumer qu'il s'accommoderait mieux d'une taille plus généreuse. La taille Guyot à 2 bras de 6 à 8 yeux et même nombre de coursons de retour nous a paru lui mieux convenir pour la culture en vue de la vinification, d'autant mieux que ses nombreux raisins, à très court pédoncule, sont ainsi moins serrés les uns contre les autres, plus aérés et partant moins exposés à la pourriture. Les grappes du Rastignier, moins fortes que celles du Portugais, sont plus rapprochées de celles du Lasca, pourtant avec un peu plus d'ampleur. Leur poids moyen ne dépasse pas chez nous 150 à 200 grammes ; comme chaque courson en porte habituellement de 2 à 4, à partir du 3e nœud, la production moyenne paraît varier de 2 à 3 kilog. par souche avec une taille modérée. Elle pourrait donc atteindre pratiquement en culture ordinaire dans la région du Nord-Est une moyenne de 15 à 20.000 kilog. correspondant à celle de 80 à 100 hectolitres par hectare, chiffre très satisfaisant sous ce climat.

Le Rastignier paraît un bon greffon. Nous ne le possédons encore que sur Riparia ; il est à présumer que sa vigueur naturelle prendrait encore plus d'extension avec les hybrides de Rupestris, dont le tronc a un grossissement plus rapide. La rusticité de cette variété paraît à peu près égale à celle du Lasca et du Limberger, et supérieure à celle du Portugais. Son débourrement est moyen, entre ces deux groupes de cépages ; sa floraison, sa véraison et sa maturité plus précoces, ce qui permet de l'employer de préférence dans les vignobles les plus septentrionaux. Le Rastignier repousse du fruit après les gelées de printemps ; il a comme le Portugais l'avantage d'être exempt de coulure. Un peu moins productif que celui-ci en raison du moindre volume de ses fruits, il le dépasse en revanche comme résistance à l'Oïdium et à la Pourriture et même au Mildiou. Nous n'avons pu encore vérifier sa tenue contre le Black-Rot. Malgré l'épaisseur plus grande de la peau de ses baies, il est pourtant sujet aux déprédations des guêpes dans les années chaudes, au moins sous notre climat [1].

Vinification. — En raison du volume médiocre de ses fruits et de ses baies, et malgré leur fermeté propice aux transports, le Rastignier ne nous paraît pas avoir grand avenir comme raisin de table. En revanche, nous croyons avec Pulliat « qu'il a toutes les qualités d'un bon raisin à vin », supérieur à ce point de vue au Portugais et même au Lasca. Comme ce dernier, il a une pointe d'acidité et d'astringence qui fait défaut au Portugais, mais à maturité complète il possède une saveur plus sucrée et plus relevée que celle du Lasca. Comme, en outre, il les dépasse tous deux en précocité de 8 à 10 jours, et devance ainsi de 15 jours à 3 semaines la maturité des Pinots et Gamays usités dans nos bassins de la Seine et de la Meuse, l'avenir du Rastignier nous paraît donc résider dans sa culture comme vigne à vin d'ordinaire pour nos vignobles extrêmes du Nord-Est. Le Gamay des Vosges étant assez peu pratique pour cet usage en raison de son extrême propension à la coulure, le Rastignier reste ainsi l'un des plus précoces parmi les raisins utilisables en grande culture. Parmi les rares et précieux cépages à raisins noirs de cette catégorie, nous ne connaissons que le *Pinot Pomier* et le *Précoce Pulliat* [2] qui l'égalent en précocité, mais le premier est sensiblement moins fertile.

Le Rastignier n'ayant pas jusqu'ici été assez multiplié pour la cuve, n'a pas encore, même dans son pays d'origine, été étudié pour cet emploi. Nous n'avons donc pu nous procurer d'échantillon de son produit. Pour en juger, nous sommes réduit aux rapides

1. M. Salomon développe dans sa *Monographie du Gamay des Vosges*, t. III, p. 324, l'opinion que les attaques des guêpes sont absolument subordonnées aux déprédations préalables des oiseaux. Elles ne porteraient que sur les points déjà attaqués par eux. L'expérience nous a démontré à plusieurs reprises que les guêpes n'ont pas besoin pour leurs dégâts de ces auxiliaires, à fortiori les frelons. En 1900, notamment, nous les avons vues couvrir entièrement des grappes de Portugais bleu et n'en pas laisser un grain intact sur plusieurs lignes au milieu d'autres variétés également mûres, que les oiseaux visitaient tout autant sans causer de dommages sérieux. La vérité est qu'elles ont une préférence marquée pour certains cépages précoces colorés : Gamay des Vosges et Portugais en tête, alors que le Pinot Pomier et le Précoce Pulliat, plus hâtifs pourtant que le second, sont sensiblement moins visités par elles. La plus ou moins grande épaisseur des pellicules et de la couche cireuse qui les recouvre explique sans doute ces différences.

2. Sous ce nom, nous croyons devoir désigner un cépage extrêmement fertile que Pulliat avait reçu comme Saint-Laurent, et qu'il avait jadis communiqué sous cette appellation inexacte à plusieurs amis. Nous n'avons pu l'assimiler jusqu'ici à aucun cépage précoce connu, aucun d'ailleurs ne possède de pareilles aptitudes à la production, aussi le signalerons-nous dans le *Dictionnaire ampélographique* qui terminera cet ouvrage sous le nom de son propagateur, comme un digne et juste hommage à la mémoire du sagace initiateur que fut Pulliat dans cette précieuse branche de l'Ampélographie. Ce raisin donnait, en 1901, un moût renfermant 154 grammes de sucre (correspondant à 9° d'alcool) et 6 gr. 7 d'acidité sulfurique par litre.

analyses de moûts que nous avons pu effectuer à Pontailler avant les vendanges médiocres et pluvieuses des années 1901 et 1902. Leur comparaison avec celles du Lasca et du Portugais, cultivés dans le même terrain et sur le même porte-greffe, peut éclairer leur valeur respective :

	1901 (9 septembre)			1902 (31 septembre)		
	RASTIGNIER	LASCA	PORTUGAIS	RASTIGNIER	LASCA	PORTUGAIS
Densité au mustimètre...	1075	1064	1059	1074	1068	1059
Sucre par litre...........	170	140	127	167	152	127
Alcool possible..........	10°	8°2	7°5	9°8	8°9	7°5
Acidité en $SO^4 H^2$	$6^{gr}9$	$7^{gr}6$	7^{gr}	$7^{gr}2$	8^{gr}	7^{gr}

Ajoutons enfin qu'en raison de la forte coloration des pellicules, le moût du Rastignier, déjà bien coloré au sortir du pressoir, fournira sans doute un vin d'une intensité de coloration supérieure à celle de ses deux congénères autrichiens.

DESCRIPTION. — Souche, forte, à grand développement et de longue durée, à écorce grise sur bois brun rougeâtre ; port semi-érigé, racines fortes et semi-plongeantes.

Bourgeons, simples, gros et trapus, comme écrasés, coniques, à couleur gris brun, avec pointe blanche ; bourgeonnement feutré et blanchâtre, les folioles précédentes d'un vert pâle, couvertes super d'un duvet lanugineux épars et infer complètement duveteuses ; floraison abondante et précoce, étamines plus longues que le pistil.

Rameaux, assez forts, à ramifications nombreuses ; à l'état herbacé, d'un vert pâle veiné de rose, souvent lanugineux, avec larges lenticelles noirâtres ; à l'aoûtement, d'un brun clair, faiblement strié ; nœuds forts et plus foncés, à diaphragme faiblement convexe ; mérithalles moyens qui de 5 cm. à la base s'allongent jusqu'à 6 et 10 dans la partie moyenne du sarment ; bois dense, à fine moelle blanche, ne dépassant pas 1/3 de diamètre ; vrilles vertes, à 2 lacets très enroulés, rapidement caduques ; entre-feuilles blanchâtres.

Feuilles, moyennes ou sur-moyennes, plutôt cordiformes, planes et peu épaisses, souples et coriaces, à bords généralement un peu incurvés ; couleur d'un vert franc un peu particulier qui rougit de bonne heure en se tachant par les bords ; forme peu découpée, les lobes inférieurs peu marqués, les supérieurs généralement mieux dessinés par des sinus étroits et arrondis, quelquefois aussi à peine indiqués ; sinus pétiolaire en U toujours ouvert, un peu lyré, les autres très étroits. Quand ils s'accusent et que la feuille devient quinquelobée, les deux lobes latéraux et le supérieur sont terminés par une longue dent incurvée et l'ensemble de la feuille se plisse par les bords ; denture courte, régulière, assez aiguë, à fin mucron connivent ; la face supérieure de la feuille est lisse et moyennement brillante ; l'inférieure garnie d'un feutrage léger formé de poils sous-nerviens et d'un duvet lanugineux épars qui se retrouve souvent aussi sur les pétioles et les jeunes rameaux ; nervures fines. — Pétiole de longueur égale à la nervure médiane, assez fort, strié de rouge, formant angle de 45 avec le rameau, légèrement obtus avec le limbe. Les feuilles rougissent de bonne heure par plaques le long des nervures ; elles passent au jaune à la défeuillaison, précoce.

Fruits. — *Grappes*, moyennes, assez irrégulières, brièvement cylindriques, serrées, à une ou deux épaules courtes ; pédoncule solide, assez court, vert, mais de lignification rapide ; les grappes sont insérées sur les 3, 4, 5, et quelquefois 6° nœuds ; poids moyen de 150 à 200 grammes. — *Grains*, moyens, globuleux, un peu déprimés à l'ombilic ; diamètre variable de 16 ^{mm} sur 16 à 18 ^{mm} sur 18 ; peau ferme, épaisse et croquante, d'un noir brillant masqué par une abondante pruine bleuâtre, moins claire que celle du Portugais et surtout du Lasca ; courts pédicelles verts ; larges disques étroits, marqués de fortes lenticelles et passant au brun vineux à maturité ; saveur simple et sucrée, un peu acidulée, moyennement relevée ; 2 à 3 pépins courts, gris brun ou vineux, à bec large, légèrement incurvé, peu dessinés, avec chalaze brune, peu apparente ; maturité générale franchement précoce.

Adrien Berget.

URBANITRAUBE

Synonymie. — Weisse muskirte Urbanitraube (*Trummer*). — Dishucha, Talianzha shipnina, Krupna belina, Dusuca ranina, Murzina (dans la Croatie, d'après *Trummer*, Nachtrag, p. 7).

Observations. — Ce cépage est localisé à peu près dans les bassins de la Save et de la Drave, affluents du Danube. D'après Trummer, on le rencontre principalement dans la Slavonie et la Croatie, où il interviendrait pour une large part dans l'amélioration des meilleurs vins blancs, notamment à Moslavina et dans les envions d'Agram.

En France c'est un cépage d'importation qui n'a pas franchi les limites des champs des collectionneurs.

L'*Urbani blanc musqué* est une vigne qui réclame un climat chaud, ou les vigoureux coups de soleil de l'été des pays du centre de l'Europe; elle ne développe, en effet, toutes ses qualités et son parfum qu'à la complète maturité, et c'est seulement à cet état que son raisin possède la fine saveur et la dose élevée de sucre qui sont les deux principaux caractères de cette variété.

A ce point de vue, c'est peut-être un bon cépage à essayer dans les climats viticoles chauds pour la production des vins de liqueur; mais c'est aussi une vigne bonne à cultiver pour la production du raisin de table; son grain possède en effet une pellicule assez épaisse, résistante, capable de supporter sans souffrir le transport et l'emballage; à la maturité il se dore légèrement; enfin il prend normalement un développement égal à celui des belles variétés de Chasselas, et, avec le ciselage bien pratiqué, on peut le grossir sensiblement; le poids moyen des grains est de 2 gr. 5, mais il peut atteindre facilement 4 grammes.

La grappe, assez volumineuse, est rustique et peu sensible aux intempéries qui surviennent à la floraison; de toutes les maladies cryptogamiques, c'est l'Oïdium qui lui cause le plus de mal; toutefois on en a raison avec les soufrages ordinaires. Le Mildiou ne sévit pas sur le feuillage de l'Urbani blanc avec une intensité aussi grande que pourrait le faire supposer le feuillage laineux en dessous de ce cépage; les sulfatages ordinaires le mettent à l'abri de ce parasite.

BIBLIOGRAPHIE. — H. Gœthe : Handbuch der Ampelographie (Berlin, 1887). — Trummer : Nachtrag zur systematischen classification und Beschreibung der in Herzogthume Steirmarck workommenden Rebensorten (Gratz, 1854). — R. Gœthe : Handbuch der Tafeltraubenkultur (Berlin, 1894). — J. de Rovasenda : Essai d'une ampélographie universelle (Paris, Montpellier, 1881).

Urbanitraube

La vigueur de l'Urbani blanc est au-dessus de la moyenne, aussi les formes restreintes lui conviennent peu ; c'est le cordon unilatéral qui lui plaît le mieux, avec la taille à coursons à 2 yeux francs. Si la plantation est serrée, la pousse devient forte, les yeux de la base des sarments perdent leur fertilité et il faut recourir à la taille à long bois, simple ou double suivant le cas.

DESCRIPTION. — Souche, de vigueur sur-moyenne ; tronc assez fort, recouvert d'une écorce s'enlevant en fines lanières.

Bourgeons, gros, coniques, évasés, enfermés dans des écailles brunes, écartées au sommet, où se montre une bourre cotonneuse roussâtre ; bourgeonnement blanc laineux, légèrement carminé sur le bord des jeunes feuilles ; jeunes feuilles étalées, à 3-5 lobes, d'un blanc jaunâtre, avec des nervures vertes et un soupçon de carmin clair au pourtour, duveteuses sur les deux faces, et surtout à la partie inférieure.

Rameaux, assez gros, semi-érigés, de couleur vert pâle à l'état herbacé, et très légèrement striés de quelques lignes violet pâle ; rameaux ligneux, aplatis, présentant une teinte fauve le long des mérithalles qui sont fortement striés, et une couleur brun vineux au niveau des nœuds ; nœuds très forts, déprimés ; cloisons des nœuds minces, bi-concaves ; vrilles assez fortes, mais caduques pour la plupart ; moelle abondante.

Feuilles, sur-moyennes ou grandes, sensiblement aussi longues que larges, fermes et épaisses, 5-lobées, devenant 3-lobées par la fusion des 2 lobes latéraux inférieurs ; sinus latéraux, supérieurs au moins profonds ; sinus pétiolaire en lyre, fermé le plus souvent dans les feuilles adultes ; face supérieure creusée en cuvette par suite du relèvement des bords, d'un vert jaunâtre, glabre, fortement gaufrée, et présentant des macules jaunes entre les nervures, sur le parenchyme ainsi qu'à la périphérie ; face inférieure d'un vert pâle, recouverte entièrement sur le parenchyme et les nervures par un duvet aranéeux très abondant ; dents grandes, inégales, en deux séries, obtuses et mucronées ; nervures vert pâle, légèrement violacées à leur naissance. — Pétiole un peu plus court que la nervure médiane, grêle, d'un vert pâle, parfois lavé de violet clair ; à angle aigu avec le sarment et obtus avec le plan du limbe.

Fruits. — *Grappes*, situées un peu haut sur le sarment, au 5e nœud, 1, 2 par pampre, sur-moyennes, cylindriques ou quelquefois cylindro-coniques, ailées, longues de 14 à 15 centimètres, et pesant en moyenne 180 à 200 grammes, avec un maximum de 270 à 300 grammes ; pédoncule grêle, ligneux à sa base à la maturité ; rafle grêle ; pédicelles courts, avec un bourrelet assez fort, recouvert de nombreuses lenticelles verruqueuses. — *Grains*, gros, légèrement ovoïdes, allongés, d'un vert pâle, jaunâtre à la maturité, très serrés dans la grappe, mesurant en moyenne 16×17 millimètres et pesant en moyenne 2 gr. 5 avec un maximum de 4 grammes ; pruine abondante et blanche ; ombilic souvent gros et très apparent ; peau assez épaisse ; chair abondante mais fondante ; jus abondant, sucré et très légèrement parfumé à la maturité ; pépins. 2, 3 par grain.

E. Durand.

NOIR GLADY

Observations. — Le *Noir Glady* est une obtention de M. Besson père, de Marseille ;
il est sorti, en 1865, d'un semis de pépins recueillis sur diverses variétés de vignes
précoces pour la table, sans qu'il soit possible de dire si c'est un descendant direct d'une
variété connue, ou le produit d'une fécondation croisée.

Les yeux, dans les sarments du Noir Glady, sont fertiles dès la base ; aussi la taille
courte lui suffit, et étant donnée sa vigueur, c'est en cordons de deux mètres à deux mètres
et demi qu'il faut le conduire, avec 8 ou 10 coursons. Peu exigeant sous le rapport du
porte-greffe et du sol, ce cépage possède une fertilité assez grande et soutenue, donnant
une et souvent deux grandes grappes par pampre. Sa maturité arrive bien après celle d'un
autre gain du même semeur, le *Noir hâtif de Marseille*, que nous tenons pour supérieur
à celui-ci. Pulliat le donne comme mûrissant avant le Portugais bleu ; nous le croyons
plus tardif que ce dernier, et c'est tout à fait à la fin de l'époque précoce que nous croyons
devoir le placer, très près même des cépages de 1re époque. La coloration violet foncé
de ses grappes est assez longue à s'établir complètement sur la totalité de la surface du
grain, qui, assez longtemps, laisse percer son fond vert.

Peu ou pas coularde, cette variété se montre rustique, et féconde convenablement ses
fleurs, aussi ses grappes sont le plus souvent assez serrées. Elle ne présente aucune particularité vis-à-vis des maladies cryptogamiques, et souffre du Mildiou et de l'Oïdium
comme la plupart des Vinifera ; toutefois elle montre une certaine endurance et conserve
assez bien ses grappes sur les pampres après la maturité. Son aire de culture ne s'est pas
beaucoup étendue au delà des limites des champs des collectionneurs et des ampélophiles.
D'ailleurs, ce cépage n'a rien qui puisse le faire émerger au milieu de la foule déjà si
compacte des variétés de vignes : en dehors de sa fine saveur musquée, fort agréable,
mais qui ne surpasse pas en valeur celle de diverses variétés plus méritantes, le Noir
Glady n'a aucune des qualités de séduction que doit présenter une variété à raisin de table ;
ses grandes grappes cylindro-coniques sont assez volumineuses, mais elles sont faites de
grains sphériques trop petits ; il faudrait lui appliquer un ciselage des plus intenses, et
encore ne pourrait-on espérer obtenir avec cette pratique les gros grains que l'on demande
aux raisins de table. Le Noir Glady, en effet, a quelque chose de sauvage, dans sa

BIBLIOGRAPHIE. — V. Pulliat : Les Raisins précoces pour le vin et la table (Montpellier, 1897). —
Besson fils : Catalogue général descriptif et illustré des collections de vignes.

Ampélographie.
J Troncy
Imp. F. CHAMPENOIS, Paris.
Noir Glady

physionomie, sa vigueur, la forme de son feuillage et de son grain. Comme raisin à vin, le Noir Glady a encore moins d'avenir, car il ne peut faire des vins ordinaires de table à cause de sa saveur musquée, et d'un autre côté il ne peut prétendre à rivaliser avec les variétés de Muscat usitées dans la préparation des vins de liqueur.

DESCRIPTION. — SOUCHE, de vigueur moyenne ; tronc peu développé.

BOURGEONS, gros, coniques, enveloppés dans des écailles brunes, un peu ouverts à la pointe où sort une bourre cotonneuse grise ; bourgeonnement duveteux blanc ; jeunes feuilles vert jaunâtre clair, avec un soupçon de grenat, portant sur leurs deux faces un léger duvet blanc émané du bourgeon.

RAMEAUX, gros et longs, à section légèrement déprimée, érigés, de teinte vert pâle plus ou moins vineux violacé à l'état herbacé, de couleur noisette avec des stries plus foncées à l'état ligneux ; nœuds peu renflés ; cloisons minces, bi-concaves ; moelle abondante ; vrilles peu nombreuses et grêles, vert pâle, souvent lavées de violet clair.

FEUILLES, moyennes et sous-moyennes, sensiblement aussi longues que larges, 5-lobées, devenant quelquefois 3-lobées par soudure des deux lobes latéraux supérieurs ; sinus latéraux assez profonds et arrondis ; sinus pétiolaire en lyre, souvent fermé dans les feuilles adultes ; face supérieure d'un vert foncé, plane, avec les bords quelquefois relevés en cuvette, lisse et luisante, complètement glabre ; face inférieure d'un vert pâle et glabre ; dents inégales, aiguës, bordées de jaune ; nervures fortes, très saillantes en dessous de la feuille, et se détachant très nettement, en dessus, par leur teinte jaune qui tranche sur le vert foncé du parenchyme ; à leur surface, en dessous de la feuille, il existe quelques fils laineux. — Pétiole assez fort, aussi long que la nervure médiane de la feuille, de même couleur que le sarment herbacé, avec tons vineux violacés très accentués, faisant un angle presque droit avec le sarment et obtus avec le limbe ; défoliation tardive.

FRUITS. — *Grappes*, situées aux 4ᵉ et 5ᵉ nœuds, grandes et grosses, cylindro-coniques, ailées, pointues, mesurant de 20 à 22 centimètres de long, de 10 à 12 de large, pesant en moyenne 160 à 180 grammes, avec un poids maximum de 250 à 300 grammes ; pédoncule gros et fort, court, vert pâle, avec des tons violet foncé, se lignifiant complètement à la maturité ; rafle forte, de couleur verte mélangée de violet dans les parties éclairées ; ramifications courtes ; pédicelles courts, grêles et verruqueux ; bourrelet fort, avec lenticelles grises ; pinceau court, bien adhérent aux grains et grisâtre. — *Grains*, de dimensions moyennes, sensiblement sphériques, mesurant de 10 à 12 millimètres de diamètre, et pesant en moyenne 1 gramme, de couleur violet foncé tirant au bleu à la maturité ; pruine abondante et blanc bleuâtre ; ombilic peu apparent ; peau assez épaisse et possédant une certaine résistance ; pulpe peu abondante et fondante ; jus incolore, à saveur sucrée et relevée d'un fin parfum de muscat, rappelant celle du Muscat de Hambourg ; maturité fin de l'époque précoce ; pépins 2 ou 3.

E. DURAND.

ARINTHO

Synonymie. — ARINTHO, ARINTO (Estremadura, Alemtejo, Beira Alta e Douro). — ARINTHO-CERCIAL (?) (Minho, *Teixeira Gyrão*). — ALMAFEGO (?) (quelques localités du Ribatejo). — BOAL (Traz-os-Montes, *Taveira de Carvalho*). — MINDEZA (Aveiro). — ESGANA-CÃO (?) (Aveiro, Seven do Vouga, *Teixeira de Carvalho*).

Historique et origine. — L'*Arintho* est un cépage blanc, très apprécié et renommé; il est connu depuis longtemps en Portugal. Vicencio Alarte, en 1712, dans la première édition de son œuvre classique : *Agricultura das vinhas*, fait une mention spéciale de ce cépage : « Les raisins d'*Arintho* (*uvas Arintas*, dans le texte portugais) sont, dit-il, d'excellente qualité, et ils sont bons à manger; ils produisent le meilleur vin, toujours abondant, ils sont si rustiques qu'ils résistent à toute influence climatérique; l'Arintho est un cépage tardif, il demande des terrains riches, et il va très bien dans les terres humides; il réussit aussi bien dans les terres hautes; cependant ce cépage dans ces terres de coteau ne produit pas autant de fruit, et il ne mûrit pas ses fruits en même temps que les autres cépages » (p. 76 de l'édition de 1818). Avellar Brotero, le célèbre botaniste portugais, qui, en 1788, publia son *Traité de botanique*, fait aussi à cette époque une allusion aux raisins d'Arintho, en disant au tome II de son ouvrage (p. 608) que ce cépage produit des *raisins menus et acides*.

L'Arintho est donc un cépage qui était connu et cultivé en Portugal, au moins pendant le premier quart du xviiie siècle. Il est hors de doute qu'il était déjà renommé par ses

BIBLIOGRAPHIE. — VICENCIO ALARTE : Agricultura das vinhas e tudo que pertence a ellas até perfeito recolhimento do vinho, e relação dos suas virtudes, e da cepa, vides, folhas, e borras (Lisbõa, Na Impressão regia 1re édition, 1712, p. 26 de l'édition de 1818). — FÉLIX DE AVELLAR BROTERO : Compendio de Botanica (1788, p. 608, t. II de l'édition de 1839). — CONSTANTINO BOTELHO DE LACERDA LOBO : Memoria sobre a cultura das vinhas em Portugal (Academia Real das Sciencias de Lisbõa, 1790). — VICENTE COELHO DE SEABRA SILVA FELLES : Memoria sobre a cultura das videiras e a manufactura dos vinhos (Academia Real das Sciencias de Lisbõa, 1790). — FRANCISCO SOARES FRANCO : Diccionario de Agricultura (Lisbõa, 1806). — TEIXEIRA GYRÃO : Tratado theorico e pratico da agricultura das vinhas, da extracção do mosto, bondade e conservação dos vinhos e da distillação dos aguardentes (1822). — Dr JOSÉ MARIA GRANDE : Guia e Manual do Cultivador (p. 261, t. II, Lisboa, 1849). — ANTONIO AUGUSTO DE AGUIAR : Memoria sobre os processos de vinificação no reino (Lisboa, 1866-1867). — FERREIRA LAPA : Memoria sobre os processos de vinificação no reino (Lisbõa, 1866-1867). — VISCONDE DE VILLA MAIOR : Manual de viticultura pratica (p. 434 à 437, Coimbra, 1875). — JOSÉ TAVEIRA DE CARVALHO PINTO DE MENEZES : Apontamentos para o estudo da ampelographia portugueza (Boletim da Direcção Geral de Agricultura, 6e anno, n° 7, Lisbõa, p. 610 à 615). — CINCINNATO DA COSTA : Le Portugal vinicole. Recherches sur l'ampélographie et la valeur œnologique des principaux cépages du Portugal (Lisbonne, Imprimerie Nationale, 1900).

J. Troncy

Arintho

vins exquis, dans la petite mais très remarquable région vinicole de *Bucellas*, au temps du marquis de Pombal, et que ce cépage fut un de ceux épargnés dans le Ribatejo, quand le célèbre ministre de Don José Ier ordonna l'arrachage des vignes pour semer du blé dans les terrains profonds et fertiles de la vallée du Tage (*Alvara* du 26 octobre de 1765). Au centre du pays, dans la province de Beira, Coelho de Seabra nous parle, en 1790, de la variété Arintho, et, à cette même époque, Lacerda Lobo fait des allusions très spéciales à ce même cépage. L'Arintho est donc un des cépages les plus anciens en Portugal et des plus répandus dans tout le pays.

Quant à son origine on ne peut rien avancer de certain. Antonio Augusto de Aguiar, dans ses *Conférences vinicoles* (1876), affirme que l'Arintho portugais n'est autre que le *Riesling* du Rhin. On a même prétendu que ce cépage si renommé de l'Allemagne, où il produit les célèbres vins de Johannisberg et de la Moselle, a été importé presque en même temps en Espagne et en Portugal, où il se généralisa dans les plantations, et fut connu dans les deux pays sous les noms de *Pedro-Ximénès* en Espagne, et d'*Arintho* en Portugal. En Espagne, le cépage d'origine allemande aurait surtout pris place dans les vignobles de la province de Malaga, où il aurait été principalement préconisé par le cardinal Pedro Ximénès qui lui aurait donné son nom. En Portugal, ce serait à Bucellas que le plant de la vallée du Rhin aurait d'abord été introduit, se généralisant plus tard, avec le nom de Arintho, à d'autres régions viticoles du pays. Il semble cependant que le Pedro Ximénès de Malaga et l'Arintho de Bucellas n'ont rien de commun avec le fameux cépage allemand, et qu'il faut chercher ailleurs l'origine de ces deux précieux cépages d'Espagne et du Portugal.

Aire géographique. — L'Arintho est un cépage très répandu en Portugal. On le trouve cultivé en 10 districts du royaume, faisant partie des plantations des vignobles de plus de 75 arrondissements (*concelhos*).

Son siège principal est à Bucellas, petite région vinicole au nord-est de Lisbonne, près de Arruda dos Vinhos, dans les terrains marginaux du Tage, mais son aire géographique s'étend depuis le Douro, au nord, jusqu'aux districts de Portalego et Svora, dans l'Alemtejo, au sud. On le trouve à Alijó, Chaves, Sabrosa, Villa Ponca de Aguiar, Agueda, Anadia, Aveiro, Malhada, Oliveira de Bairro, Vajos, Arganil, Cantanhede, Coimbra, Figueira do Foz, Goes, Souzã, Miranda do Corvo, Oliveira do Hospital, Poiares, Taboa, Mangualde, Santa Cimba-Dão, Pinhel, Castello Branco, Fundão, un peu partout disséminé dans les plantations de toute l'Extremadura, surtout et particulièrement localisé à Bucellas, où il forme la base de l'encépagement de tous les vignobles.

L'Arintho est un des cépages les plus généralisés dans les vignobles portugais, où il est toujours très apprécié pour la fabrication des vins blancs, auxquels il imprime un caractère tout à fait particulier de vigueur et de légèreté et aussi de finesse. Cependant, c'est à Bucellas qu'il acquiert toute la perfection pour la production des vins blancs légers de table, délicats et parfumés. La région viticole de Bucellas est formée par une longue vallée qui suit le cours de la rivière de Bemputa, complétée par les coteaux montagneux qui, au nord-ouest du Tage, font partie des régions de Sabrasa et Arruda. Elle comprend les localités de Romeira, Villa de Rei, Villa Nova, Bucellas, Bemputa, Freixial, Via

Longa, Panhoes et Pintem, où se trouvent les plantations les plus renommées de la région. C'est toujours dans les sols crétacés ou marneux que les vignes d'Arintho produisent les meilleurs vins.

Ampélographie comparée. — On confond quelquefois l'Arintho avec le *Boal*; pour quelques viticulteurs, l'Arintho n'est qu'une variation, due au climat et au terrain, du type Boal, très répandu dans le centre du pays, surtout dans l'Extremadura.

Il y a plusieurs *Boal* en effet qui dérivent tous d'un type commun. On distingue, dans ce groupement de cépages blancs, le *Boal branco*, le *Boal d'Alicante*, le *Boal Cachudo*, le *Boal Bonifacio*, le *Boal Conasguenho*, le *Boal de Hespanha*, le *Boal de Santarem*, etc., lesquels ont tous plus ou moins des caractères qui se ressemblent, et les réunissent dans un même type. Les Boals sont d'ordinaire des cépages à grands rendements, avec une assez grande vigueur, produisant beaucoup de grandes grappes coniques ou pyramidales, avec des grains de grandes dimensions et arrondis. Ils présentent plus ou moins une coloration homogène, d'un jaune doré, dans les pellicules de leurs grains, et ils donnent d'ordinaire des moûts faibles, peu sucrés, et en conséquence des vins de faible teneur alcoolique. Ceci dans les terrains du centre du pays, dans l'Extremadura, le Baguia et le littoral du Tage, où la fertilité du terrain pousse les vignes à un grand développement, mais où elles produisent des vins pauvres et peu nerveux. A l'île de Madère, le Boal présente d'autres caractères, il se développe moins, produit moins abondamment, mais par contre ses moûts sont beaucoup plus sucrés et ses vins assez alcooliques. A Aljorve aussi le vin de Boal est presque un vin de liqueur. D'ordinaire le Boal donne un rendement de 70 à 80 litres de moût par 100 kilos de vendange, moûts peu sucrés et d'une teneur acide computée en acide sulfurique de 3 °/₀₀. L'Arintho est au contraire un cépage de bon rendement, plus délicat que le Boal, avec de grandes feuilles un peu bullées à la page supérieure, duveteuses à la page inférieure, produisant des grappes très caractéristiques par leur forme particulière en *tête de clown*, très ramifiées, avec des grains arrondis, de petites dimensions, verdâtres, pointillés à leur surface de très petites taches noires. Les grappes d'Arintho, quoique moyennes, sont d'ordinaire beaucoup plus petites que celles des cépages Boal. Elles ont 18 à 20 centimètres de longueur, tandis que les Boals ont souvent une longueur de 25 à 30 centimètres. L'Arintho donne un rendement moyen de 70 °/₀, et ses moûts sont assez riches en acidité, marquant quelquefois 7 et 8 °/₀₀ d'acidité totale calculée en acide sulfurique mono-hydraté.

Un autre cépage qu'on a voulu aussi identifier à l'Arintho c'est le *Sercial* ou *Esjanecão*. Ce cépage fait partie des plantations de Bucellas, et il contribue à la haute valeur de ces vins, par son parfum, par son âpreté en même temps que par son goût frais et exquis. On peut même dire que les meilleurs et les plus renommés vins de Bucellas sont formés par les moûts provenant des raisins de ces deux cépages, l'Arintho et l'Esjane, mais ils n'ont rien de commun entre eux. Ce sont deux cépages tout à fait distincts, par leur port, par leur vigueur, par tous leurs caractères de végétation et par les produits qu'ils donnent. Le *Sercial*, ou *Esjane*, porte des grappes petites, très courtes, avec des pédoncules très peu développés. Il dose d'ordinaire de 4 à 5 °/₀₀ d'acidité totale dans les pulpes de ses raisins, et il a la grande qualité de produire des moûts qui se clarifient très rapidement. Pour ce motif, ce cépage remplit un très bon rôle dans la vinification à Bucellas.

M. Duarte d'Oliveira pense que l'Arintho, de Bucellas, n'est autre que le *Rabijato-Respigueiro* du nord, de la région du Douro et Traz-os-Montes. Je ne connais pas assez bien cette variété de Rabijato pour pouvoir émettre une opinion ferme, mais, d'après la dégustation des vins de ce cépage, il me semble que s'il est identique à l'Arintho, le climat, le terrain et la culture ont eu une bien grande influence pour différencier son vin de celui du cépage de Bucellas.

En Portugal, on a cru longtemps que l'Arintho est une variation du *Riesling* des Allemands. M. Aguiler, en 1874, a dit qu'entre ces deux cépages il n'y avait pas de différences sensibles. Or le Riesling est un cépage bien différent, à petites grappes supportées par des pédoncules assez courts, possédant des feuilles moyennes, lanugineuses à la page inférieure ; ses grains sont petits et arrondis, à pellicule mince et dorée, très serrés les uns contre les autres. Ses vins ont une suavité particulière résultant de la richesse sucrée de ses moûts.

Culture et vinification. — Il n'y a rien de particulier dans la culture de l'Arintho à Bucellas, ou dans les autres régions vinicoles du Portugal où ce cépage fait partie des plantations. On défonce le terrain à la profondeur de 0 ^{m} 75 à un mètre, et dans de longues tranchées faites à cette profondeur (qu'on appelle *mantas*) on plante les boutures. Les vignes sont supportées par des échalas, à forme basse, à la taille Guyot avec ses multiples variations.

L'Arintho est assez attaqué par les maladies cryptogamiques, surtout par le Mildiou, qui, certaines années, fait des dégâts énormes ; les traitements cupriques appliqués à temps sont cependant efficaces contre cette maladie.

Les meilleurs vins de Bucellas sont faits sans fermentation avec le marc. L'Arintho est soumis à un foulage peu long, par les fouloirs mécaniques ou au moyen des pieds des *lajareiros*, et le jus coule dans des cuves ou dans des *lajores* ; le *lajore* est le récipient généralement adopté pour les fermentations. Ils sont formés par de grandes cuves rectangulaires en pierre, de la capacité de 15 à 20 pipes de vin, d'une hauteur de 1 mètre ou 1 ^{m} 20 à peu près.

D'ordinaire on n'égrappe pas les raisins, et il est des vignerons qui laissent leurs vins fermenter avec le marc, c'est ce qu'ils appellent faire les vins de *curtimenta*. Les vins sont plus colorés et plus gros, plus difficiles à clarifier, et ont moins de valeur comme vins de table. Les bons vins d'Arintho sont faits en blanc et proviennent de raisins récoltés non encore très mûrs. Les raisins très mûrs donnent des vins un peu fades, sans la vivacité et la fraîcheur qu'on demande à cette classe de vins, et que l'Arintho possède à un haut degré quand il est récolté à l'époque convenable. L'Arintho produit des moûts qui se clarifient rapidement après la fermentation, et déposent de grandes quantités de ferments.

Voici la composition des raisins d'Arintho et des vins produits par ce cépage, d'après les analyses qui ont été faites sous ma direction au Laboratoire de fermentations et de technologie agricole de l'Institut agronomique de Lisbonne.

ÉTUDE SUR LA COMPOSITION PHYSIQUE ET CHIMIQUE DES RAISINS DE L'ARINTHO

Récolte de 1899.

I. — ÉTUDE PHYSIQUE

Poids et dimensions de la grappe.

Poids moyen (grammes)............................	440
Dimensions { longueur...........................	0^m21
{ largeur maximum au tiers supérieur	0^m12

Poids et dimensions des grains.

Poids moyen (grammes)........................	1.57
Dimensions { diamètre longitudinal..........	0^m045
{ diamètre transversal............	0^m013

Constitution de la grappe.

Rafles.......................................	2.45
Grains.......................................	97.55
	100.00

Constitution du grain.

Pulpe..	85.75
Peaux	9.44
Pépins.......................................	4.81
	100.00

Nombre de pépins.

Sur 100 grains...............................	252

Rendement en moût.

En poids :

100 kilogr. de raisins, grappes complètes (avec rafles) produisent.....................	80 k. 08
100 kilogr. de raisins (sans rafles) produisent.	82 k. 10

En volume :

100 kilogr. de raisins, grappes complètes (avec rafles) produisent.....................	72 l. 66
100 kilogr. de raisins (sans rafles) produisent.	74 l. 50

Densité-glucomètre.

Densité à 15 degrés centigrades.............	1102
Degré glucométrique (Guyot), corrigé à 15° centigrades..............................	21.76

II. — ÉTUDE CHIMIQUE

Composition chimique de la pulpe $= 85.75$ du poids des grains.

(Moût)

Eau.......................................	75.15
Sucre fermentescible........................	20.03
Acidité totale ($H^2 SO^4$)..................	0.35
Matières azotées...........................	0.26
Ligneux insoluble..........................	2.10
Matières non dosées........................	1.98
Matières minérales.........................	0.13
	100.00

Composition chimique des peaux $= 9.44$ du poids des grains.

Eau.......................................	68.42
Tanin.....................................	traces
Acidité totale ($H^2 SO^4$)..................	0.41
Ligneux et non dosé........................	29.52
Matières minérales.........................	1.65
	100.00

Composition chimique des rafles $= 2.45$ du poids de la grappe.

Eau.......................................	51.59
Tanin.....................................	0.32
Matières résineuses........................	3.25
Acidité totale ($H^3 SO^4$)..................	0.15
Ligneux et non dosé........................	44.66
Matières minérales.........................	3.03
	100.00

Récolte de 1902.

I. — ÉTUDE PHYSIQUE

Poids et dimensions de la grappe.

Poids moyen (grammes)....................	437
Dimensions { longueur..............	0^m16 à 0^m18
{ largeur maximum au tiers supérieur...........	0^m13 à 0^m14

Poids et dimensions des grains.

Poids moyen (grammes)....................	1.51
Dimensions { diamètre longitudinal..........	0^m015
{ diamètre transversal..........	0^m013

Constitution de la grappe.

Rafles.......................................	3.00
Grains.......................................	97.00
	100.00

Constitution du grain.

Pulpe..	88.02
Peaux	8.12
Pépins.......................................	3.86
	100.00

Nombre de pépins.

Sur 100 grains.......................... 153

Rendement en moût.

En poids :

100 kilogr. de raisins, grappes complètes (avec
rafles) produisent....................... 75 k. 46
100 kilogr. de raisins (sans rafles) produisent. 77 k. 80

En volume :

100 kilogr. de raisins, grappes complètes (avec
rafles) produisent....................... 70 l. 10
100 kilogr. de raisins (sans rafles) produisent. 72 l. 30

Densité-glucomètre.

Densité à 15° centigrades................... 1075
Degré glucométrique (Guyot), corrigé à 15°
centigrades............................. 18.5

II. — Étude chimique

*Composition chimique de la pulpe = 88.02
du poids des grains.*
(Moût)

Eau...........................	77.15
Sucre fermentescible................	16.12
Acidité totale ($H^2 SO^4$).............	0.52
Matières azotées..................	0.40
Ligneux insoluble.................	0.50
Matières non dosées	5.17
Matières minérales.................	0.14
	100.00

*Composition chimique des peaux = 8.12
du poids des grains.*

Eau...........................	73.65
Tanin.........................	traces

Acidité totale ($H^2 SO^4$).............	0.57
Ligneux et non dosé...............	22.22
Matières minérales................	3.56
	100.00

*Composition chimique des rafles = 3 %
du poids de la grappe.*

Eau...........................	54.20
Tanin.........................	0.40
Matières résineuses...............	1.15
Acidité totale ($H^2 SO^4$).............	0.13
Ligneux et non dosé...............	39.35
Matières minérales................	4.77
	100.00

L'Arintho d'Alpiarça, comme celui qui est cultivé dans tout le Ribatejo, à Almeiria, Santarem, Salvaterra, Cartaxo, etc., est le même cépage de Bucellas ; cependant, à cause des terrains profonds et riches des alluvions du Tage, le plant dans cette région ne donne pas de produits aussi délicats et aussi parfumés qu'à Bucellas. J'ai aussi étudié par comparaison les raisins récoltés dans les deux régions.

Voici la composition de quelques échantillons de vins d'Arintho :

COMPOSITION D'UN VIN DE BUCELLAS

A BASE DE ARINTHO (QUINTA DE ROMEIRA. — CASTELLIO-MELHOS)

Récolte de 1899.

Densité......	992		Tanin......................	0.01
Alcool......................	14.5	% en volume	Extrait sec à 100°...........	2.65
Sucre réducteur.............	0.33		Matières minérales..........	0.26
Acidité totale ($H^2 SO^4$).......	0.61			% en volume

COMPOSITION D'UN VIN DE BUCELLAS

HOCK, DE SANDEMAN BROTHERS

Densité.....................	993		Tanin......................	0.002
Alcool......................	13.6	% en volume	Extrait sec à 100°...........	2.14
Sucre réducteur.............	0.44		Matières minérales..........	0.24
Acidité totale ($H^2 SO^4$).......	0.44			% en volume

COMPOSITION D'UN VIN D'ARINTHO SANS MÉLANGE
DE M. LE COMTE DE THOMAR
Récolte de 1894.

Densité	993		Tanin	0.01	
Alcool	15°	% en volume	Extrait sec à 100°	1.90	% en volume
Sucre réducteur	0.27		Matières minérales	0.18	
Acidité totale ($H^2 SO^4$)	0.37				

COMPOSITION D'UN VIN DE BUCELLAS A BASE D'ARINTHO
H. FREIRE
Récolte de 1897.

Alcool { en poids	9.4		Tanin	traces
{ en volume	11.9		Glycérine	1.01
Sucre réducteur	—		Extrait sec à 100°	1.91
Acidité totale ($H^2 SO^4$)	0.37		Matières minérales	0.18
Acides volatiles ($C^2 H^4 O^2$)	0.09			

COMPOSITION D'UN VIN D'ARINTHO, SANS MÉLANGE, 1901

Densité	990		Sucre réducteur	0.23
Alcool en poids	10.4		Tanin	traces
Alcool en volume	13.1		Extrait sec à 100°	1.92
Acidité totale ($H^2 SO^4$)	0.35		Matières minérales	0.19
Acides volatiles ($C^2 H^4 O^2$)	0.13			

COMPOSITION D'UN VIN D'ARINTHO
DE MM. FEZENAS ET Cie
Récolte de 1902.

Densité	990		Sucre réducteur	0.23
Alcool en poids	10.4		Tanin	traces
Alcool en volume	13.1		Extrait sec à 100°	1.52
Acidité totale ($H^2 SO^4$)	0.35		Matières minérales	0.15
Acides volatiles ($C^2 H^4 O^2$)	0.13			

Les vins de Bucellas sont des vins très renommés en Portugal comme vins blancs de table. Quand ils sont bien faits et bien préparés dans les celliers ils se présentent avec une très belle couleur citrine, ils sont très limpides et très brillants, et ont toutes les qualités des très bons vins pour le poisson. Mais on doit les faire par le système de vinification en blanc, sans les laisser fermenter avec le marc, vins de « curtimenta » comme on dit, pratique encore suivie par quelques viticulteurs qui ne veulent pas profiter des qualités exquises des raisins très délicats de ce cépage. Les vins d'Arintho fermentés avec le marc de curtimenta deviennent très fortement colorés, avec un ton jaune d'or foncé, qui les rend moins convenables pour être consommés comme vins de table, et jamais ils ne pourront donner des vins de dessert.

DESCRIPTION. — Souche, forte, assez vigoureuse, fertile ; port semi-érigé ; écorce adhérente, couleur marron, se détachant en lanières fines.

Bourgeons, à débourrement tardif ; bourgeonnement rosâtre ; très lanugineux, coniques, marron clair, formant angle aigu avec la tige.

Rameaux, moyennement allongés, de grosseur moyenne, plutôt grêles, de couleur châtain clair un peu grisâtres; mérithalles lisses, aplatis, longueur moyenne de 9 à 12 centimètres; bois dur, mais cassant facilement quand les rameaux ne sont pas en végétation.

Feuilles, sur-moyennes ou grandes, orbiculaires, à peu près de même diamètre dans le sens longitudinal et transversal; d'un vert pâle; page supérieure glabre; inférieure duveteuse; sinus supérieurs à peine ébauchés; sinus secondaires peu marqués; sinus pétiolaire profond, en V; nervures fortes et proéminentes; dents en deux séries, longues et aiguës. — Pétiole développé en longueur mais plutôt faible, enviné à la base.

Fruits. — *Grappes*, coniques, un peu au-dessous de la moyenne, avec nombreuses ramifications, généralement symétriques; à la partie supérieure et basilaire elles prennent souvent une forme ailée très caractéristique, rappelant un peu la coiffure de *clown*, d'une parfaite symétrie, avec ses deux grands lobules latéraux, et un corps central plus long et pyramidal; longueur moyenne de 15 à 20 centimètres, base de 12 à 13 centimètres; pédoncules quelquefois assez longs, rougeâtres à la base, herbacés, très résistants; pédicelles courts et gros, avec bourrelet. — *Grains*, menus, arrondis ou légèrement ovoïdes, avec les dimensions dans les deux diamètres de 15×13 millimètres, pointillés de très petites taches; peau très fine et transparente; pulpe translucide laissant deviner les pépins; très juteuse produisant un moût verdâtre, peu épais, se clarifiant facilement; la couleur des peaux n'est pas uniforme, d'ordinaire presque verte du côté de l'ombre, d'un jaune ambré du côté du soleil; les grains se tassent un peu dans les grappes, surtout à la partie supérieure; raisin d'un goût âpre et acide, peu agréable à manger.

Cincinnato da Costa.

NOCERA

Synonymie. — Nicera, Nucera, Carricante nero.

Observations. — L'absence presque totale d'indications précises et anciennes rendent l'histoire de ce cépage assez difficile; toutefois il est hors de doute que c'est une ancienne vigne de la Sicile, très probablement originaire de la province de Messine, où elle est en effet le plus répandue, surtout dans le territoire de Milazzo. Sa culture dans la province de Catane est très limitée, et elle l'est plus encore dans celle de Palerme et de Caltanisetta. C'est un cépage qui mériterait d'être cultivé davantage dans les contrées maritimes de l'île; mais, étant très délicat, il est sujet à souffrir des vents chauds et de la sécheresse, de sorte que son fruit peut facilement se dessécher. Au contraire, il résiste aux gelées printanières et pourrait, à cet égard, être étendu dans les pays montueux; mais il mûrit un peu tard et le vin en est excessivement âpre.

Le *Nocera rouge*, selon M. Mendola, a quelque affinité avec les *Nerelli* de Sicile, avec les *Nieddi* et *Nieddere* et *Paschali* de Sardaigne; mais on le distingue par l'ensemble de la forme de ses feuilles, par la forme et le volume de ses raisins, et surtout par la qualité supérieure de ses produits, obtenus dans les mêmes conditions de climat, de sol et de culture, comme cela a pu être constaté depuis quelques années dans les champs expérimentaux de l'École de viticulture et d'œnologie de Catane.

En général, toutes les expositions lui conviennent, mais il aime de préférence celle de l'est; il prospère dans les sols profonds, peu compacts et frais; il vient aussi bien dans les sols volcaniques profonds; mais il ne redoute pas les terres fortes pourvu qu'elles se maintiennent fraîches. Il est cultivé d'ordinaire à vigne en plein, toujours à souche basse et sans soutien après les premières années. On le taille en courson à un ou deux yeux, car les bourgeons de la base des sarments sont fertiles. Il se greffe assez bien avec les Riparia, les Rupestris métallique et du Lot, et l'Aramon × Rupestris; tandis qu'il a peu d'affinité avec les Rupestris Martin et Ganzin, le Mourvèdre × Rupestris, etc.

BIBLIOGRAPHIE. — Geremia : Delle uve interno all' Etna (atti dell' accademia Gioenia, vol. X, 1834). — Barone Antonio Mendola : Catalogo generale della collezione di viti italiane e straniere radunate in Tavara (1868). — Cᵗᵉ Rovasenda : Saggio di ampelografia universale (1881). — G. Notari : I vitigni siciliani; Annuario generale per la viticoltura e la enologia del Circolo Enofilo Italiano (1892). — Ministero Agricoltura : Notizie e studi intorno alle uve e ai vini d'Italia (1896).

A. Kreyder

Nocera

Il fleurit un peu tard et il noue facilement ; il fructifie bien, mais pas trop abondamment ; il est exclusivement cultivé pour le vin.

Ce cépage est relativement résistant aux maladies cryptogamiques ; toutefois dans les contrées fraîches il souffre des attaques de la Cochylis.

Le raisin donne un jus abondant, avec une richesse en glucose de 20 à 23 % et une acidité de 8 à 11 °/oo ; d'ordinaire il est vinifié seul car il produit un excellent vin de coupage d'un beau rouge rubis foncé, d'un goût neutre et d'une saveur fraîche, sapide, légèrement astringente.

Il a la composition moyenne suivante :

Alcool, de 12 à 14 °/o
Acidité, de 7 à 10 °/oo
Extrait sec, de 26 à 40 °/oo

A cause de sa richesse en acidité, le vin de Nocera peut se conserver facilement, de sorte que dans le territoire de Milazzo on n'a jamais senti le besoin de recourir au plâtrage. Mêlé jeune avec du vin blanc des contrées etnées, fait spécialement avec du raisin de Catarratte et de Carricante, il fournit un excellent vin de table ; si on le conserve seul pendant deux ou trois ans, selon les conditions thermiques de la cave, il se dépouille graduellement de son excessive quantité de couleur et d'extrait, perd de son âpreté et il acquiert un goût agréable, franc et délicat, de manière à pouvoir passer pour un bon vin de table supérieur.

DESCRIPTION. — Souche, de vigueur moyenne, à port semi-érigé ; tronc de grosseur moyenne ; écorce assez adhérente ; racines de développement moyen.

Bourgeons, duveteux, saillants, pointus, de grosseur moyenne, couleur marron ; bourgeonnement un peu tardif ; jeunes feuilles de couleur vert clair, légèrement duveteuses et luisantes, avec le contour rougeâtre à la face supérieure ; blanchâtres, peu duveteuses dans la face inférieure ; jeunes grappes de fleurs hâtives, de grosseur moyenne, de couleur vert clair.

Rameaux, de longueur et grosseur moyennes, lisses, cylindriques, d'une couleur verte à l'état herbacé, avec des flocons de poils lanugineux, gris clair avec des petits points noirs à l'aoûtement sur les mérithalles, rouge marron aux nœuds ; glabres ; mérithalles de longueur moyenne ; moelle peu abondante ; bois dur ; nœuds peu gros ; diaphragmes épais ; vrilles bifurquées, rares, minces, glabres ; ramifications en fort petit nombre.

Feuilles, de grandeur moyenne, régulières, avec une tendance à se replier sur les bords, d'un vert foncé, glabres et légèrement gaufrées à la face supérieure ; d'un vert pâle, avec de petits flocons de poils à la face inférieure ; quinquelobées, les lobes sont allongés, acuminés ; sinus elliptiques, presque fermés, ceux latéraux supérieurs pas trop profonds, quelquefois presque nuls ; le sinus pétiolaire presque toujours fermé ; limbe consistant, un peu gaufré ; dents de moyenne grosseur, allongées, pointues, en séries de trois, celles qui marquent les lobes sont plus allongées ; nervures vertes, fines, mais saillantes sur la face inférieure. — Pétiole moyen, vert, duveteux, cylindrique, formant avec le limbe de la feuille un angle légèrement aigu.

Fʀᴜɪᴛs. — *Grappes* à la base du rameau, à partir du 3ᵉ œil du bourgeon, coniques, avec des ailes le plus souvent allongées, de grosseur moyenne, de longueur moyenne et quelquefois allongées, semi-serrées ; pédoncule ligneux, long, de grosseur moyenne et vert ; ramifications moyennes ; pédicelles de longueur moyenne ou courts, mais pas trop adhérents aux grains. — *Grains*, de grosseur moyenne, mais pas toujours uniformes dans toute la grappe, de forme ovale ou semi-ovale ; il y a des différences même parmi les grappes, quelques-unes portent des grains la plupart de grosseur moyenne et qui paraissent presque serrés ; d'autres portent des grains la plupart petits et rares, quelquefois par avortement partiel des fleurs, leurs grappes sont plus longues et les ailes plus allongées ; coloration extérieure d'un noir bleuâtre à cause de l'abondante pruine ; peau consistante, un peu épaisse, riche en matière colorante, sans arome spécial ; pulpe peu consistante, assez juteuse, incolore, de goût simple et un peu âpre ; pépins au nombre de deux à trois, de grosseur moyenne, à bec allongé, chalaze déprimée, raphé également déprimé.

F. Sᴇɢᴀᴘᴇʟɪ.

Ampélographie.
A. Kreyder
Diamant Traube

DIAMANT TRAUBE

Synonymie. — Diamant oblong.

Observations. — Le nom sous lequel cette variété est connue dans les collections françaises semble indiquer l'Allemagne pour son pays d'origine, quoique cependant ce nom de Diamant Traube s'applique dans les vignobles d'outre-Rhin à une variété tout autre qui est le *Chasselas coulard*. Cette même dénomination désignant deux cépages différents a jadis suscité entre V. Pulliat et nous une longue polémique où chacun des deux contradicteurs était dans la vérité. V. Pulliat, en effet, tenait d'un ampélographe allemand le Chasselas Gros Coulard sous le nom de Diamant Traube. De notre côté, nous avions reçu sous ce nom, du Jardin d'Acclimatation, ancienne collection des Chartreux, transplantée du Luxembourg dans cet Établissement, du Jardin de Viticulture de Saumur, et, ultérieurement, nous trouvions dans les collections acquises de Rose Charmeux, le même cépage, que nous décrirons, mais sous le nom de Diamant oblong. D'ailleurs V. Pulliat, dans son livre *Mille variétés de vignes*, déclare avoir reçu ce cépage du Cte Odart, sous le nom de Diamant Traube et, faute d'une autre dénomination, être obligé de le désigner sous ce vocable.

Les caractères ampélographiques du Diamant Traube sont si distincts qu'il est bien difficile de le confondre avec un autre cépage, surtout avec le Chasselas coulard auquel il ne ressemble en rien. Ses raisins sont assurément des meilleurs qui soient, et leur aspect à parfaite maturité est des plus agréables; si leur conservation n'était aussi difficile, il n'est pas douteux qu'ils concurrenceraient nos Chasselas sur les marchés français.

La sensibilité de ses raisins à la pourriture n'est pas le seul défaut du Diamant Traube, il a aussi celui de nouer très mal ses fruits, c'est là sa seule ressemblance avec le Chasselas coulard. Sous le climat de Paris il est à peu près impossible, même à l'espalier, d'en obtenir des grappes non millerandées, si on ne les féconde pas artificiellement. Sous le climat méditerranéen, il en est tout autrement, ses grappes sont souvent un peu lâches, mais c'est plutôt une qualité, les grains pouvant se développer alors normalement, sans qu'il soit nécessaire de les éclaircir par le cisèlement.

Ses bois sont d'un aoûtement assez difficile et s'anthracnosent facilement, aussi est-il nécessaire de le cultiver en terrains plutôt secs que frais et à une exposition bien ensoleillée. En tant que porte-greffes, il s'accommode de la plupart de ceux connus; leur

BIBLIOGRAPHIE. — Cte Odart : Ampélographie universelle. — V. Pulliat : Mille variétés de vignes. — Salomon : Catalogue. — Portes et Ruyssen : La Vigne et ses produits.

choix peut donc uniquement dépendre de la nature du sol où l'on veut le cultiver. Néanmoins, nous conseillons de préférence le Riparia et l'Aramon ✕ Rupestris Ganzin nº 1 qui atténuent dans une certaine mesure ses tendances à la coulure.

DESCRIPTION. — Souche, vigoureuse ; tronc de force moyenne ; écorce ordinaire, se détachant assez facilement en longues et minces lanières.

Bourgeons, à débourrement hâtif, vert blanchâtre ; simples ; jeune feuille duveteuse ; les nervures sous le tissu épais apparaissent blanchâtres ; page supérieure peu brillante ; limbe bullé mais peu gaufré ; les grappes de fleurs apparaissent de bonne heure, enfermées dans un tissu blanc.

Rameaux, peu allongés, forts, trapus même, non ramifiés ou à ramifications courtes, non sinueux ; à l'état herbacé vert jaune foncé et complètement couverts de duvet aranéeux ; avant l'aoûtement vert jaunâtre avec couleur havane clair aux nœuds ; à l'aoûtement, la teinte est à fond jaune très légèrement pourprée aux nœuds ; mérithalles courts, ceux de la base très courts, peu rugueux, assez luisants sous la pruine épaisse ; stries nombreuses ; bois dur, vert clair à l'intérieur ; nœuds peu renflés ; diaphragme peu épais ; vrilles peu fortes, non bifurquées.

Feuilles, moyennes et sur-moyennes, orbiculaires, asymétriques, entières, épaisses, peu souples, peu résistantes au froissement ; sinus supérieurs nuls ou à peine indiqués par une échancrure plus grande ; lobes supérieurs très peu développés ; sinus latéraux supérieurs peu profonds en V ; lobes latéraux supérieurs peu développés en pointe, terminés par une longue dent peu acérée ; lobe terminal peu développé ; sinus pétiolaire ouvert en U ; limbe presque plan, les lobes supérieurs légèrement relevés ; page supérieure d'un beau vert foncé, un peu brillante, rares flocons aranéeux ; page inférieure plus claire, complètement lanugineuse ; nervures vert jaune clair, fortes, proéminentes, duveteuses, légèrement pourprées à leur naissance, deux séries de dents larges de base et pointues. — Pétiole court et très fort, vert jaune clair lavé de roux, peu renflé à son insertion dont l'angle est toujours très obtus.

Fruits. — *Grappes*, insérées à partir du 3ᵉ ou 4ᵉ nœud, mais plus souvent du 4ᵉ ; deux, rarement trois sur le même sarment ; petites, ramassées, ailées, quelquefois aileronnées ; tronc-coniques, tassées ; pédoncule gros, court, dur, se lignifiant, vert jaune clair comme la rafle, renflé au point d'insertion de l'aileron ; pédicelles de longueur moyenne et gros ; gros bourrelet conique, verruqueux, se détachant facilement des grains et y abandonnant un large pinceau peu épais, peu long, blanc argenté avec filaments verts au centre. — *Grains*, sur-moyens et gros en quantités égales, les sur-moyens presque ronds, les gros ellipsoïdes, peu luisants sous la pruine peu épaisse ; stigmate persistant ; peu fermes, éclatant facilement lorsque pressés ; peau peu épaisse, peu élastique ; jus très abondant, légèrement verdâtre ; chair incolore, pulpe fondante, saveur agréable et sucrée ; 1 à 4 gros pépins verdâtres par grain.

E. et R. Salomon.

Muscat Régnier

MUSCAT RÉGNIER

Observations. — Nos recherches pour déterminer l'origine de ce Muscat ont été vaines. Tout d'abord, d'après nos observations premières, nous avons cru à une synonymie du *Muscat Troweren*, d'origine anglaise ; mais, les dissemblances que nous avons reconnues par la suite entre ces deux Muscats nous ont fait abandonner cette opinion. La forme sphérique et aplatie du grain du *Muscat Régnier* diffère en effet trop sensiblement de celle des grains du *Muscat Troweren* pour que, malgré certaines ressemblances dans l'allure des deux ceps, on puisse n'en faire qu'une seule et même variété. Le nom de Muscat Régnier figure surtout dans les catalogues des pépiniéristes de la région parisienne, on le mentionne plus rarement dans ceux des professionnels ou des amateurs d'autres contrées. Nous avons reçu de l'un de nos correspondants de Hongrie, M. Mathiacsz, un cépage du nom de *Muscat Quadrat*, qui pourrait bien être, autant que nous en pouvons préjuger par la description qui en est faite par M. Mathiacsz et par les quelques observations que nous avons pu faire dans le cours d'une végétation, le même que celui dont nous parlons ; nous ne pouvons toutefois l'affirmer encore.

Quoi qu'il en soit de son origine et de ses synonymies, ce Muscat est très beau. Ses grappes sans être aussi volumineuses que celles du Muscat Cannon-Hall le sont assez pour figurer parmi les raisins d'apparat où la forme spéciale de ses grains, de la grosseur de ceux du Calabre, lui assigne une place particulière. La saveur musquée, sans être aussi développée que celle du Muscat d'Alexandrie ou du Muscat Cannon-Hall, a été souvent considérée comme plus distinguée par un grand nombre d'amateurs.

Il est d'une bonne vigueur ; ses sarments s'aoûtent très bien en plein air, même sous le climat de Paris, et ses raisins y mûrissent parfaitement à l'espalier ; nous ajouterons qu'ils résistent mieux à la pourriture que la plupart de ceux de sa race, tout en ayant la peau peu épaisse. Sa fertilité est plutôt médiocre, aussi une bonne sélection des sarments destinés à sa multiplication est-elle de rigueur. Quant à son mode de conduite, il convient de lui donner un assez grand développement ; la taille à cordon horizontal, avec coursons assez espacés, est pour lui recommandable. Il est peu sujet à l'Antrachnose et très défendable contre l'Oïdium. Il constitue un excellent greffon pour tous les porte-greffes américains ; on n'aura donc, pour le choix de ces derniers, qu'à tenir compte de la nature des terrains à planter et de l'influence qu'ils peuvent avoir sur le peu ou moins de précocité dans la maturation de ses raisins.

BIBLIOGRAPHIE. — E. Salomon : Catalogue descriptif.

DESCRIPTION. — Souche, de vigueur moyenne, à port érigé; tronc moyen; écorce non rugueuse, se détachant plutôt difficilement par plaquettes courtes et larges.

Bourgeons, peu forts à la base, légèrement méplats et pointus; jeunes feuilles à cinq sinus profonds; page supérieure de couleur grenat brillant, glabre ou presque glabre; dents longues, arrondies, étroites de base, bien détachées et vert foncé à leur extrémité; page inférieure de couleur plus sombre, avec nervures pileuses; grappes de fleurs, très légèrement teintées lie de vin à leur extrémité.

Rameaux, assez allongés, peu forts; jeunes rameaux peu forts à la base, peu pointus au sommet, presque glabres, se colorant de bonne heure rouge brique du côté du soleil, vert à l'état herbacé prennent une teinte à fond jaune clair avant la maturité des fruits; puis à l'aoûtement cette teinte devient havane clair mordorée et brillante; aoûtement hâtif; mérithalles de longueur moyenne, courts à la base, lisses, brillants sous la pruine peu épaisse, fortement méplats; stries nombreuses, bien délimitées, profondes, aux bords plus foncés; bois très dur, vert foncé à l'intérieur, canal médullaire assez développé; nœuds assez renflés, comprimés dans le sens opposé à l'aplatissement des mérithalles; diaphragmes presque nuls; vrilles discontinues, longues, de force moyenne, jaunâtre, non bifurquées.

Feuilles, moyennes, orbiculaires, épaisses, peu souples, peu résistants au froissement; parenchyme cassant à l'automne, asymétriques, entières; sinus indiqués par échancrures plus profondes, le pétiolaire très peu ouvert avec bords infléchis; lobes peu développés, celui terminal ramassé, terminés par une petite dent aiguë; limbe gaufré et bullé, lobes supérieurs infléchis, les autres convexes; page supérieure vert foncé, non luisante, glabre; page inférieure plus claire et luisante, entièrement pileuse; deux séries de dents coniques et aiguës, celles coniques à base très large et très peu hautes, celles aiguës existant seulement à la terminaison des lobes; nervures peu fortes, vert clair, plutôt proéminentes, entièrement pileuses. — Pétiole court et fort, vert lavé de roux, entièrement pileux; angle d'insertion avec le plan du limbe, obtus.

Fruits. — *Grappes*, insérées soit à partir du 4e, soit du 5e nœud, une, rarement deux sur le même sarment, de grosseur moyenne et sur-moyenne, les premières non ailées, les secondes ailées; non aileronnées, à ramifications supérieures surtout développées chez les sur-moyennes, celles-ci sont de même beaucoup plus allongées que les autres, moyennes et sur-moyennes sont épaisses et obtuses au sommet; la forme est tronc-conique chez les premières et cylindriques chez les autres; tassées; pédoncule fort, de longueur sur-moyenne, de couleur vert jaunâtre lavé de roux comme la rafle, non renflé à la base, renflé au point d'insertion de l'aileron, se lignifiant; pédicelles assez longs, plutôt gros, avec fort bourrelet, grains s'en séparant assez difficilement, abandonnant un court pinceau blanchâtre. — *Grains*, de deux grosseurs sur-moyens et gros; les premiers entrant pour 1/5 seulement; de forme sphérique, fortement aplatis aux deux pôles, de couleur blanc verdâtre, à pruine épaisse avec lenticelles; stigmate très apparent; fermes, peau épaisse, non élastique; pulpe fondante, verdâtre, veiné blanc; jus abondant, de couleur verdâtre; saveur fraîche, bien musquée; un ou deux gros pépins par grain.

E. et R. Salomon.

Chasselas perlé hâtif

CHASSELAS PERLÉ HATIF

Synonymie. — Raisin perlé hatif.

Observations. — Nous avons été longtemps sans remarquer ce Chasselas parmi tous ceux que nous cultivons. Reçu dans une collection que nous envoyait, il y a tantôt 20 ans, le Dr Bury, directeur du Jardin de viticulture de Saumur, et planté au nombre de quatre à cinq exemplaires au milieu d'autres cépages, notre attention fut attirée sur lui par plusieurs très jolies grappes d'un beau blanc nacré, qui avaient résisté beaucoup mieux que d'autres Chasselas, cultivés de même façon, aux intempéries d'un mois d'octobre très pluvieux. Nos observations ultérieures ont confirmé les mérites que nous avait fait supposer l'aspect de ses grappes. Fertile et ne coulant pas, sans cependant que ses raisins soient trop compacts, il a, à un haut degré, toutes les qualités qui distinguent le Chasselas doré de Fontainebleau, surtout celle de se bien conserver soit sur pied, soit au fruitier. Il se dore cependant moins que le Chasselas type, dont c'est sûrement une variation, mais il rachète ce défaut, si c'en est un, par une translucidité du grain qui n'est qu'accidentelle dans la plupart des raisins des diverses variétés et sous-variétés composant la tribu à laquelle il appartient.

Il est difficile de distinguer le *Chasselas perlé* du *Chasselas doré* au seul aspect de ses bourgeons entièrement développés. Au débourrage seulement, on observe sur les feuilles naissantes un léger feutrage qui n'existe pas sur celles du Chasselas type. Quant à la forme et à la couleur des feuilles adultes, des bourgeons et des sarments aoûtés, elles sont à peu près les mêmes. Les pédicelles des grains, qui sont en général plus trapus que ceux du Chasselas doré, constituent aussi un signe assez distinctif, quoique à vrai dire cette particularité soit commune à d'autres sous-variétés du type. Au résumé, la nuance nacrée de ses grains est bien encore ce qui le différencie le mieux. Si cette nuance justifie son qualificatif « perlé », on ne peut en dire autant de celui « hâtif » qui l'accompagne, son époque de maturité étant absolument la même que celle du Chasselas doré. Comme tous les Chasselas, la durée de sa floraison est très longue et il coule peu.

DESCRIPTION. — Souche, vigoureuse, à port érigé; tronc de force moyenne; écorce grossière, se détachant facilement en très minces plaquettes.

BIBLIOGRAPHIE. — V. Bury : Catalogue du Jardin de viticulture de Saumur. — E. Salomon : Catalogue descriptif.

Bourgeons, à débourrement plutôt tardif, complètement lie de vin ombrée ; jeunes bourgeons de couleur grenat, partiellement aranéeux ; jeunes feuilles trilobées ; page supérieure couleur framboise, brillante sous les flocons aranéeux dont elle est entièrement couverte ; page inférieure de même couleur mais terne, aranéeuse, extrémité des dents très détachée de couleur vert foncé.

Rameaux, allongés, forts, non sinueux ; jeunes rameaux simples, peu gros à la base et pointus ; se teintant de bonne heure rouge brique du côté du soleil, partiellement couverts de flocons lanugineux, vert foncé, avec nombreuses canelures ; avant la maturité des fruits entièrement rouge et à fond jaune, fortement pruinés ; à l'aoûtement, la teinte est à fond havane clair mélangée de pourpre, plus accusé aux nœuds ; aoûtement hâtif ; mérithalles moyens, courts à la base des sarments, un peu rugueux, légèrement pruineux et plutôt luisants ; stries nombreuses, bien délimitées, assez profondes ; légèrement méplats ; bois dur, canal médullaire peu développé ; diaphragmes très peu épais ; nœuds peu renflés ; vrilles de couleur vert jaunâtre clair, longues, quelquefois bifurquées.

Feuilles, plutôt petites, plus longues que larges, assez épaisses, peu souples, peu résistantes au froissement, parenchyme cassant à l'automne ; sinus profonds, ouverts à base en accolade, lobes arrondis à leur extrémité, celui terminal de même forme, mais assez long, terminés par dents coniques ; limbe plutôt gaufré ; page supérieure un peu luisante et glabre ; page inférieure fortement pileuse et soyeuse au toucher ; nervures peu fortes, peu proéminentes, jaunes lavées de roux, fortement pileuses. — Pétiole plutôt grêle, contourné en S et teinté vert rougeâtre foncé du côté du soleil ; pileux, fortement renflé à son point d'insertion, dont l'angle est presque toujours droit. Les feuilles meurent avec une coloration jaune chromé sur fond vert d'eau ; le pétiole est alors entièrement lavé de roux.

Fruits. — *Grappes*, insérées le plus souvent à partir du 4e ou du 5e nœud, une ou deux sur le même sarment ; sur-moyennes, non ailées, non aileronnées, à ramifications supérieures presque nulles, allongées, de forme cylindrique ; peu amples, mi-tassées ; pédoncule de force moyenne, long, vert jaunâtre lavé de roux comme la rafle, peu renflé à la base, dur, renflé au point supposé d'insertion de l'aileron, se lignifiant ; pédicelles assez longs, de grosseur moyenne, gros bourrelet avec quelques verrues de couleur vert très clair, les grains s'en séparent assez facilement abandonnant un long pinceau plat, verdâtre au centre et brillant à la périphérie. — *Grains*, de deux grosseurs, sur-moyens et moyens, sphériques, mais légèrement allongés et quelque peu aplatis au point pistillaire ; de couleur ambrée et diaphane, assez luisants sous la pruine épaisse, avec lenticelles à la surface ; de nombreux points rougeâtres existent sur toute la peau, stigmate très apparent ; fermes, peau peu épaisse, très élastique, pulpe fondante ; chair verdâtre veinée blanc ; jus abondant sans couleur, saveur fraîche et sucrée ; deux gros pépins lavés de roux par grains.

E. et R. Salomon.

A. Kreÿder

Citronelle

CITRONELLE

Observations. — Une création de Vibert, d'Angers, à ancêtres inconnus, l'obtenteur ayant négligé de nous les faire connaître. Le nom de *Citronelle*, ou *Citronnelle*, dont il a été désigné, fut sans doute inspiré à son auteur par la forme et la couleur de ses grains, l'un et l'autre ayant quelque vague analogie avec celles du citron. Ceci, bien entendu, n'est qu'une supposition, assez vraisemblable toutefois en l'absence d'autres particularités de nature à justifier le choix de ce nom.

En tant que cépage de fantaisie, celui-ci mérite de trouver place dans une collection de choix. Sa grappe volumineuse, — nous en avons parfois obtenu, sans soins spéciaux, du poids de 3 à 4 livres —, est toujours aileronnée, rameuse et très lâche. Ses grains, sur-moyens ou gros, assez souvent millerandés dans la région un peu trop septentrionale où nous le cultivons, sont d'une forme ovale, un peu bossués, bien spéciale. La couleur jaunâtre de la face exposée au soleil tranche sensiblement sur le fond toujours un peu verdâtre de la face antérieure. Une autre singularité est le faciès de ses bourgeons, presque tous aplatis et fourchus.

Pour obtenir une fructification suffisante de la Citronelle, il est nécessaire de n'employer pour sa multiplication que des boutures et greffons bien sélectionnés et des tailles à long bois. C'est toujours en effet sur ces dernières que se trouvent les grappes les plus belles. L'incision annulaire, pratiquée à la base des longs bois, aussitôt la défloraison, a une influence remarquable sur le développement des grappes et la grosseur des grains ; le volume de ces derniers s'en trouve parfois augmenté d'un tiers. L'incision a en outre un effet salutaire, celui d'empêcher, dans une notable mesure, le desséchement des pédicelles des grains, auquel cette variété est sujette lorsqu'il se produit, ce qui est fréquent dans nos régions, des répercussions de sève aux approches de la maturation.

Nous disons plus haut qu'assez souvent les grappes sont millerandées ; il est probable que sous un climat plus chaud ce millerandage n'aurait pas lieu. Même dans ce cas, la compacité des grappes n'est jamais telle qu'il soit nécessaire de les éclaircir par le cisèlement, ce qui est un avantage appréciable pour un raisin de luxe. Cultivé en plein air sans le secours de l'espalier il convient de le planter en terrains légers, siliceux ou silico-calcaires, à exposition chaude, abritée des vents violents, à cause de la fragilité de ses jeunes pousses qui se décollent facilement.

BIBLIOGRAPHIE. — E. Salomon : Catalogue.

Sa vigueur naturelle lui fait supporter, sans en être affaibli, la taille à longs bois. Il se soude assez bien sur la plupart des porte-greffes, toutefois la régularité de sa fructification est davantage assurée en le greffant sur Riparia ou Riparia × Berlandieri. Assez facilement atteint par l'Oïdium, surtout lors de la véraison, il est nécessaire de ne pas omettre les soufrages préventifs. Sa résistance au Mildiou est plutôt faible, néanmoins on peut le classer parmi les cépages aisément défendables.

DESCRIPTION. — Souche, vigoureuse, à port érigé; tronc de force moyenne; écorce peu rugueuse, se détachant assez facilement en longues et minces lanières.

Bourgeons, à débourrement de quelques jours plus tardif que celui du Chasselas doré, l'œil se gonflant beaucoup avant de s'ouvrir et émettant alors une bourre complètement enserrée dans un épais tissu lanugineux nuancé lie de vin à son extrémité; les jeunes feuilles ne tardent pas à se reconnaître distinctement; elles sont complètement lanugineuses, avec mucron lie de vin s'étendant sur la page inférieure; les grappes de fleurs apparaissent aussitôt que les bourres s'entr'ouvrent et sont couvertes d'un tissu couleur brique sale.

Rameaux, allongés, forts, non sinueux, non ramifiés; jeunes rameaux amincis et blanchâtres au sommet, forts à la base, nombreux flocons aranéeux persistant assez longtemps, verts et lanugineux à l'état herbacé, sans couleur particulière aux nœuds, deviennent jaunâtre avant l'aoûtement; la teinte est alors, sous le duvet épais qui recouvre les sarments, à fond jaunâtre, pourprée aux nœuds; l'aoûtement est tardif; mérithalles de longueur sur-moyenne, peu courts à la base, lisses, peu luisants sous le duvet et pruine épaisse qui les recouvrent et leur donnent l'aspect de sarments couverts de givre; stries nombreuses, délimitées et quelques-unes assez profondes; bois dur, vert clair à l'intérieur et vert foncé à la périphérie; canal médullaire développé, yeux très gros; nœuds peu renflés, comprimés dans le sens de l'aplatissement des mérithalles; diaphragmes très épais; vrilles discontinues, longues, lanugineuses, bifurquées.

Feuilles, moyennes, un peu plus longues que larges, épaisses, souples, mais peu résistantes au froissement, à parenchyme cassant à l'automne, presque toujours asymétriques, la partie la plus étroite située du côté de l'insertion du rameau; entières, les lobes latéraux supérieurs sont cependant toujours indiqués par un plus grand développement en pointe du limbe, terminés par des dents coniques dans les feuilles aux sinus peu accusés, et par une dent longue et aiguë dans les feuilles à aspect mi-lacinié; les feuilles, aux sinus supérieurs et latéraux supérieurs peu accusés, les premiers en U, les autres en V, à bords collés formant arête et au sinus pétiolaire largement ouvert, sont ou presque aussi larges que longues ou plus larges que longues, les lobes supérieurs sont développés de même que ceux latéraux, celui terminal se trouve écrasé, les dents sont très larges et coniques, sauf celles du lobe terminal étroites de base et presque aiguës; les feuilles aux sinus très profonds sont en majorité, tous ces sinus sont en U profonds, donnant à la feuille un aspect mi-lacinié, sauf celui pétiolaire en V, aux bords ayant tendance à se rejoindre à leur extrémité, les bords de ses feuilles sont tous très développés, sauf ceux supérieurs, beaucoup moins étendus que dans le cas précédent, les dents sont également coniques mais à base beaucoup moins large et les petites dents presque aiguës se rencontrent dans presque tous les lobes; les feuilles du premier type ont le limbe un peu bullé et quelque peu tourmenté de boursouflures, en même temps que légèrement gaufré; il est malgré cela presque plan avec tendance à infléchir; dans le second cas, le limbe est ou plan, ou révoluté légèrement suivant la nervure centrale; — face supérieure vert foncé, peu luisante; face inférieure plus claire, nombreux flocons de poils lanugineux très fins; nervures peu fortes, non proéminentes, vert clair, complètement duveteuses. — Pétiole court, de grosseur ordinaire, renflé à son insertion, vert avec quelques raies pourpre vers son insertion au sarment, complètement lanugineux; angle d'insertion sur le plan du limbe droit ou obtus. Les feuilles meurent jaunes, conservant toutefois une teinte verte aux environs des nervures, le pétiole est alors jaunâtre.

Fruits. — *Grappes*, insérées à partir du 5e ou du 6e nœud, une rarement deux sur le même sarment; très grosses, non aileronnées, rameuses, ramifications supérieures très longues, flexibles, pointant vers le sol; la rafle principale n'existe pas, dès la fin du pédoncule elle prend l'aspect d'une fourche à plusieurs dents; très allongées, non épaisses ni obtuses au sommet, de forme triangulaire, très amples, non tassées; pédoncule très fort, long, de couleur vert jaunâtre lavé de roux du côté du soleil, comme les divers bras de la rafle, renflé à sa base, dur, très renflé au point supposé de l'insertion de l'aileron, se lignifiant; pédicelles longs, grêles, petit bourrelet très haut, agrémenté de petites verrues assez nombreuses, de couleur vert jaunâtre; les grains s'en séparent assez facilement, abandonnant un long pinceau entouré de quelques morceaux de chair. — *Grains*, de trois grosseurs, moyens (1/4), sur-moyens (1/2) et gros (1/4), de forme olivoïde, de couleur verdâtre, légèrement doré du soleil, peu luisants sous la pruine peu épaisse, avec lenticelles; stigmate apparent, ferme; peau épaisse, peu élastique; pulpe peu fondante; chair verdâtre, adhérente à la peau; jus très abondant et sans couleur; saveur fraîche, mais plutôt acidulée; 1 ou 2 pépins jaunâtres par grains.

E. et R. Salomon.

GRIS DE SALCES

Synonymie. — Gris de Salses, Salses gris.

Observations. — Originaire du Languedoc, ce cépage pourrait être classé parmi les raisins dits de fantaisie; non qu'il ne soit propre à être vinifié, car le vin que nous en avons obtenu avec les raisins vinifiés à part des quelques ceps que nous possédons, a été reconnu très bon par quelques dégustateurs émérites auxquels nous avons demandé leur appréciation. Mais quoique suffisamment fertile et de maturité pas trop tardive, à quelques jours près celle du Pinot blanc Chardonnay, il existe dans nos vignobles trop de cépages blancs ou à jus blanc qui peuvent lui disputer, avec avantage, et le rendement et la quantité, pour que sa culture se soit propagée en dehors des collections ampélographiques. On le rencontrait cependant encore de-ci de-là, en un petit nombre d'exemplaires, dans quelques vignobles des Pyrénées-Orientales, là où, dit-on, il a pris naissance. Mais, depuis la destruction par le Phylloxéra des anciens vignobles de ce département, il ne semble pas avoir retrouvé la même place dans les reconstitutions. Nous disons plus haut que le *Gris de Salces* pourrait être classé parmi les cépages de fantaisie; ses grains, de forme un peu ellipsoïdale, d'un assez beau jaune grisâtre à parfaite maturité, sont en effet d'un joli aspect et compléteraient heureusement la diversité des nuances d'une corbeille de table chargée de raisins blancs, noirs et roses; sans compter que ceux du Gris de Salces sont par leur saveur simple et sucrée fort agréables au palais.

Le Gris de Salces se comporte bien dans tous les terrains propices à la vigne. Sa vigueur naturelle et son affinité avec nos porte-greffes américains en font un cépage facile à multiplier et peu exigeant sous le rapport cultural. Il s'accommode fort bien de la taille courte ou longue; cette dernière peut même lui être appliquée, avec profit, s'il est complanté en des terres profondes, sans avoir à craindre un épuisement prématuré. Il est peu sensible à l'Oïdium et facilement défendable contre le Mildiou.

DESCRIPTION. — Souche, vigoureuse, à port érigé; tronc assez fort; écorce peu rugueuse, se détachant plutôt difficilement en minces filaments et plaquettes.

Bourgeons, à débourrement plutôt tardif; forts à la base, peu pointus, couverts d'un tissu lanugineux de couleur rouge brique sale, simples; jeunes feuilles trilobées, de couleur jaunâtre mouchetée grenat à la page supérieure, le limbe brillant entre les nervures et

BIBLIOGRAPHIE. — V. Pulliat : Mille variétés de vignes. — E. Salomon : Catalogue.

Gris de Salces

sous-nervures, page inférieure peu brillante et duveteuse ; dents bien détachées, de couleur vert foncé, léger mucron rouge vineux ; les grappes de fleurs apparaissent d'assez bonne heure teintées lie de vin à leur extrémité.

RAMEAUX, allongés, de force sur-moyenne ; jeunes rameaux simples, assez forts à la base, peu pointus au sommet, de couleur vert d'eau à l'état herbacé, avec cannelures plus brillantes, prennent une teinte plus claire de la même couleur avant la maturité des fruits ; à l'aoûtement, la teinte est à fond havane clair, légèrement pourprée aux nœuds ; aoûtement hâtif ; mérithalles de longueur moyenne, plus courts à la base, lisses, assez luisants sous la pruine assez épaisse ; stries nombreuses, bien délimitées, peu profondes ; bois dur, vert foncé à l'intérieur, canal médullaire peu développé ; nœuds peu renflés, comprimés dans le sens opposé de l'aplatissement des mérithalles ; diaphragme épais ; vrilles discontinues, peu développées.

FEUILLES, moyennes et grandes, aussi larges que longues, orbiculaires, épaisses, très souples, résistantes au froissement, asymétriques, la partie la plus étroite située du côté du rameau ; — sinus indiqués seulement par une échancrure plus profonde, ou quelquefois un sinus latéral secondaire existe sur les deux et est alors profond en U et étroit ; sinus pétiolaire à moitié fermé, les bords se superposant en dessous ; limbe légèrement bullé, mais non gaufré ; lobes supérieurs relevés, ceux latéraux presque plans, celui terminal bombé et relevé ; — face supérieure vert foncé, glabre, les nervures s'en détachant rougeâtres à leur naissance ; face inférieure vert blanchâtre ; deux séries de dents bien distinctes, assez larges et coniques, léger mucron vert plus clair ; nervures fortes, proéminentes, vert jaune clair, très duveteuses, rougeâtres à leur naissance. — Pétiole court et gros, vert foncé lavé de roux, gros à son insertion au rameau, contourné, angle d'insertion sur le plan du limbe obtus. Les feuilles meurent jaunes, le bord des lobes restant vert ; le pétiole est alors de couleur jaune verdâtre.

FRUITS. — *Grappes*, insérées le plus souvent à partir du 3e nœud, quelquefois du 4e, deux et quelquefois trois sur le même sarment, moyennes, souvent avec un petit aileron à long pédoncule ; ramifications supérieures développées ; obtuses et épaisses au sommet, de forme cylindro-conique à partir de ces ramifications, plutôt tassées ; pédoncule fort et court, de couleur vert clair, dur, renflé au point d'insertion de l'aileron et, à ce point, changeant totalement de direction et devenant perpendiculaire au sol, se lignifiant ; pédicelles longs, grêles, avec petit bourrelet et petites verrues peu nombreuses sur celui-ci, de couleur vert clair, grains s'en séparant facilement, abandonnant un court pinceau brillant. — *Grains*, de trois grosseurs, sur-moyens, moyens et ordinaires, 1/4 des premiers, autant des seconds et l'autre moitié ordinaires ; de forme sphérique, légèrement ellipsoïdale, de couleur gris noirâtre recouverts d'une forte pruine gris fer, avec lenticelles, peu luisants sous cette pruine ; stigmate peu apparent ; peau peu épaisse, non élastique ; pulpe fondante ; jus très abondant, incolore ; chair incolore, diaphane, saveur fraîche et sucrée ; de 1 à 3 petits pépins par grains.

E. et R. SALOMON.

GROS DE COVERETTO

Synonymie. — Crovetto, ou Croetto, Crova, Covaretto grosso, Grosso Covarevo.

Observations. — Ce cépage serait cultivé surtout dans le vignoble piémontais, et à des altitudes assez élevées, tantôt sous le nom de *Covaretto grosso*, tantôt sous celui de *Croetto*, ou *Crova*. Le qualificatif de *grosso*, qui l'accompagne parfois, semblerait indiquer qu'il en existe des variations à grappes plus ou moins volumineuses. D'après notre correspondant italien, le Covaretto, cultivé dans quelques vignobles sur d'assez grandes superficies, est rarement vinifié séparément par les vignerons piémontais. Il accompagne le plus souvent à la cuve la *Fresa*, la *Bonarda* ou le *Nebbiolo*, aux vins plus corsés que le sien. S'il trouve place parmi eux, c'est sans doute à cause de son rendement plus grand.

Autant que nous pouvons en juger dans une station qui n'est pas la sienne, le climat de Pavie, nous croyons que le Coveretto pourrait être cultivé avec profit dans nos vignobles du Roussillon, du Languedoc et de la Provence, aussi bien que dans ceux de l'Algérie et de la Tunisie. La maturité de ses raisins, contemporaine de celle des raisins d'*Aramon*, coïnciderait aussi à quelques jours près avec celle des autres cépages existants dans ces mêmes vignobles; son rendement, sans égaler celui de l'*Aramon*, dépasserait celui des *Carignane* et des *Grenache*, et son vin, un peu moins corsé que celui de ces deux derniers cépages, le serait davantage, toutes choses égales d'ailleurs, que celui de l'Aramon.

Comme beaucoup d'autres cépages un peu tardifs et vigoureux, le Coveretto doit de préférence être complanté en sols plutôt légers, bien exposés. Franc de pied, ses racines pourriraient facilement en terrain humide, et cependant le cep, dans sa partie aérienne, n'est que rarement atteint par l'Anthracnose dans ces mêmes terrains. Par contre, il est assez sensible à l'Oïdium. La taille recommandable, étant donnée sa vigueur, est celle à grand développement. Ainsi conduit, il est d'une fertilité régulière, d'autant plus régulière et plus grande que la sélection des plants a été bien faite. Il est un excellent greffon pour la généralité des porte-greffes les plus connus.

DESCRIPTION. — Souche, peu vigoureuse, à port mi-érigé, à tronc plutôt faible; écorce grossière se détachant facilement en longues lanières étroites.

Bourgeons, à débourrement de quelques jours plus tardif que le Chasselas doré, vert foncé, duveteux; simples, de moyenne grosseur, pointus; jeunes feuilles à face supérieure brillante

BIBLIOGRAPHIE. — V. Pulliat : Mille variétés de vignes. — E. Salomon : Catalogue.

A. Kreyder

Gros de Coveretto

avec de nombreux flocons aranéeux très fins ; face inférieure glabre, nervures pileuses ; dents bien détachées, celles terminant les lobes très longues et acérées. Les grappes de fleurs apparaissent de bonne heure et sont de couleur lie de vin à leur extrémité.

Rameaux, allongés, forts, légèrement sinueux, peu ramifiés ; jeunes rameaux amincis au sommet, peu forts à leur base, nombreux flocons aranéeux ; verts à l'état herbacé avec nombreuses canelures plus sombres et brillantes ; avant la maturité, la teinte est à fond jaune, rougeâtre aux nœuds et nombreuses canelures rouges également ; à l'aoûtement, la coloration est à fond jaunâtre très légèrement pourprée aux nœuds ; mérithalles de longueur moyenne et sur-moyenne, peu rugueux ; stries nombreuses, bien délimitées, mais peu profondes ; bois dur, vert clair à l'intérieur ; canal médullaire développé ; nœuds assez renflés ; diaphragmes épais ; vrilles discontinues, longues et bifurquées.

Feuilles, moyennes et sur-moyennes, aussi larges que longues (17 à 18 × 17 à 18), peu épaisses, souples, résistantes au froissement ; — lobes supérieurs peu développés et terminés par une dent longue et étroite de base ; sinus supérieurs assez profonds en V et ouverts ; lobes latéraux secondaires étroits de base, développés en pointe et terminés par une longue dent ; sinus latéraux secondaires profonds en V, lobe terminal étroit de base, plus long que large, terminé également par une dent longue ; les feuilles aux sinus profonds ont donc un aspect lacinié ; sinus pétiolaire ouvert en V ou aux bords tangents ; — limbe ni bullé, ni gaufré, tantôt aux lobes seulement tourmentés, tantôt révolutés suivant la nervure centrale, sauf celui terminal qui reste plan dans les deux cas ; face supérieure vert foncé, glabre ; face inférieure plus claire et glabre également ; deux séries de dents arrondies, plus ou moins longues ; nervures vert jaune clair, assez fortes et proéminentes, de plus légèrement pileuses. — Pétiole très long, de force moyenne, gros à son insertion ; angle d'insertion très obtus. Les feuilles se colorent de bonne heure lie de vin foncée sur le bord des lobes.

Fruits. — Grappes, insérées le plus souvent à partir du 5e nœud, quelquefois du 4e, deux et quelquefois trois sur le même sarment, grosses, ailées et aileronnées, épaisses et obtuses au sommet, de forme conique à partir des ramifications supérieures, tassées ; pédoncule moyen de force et de longueur, dur, se lignifiant, renflé au point d'insertion de l'aileron ; pédicelles plutôt ramassées et courts, se détachant du grain assez difficilement. — Grains, de deux grosseurs, moyen et sous-moyen, les premiers un peu ovoïdes, les seconds sphériques ; peau d'un noir foncé un peu brillant sous la pruine peu épaisse ; peau épaisse et peu élastique ; stigmate persistant et apparent ; saveur simple, âpre et désagréable ; deux à trois pépins, de grosseur moyenne, par grain.

E. et R. Salomon.

OTHELLO

Synonymie. — Arnold's Hybrid, Arnold's n° 1, Hybride d'Arnold n° 1, Canadian Hamburg, Canadian Hybrid, Challenge (?).

Historique et aire géographique. — Hybride franco-américain obtenu en Amérique par Arnold, l'un des plus habiles hybrideurs, l'*Othello* fut introduit en France dans les premiers paquets de sarments envoyés après la mission Planchon. C'est vers 1875 que, distingué et multiplié par M. Léonce Guiraud, de Nîmes, il commença à se répandre dans nos vignobles et qu'il y devint l'objet d'un engouement justifié, dans une certaine mesure, par sa très réelle fertilité. Son extension dans son pays d'origine avait été rapidement limitée par sa sensibilité aux diverses maladies cryptogamiques. La virulence de leurs

BIBLIOGRAPHIE. — Louis Vialla : Vigne américaine (t. V, p. 112, Lyon, 1881). — Foëx et Viala : Ampélographie américaine (p. 186, Montpellier, 1883). — Aimé Champin : Vigne américaine (t. VII, p. 52, Lyon, 1883). — Foëx : Messager agricole du Midi (10 février, Montpellier, 1883). — Dsse de Fitz-James : Manuel pratique (p.115, Nîmes, 1884). — A. Millardet : Histoire des principales vignes et espèces américaines (Bordeaux, 1885). — Bush et Meissner : Catalogue des vignes américaines (p. 198, Montpellier, 1885). — A. Bouffard : Étude analytique des vins américains (p. 29, Montpellier, 1885). — Félix Astruc : Moniteur viticole (31 mars 1885). — Cte de Rovasenda : Essai d'une ampélographie universelle (p. 147, Paris, 1887). — Aimé Champin : Catalogue descriptif des vignes américaines (p. 10, Lyon, 1887). — V. Pulliat : Mille variétés de vignes (p. 265, Montpellier, 1888). — A. Bouffard : Les vins à l'Exposition universelle (Annales de l'École nationale d'agriculture, Montpellier, 1889). — P. Viala : Une mission viticole en Amérique (pp. 228, 262, 295, 359 et 374, Paris, 1889). — F. Girerd : Les producteurs directs (p. 95, Lyon, 1890). — Mme veuve Ponsot : Les vignes américaines (p. 61, Bordeaux, 1890). — Lucien de Candolle : Vigne américaine (t. XV, p. 175, Mâcon, 1891). — Vicomte de Saint-Pol : Enquête sur les cépages américains faite par la Société des agriculteurs de France (p. 10, Paris, 1891). — J. Perraud : Revue trimestrielle de la Station viticole de Villefranche (p. 41, Mâcon, 1891). — Viala et Ravaz : Adaptation (p. 208, Montpellier, 1892). — P. Viala : Les maladies de la vigne (p. 169, Paris, 1893). — Cazeaux-Cazalet : Congrès viticole de Montpellier (p. 43, Montpellier, 1893). — Marquis de Barbentane : Congrès viticole et agricole de Lyon (p. 22, Lyon, 1894). — J. Daurel : Traité pratique de viticulture (p. 72, Bordeaux, 1895). — C. Silvestre : Huit jours au pays du Black-Rot (pp. 18 et 21, Lyon, 1896). — Dr Grandclément : L'avenir de la viticulture et la viticulture de l'avenir (p. 17, Lyon, 1898). — M. Mazade : Premières notions d'ampélographie (p. 77, Paris, 1898). — Oberlin : Direkttragende Hybriden (p. 99, Colmar, 1900). — E. Durand : Manuel de viticulture pratique (p. 70, Paris, 1900). — J. Roy-Chevrier : Vinification des Hybrides (Lyon, 1901). — A. Berget : La viticulture septentrionale (p. 45, Mâcon, 1902). — Ravaz et Bouffard : Congrès de l'hybridation de la vigne (t. II, p. 424, Lyon, 1902). — Ravaz : Porte-greffes et producteurs directs (p. 302, Montpellier, 1902). — Caille : Premières impressions sur les Hybrides producteurs directs (p. 54, Vienne, 1903). — T.-V. Munson : Lettre à M. Jurie (Denison, 1903). — Registres de la Station agronomique de Saône-et-Loire (Cluny, 1903).

Othello

attaques étant moindre sur le continent qu'en Amérique, il fut favorablement apprécié en France, et on peut dire que, dans l'œuvre de notre reconstitution, il précéda la greffe ou l'accompagna par une marche parallèle qui ne fut pas sans avantage pour ses initiateurs et leurs adeptes.

Dans l'Hérault, nous le trouvons tout d'abord dans les domaines de MM. Félix Sabatier et Jules Leenhardt, où il surprend tout le monde par sa curieuse adaptation aux sols marneux ; dans le Sud-Ouest, MM. Piola et de Malafosse chantent ses louanges ; dans l'Est, MM. Robin, Gaillard et Champin annoncent les services que ce messie viticole est appelé à rendre aux coteaux ressuscités. Les professeurs, eux-mêmes, se laissent gagner à ce courant d'enthousiasme : Planchon, Millardet et Pulliat affirment, en maints passages de leurs écrits, la résistance pratique de ce producteur. Tout en recommandant la prudence aux vignerons, trop tentés de se contenter de cette solution simpliste de la reconstitution, ils ne cachent pas leur admiration pour cette vigne exubérante et généreuse, et n'osent pas protester contre les prix invraisemblables dont se payaient alors ses moindres boutures. Les réunions agricoles et les Congrès viticoles apportent à l'Othello la grande publicité de leurs expositions de raisins et de vins : on y entend les témoignages oraux de ses premiers planteurs et l'habile réclame des pépiniéristes tellement ravis qu'ils brûlent du désir bien naturel de faire partager aux autres leur satisfaction et leurs bénéfices... tout en doublant les leurs. C'est en vain que, pour modérer l'ardeur des néophytes, des sons de cloche pessimistes tintent de divers côtés comme un glas avertisseur. En 1887, on signale, dans le Beaujolais, aux environs de Villefranche, des faiblissements phylloxériques d'Othellos de quatre ans. Dans la côte chalonnaise, à Sennecey, Charles Perrier arrache deux hectares d'Othellos totalement perdus parce qu'ils avaient été plantés sur un arrachis récent et non désinfecté. A l'École de Montpellier, le cépage ne demeure pas irréprochable et son aspect rend perplexes les visiteurs. Dans leur *Ampélographie américaine*, MM. Foëx et Viala déclarent sa résistance douteuse, et quelques années plus tard, dans leur beau livre, *Adaptation*, MM. Viala et Ravaz lui donnent la note 6. La confiance des premiers jours est ébranlée ; l'orgueil national de la conservation des crus fait le reste et bientôt planteur d'Othello devient une injure grave. Au Congrès de Lyon de 1894, M. de Barbentane lave les Mâconnais de l'accusation infamante portée contre eux d'avoir favorisé l'Othello. Un viticulteur de la Touraine se joint à lui pour traiter le pauvre hybride en vrai bouc émissaire. Conspuez l'Othello est le refrain de tous les discours et le mot d'ordre de toutes les assemblées qui se respectent. Cette levée de boucliers équivalait à un arrêt de mort, mais l'Othello en rappelle, comme le déloyal Gamay condamné jadis par les ducs de Bourgogne, et ainsi que ce dernier, même en survivant à la sentence de ses juges, il en confirme les considérants. Car si le Gamay, par son inondation de vins communs de plaine fait regretter le monopole du Pinot localisé sur les coteaux, ainsi les partisans de l'Othello en persistant dans sa plantation ont contribué à prouver combien ceux qui voulaient les en empêcher avaient raison.

L'Othello est le plant d'attente : il aurait dû rester le cépage du pauvre vigneron, du fermier qui désire récolter, rapidement et sans frais, du vin pour l'usage de sa maison, pendant qu'il prépare son greffage. Mais, dans bien des endroits, il s'est substitué aux variétés locales au grand détriment de la qualité des vins ; ses mérites culturaux le font maintenir comme un cépage greffon, là où souvent il a péri de franc pied. Aussi, quoi qu'on dise, son extension, loin de se réduire, continue-t-elle sa marche en avant. Le Midi, qui l'avait lancé, a été le premier à l'abandonner, mais le Sud-Ouest, l'Est, le Centre et même le Nord lui sacrifient encore maints coteaux fertiles où des vinifera greffés donneraient du vin en quantité égale et de qualité bien supérieure. Pour satisfaire à cette aberration du goût, les pépiniéristes se sont mis à fabriquer, depuis quelques années, des greffes d'Othello sur Riparia, sur Rupestris et sur hybrides. L'aire géographique de l'Othello est tellement étendue en France qu'on peut affirmer que, si peu de cantons vraiment viticoles en possèdent des hectares, il n'en est pas qui n'en aient quelques ares. Tout en ne couvrant nulle part des étendues considérables, ce plant se trouve partout : il existe jusqu'à la limite de la culture de la vigne. M. Adrien Berget en a rencontré quatre hectares dans la Somme, à Cagny-lès-Amiens, où, grâce à l'incision annulaire, un intelligent praticien a trouvé le moyen de le faire mûrir.

En Amérique son extension est toujours nulle ; une lettre récente de M. Munson nous confirme qu'il y est demeuré à peu près inconnu.

Ampélographie comparée. — Issu du croisement du Clinton par le Black-Hamburgh, l'Othello — ainsi baptisé probablement à cause de sa couleur et en souvenir du sombre More de Venise — est donc un hybride de Labrusca-Riparia × Vinifera. Le Clinton dont s'est servi Arnold est le Clinton du Canada, forme différente de celle multipliée en France, et se rapprochant davantage du Riparia, dit Mme Ponsot, et au contraire du Labrusca, prétend Champin.

Ses synonymes *Canadian Hamburg* et *Canadian Hybrid* rappellent évidemment son origine canadienne. *Challenge*, qui a été gardé par quelques auteurs, serait à écarter, d'après Champin ; car c'est un cépage spécial et bien distinct, à petits raisins roses impossibles à confondre avec les grandes grappes noires de l'Othello.

Le Black-Hamburgh, employé comme père dans l'hybridation, n'est autre que le Frankenthal, ce magnifique raisin des forceries du Nord, aux énormes grains, de saveur insipide, appréciés seulement, dit le Cte Odart, des frelons, des guêpes et des habitants de Paris.

Bien que, chez lui, le Riparia soit presque entièrement masqué et qu'il offre un aspect moitié Labrusca, moitié Vinifera, l'Othello décèle, néanmoins, dans ses aptitudes, des traces de sa triple origine. Le Labrusca se révèle dans le bourgeonnement, dans le tomentum de la feuille, dans la disposition sub-continue des vrilles, dans la chair pulpeuse et foxée de la baie, et le système radiculaire puissant s'accommodant des terrains argileux ; le Riparia dans l'allongement des rameaux, dans la résistance phylloxérique presque suffisante en milieu favorable de ses racines, et dans leur propension à demeurer superficielles et traçantes ; le Vinifera, enfin, dans la forme de la feuille, dans celle de la grappe et dans l'adaptation calciphile des racines. L'Othello a un faciès personnel très caractérisé, plus facile à retenir qu'à décrire et qui permet à un praticien de le reconnaître aisément au milieu d'autres variétés. « Son feuillage vert foncé, dit Champin, épais et serré grâce au peu de longueur des mérithalles, les panaches tourmentés qu'il lance en tous sens, les boutons de ses fleurs qui, avant de s'épanouir, ressemblent à des fraises rouges, les gros raisins à gros grains serrés qui, plus tard, couvrant toutes les branches, forment une masse compacte, d'un noir bleuâtre, tout cela compose un ensemble vigoureux et agréable à l'œil, qu'on n'oublie plus quand une fois on l'a vu. »

Il n'y a pas plusieurs formes d'Othello. On a prétendu qu'il en existait deux variétés distinctes, l'une à feuilles boursouflées et à goût foxé, l'autre à feuilles lisses et à saveur droite, dont une sous-variété à grains plus gros. Ces différences minimes et non fixées proviennent uniquement du sol et du climat; il est certain que l'Othello est moins foxé au Nord qu'au Midi, dans les sols siliceux que dans les sols calcaires, et que, d'autre part, ses grains grossissent davantage dans les alluvions fertiles que dans les terres arides. Mais des boutures prélevées sur des souches soi-disant défoxées et à gros grains et plantées dans un milieu autre et moins favorable n'ont maintenu aucune de ces prétendues qualités.

Malgré ses défaillances phylloxériques, les hybrideurs français ont mis l'Othello à contribution dans leurs croisements, à cause du volume de son fruit et de sa résistance au Botrytis cinerea. M. Couderc l'a fait intervenir dans plusieurs de ses combinaisons : dans ses porte-greffes le n° 1613, Solonis × Othello, offre, avec une résistance médiocre, une adaptation remarquable aux marnes très calcaires; dans ses producteurs directs le 802, Othello × Rupestris Ganzin, rappelle son origine maternelle par son feuillage mais non par son grain de trop petit volume. M. Castel a plusieurs fois employé l'Othello, mais de seconde main, après l'avoir hybridé de Rupestris. Citons, parmi ses nombreux enfants à 1/3 ou 1/4 de sang d'Othello, ses n°s 115, 11113, 1720, 1832, 3431, 3534 et 4633. M. Gaillard a fait intervenir l'Othello de la même façon dans la fabrication de ses n°s 2 et 21.

Culture. — Proportionnée à la fertilité naturelle du sol et à son degré de phylloxérisation, la vigueur de l'Othello est grande, et même très grande, dans les terrains frais, argileux et modérément calcaires qui lui conviennent tout particulièrement. Dans ces milieux-là sa résistance phylloxérique, médiocre sur les coteaux secs et superficiels du Midi de la France, demeure pratiquement suffisante dans le Centre, et lui assure une longévité d'autant plus rémunératrice que ses récoltes à l'abri des gelées et de la coulure sont très régulières. C'était d'ailleurs l'avis de Millardet qui a dit : « Je pense donc que dans les bons sols, « plutôt légers, les sept années de résistance de l'Othello, chez M. Guiraud, pourront être « doublés dans le Languedoc et le Roussillon, et à plus forte raison dans le Sud-Ouest, « l'Est et le Centre. » A côté du témoignage de Millardet j'invoquerai celui de son voisin Daurel qui appelait l'Othello « un des plus résistants parmi les hybrides rouges ». Et les faits leur ont donné raison. Car si, dans la polémique ouverte à chaque Congrès et pour-suivie dans leur intervalle par la presse viticole où adversaires et partisans de l'Othello se sont jeté à la tête des citations d'échecs et de succès, on fait la statistique des blâmes et des éloges, on trouve que les seconds l'emportent souvent sur les premiers. Mis à sa place, c'est un producteur direct qui fait encore très bonne figure à côté des gains les plus récents et les plus vantés de l'hybridation contemporaine. Sa rusticité n'est pas absolue, mais à qui sait le soigner, le fumer, le sulfater et vinifier son produit, il est rémunérateur.

Il reprend très bien de bouture et de greffe : ses beaux sarments, longs et forts, s'enra-cinent très facilement sans soins aucuns. En 1889, M. L. de Candolle a signalé une reprise de 90 % dans les pépinières de Haut-Ruth, en Suisse. Ses pampres assez fragiles demandent, il est vrai, à être palissés de bonne heure, mais ils s'aoûtent bien, et son vieux bois redoute peu les gelées d'hiver. Cépage fertile, il aime la taille courte, mais par sa grande vigueur il semble réclamer le cordon ; il accepte même parfaitement la taille Guyot simple ou double pourvu que des fumures appropriées lui viennent en aide. Il doit être planté à 1 m 50 en tous sens. Son système radiculaire puissant et charnu plonge peu et redoute, par conséquent, des labours trop profonds. M. Viala a attiré l'attention sur son adaptation calciphile qui est, en effet, assez étendue : le savant professeur l'assimile à celle du Jacquez et des Champin, et il estime qu'elle permet à la plante de prospérer dans des sols dosant de 30 à 40 % de carbonate de chaux.

Il est bon greffon comme son aïeul le Frankenthal. Soit pour le multiplier plus rapidement, soit pour lui assurer plus de durée, ses partisans de la première heure n'ont pas craint de le greffer sur racines américaines. MM. Robin et Piola possédaient plusieurs hectares d'Othello entés sur Taylor qui, par leur tenue parfaite, n'ont pas peu contribué à en faire planter autour d'eux de franc pied. J'ai vu souvent, en Bourgogne, des souches d'Othello égarées au milieu des vignes greffées de l'arrière-côte et provenant de quelques bois mélangés dans les greffons au moment du greffage sur table. Ces intrus, respectés en pépinière et mis ensuite en place au milieu des Gamays, se comportaient toujours bien et dépassaient d'habitude leurs voisins par leur vigueur et leur fructification. C'est même ce qui a pu donner l'idée, ces dernières années, une fois sa résistance au Botrytis reconnue, d'utiliser l'Othello comme greffon et d'en faire régulièrement des greffages importants. Le seul essai de greffage défavorable qui soit arrivé à ma connaissance a été signalé jadis par M. Rigaud, le dévoué président de la Société de viticulture de l'Ain (*Vigne américaine*, février 1889). Pour activer sa propagation, M. Rigaud l'avait greffé sur de vieilles souches de Mondeuse; après une pousse luxuriante de trois à quatre ans, ces greffes déclinèrent et les sujets recépés reprirent, avec de nouveaux rejets de Mondeuse, leur vigueur antérieure. Ce fait prouve simplement un manque d'affinité spécial entre la Mondeuse et l'Othello. Mais cet accident, qui pourra d'ailleurs se répéter encore avec certains porte-greffes américains, comme plusieurs hybrides de Linsecomii viennent de le manifester avec le Rupestris du Lot, ne s'étant révélé ni sur Riparia, ni sur Rupestris, ni sur Jacquez, on est en droit de dire que, d'une façon générale, l'Othello est un bon greffon.

L'époque presque tardive de son débourrement et surtout le coton duveteux qui enveloppe sa bourre l'ont préservé maintes fois des gelées de printemps, terrible fléau qui ravage périodiquement les vignobles septentrionaux. Sa floraison hâtive et rapide s'accomplit sans coulure. La précocité de sa mise à fruit, complète dès la troisième année, le nombre de ses raisins, trois et quatre par sarment, et sortant jusque sur le vieux bois, le volume de ses grappes et celui de leurs grains en font une variété de toute première fertilité. Son rendement, d'une moyenne de 80 hectolitres à l'hectare, oscille dans les conditions les meilleures de culture de 150 à 200 hectolitres. Sa maturité n'est que de 2e époque, mais ses raisins attendant sur souche fort longtemps sans pourrir lui permettent malgré cela de remonter très haut dans les régions froides.

Voici ses époques de végétation, dans le Midi, relevées à l'École d'agriculture de Montpellier :

NOM DU CÉPAGE	DÉBOURREMENT	FLORAISON	MATURITÉ
Othello...................	1er avril. — 7 avril.	12 mai. — 28 mai.	24 août. — 3 septembre.

Nous savons que les viticulteurs américains ne l'ont pas multiplié aux États-Unis à cause de sa fragilité en présence des diverses maladies cryptogamiques qui désolent leur pays. En France il est loin d'en être indemne, mais on peut plus facilement le défendre de leurs atteintes. On lui a reproché à diverses reprises d'être sensible à l'Anthracnose. Cette accusation, dont Mme Ponsot a cherché à le laver, n'est qu'à demi justifiée : dans l'abus qu'on a fait de ce plant si commode on l'a risqué dans des bas-fonds et plaines humides où n'importe quel cépage est exposé à l'Anthracnose, mais ailleurs, dans les vraies terres à vignes, nulle part on n'a vu d'Othello souffrir sérieusement de cette maladie. Par contre, il est assez sujet, comme la plupart des hybrides de Labrusca, à la maculature de la Résorption et au coup de soleil, *Sun scald*, qui dessèche et fait tomber ses feuilles inférieures; c'est pourquoi l'on a conseillé, avec raison, d'élever sa charpente assez haut parce que les suites de cet accident sont d'autant plus graves que les feuilles sont plus près du sol. Plus résistant au Mildiou du feuillage que la plupart des variétés de Vinifera, il est très sensible au Mildiou du grain sous sa triple forme de Rot gris, de Rot brun et de Rot juteux. C'est là, au point de vue de sa culture en France, son défaut principal. Si l'on n'a pas soin de le sulfater de bonne heure, un peu avant la floraison, on voit une partie de ses petits grains à peine noués, devenir tout blancs, comme enfarinés, puis noircir et tomber. Au bout de quelque temps, ces manques semblent comblés dans la grappe par les grains qui restent et l'on croit le dommage réparé, mais c'est une illusion, car une deuxième attaque enlève à la véraison ce qui a survécu au désastre de la floraison. Pour un plant dont la rusticité doit être l'un des principaux mérites et la seule excuse, c'est là évidemment un vice capital. Aussi, chez le fermier qui ne sulfate pas, l'Othello cédera-t-il le pas à d'autres cépages, hybrides de Seibel, Castel ou Couderc, moins productifs peut-être, mais n'exigeant pas au même degré que lui ces sulfatages minutieux.

De toutes ces sensibilités, plus ou moins fâcheuses, c'est celle au Black-Rot que les Américains lui ont le plus amèrement reprochée : ou peut dire avec M. Viala que c'est elle qui l'a banni d'Amérique. Et, chose curieuse, c'est justement le Black-Rot qui vient, ces temps derniers, de lui redonner, dans le Sud-Ouest de la France, un regain de vogue et de faveur. La relation des délégués de la Société régionale de viticulture de Lyon nous apprend que, en Armagnac, au milieu des Folle-Blanche dévastées, presque partout l'Othello surgissait indemne ou, du moins, fort peu touché. Étant donnée la différence de violence des attaques du Black-Rot en Europe et en Amérique, pareil fait ne les a pas surpris et leur a permis de classer l'Othello parmi les cépages les plus faciles à défendre chez nous, d'autant plus que les cuivrages précoces, nécessaires contre le Mildiou du grain, se confondent avec les traitements spéciaux au Black-Rot.

L'Othello est aussi parfois accessible à l'Oïdium, et ce qui, dans l'occurrence, complique sa médication, c'est qu'il se défeuille sous les soufrages. Les vignes traitées à la mode ordinaire deviennent plus malades que celles abandonnées à elles-mêmes sans soins aucuns. Plusieurs hybrides nés en France sont dans ce cas : je citerai au hasard l'Hybride Franc et les n°s 503 et 28-112 de Couderc. Plusieurs expédients ont été indiqués pour parer à cet inconvénient, et notamment le sulfure de potassium et le permanganate de potasse. Mais ces traitements, plus curatifs que préventifs, ont une action de peu de durée, bien inférieure à celle de la fleur de soufre sur les cépages ordinaires. Un ingénieux viticulteur de la Touraine, M. Garanger, trouva le moyen de faire une pâte de chaux et de soufre, dont la pulvérisation a paru souveraine à tous ceux qui l'ont essayée. Voici sa recette : Faire éteindre une certaine quantité de chaux grasse en pierre, de façon à obtenir un kilogramme de poussière de chaux que l'on tamisera finement ; faire avec ce kilogramme de poussière de chaux, mélangé à une petite quantité d'eau, une pâte ni épaisse ni fluide ; ajouter à cette pâte un kilogramme de soufre et triturer le tout jusqu'à mélange intime ; porter cette pâte mélangée dans une marmite contenant douze litres d'eau et remuer vivement ; faire bouillir jusqu'à réduction de moitié, opération de six heures environ ; décanter après refroidissement les six litres restant dans la marmite et les mettre dans des bouteilles de la contenance d'un litre. Au moment de l'emploi, verser deux de ces litres dans un hectolitre d'eau et pulvériser avec ce liquide, comme pour le Mildiou. Faire deux traitements à quinze jours d'intervalle. Les Othellos ainsi traités ne se défeuillent pas et sont absolument préservés de l'Oïdium.

Nous avons dit qu'un des avantages de l'Othello était de pouvoir se garder longtemps sur souches. Son grain ne fend jamais, même sous des pluies diluviennes, et sa peau résistante et élastique semble réfractaire au Botrytis cinerea. Il m'a été donné de le voir vendanger à la Toussaint, presque sous la neige, et faire un vin très acceptable dans un domaine de soixante hectares de producteurs directs, planté moitié en Othello et moitié en Clinton, alors que ceux-ci étaient depuis longtemps réduits à l'état de bouillie fétide.

Vinification. — Le raisin pulpeux de l'Othello, désagréable à manger à cause de son fox, mal dissimulé par ses partisans sous l'euphémisme de saveur sui generis ou de bouquet légèrement musqué, contient assez de sucre et beaucoup d'acide ; il est susceptible, par conséquent, de faire, sinon du bon vin, au moins du vrai vin. Son rendement en jus, analogue à celui de la plupart des Vinifera, est normal. M. Caille l'indique comme étant de 71 %; mes propres vendanges m'ont donné un chiffre un peu supérieur à celui-là. La finesse du vin gagne à voir la fermentation partir rapidement et ne pas trop se prolonger ; la macération en cuve augmente sensiblement son fox. Des soutirages fréquents avec aération sont très recommandés pendant la première année. Dans le Nord, l'acidité de son moût est excessive et exige la chaptalisation, tandis que dans le Midi son insuffisance provoque souvent le bleuissement du vin. D'ailleurs, aussi bien pour le moût que pour le vin, de très grands écarts sont constatés dans l'Othello suivant la provenance plus ou moins méridionale de ses échantillons.

MOUTS D'OTHELLO

PROVENANCE	ANNÉE de la récolte.	DENSITÉ d'après Baumé à 15°.	PAR LITRE		
			SUCRE en glucose.	BITARTRATE de potasse.	ACIDITÉ EN acide tartrique.
			en gr.	en gr.	en gr.
Montpellier (Hérault)....	1882	12.0	206	»	5.10
id............	1883	12.2	180	3.19	8.00
Vienne (Isère).........	1902	8.0	127	»	13.25

Dans le Midi, l'Othello fit du très beau vin, ainsi qu'en témoignent les analyses et les bulletins de dégustation de M. Bouffard : « Vin alcoolique, dit ce professeur, d'une belle couleur rouge vif, équivalant à 6 Aramons. Il manque un peu de bouche, bouquet foxé faible, dans quelques échantillons. Il gagne en vieillissant, son bouquet disparaît en partie.

Sa production paraît considérable; 80 hectolitres en moyenne à l'hectare. Si sa résistance au Phylloxéra est affirmée, ce vin pourra occuper une place honorable parmi les vins de commerce. »

VINS D'OTHELLO (Analyses de M. Bouffard)

PROVENANCE de l'échantillon.	ANNÉE de la récolte.	Densité	Alcool.	Acidité totale en $SO^1 H^2$	Bitar-trate de potasse	Extrait sec		Glycé-rine et matières volatiles à 100°.	Cendres.		
						à 100°.	dans le vide.		solu-bles.	insolu-bles.	totales.
École nat. d'agr. de Montpellier..	1883	995.6	11°1	4.3	3.10	27.2	29.4	11.6	1.55	0.72	2.37
—	1884	995.4	10°4	3.8	3.40	24.1	29.0	9.6	1.42	0.44	1.86
M. Albagnac (Hérault)	1884	995.2	8°3	4.2	2.80	19.5	24.0	8.6	1.85	0.71	2.56
M. Barral (Hérault)	1883	994.7	10°5	3.3	2.85	23.7	27.0	10.0	2.30	0.72	3.02
Composition moyenne....		995.2	10.0	3.9	3.04	24.1	27.3	9.95	1.78	0.64	2.42

Tous ces vins sont bien constitués ; néanmoins les viticulteurs de l'Hérault, refroidis par leur fox probablement plus accentué que ne le laissait entendre M. Bouffard, n'abandonnèrent pour eux ni le moindre Aramon ni le plus vulgaire Petit Bouschet. Cela ne découragea pas la bonne volonté du dévoué professeur, dont nous sommes heureux de reproduire les plus récentes analyses, exécutées en vue de l'étude comparative des nouveaux producteurs directs à l'École de Montpellier :

MOUTS D'OTHELLO

	1900	1901
Densité à 15° C..	1080.5	1078
Sucre correspondant (table Salleron)................................	184	178
Alcool correspondant —	10°8	10°5
Acidité totale en acide sulfurique..................................	4.60	6.26

VINS D'OTHELLO

	1900	1901
Densité à 15° C..	997	998.1
Alcool (ébulliomètre Salleron)....................................	9°5	9°25
Extrait sec : Houdart...	21.80	23
Acidité totale en acide sulfurique..................................	5.37	4.25
Cendres totales...	3.50	»
Tanin..	1.03	»
Intensité colorante au Vinocolorimètre Salleron.....................	2 R 192	»
— rapportée à celle de l'aramon.....................	»	6

Dans le Sud-Ouest, sous un climat plus humide et moins chaud que celui du Languedoc, et principalement dans les sols siliceux des Graves, l'Othello devenu presque neutre garda une vague pointe de muscat qui ne déplut pas trop au palais bordelais. Les négociants girondins surent en tirer parti dans d'intelligents mélanges. « Cette année, dit M. de Malafosse « en 1891, a révélé de vraies merveilles opérées à la cuve. Avec des Othellos mêlés à un « quart de Mauzac, ou de Clairette ou de tout autre vin léger et de bon goût, on a obtenu « un produit excellent. » M. Félix Astruc va jusqu'à supposer qu'il doit être un hybride de Cabernet-Sauvignon et de Riparia, et il le déclare parfait pour produire du Bordeaux d'imitation. M. Piola partage ce sentiment ; il prétend que l'Othello améliore les vins de Bordeaux en leur apportant du gras et de la couleur. Il adresse à M. Pulliat un échantillon de vin pur d'Othello récolté sur les bords de la Dordogne, à quatre kilomètres en amont de Libourne. Cet échantillon, soumis à la dégustation de MM. Bender et Vermorel, bons juges s'il en fût, est déclaré par eux « bien fait, très limpide, d'une belle couleur noire « empourprée qui fait plaisir à voir, d'un degré alcoolique parfaitement suffisant ; vin qui « trahit son origine américaine par un petit goût sui generis qui n'a rien du foxé et qui « n'est pas désagréable ».

Dans l'Est et dans le Centre, les essais de vinification de l'Othello eurent rarement d'aussi bons résultats. Sa maturité tardive expose ce plant à y donner, certaines années, fort peu d'alcool et beaucoup trop d'acidité, ainsi que le montrent les analyses suivantes :

VINS D'OTHELLO

AUTEURS DES ANALYSES	PROVENANCE	ANNÉES	ALCOOL	ACIDITÉ EN $SO^4 H^2$	EXTRAIT SEC
J. Perraud............	Villefranche...	1888	6°2	9.4	23
—	— ...	1890	4.8	8.5	20.5
A. Bernard............	Cluny.........	1896	7.2	7.1	»
—	—	1899	5.0	9.8	»
Jacquin............	Chalon-sur-Saône	1898	4.0	13.5	28.6

Ce n'est pas très brillant, mais c'est la constitution moyenne des vins d'Othello dans l'Est. En arrière-côte ou en plaine, je les ai vus rarement dépasser 7° d'alcool en Bourgogne. Exceptionnellement, certains échantillons ont pu pourtant rivaliser avec ceux du Midi. Tel, celui présenté par le Dr Grandclément à la dégustation de la Société régionale de viticulture de Lyon, le 10 décembre 1887. Ce vin d'Othello de 1886 fut trouvé nettement supérieur au vin de Vinifera témoin. En voici l'analyse :

	OTHELLO	GANAY ET PERSAGNE (témoin)
Alcool.........	11°1	8°1
Extrait sec.....	20.3	18.5
Crème de tartre.........	2.35	2.30
Acidité totale { CaO, HO.....	21 cc	21 cc
{ SO^3, HO.....	5 gr.	5 gr.

Mais le manque habituel d'alcool ne fut pas, dans les régions du Centre, le seul défaut du vin d'Othello. Et les négociants de la Bourgogne n'imitèrent pas l'indulgence de leurs collègues du Bordelais pour son arome labrusqué. A mesure que la reconstitution mit à leur disposition des vins de vignes greffées, de bons Gamays, rappelant à s'y méprendre les vignes pré-phylloxériques, le commerce bouda les vins américains, à saveur sauvage. Les propriétaires s'efforcèrent alors de vinifier l'Othello de façon à lui faire perdre son fox. Ils recoururent à une cueillette hâtive et améliorèrent leurs moûts par le sucrage, les pieds de cuve et les levures sélectionnées. Pour ce dernier procédé M. Perraud s'est livr à diverses expériences qui avaient paru pleines de promesses. Aux vendanges de 1890, M. Perraud a recherché quelle serait, dans les levures pures, celle qui accuserait le plus d'affinité amélioratrice pour le moût d'Othello. Voici les résultats obtenus :

LEVURATION DE MOUT D'OTHELLO

NATURE DES FERMENTATIONS	ALCOOL	ACIDITÉ	EXTRAIT SEC	COULEUR
Othello levuré de Bourgogne 1	4°5	10.1	19.4	0.65
— Bourgogne 2	4.5	8.6	19.1	0.77
— Beaujolais 1	4.9	10.0	20.2	0.75
— Beaujolais 2	5 3	9.1	20.6	0.83
— Ermitage	4.5	9.8	18.5	0.73
— Nature (témoin)	4.5	8.5	18.3	0.60

Les raisins avaient été cueillis avant maturité complète, et, malgré cette précaution, le vin témoin était désagréable et foxé. « On a pu constater, dit M. Perraud, que les levures « pures ont apporté des modifications sensibles. Les levures de Bourgogne 1 et 2, cette « dernière surtout, ont donné un vin bien supérieur au témoin et ayant perdu à peu près « complètement le goût foxé ; de même pour les levures de Beaujolais 1 et 2. Bien qu'il « fût difficile de déterminer dans ces vins le bouquet type correspondant à chaque levure, « on leur trouvait un parfum spécial, différant suivant les échantillons, qui, dominant le « fox, les rendait plus agréables. La levure d'Ermitage, seule, n'a pas apporté une dimi- « nution bien appréciable du goût foxé. »

Ces expériences de laboratoire ont trouvé leur application dans la grande culture. Une dizaine d'années plus tard, M. Rosenstiehl a levuré avec succès plusieurs centaines d'hecto- litres d'Othello. Bien que vendangés très tardivement, ses raisins achetés sur souche aux environs de Chalon-sur-Saône, lui promettaient à peine 6° d'alcool ; il chauffa leur moût dans un appareil de son invention pour le stériliser et en dissoudre toute la couleur, puis, une fois sucré de façon à le remonter à 10°, il l'ensemença d'une levure de Gamay. Ce vin d'Othello, ainsi fabriqué, est devenu un vin de table de grand ordinaire, corsé et distingué, supérieur aux trois quarts de nos vins demi-fins.

On voit qu'il y a moyen de faire du très bon vin avec l'Othello, mais on s'en donne bien rarement la peine. D'ailleurs, la vinification usuelle de ce cépage est, en réalité, plus simple que ces considérations théoriques tendraient à le démontrer. Soit que le goût du public se soit adultéré, soit que le commerce bourguignon ait reconnu les avantages pratiques de ces produits communs mais solides, soit enfin que les vieilles souches d'Othello aient perdu avec l'âge une partie de leur fox, soit encore que les déplorables récoltes de 1900 et 1901 aient rendu tout le monde moins difficile, le vin d'Othello *nature* trouve preneur aisément aujourd'hui. Utilisé en coupage pour rafraîchir les vins plats, dépourvus d'acidité et de couleur, il ne manque pas de débouchés dans le Centre et le Nord de la France.

DESCRIPTION. — Souche, vigoureuse, à port presque érigé ; tronc fort ; vieille écorce caduque et gercée ; système radiculaire charnu et puissant.

Bourgeons, duveteux, roussâtres puis blanchâtres, teintés de rouge à l'extrémité des jeunes feuilles ; grappes de fleurs enlacées d'un léger duvet floconneux et carminées à leur pointe, comprises dans des feuilles plus longues qui s'étalent peu à peu et assez vite ; ces jeunes feuilles sont nettement trilobées, parfois quinquelobées, blanches à leur page inférieure avec des points roses disséminés sur leur pourtour, à denture aiguë.

Rameaux, de longueur moyenne, à peu près cylindriques, peu gros, lisses et brillants ; rameaux herbacés aranéeux et vert pâle ; rameaux aoûtés variant du noisette foncé au brun jaunâtre vers les nœuds, un peu aplatis et ovales dans les sarments les plus forts ; mérithalles moyens ou courts, finement cannelés ; nœuds peu saillants, couverts d'une légère pruine ; — vrilles sub-continues, minces, vertes, avec un peu de duvet laineux, bifurquées, présentant assez souvent une petite feuille vis-à-vis la première bifurcation et quelquefois une grande feuille à leur dernière extrémité.

Feuilles, grandes, rondes, ayant jusqu'à 25 centimètres de diamètre, rarement planes, presque toujours tourmentées, épaisses ; — quinquelobées, à sinus supérieurs profonds et inférieurs bien marqués ; sinus basilaire fermé et même recouvert par les bords des deux lobes qui se superposent ; — limbe bullé, vert foncé à la face supérieure, duveteux et pubescent en dessous ; denture en deux séries, assez aiguë et irrégulière, les grandes dents séparées par une ou plusieurs plus petites, terminées par un point blanc ; nervures vert pâle en dessus et vert blanchâtre en dessous, avec fins bouquets de poils floconneux. — Pétiole rond, vert, très gros, de longueur moyenne, couvert de poils subulés, droits, très courts, très serrés, entremêlés de quelques filaments laineux ; il forme un angle obtus avec le plan du limbe ; défeuillaison automnale d'époque moyenne et de coloration jaune terne, commençant par des marbrures assez fréquentes et précoces.

Fruits. — *Grappes*, deux en moyenne, placées vis-à-vis des 3e et 4e feuilles, et s'il y a un troisième raisin il se trouve en face de la 6e feuille avec intermittence à la 5e, et si, par hasard, ce vide est rempli, il ne l'est que par une vrille portant quelques rares boutons de fleurs à ses extrémités ; grosses, ailées, cylindro-coniques ; pédoncule fort et court, vert sale, dur et renflé à son point d'insertion ; pédicelles assez longs, de grosseur moyenne, bien verruqueux, bourrelet peu marqué ; pinceau grêle et enviné, peu adhérent. — *Grains*, sur-moyens, à peu près globuleux, légèrement allongés, de volume égal et bien serrés les uns contre les autres mais sans compression, d'un beau noir très brillant sous fleur bleue, avec pruine abondante, ombilic peu marqué et souvent déjeté de côté ; peau épaisse, très résistante, coriace et acerbe ; chair très pulpeuse, peu fondante, peu sucrée mais vineuse ; jus coloré en rose et d'une saveur plus ou moins foxée à la maturité complète, qui est de 2e époque ; pépins au nombre de 1 ou 2, assez gros et allongés, rappelant par leur forme tantôt les graines de Vinifera et tantôt celles de Labrusca.

J. Roy-Chevrier.

Ampélographie:

J. Troncy

Noah

NOAH

Synonymie. — Noé (*Champin*).

Historique et aire géographique. — Le Noah est un hybride naturel ou retour d'hybride obtenu d'un semis de Taylor, en 1869, par Otto Wasserzieher, de Nauvoo (Illinois). Confié par lui à MM. Bush et Meissner pour leur en faciliter son étude, il fructifia pour la première fois à Bushberg, en 1873. Mis en vente par eux trois ans après, il fut d'abord assez apprécié dans son pays d'origine à cause de sa vigueur, de sa rusticité et de la richesse alcoolique de son vin. Mais cette vogue, signalée en 1881 par Riehl, d'Alton, et Balsiger, de Highland, fut éphémère, car actuellement, d'après M. Munson, il n'est guère cultivé, aux États-Unis, en dehors du Missouri et de l'État de New-York, où des fabricants de vin savent tirer parti de son produit peu recherché.

En France, l'accueil qui lui a été fait a varié suivant les régions : réservé et plutôt froid dans le Midi, il a été assez favorable dans le Centre, dans l'Est et surtout dans le Sud-Ouest, notamment en Armagnac, en vue de la chaudière. Utilisé momentanément comme porte-greffe il a repris, ces dernières années, un peu d'intérêt en tant que producteur direct réfractaire aux maladies cryptogamiques. Des plantations d'une certaine importance

---

BIBLIOGRAPHIE. — Foëx et Viala : Ampélographie américaine (p. 189, Montpellier, 1883). — Bender, Pulliat et Silvestre : Vigne américaine (t. VIII et X, passim, Lyon, 1884). — Bush et Meissner : Catalogue des vignes américaines (p. 192, Montpellier, 1885). — A. Bouffard : Étude analytique des vins américains (p. 29, Montpellier, 1885). — Aimé Champin : Catalogue descriptif des vignes américaines (p. 13, Lyon, 1887). — Cᵗᵉ de Rovasenda : Essai d'une ampélographie universelle (p. 141, Paris, 1887). — V. Pulliat : Mille variétés de vignes (p. 254, Montpellier, 1888). — P. Viala : Une mission viticole en Amérique (pp. 209, 262 et 295, Paris, 1889). — A. Bouffard : Les vins à l'Exposition universelle (Annales de l'École nationale d'agriculture, Montpellier, 1889). — Mᵐᵉ veuve Ponsot : Les vignes américaines (p. 58, Bordeaux, 1890). — F. Girerd : Les producteurs directs (p. 91, Lyon, 1890). — Vᵗᵉ de Saint-Pol : Enquête sur les cépages américains faite par la Société des agriculteurs de France (p. 12, Paris, 1891). — J. Perraud : Revue trimestrielle de la Station viticole de Villefranche (pp. 41 et 95, Mâcon, 1891). — Viala et Ravaz : Adaptation (p. 151, Montpellier, 1892). — Cazeaux-Cazalet : Congrès viticole de Montpellier (p. 43, Montpellier, 1893). — J. Daurel : Traité pratique de viticulture (p. 73, Bordeaux, 1895). — Martinand : Comptes rendus de l'Académie des sciences (Paris, 7 octobre 1895). — Progrès agricole (passim, Montpellier, 1895). — Dʳ Grandclément : L'avenir de la viticulture et la viticulture de l'avenir (p. 16, Lyon, 1898). — Nicoleano : La lutte contre le Phylloxéra en Roumanie (p. 41, Bucarest, 1900). — Durand : Manuel de viticulture pratique (p. 69, Paris, 1900). — J. Roy-Chevrier : Vinification du Noah (Agriculture nouvelle du 10 août, Paris, 1901). — A. Berget : La viticulture septentrionale (p. 45, Mâcon, 1902). — Ravaz : Porte-greffes et producteurs directs (p. 184, Montpellier, 1902). — J. Roy-Chevrier : Congrès de l'hybridation de la vigne (t. II, p. 151, Lyon, 1902). — Bernard et Revol : Analyses (1896 et 1903).

en ont été faites dans le val de Saône et dans les plaines sujettes à la gelée où l'on avait coutume de produire des vins blancs très communs. Dans sa marche ascensionnelle vers le Nord il est remonté très haut, mais n'y a pas donné, d'après M. Berget, les bons résultats que l'on en espérait. En dehors des sols chauds, superficiels ou calcaires que lui interdit son adaptation, il a été introduit un peu partout, et, comme l'Othello, il reste disséminé dans toutes les régions viticoles de la France sans couvrir dans aucune d'elles des superficies bien étendues. Quoique son aire géographique très éparpillée demeure encore fort large, son extension, qui a suivi les fluctuations de la mode et des conseils du jour, tend actuellement à diminuer.

On a brisé bien des lances en maints Congrès pour et contre le Noah. Tantôt c'était le sauveur universel, le cépage rustique par excellence, capable de donner sans dépenses et sans soins un vin et une eau-de-vie comparables aux produits greffés ; tantôt il demeurait un faible hybride, demi-américain, peu résistant et facilement chlorotique, qui empoisonnait de sa puanteur persistante tous les chais envahis par sa vendange. Contre l'emballement des propriétaires enclins à le juger trop vite et avec trop d'indulgence, des esprits très distingués, comme MM. Cazeaux-Cazalet et Daurel, dans le Sud-Ouest, Pulliat et Bender, dans l'Est, réagissaient avec beaucoup de courage et un sentiment profond de l'avenir viticole de notre pays. Le Noah ne pouvait être, selon eux, qu'un expédient, un plant de transition, appelé avec l'Othello à rendre certains services, mais ne devant pas, plus que lui, être accepté comme une solution définitive par les vignerons dignes de ce nom et soucieux de la réputation de leurs crus. Ainsi que l'on avait eu jadis les discussions passionnées des sulfureurs et des américanistes, on assista pendant dix ans à la lutte des partisans des directs et des champions du greffage. Grâce au Phylloxéra, qui lui vint largement en aide, et au goût du consommateur encore très attaché au bon vin, la victoire est demeurée à la greffe.

Dans les pays latins, satellites viticoles de la France, on a tour à tour adopté et abandonné le Noah, à peu près comme chez nous. En Roumanie, par exemple, M. Nicoleano nous apprend que, de 1889 à 1896, l'expérimentation du Noah, dans les pépinières de l'État, a démontré les vices capitaux de ce plant, arraché depuis pour céder la place aux vieilles variétés locales ressuscitées sur de bons porte-greffes. En Italie et en Espagne des essais analogues ont abouti à des résultats identiques.

Ampélographie comparée. — Le nom de Noé, donné par l'obtenteur américain à son gain de hasard, est un hommage rendu à la précieuse qualité de ce cépage de produire un vin habituellement très alcoolique. L'accident légendaire, survenu au patriarche de la Bible, impossible avec du vin de Chasselas ou de Folle-Blanche, peut se reproduire aisément avec du moût fermenté de Noah. On ne connaît au Noah aucun synonyme autre que la traduction française du vocable anglais, et ce nom français, proposé par Champin, ne s'est jamais répandu.

Semis de Taylor, avec ou sans hybridation préalable on l'ignore, le Noah a puisé dans l'atavisme de son générateur la plupart de ses qualités et de ses défauts. Le Taylor est un hybride de Labrusca × Riparia, avec intervention présumée de Monticola ; c'est un petit producteur blanc frappé d'une quasi-stérilité par la mauvaise conformation de ses organes floraux, mais c'est aussi un porte-greffe qui maintient, depuis bientôt trente ans, dans des

sols ingrats bien que peu phylloxérants, des greffes assez vigoureuses et très fruitées. Son fils
Noah est plus résistant et plus fertile que lui, mais aussi plus sensible à la chlorose calcaire.
Il semble tout à la fois plus Riparia et plus Labrusca que lui, plus Riparia dans la santé
de son feuillage et de ses racines, et plus Labrusca dans son adaptation aux sous-sols froids
et compacts ainsi que dans l'ampleur de ses baies et leur pulpe foxée.

Cépage de belle allure, aux feuilles d'un vert sombre luisant, larges et planes, aux fins
sarments chamois et aux grappes vert glauques, le Noah a été parfois confondu avec son
frère aîné, l'Elvira, dont les feuilles non lobées sont repliées en entonnoir et dont les
grappes plus petites que les siennes sont encore beaucoup plus foxées qu'elles.

Il existe, en Suisse, un raisin qu'on appelle *Noah noir*. Ce vinifera, signalé dans le
Catalogue de Carl Bronner et dans l'*Ampélographie* du Cte de Rovasenda, n'a rien de
commun avec l'hybride qui nous occupe. Mieux vaudrait réserver cette appellation au
Gaillard n° 2, hybride rouge, croisement d'un Othello-Rupestris × Noah, qui rappelle
d'une façon frappante par son feuillage, la coloration de son bois et la forme de sa grappe,
l'ancêtre blanc dont il est issu. C'est d'ailleurs le surnom qu'on donne à ce plant dans la
région lyonnaise où il a pris naissance et où il commence à se répandre.

M. Gaillard n'a pas été seul parmi les hybrideurs français à mettre à contribution le
Noah en vue de l'obtention de nouveaux producteurs directs. La santé générale de ce
cépage et l'ampleur de sa grappe en font, en effet, un élément précieux dans la recherche
de cette chimère viticole baptisée du nom pittoresque d'oiseau bleu. M. Castel, entre autres,
s'en est servi dans maintes combinaisons dont les numéros les plus remarqués sont : 1832
Noah × Rupestris-Othello ; 6232, 120, 121 et 227 Noah × Herbemont d'Aurelles ; 1414
Noah × Terret gris ; 4237 Noah × Aramon ; 109 et 703 Noah × Herbemont rose ; 3917
Noah × Carignan.

Culture. — Cépage très fertile, — Champin dit même d'une fertilité excessive —, à
condition de le conduire à taille longue et en cordons superposés, le Noah donne 3 et même
4 grappes par sarment, insérées quelquefois sans intermittence à la manière des Labrusca.
Il reprend très bien de bouture et de greffe. Dans les terrains siliceux ou sablonneux, frais
et profonds qu'il affectionne, il s'est révélé un sujet de valeur ; son tronc puissant y grossit
autant que la tige du greffon et évite ainsi tout bourrelet au point de soudure. Quelques
viticulteurs girondins, au dire de M. Jurie, ont cru même remarquer qu'il communiquait
plus d'alcool à ses greffes que le Riparia. Il redoute beaucoup le calcaire ; et, dans les
champs d'essai où l'on trouve communément réunis l'Othello et le Noah, on a vu le second
jaunir et dépérir à côté du premier restant vert, partout où le sol contenait un excès de
carbonate de chaux. Par contre, dans les sols silico-argileux, où il se développe aisément,
le Noah a laissé l'Othello partir avant lui emporté par le Phylloxéra. La résistance phylloxérique du Noah est, en effet, très élevée pour un hybride de Labrusca ; elle atteint la
cote 13, tandis que celle du Taylor s'arrête à 11 et celle de l'Othello à 6. En raison de
cette résistance, si nos hybrideurs français n'avaient obtenu dans leurs croisements
américo-américains des sujets encore plus rustiques et aussi bien adaptés que lui aux sols
compacts et froids, le Noah serait probablement demeuré un porte-greffe intéressant et
même précieux dans certains cas difficiles. Mais depuis les belles trouvailles de l'hybridation contemporaine il n'a plus guère de raison d'être à ce point de vue là ; il ne faut donc
le considérer que comme un producteur direct.

Son rendement est très variable selon la richesse du sol et les fumures qui lui sont accordées d'une part, et, de l'autre, le mode de conduite et l'allongement de la taille qui règlent sa charpente. En principe, c'est un plant vivace : on s'en sert comme recours dans les vieilles greffes et il s'y fait jour ; et c'est un plant peu exigeant : je l'ai vu oublié, sans culture deux ans de suite, abandonné à lui-même et perdu sous les herbes, puis ressusciter un beau matin sous la main d'un nouveau maître et lui marquer sa reconnaissance par une récolte abondante. Il doit être planté à 1 m 50 en tous sens et fumé assez régulièrement pour que son grain soit bien nourri. Dans ces conditions d'entretien normal et judicieux son rendement dépasse 50 hectolitres à l'hectare. Voici ses époques de végétation relevées en France et en Roumanie par MM. Viala et Nicoleano :

ÉPOQUES DE VÉGÉTATION DU NOAH

LIEU D'OBSERVATION	CÉPAGE	DÉBOURREMENT	FLORAISON	MATURITÉ
Montpellier............	Noah.......	7 avril. — 18 avril.	24 mai. — 28 mai.	20 août. — 25 août.
Bucarest..............	Noah.......	8 avril. — 16 avril.	1er juin. — 10 juin.	2 septembre.

En remontant au nord, ces phases du cycle biologique de la plante se modifient et s'espacent en raison du manque de chaleur des climats septentrionaux ; mais jusqu'à la limite de sa culture, le Noah demeure un cépage à débourrement plutôt tardif et à maturité, sinon précoce, du moins assez hâtive pour assurer suffisamment d'alcool à son vin partout où mûrissent le Gamay et le Chasselas.

Remarquablement résistant aux gelées d'hiver, probablement à cause de son bois très sain, assez dur et parfaitement aoûté dès le mois de juillet, il échappe aussi aux gelées printanières par suite du départ tardif de sa bourre cotonneuse, et, de plus, en cas d'accident, il peut donner sur ses faux bourgeons une petite récolte. C'est cette régularité de production qui a fait dire à M. Bender, en le signalant aux vignerons du Mâconnais : « Je « sais bien qu'on ne fera pas avec lui du Pouilly-Fuissé, mais au moins on récoltera du « vin et cela n'arrive pas tous les ans dans la plaine, même à ceux qui y cultivent la « vigne en hautains. »

Peu sensible à l'Oïdium sur sa grappe et au Mildiou sur son feuillage, il est parfois attaqué, il est vrai, par l'Anthracnose, le Rot blanc et le Rot brun. Au retour de sa mission en Amérique, M. le professeur Viala nous a appris que, sur le territoire des États-Unis, cette dernière affection lui était fort préjudiciable, ainsi qu'une maladie propre aux Labrusca et à leurs hybrides qu'il a nommée Résorption. La cause du regain de succès du Noah sur le continent c'est, comme pour l'Othello, sa facile défense contre le Black-Rot. Dans le Sud-Ouest, foyer le plus intense de cette maladie, il s'est montré généralement moins touché que les vinifera, parfois même indemne. Ainsi, chez M. Dubuc, l'honorable président de la Cour d'Agen, il a été signalé, en 1895, sain et sauf, au milieu des vinifera dévastés en dépit de leurs traitements. Mais cette résistance n'est qu'exceptionnelle : car, aux États-Unis, il est loin d'être réfractaire au Black-Rot, et, en France, je me souviens de l'avoir vu, moi-même, à Château-Suduiraut, chez mon regretté collègue et ami Émile Petit, propriétaire d'une importante collection de vignes américaines, aussi touché par cette maladie que les Chasselas et les Sauvignons du voisinage. Il est donc prudent d'attribuer les cas d'indemnité, signalés à plusieurs reprises, plutôt à l'âge des foyers, trop jeunes encore pour accentuer la contamination, et à une absence momentanée de réceptivité de la plante, qu'à une haute résistance spécifique. Plus facile à défendre que les vinifera, c'est certain, mais exigeant néanmoins plusieurs traitements pour être absolument préservé, tel est, en réalité, le bilan du Noah en présence du Black-Rot.

Il est beaucoup moins sensible au Botrytis cinerea. Cette pourriture grise, qui a causé tant de désastres en 1900 et 1901 sur les vinifera les plus juteux et sur bon nombre d'américains, paraît respecter ses baies fermes et pulpeuses. Mais, arrivés à maturité complète, ses raisins s'égrènent au moindre choc, les grains quittent leur pédicelle avec une déplorable facilité ; dans une plantation à souche basse il suffit d'un chien de chasse à long fouet quêtant avec ardeur pour vendanger en un instant toute une vigne de Noah. Il est vrai que ce défaut, majeur en apparence, n'a qu'une très minime importance dans la pratique, puisque la vinification spéciale de ce raisin foxé oblige à le couper avant maturité pour diminuer son parfum désagréable.

Vinification. — Les qualités culturales très réelles du Noah ne contrebalancent qu'imparfaitement les difficultés de sa vinification. Le fox, tache originelle indélébile des Labrusca, reparaît, plus ou moins atténué, il est vrai, selon l'habileté des opérateurs, mais reparaît fatalement dans son vin. Cette saveur désagréable et persistante est en proportion directe de la maturité du raisin, la chaleur du climat et le calcaire du sol. Sur les coteaux à vins fins, où les vinifera développent leur bouquet, le Noah voit croître, lui aussi, son parfum sauvage de fraise ananas ; dans les plaines froides, à sol siliceux, son raisin vendangé de bonne heure est un peu plus neutre.

Le Noah est d'un pressurage difficile ; il donne un assez fort déchet de marc, 26 °/₀, d'après M. Caille. Ses grains visqueux et durs partent comme des balles sous l'effort de la pressée toutes les fois qu'ils n'ont pas été soigneusement broyés au préalable. Ces inconvénients ont porté quelques vignerons à le passer en cuve un jour ou deux avant de le soumettre à la presse. Mais cette manière de procéder est vicieuse parce qu'elle expose à teinter le vin et à augmenter son fox. Mieux vaut cylindrer ce raisin rebelle dans un robuste fouloir mécanique disposé au-dessus d'une cage à barreaux serrés, ou bien enfermer la vendange dans des enveloppes de toile grossière, comme on le fait pour le pressurage des olives. En tout cas, il faut éviter le contact prolongé du moût avec les pellicules et les rafles, à moins qu'on ne cherche à augmenter son arome naturel pour obtenir, comme l'avait tenté avec succès M. Malégue, une sorte de vin muscat. Mais cette vinification, spéciale et restée à l'état d'exception, ne mérite pas d'être encouragée. Après sa fermentation en tonneau, le vin de Noah est, d'ordinaire, sec, alcoolique et toujours un peu âpre : il n'a pas cette fluidité sur la langue de la plupart des vins blancs de vinifera bien faits, et il rappelle l'astringence de la Clairette et du Melon, et surtout de certains vins qu'une routine séculaire s'obstine à fabriquer en cuves comme des vins rouges. « Ce vin blanc, dit le Vᵗᵉ de Saint-Pol, de qualité médiocre, d'une belle couleur un peu jaune, est assez alcoolique ; son degré augmente avec l'âge de la vigne et varie de 10 à 14°, un peu moins dans le Centre ; il se conserve bien. » C'est là, en effet, un des principaux mérites de ce vin, de se bien conserver, c'est-à-dire d'être solide. Son raisin qui ne pourrit pas le préserve habituellement de la casse ; sa richesse en alcool et en extrait sec le met à l'abri de la plupart des maladies microbiennes ; il est assez solide pour rester en vidange sans inconvénient.

Jugé différcmment selon les années, les régions et même la vogue, le vin de Noah a été l'objet d'appréciations contradictoires qu'il serait fastidieux d'énumérer et de commenter. Dans le Sud-Ouest, surtout dans les Graves au cailloutis humide et non calcaire, le Noah donne un produit assez estimé parce que son fox, très atténué, offre au palais des consommateurs locaux une certaine consanguinité avec le bouquet musqué du Sauvignon, cépage des grands vins de Sauternes. La section de viticulture de la Société d'agriculture de la Gironde appelée à se prononcer, le 29 novembre 1883, sur divers échantillons de vins américains, accorde les notes 16 et 17 à deux vins de Noah 1881 et 1882, récoltés par M. Piola dans les Palus, et déclare que, parmi les cépages blancs exposés, c'est le Noah qui produit le meilleur vin. Son vice-président, M. Froidefond, dans un rapport sur les vignes américaines cultivées au champ d'expériences de la Souys, exprime, l'année suivante, des craintes sur sa résistance phylloxérique : « Il est regrettable, dit-il, que ce cépage très fructifère, donnant un vin qu'on pourrait accepter faute de mieux, n'offre pas davantage des garanties de durée. » Ce n'est pas qu'à Bordeaux qu'on semblait décidé à « accepter » le vin de Noah. A Lyon, une première dégustation à la Société régionale de viticulture met en vedette le vin de Noah, en décembre 1885. Deux ans après se tient dans cette ville le Congrès pomologique de France, et M. Silvestre, rapporteur de l'Exposition viticole du Congrès, est l'interprète du sentiment général en disant du Noah : « Très bon producteur direct, il fait un solide et vigoureux porte-greffe. »

Cependant une campagne ardente s'engage contre l'invasion des Barbares. Othello et Noah sont, comme nous l'avons dit plus haut, conspués dans chaque Congrès, au nom de la conservation des coteaux sacrés. Le commerce indécis fait la moue et refuse les vins de Noah : d'où nécessité pour leurs récoltants de les fabriquer de telle sorte qu'ils pussent les vendre comme vins de greffe. Ils vendangèrent leur Noah de bonne heure ; puis quelques-uns d'entre eux, appréhendant le manque d'alcool dans une vendange aussi hâtive, se mirent à la sucrer ; mais, ayant remarqué que le sucre était superflu puisque leur Noah pur leur donnait encore 7 à 8°, ils la mouillèrent ; et de cette cuisine, accidentellement et frauduleusement faite, il est sorti un vin blanc très amélioré. Condamné par le code de toutes les nations viticoles, ce procédé demeure une simple recette de laboratoire. Il y a, d'ailleurs, d'autres moyens, et légaux ceux-là, de défoxer le Noah.

Le fox dont est imprégnée la pulpe provient, d'après M. Martinand, d'une diastase située près des pépins, qui augmente à la maturité et disparaît par l'aération du moût ou bien la dessiccation du grain. D'où le bon effet des soutirages fréquemment renouvelés et même du barbotage d'oxygène qui a été conseillé par d'ingénieux constructeurs. Mais toutes les cellules génératrices du fox ne sont pas localisées à l'intérieur ; il en existe aussi à l'extérieur, sur la peau, mêlées dans la pruine à d'autres levures ; ce qui le prouve c'est que des raisins foxés lavés par des pluies continues ont toujours donné des vins presque neutres. La constatation de ce fait a amené les vignerons à ne pas presser immédiatement leurs Noah. Ils les rentrent le soir dans des paniers et les arrosent copieusement, les laissant ainsi toute la nuit couverts de cette rosée artificielle. Le lendemain matin une odeur infecte, véritable essence de fox, s'exhale de ces paniers. Les raisins sont alors pressés sur de la rape de vinifera et le moût coupé de suite avec du vin blanc de greffe encore en fermentation. En tout cas, jamais on ne doit faire cuver le Noah ; ce serait le plus sûr moyen de le rendre jaune et très foxé.

L'emploi des levures pures a donné parfois d'excellents résultats. On peut en trouver la preuve dans les travaux si remarquables de MM. Kayser, Martinand et Jacquemin. Dans l'impossiblité de les passer tous en revue je rappellerai seulement l'expérience tentée en 1890 par M. Perraud, et à laquelle j'ai été appelé à collaborer à titre de dégustateur. Cherchant quelle était la levure cultivée la meilleure pour défoxer le Noah, M. Perraud est arrivé à déterminer que c'était la levure Sauternes. Voici ses résultats :

NATURE DES FERMENTATIONS	ALCOOL	ACIDITÉ	EXTRAIT SEC
Noah Sauternes.............................	10.4	9.9	26.5
Noah témoin...............................	8.9	9.7	26.5

L'action améliorante de la levure s'est fait sentir non seulement par une diminution du fox mais encore par une augmentation d'alcool due à une fermentation plus régulière et plus prompte. De nombreux dégustateurs ont rendu hommage, pendant l'année qui a suivi l'expérience, au succès de son auteur ; mais j'ai tout lieu de croire que ce succès a été de peu de durée. Des essais analogues tentés à Vienne par M. Garon, et que j'ai suivis de très près, me permettent de supposer que la sauternisation du Noah de M. Perraud n'a été que momentanée. Petit à petit les mauvaises levures, paralysées et non tuées, reprennent leur vitalité et réensemencent le vin dont elles modifient à nouveau les éthers et le bouquet. Pour assurer la fixité du résultat il est indispensable de stériliser le moût avant sa levuration. M. Rosenstiehl l'a tenté à l'aide de son appareil breveté, mais ce procédé qui lui a donné toute satisfaction avec l'Othello a totalement échoué avec le Noah et le Clinton. Jusqu'à nouvel ordre nous devons donc nous en tenir, pour ce qui concerne la vinification du Noah, à la pratique empirique pouvant se résumer ainsi : vendanger vert, arroser la vendange avant de la presser, se bien garder de la faire cuver, la couper de moûts de vinifera blanc en fermentation, soutirer le vin de bonne heure et fréquemment. On obtiendra ainsi un vin blanc commun mais très buvable, accepté par le commerce et toléré par le consommateur.

Voici différentes analyses qui montrent, suivant les régions, la composition du moût et du vin de Noah :

PROVENANCE	CÉPAGE	ÉPOQUE de la vendange.	POIDS MOYEN DES raisins par souche.	DURÉE de la fermentation.	RAFLE %	SUCRE %
Roumanie........	Noah	11 septembre.	0.515	5 jours	4	14
—	—	25 septembre.	1.000	»	»	14

MOUTS DE NOAH

AUTEURS DES ANALYSES	PROVENANCE de l'échantillon.	ANNÉE	DENSITÉ	SUCRE (Glucose).	ACIDITÉ en SO⁴H²
A. Bouffard......	Montpellier (Hérault).	1886	12.7	228	5.20
L. Caille.........	Vienne (Isère)......	1901	10.4	178	6.53

VIN DE NOAH. — Analyse de M. Bouffard.

PROVENANCE	ANNÉE de la récolte.	Densité	ALCOOL	Acidité en SO⁴ H²	Bitar-trate de potasse	QUANTITÉS RAPPORTÉES A 1 LITRE		Glycé-rine.	Cendres		
						Extrait sec.					
						à 100°.	dans le vide.		solu-bles.	insolu-bles.	totales.
Montpellier........	1884	992.0	11°2	3.60	2.92	21.5	24.8	9.4	1.11	0.58	1.69

VINS DE NOAH

AUTEURS des analyses.	PROVENANCE de l'échantillon.	ANNÉE de la récolte.	ALCOOL	ACIDITÉ en acide sulfurique.	EXTRAIT SEC	TANNIN
A. Bouffard.......	Montpellier	1886	12°35	4.46	19.50	
J. Perraud........	Villefranche (Rhône).	1888	8.3	5.90	17.60	
—	—	1890	8.4	8.81	21.50	
A. Bernard.......	Cluny (Saône-et-Loire)	1896	8.75	9.79	22.50	
J. Revol..........	Lyon	1902	8.30	6.65	21.38	0.32

Les eaux-de-vie obtenues dans le Sud-Ouest avec le vin de Noah y avaient fait concevoir, au début des plantations de ce cépage, de grandes espérances qui ne se sont point réalisées. En 1884, M. Lespiault en avait fabriqué 5 hectolitres à 52°, provenant d'un vin récolté sur les coteaux de Nérac. Dégusté à la Société d'agriculture de la Gironde cette eau-de-vie avait été déclarée « supérieure à l'Armagnac et fort recherchée pour la fabrication de certaines liqueurs et les fruits confits à l'eau-de-vie ». Mais on a été unanime depuis, tant dans les Charentes que dans l'Armagnac, à reconnaître aux eaux-de-vie de Noah une rudesse et un bouquet spécial qui les met incontestablement au-dessous des produits de la Folle-Blanche. Si la plantation du Noah a repris quelque importance dans le Sud-Ouest, ce n'est donc que comme pis aller, comme cépage de défense facile contre le Black-Rot et nullement à cause de l'excellence de son produit.

DESCRIPTION. — Souche, vigoureuse ; tronc gros ; écorce se soulevant en lanières irrégulières ; racines puissantes et charnues.

Bourgeons, duveteux, d'un blanc roux teinté de rouge en pointe, minces, grêles, couverts de poils roussâtres, assez tardifs de débourrement ; jeunes feuilles duveteuses, vert pâle, carminées sur la nervure centrale et le bord de la page inférieure, à trois lobes, les deux faces recouvertes d'un léger duvet qui disparaît promptement ; dents longues et contournées ; étalés tardivement et découvrant alors les jeunes grappes de fleurs, vertes, enveloppées dans un duvet lanugineux et blanchâtre.

Rameaux, allongés et paraissant grêles à cause de leur longueur mais en réalité assez gros, un peu sinueux, assez ramifiés : rameaux herbacés vert pâle, presque glabres, luisants et rugueux, rayés de pourpre grisâtre et couverts de poils glanduleux ; rameaux aoûtés d'un rouge brun plus ou moins foncé suivant le terrain ; mérithalles longs et finement striés de cannelures régulières ; nœuds apparents et coniques ; — vrilles de moyenne longueur, à 2 lacets, devenant pourprées en vieillissant, de succession irrégulière, tantôt continues comme chez les Labrusca, tantôt discontinues comme chez les Vinifera, mais cette alternance très capricieuse n'offrant elle-même aucune régularité.

FEUILLES, grandes, entières, aussi larges que longues, à trois lobes terminés par des acumens très aigus à la manière des Riparias ; parenchyme épais ; — sinus latéraux supérieurs peu marqués, simplement indiqués par une dépression ; sinus inférieurs à peu près nuls, sinus pétiolaire ouvert en V ; — limbe d'un vert foncé, lustré, bullé et glabre à la face supérieure, cotonneux, pubescent à la face inférieure qui est recouverte d'un duvet serré blanc tirant un peu sur le roux ; dents anguleuses et larges, plus prononcées à la place des lobes inférieurs absents ; nervures fortes, saillantes et rosées en dessous, teintées de rouge vif en dessus, au point de la bifurcation. — Pétiole fort, recouvert de poils raides, souvent enviné à l'arrière-saison et formant un angle obtus avec le plan du limbe de la feuille ; défeuillaison tardive après coloration jaunâtre.

FRUITS. — *Grappes*, 3 en général, rarement 2 ou 4, insérées d'une façon continue et d'autres fois discontinue comme les vrilles ; moyennes ou grosses, cylindro-coniques, arrondies et courtement ailées, compactes plutôt que serrées ; pédoncule assez fort, court et tordu, vert sale, renflé et ligneux à son point d'insertion sur le rameau ; rafle verte ; pédicelles petits et courts, trapus, verdâtres, verruqueux, terminés par un bourrelet peu saillant et légèrement aplati ; pinceau incolore et très peu adhérent au grain. — *Grains*, moyens et sous-moyens, remplissant bien la grappe sans se comprimer entre eux, dépourvus de petits grains restés verts, de volume inégal, sphériques et faiblement discoïdes, d'une teinte vert glauque, fortement pruinés, avec ombilic central mais peu apparent ; peau épaisse, coriace, très résistante, assez translucide, passant du vert au jaunâtre à la maturité, qui est de la fin de la 1re époque ; chair pulpeuse, non fondante ; jus incolore et légèrement verdâtre, très sucré, à saveur foxée ; pépins au nombre de 3 et assez gros.

J. ROY-CHEVRIER.

CANADA

Synonymie. — Hybride d'Arnold n° 16.

Historique et aire géographique. — L'hybride auquel Arnold donna le nom de
Canada est le résultat d'une fécondation du Clinton par le Black Saint-Peters. Comme
l'Othello, son frère utérin, il n'eut, à cause de son extrême sensibilité aux maladies cryptogamiques, aucun succès dans sa patrie. Plus heureux en France qu'en Amérique, il profita
de l'engouement du début de la reconstitution pour les producteurs directs et il fut
multiplié sur une certaine étendue, au moins dans le Bordelais et la Bourgogne, où la
maturité précoce et la saveur très droite de son raisin l'avaient fait apprécier. Dans le
Midi, sa petite production et son insuffisante résistance phylloxérique le firent éliminer de
bonne heure. Mais je ne crois pas que, actuellement, même dans les régions qui lui avaient
offert la plus large hospitalité, il en subsiste des cultures dignes d'être mentionnées.

Dès l'année 1887, Pulliat écrit qu'il a renoncé au Canada dont la production est insuffisante et la résistance mauvaise en terrains secs. De leur côté, MM. Guiraud, Falcoz et
Lambel constatent, du Gard à l'Aveyron, que le Canada dépérit beaucoup plus vite que
l'Othello. C'est aussi à peu près à cette époque que les expérimentateurs bourguignons,
MM. Louis Maldant et Guillon entre autres, arrachent leurs champs de Canada, malgré la
finesse indiscutable du vin produit par ce cépage en Côte-d'Or.

Dans le Sud-Ouest, région plus humide et à phylloxérisation plus lente, la vogue du
Canada dura un peu plus longtemps. En 1891, M. de Malafosse en cite de nouvelles plantations à Fronsac, soit de franc pied, soit en greffes sur racines résistantes ; les viticulteurs

BIBLIOGRAPHIE. — Foëx et Viala : Ampélographie américaine (p. 198, Montpellier, 1883). — Aimé
Champin : Vigne américaine (t. VII, p. 209, Lyon, 1883). — A. Bouffard : Étude analytique des vins amé-
ricains (Montpellier, 1885). — Bush et Meissner : Catalogue des vignes américaines (p. 126, Montpellier,
1885). — Cte de Rovasenda : Essai d'une ampélographie universelle (p. 33, Paris, 1887). — V. Pulliat :
Vigne américaine (t. XI, p. 250, Lyon, 1887). — Aimé Champin : Catalogue descriptif (p. 8, Lyon, 1887).
— V. Pulliat : Mille variétés de vignes (p. 59, Montpellier, 1888). — P. Viala : Une mission viticole en
Amérique (pp. 197, 228 et 262, Paris, 1889). — Mme veuve Ponsot : Les vignes américaines (p. 42,
Bordeaux, 1890). — F. Girerd : Les producteurs directs (p. 79, Lyon, 1890). — Vte de Saint-Pol :
Enquête sur les cépages américains faite par la Société des agriculteurs de France (p. 14, Paris, 1891). —
J. Perraud : Revue trimestrielle de la Station viticole de Villefranche (2e année, p. 22, Mâcon, 1891). —
Viala et Ravaz : Adaptation (p. 210, Montpellier, 1892). — P. Viala : Les maladies de la vigne (p. 169,
Paris, 1893). — A. Berget : La viticulture septentrionale (p. 45, Mâcon, 1902). — Ravaz : Porte-greffes
et producteurs directs (p. 299, Montpellier, 1902). — Mathieu : Analyse (Beaune, 1903).

Canada

girondins estimaient alors que le mélange de son raisin avec la vendange du Verdot améliorait sensiblement la qualité du vin de ce vinifera. M. Adrien Berget le signale aussi parmi les plants qui constituent le fameux vignoble découvert par lui aux portes d'Amiens ; mais il n'y entre que pour une petite part et il y est tellement éprouvé par l'érinose qu'il y décline rapidement.

En résumé, l'extension du Canada qui a été, à un moment donné, assez considérable, se réduit aujourd'hui à bien peu de chose. C'est à peine si on le rencontre dans les collections des Écoles d'agriculture et chez quelques rares amateurs, assez passionnés d'ampélographie pour respecter à titre documentaire des souches d'une aussi minime fertilité.

Ampélographie comparée. — Il existe une plante appelée *Canada* ou *Vigne du Canada* qu'on trouve décrite dans la plupart de nos vieux auteurs et notamment dans Sachs et Jacques Cornut, sous le nom de *Vitis canadensis Americana*. Cette vigne, aux feuilles découpées et dépourvue d'étamines, que Sachs dit avoir vue, au xviie siècle, dans le Jardin botanique de Leyde, dans le Jardin Royal de Montpellier et dans celui de Paris au faubourg Saint-Victor, n'est pas un vrai Vitis. Nous ne nous attarderons donc pas à sa différenciation avec le moderne Canada d'Arnold. Cet hybride a été baptisé *Canada* par son auteur, le Canadien Arnold, né à Paris (Canada), en hommage à son pays, parcelle de vieille France demeurée si latine dans son exil anglo-saxon. Cette origine ne peut qu'augmenter notre sympathie pour l'hybrideur parisien d'Amérique, et pour son cépage qui semble avoir hérité de quelques-unes des qualités de nos variétés françaises.

Hybride de Labrusca × Riparia par Vinifera, le Canada est, avant tout, Vinifera par son aspect d'abord et ensuite par ses mérites œnologiques ainsi que par ses défauts culturaux. Le Labrusca qui apparaît si nettement dans l'Othello, son frère, est chez lui totalement masqué. Le Riparia se soupçonne peut-être à l'élancement gracile des pampres et à l'acuité des lobes, mais c'est en somme le Vinifera qui prédomine en lui incontestablement : on le retrouve dans le feuillage accessible au Mildiou, dans la racine sensible au Phylloxéra, dans le fruit à saveur droite et tout à fait française. Le Clinton, qui lui a servi de mère, est la même forme canadienne du Clinton sauvage, sorte de Riparia, qui a engendré l'Othello. Son père est le Black Saint-Peters, plus connu sous le nom de Black-Alicante.

Ce semis a donné à Arnold une série d'hybrides similaires. Son n° 2 est le Cornucopia, le n° 8 le Brant et le n° 16 le Canada. Ces deux derniers numéros offrent de nombreux caractères communs et un aspect de consanguinité très visible ; ils ont été si souvent confondus en France que Bush, Meissner et Champin se sont crus obligés de différencier ces frères jumeaux par une description à laquelle il est bon de se reporter. Le bourgeonnement du Brant, d'abord cendré et bordé d'un peu de rose, prend vite une teinte vineuse comme celle du Chasselas violet ; celui du Canada est d'abord blanchâtre, puis vert clair, sans aucune teinte rose. La feuille du Canada est moins profondément lobée que celle du Brant ; elle est d'un vert plus clair et plus jaunâtre. Les rameaux du Brant sont rouge foncé et à longs mérithalles ; ceux du Canada, glabres, verts et plutôt court-jointés. La floraison du Canada précède celle du Brant de plusieurs jours. Sa grappe, qui n'est pas sans ressemblance avec celle du Pinot, est cylindrique et très serrée ; celle du Brant plus lâche. Enfin, son vin, très fin, le meilleur des vins américains, est bien supérieur à celui du Brant qui conserve un goût de sureau très prononcé. M. Piola, qui avait mélangé les deux numéros à leur réception, écrivit à leur obtenteur pour les distinguer : il lui fut répondu par lui que le Canada était la forme à pousse blanc verdâtre et à petites grappes, le Brant ayant la pousse rougeâtre et le fruit plus allongé.

Dans son *Essai d'ampélographie universelle*, le Cte de Rovasenda donne le Canada d'Arnold comme une vigne hybride américaine, à très beaux raisins blancs (?). Il est vrai qu'il signale aussi, mais d'une façon secondaire, une variété noire et même une rose qui, celle-là, nous est totalement inconnue.

Cet hybride d'Amérique, réhybridé en Europe, a été utilisé à la recherche des nouveaux porte-greffes et producteurs directs sur le continent. D'un semis de 1882 de Canada × Riparia, mis en vente en 1889, M. Couderc a obtenu les n°s 2401 et 2402 de son *Catalogue*, qu'il donna comme venant bien dans les terrains calcaires. Nulle part leur supériorité sur le Riparia à cet égard ne fut constatée et ils sont vite tombés dans l'oubli. D'un semis de la même année de Canada × Rupestris-Ganzin, M. Couderc retint deux producteurs directs qu'il livra au public en 1888 : ce sont ses n°s 3301 et 3303. Ce sont des hybrides de moyenne vigueur, à petits raisins noirs assez précoces, à peine plus fertiles que le Canada, mais à vin âpre et désagréable. Le 3303, plus Rupestris et plus buissonnant que le 3301, est moins sensible que lui au Mildiou. Leur résistance phylloxérique, sans être très élevée, est nettement supérieure à celle du Canada. Leur culture, incommode à cause de leur port buissonnant et de leurs rejets opiniâtres, a été abandonnée par les rares amateurs qui l'avaient entreprise. En dehors des calcaires, dans des terrains profonds où ils ont été accidentellement essayés comme porte-greffes, ils maintiennent une fertilité très régulière à leurs greffes de Pinots et de Gamays. Nous devons signaler encore, parmi les producteurs directs dérivés du Canada, le n° 353 de M. Oberlin, qui est un Canada × Rupestris, cépage réfractaire à l'Oïdium mais accessible au Mildiou ; sa résistance phylloxérique reste à déterminer.

Culture et vinification. — Cépage menu, de petite allure, le Canada reprend fort bien de bouture. De ses nombreux partisans de la première heure M. de Candolle est le seul qui ait constaté (*Vigne américaine*, juin 1891) une reprise plutôt médiocre. Les racines charnues et grosses que cet hybride trop vinifera tient de son ascendance européenne sont la proie du Phylloxéra. MM. Viala et Ravaz ne lui accordent que le chiffre 4 dans leur échelle phylloxérique, mais ils lui reconnaissent une adaptation assez large, analogue à celle de l'Othello.

Le Canada est saisonnier, c'est-à-dire qu'il ne produit même pas tous les ans les 25 à 30 hectolitres à l'hectare qu'il semble livrer à regret. Il lui faut une taille allongée ; malheureusement son manque de vigueur ne lui permet pas de supporter cette conduite bien longtemps. De plus, il est assez sujet à la coulure.

C'est un plant à débourrement et à maturité précoces. Les raisins américains mûrissant tôt et faisant du bon vin étant fort rares, il a été accueilli à bras ouverts dans les régions du Centre et de l'Est. Mais la précocité de son débourrement y diminua singulièrement les avantages de la précocité de sa maturation, parce qu'elle l'exposa d'une façon chronique aux gelées de printemps. C'est ainsi qu'en avril 1884, Bender écrit à Pulliat que, tout à côté de ses Othello préservés, ses Canada ont gelé de peur, autant et plus que ses Gamays. Le Canada gèle facilement et ses repousses ne sont pas fructifères.

En outre, ainsi que M. Viala l'avait constaté en Amérique, il est fort sensible aux maladies cryptogamiques, Mildiou, Black-Rot, grillade des feuilles et des raisins due à des champignons divers, lui font une guerre acharnée qui contribue à réduire encore son rendement déjà si minime. Il ne lui reste vraiment pas d'autre mérite que la qualité de son vin.

Le Canada a un raisin bien équilibré en sucre et en acide, et heureusement préservé de l'excès de couleur qui épaissit les moûts de la plupart des hybrides de Rupestris. Après quelques années de bouteille, son vin, non sans arome, prend une teinte pelure d'oignon qui lui permet de jouer, au palais et à l'œil, les petits Bourgogne.

Voici quelques analyses de moûts et de vins prises au Nord et au Midi :

MOUTS DE CANADA

Analyse de M. Bouffard.

PROVENANCE	DATE de la récolte.	DENSITÉ d'après Baumé.	SUCRE en glucose.	BITARTRATE de potasse.	ACIDITÉ EN acide tartrique.
Montpellier.......	12 août 1882.........	12.2	190	»	15.00
—	13 septembre 1883...	12.0	188	4.09	10.00

VIN DE CANADA

Analyse de M. Bouffard.

PROVENANCE	ANNÉE	DENSITÉ	ALCOOL	ACIDITÉ totale en acide sulfurique.	BITAR-TRATE de potasse	EXTRAIT SEC à 100°.	EXTRAIT SEC dans le vide.	Glycé-rine et matières volatiles	CENDRES solubles	CENDRES inso-lubles.	CENDRES totales.
Montpellier	1884	995.4	10°3	3.7	2.84	28.2	31.0	11.1	1.56	0.69	2.25

VINS DE CANADA

Analyses de M. Perraud.

PROVENANCE	ANNÉES	ALCOOL	ACIDITÉ EN SO^4H^2	EXTRAIT SEC
Villefranche (Rhône)	1888	8°1	6.2	21.2
—	1890	7°1	6.7	21.6

L'année suivante, M. Perraud se livra à des essais fort intéressants de levuration artificielle du Canada, non point pour le défoxer puisqu'il n'est pas foxé, mais pour voir quelle serait la levure qui aurait sur son moût l'influence la plus amélioratrice. Il ensemença quelques cuvées de Canada de levure pure de Bordeaux, de Bourgogne, de Beaujolais et d'Ermitage, et conserva une cuve témoin. A la dégustation de tous ces vins, qui eut lieu quatre mois après, le vin témoin fut trouvé notablement inférieur aux autres. La levure

Bourgogne 1 a donné le vin le plus parfait et le bouquet le plus accentué ; celle de l'Ermitage a fortement communiqué son parfum spécial, mais sans améliorer les autres qualités du vin. Les levures Bordeaux et Beaujolais se sont montrées inférieures comme affinité œnologique avec le moût du Canada. Le résultat général de ces essais intéressants est résumé dans le tableau suivant :

VINS DE CANADA LEVURÉS

Analyse de M. Perraud.

PROVENANCE	ANNÉE	LEVURES EMPLOYÉES	ALCOOL	ACIDITÉ	EXTRAIT SEC	COULEUR rapportée à l'unité Salleron.
Station viticole de Villefranche-sur-Saône (Rhône).	1891	Bordeaux	7°15	8.1	23.8	0.75
	—	Bourgogne 1	7.30	8.4	23.4	0.90
	—	Bourgogne 2	6.85	6.5	21.4	0.67
	—	Beaujolais.	7	8.9	24.2	0.67
	—	Ermitage.	7.1	6.7	21.6	0.60
	—	Cuve témoin	6.55	6.3	20.8	0.60

De l'examen de ces analyses ressort l'action bienfaisante des levures de Vinifera sur le Canada, et, en particulier, de la levure de Bourgogne. Faut-il attribuer à cela les résultats remarquables des vins de Canada fabriqués dans les chais bourguignons ensemencés depuis des siècles de saccharomyces de Pinot ? Peut-être. En tout cas, je clos cette série d'analyses par celle d'un échantillon tout à fait hors de pair qui m'a été remis par M. Maldant, président de la Société vigneronne de Beaune. De 1886 à 1890, M. Maldant, qui était à la tête du mouvement américaniste en Côte-d'Or, ne craignit pas de planter quelques ares de Canada dans son beau vignoble de Chenôve-Ermitage, au-dessus de Corton. Le vin de 1889, gardé en fût trois ans et mis ensuite en bouteille, est encore actuellement plein d'agrément et de vinosité. En voici l'étude détaillée que je dois à la science obligeante de M. Mathieu, directeur de la Station œnologique de Bourgogne, à Beaune :

Densité (à 15°). 995
Alambic (distill.). . . . . 9° 65
Acidité fixe. . . . . 3^{gr}80
Acidité volatile. 0.67
Extrait sec (à 100°). 24.40
Matières réductrices. 1.60
Crème de tartre. 2.96
Cendres 1.60
Sulfate de potasse. 0.702
Alcalinité des cendres (en $CO^3 K^2$). 1.126
Aldéhyde. 0.013

Dégustation : « Vin à goût prononcé de fraises des bois, mais très bien marié avec le vin et très agréable. En résumé, vin très bien conservé et très curieux comme bouquet ».

DESCRIPTION. — Souche, assez vigoureuse, à port à peu près érigé ; écorce de deux ans assez peu adhérente ; vieille écorce soulevée en faisceaux irréguliers ; racines charnues et ramifiées.

Bourgeons, duveteux, d'un blanc jaunâtre passant au vert clair ; jeunes feuilles longtemps enveloppées de poils laineux et dorés, vite étalées après leur sortie du bourgeon, peu lobées et peu échancrées, les deux faces demeurent couvertes d'un duvet blanc jaunâtre assez épais; jeunes grappes de fleurs vertes et se montrant tardivement.

RAMEAUX, grêles et courts, cylindriques, buissonnant et retombant; rameaux herbacés aranéeux, verts, rayés de rose; sarments aoûtés ternes et lisses, de couleur brun clair et noisette sur les parties tournées à la lumière; mérithalles courts, assez finement striés; nœuds aplatis, pruineux; vrilles régulièrement discontinues, fines, longues, glabres, vertes et à deux lacets.

FEUILLES, moyennes, quinquelobées, orbiculaires, habituellement entières mais parfois cependant profondément incisées surtout au bas des pampres; parenchyme d'épaisseur moyenne et presque mince; sinus latéraux supérieurs assez profonds; sinus inférieurs bien marqués; sinus pétiolaire creusé en forme d'U; limbe glabre, luisant et verni à sa face supérieure, d'un vert plus pâle à sa face inférieure et garni d'un léger duvet lanugineux; dentures en deux séries, anguleuses et très étroites; nervures et sous-nervures un peu rosées à la base et recouvertes de poils cotonneux. — Pétiole de dimensions moyennes, faiblement enviné, pubescent, aranéeux et formant avec le plan du limbe un angle presque droit; défeuillaison assez précoce après coloration jaunâtre timbrée par plaques de quelques taches lie de vin.

FRUITS. — *Grappes*, deux en moyenne, souvent une et très rarement trois, en face des 4e et 5e feuilles, petites, cylindro-coniques, arrondies à leurs deux extrémités, ressemblant à celles du Pinot fin, parfois armées d'un petit aileron; pédoncule très court, vert et renflé à son point d'insertion; rafle verte; pédicelles longs, verts, à bourrelet aplati et verruqueux; pinceau petit et presque incolore, de peu d'adhérence au grain. — *Grains*, sous-moyens ou petits, globuleux ou très légèrement allongés, assez serrés et rarement entremêlés de grains verts avortés, d'un beau noir violacé, peu pruinés; ombilic bien visible et souvent excentrique; assez fermes, peu sujets à la pourriture, à peau plus résistante qu'épaisse; chair verdâtre, un peu molle, assez sucrée, fondante et juteuse, à saveur simple, agréable et toujours acidulée même à la maturité complète, qui est de 1re époque; pépins de 1 à 2, assez petits, brun rougeâtre.

J. ROY-CHEVRIER.

TRIUMPH

Synonymie. — Hybride de Concord nº 6, Campbell's Seedling nº 6, Joslyn's Saint-Albans, Saint-Alban de Joslyn.

Historique et aire géographique. — Le *Triumph* est un hybride de Concord et de Chasselas musqué, créé artificiellement par un viticulteur américain, Georges Campbell, de Delaware (Ohio). Simple amateur, *expérimentalist* plutôt que savant, adonné à la culture commerciale des vignes sous un climat peu favorable à beaucoup d'entre elles, Campbell n'eut pas la satisfaction de pouvoir multiplier chez lui son semis nº 6. En présence des gelées, tardives au printemps, précoces en automne et fort dures en hiver, — 32° centigrades, dont souffre l'Ohio, il chercha des contrées plus clémentes pour y faire expérimenter son raisin favori. Il le confia, dans ce but, à Samuel Miller ainsi qu'à Bush et Meissner dans le Missouri, puis à P.-J. Berckmans en Géorgie, et, enfin, à T.-V. Munson dans le Texas. Tous furent enchantés de leur pupille et ne tarirent pas d'éloges sur ces lourdes grappes dorées qui, en 1880, à l'Exposition des raisins de table de Saint-Louis, avaient remporté d'emblée le prix d'honneur. Et encore aujourd'hui, d'après ce que nous écrit M. Munson, le Triumph est cultivé sur une large échelle dans les États du Sud, où il fournit l'un des plus beaux fruits de dessert de l'Amérique.

C'est, en effet, un magnifique raisin doré, assez faiblement foxé pour avoir séduit les amateurs français. Pendant quelque temps sa vogue fut réelle sur le continent : M. Lespiault en Gironde et M. Reich en Provence en firent le plus grand cas. M. le Cte de Lestrange écrivait en janvier 1883 : « Le Triumph est pour les Charentes un cépage hors « ligne ; son vin est très alcoolique, très franc de goût et analogue au vin de Folle Blanche.

BIBLIOGRAPHIE. — G. Campbell : Lettres diverses dans Vigne américaine (t. V, p. 219, et t. VII, p. 25, Lyon, 1881). — Foëx et Viala : Ampélographie américaine (p. 156, Montpellier, 1883). — Bouffard : Moniteur vinicole du 9 mai (Montpellier, 1884). — Bush et Meissner : Catalogue des vignes américaines (p. 216, Montpellier, 1885). — Bouffard : Étude analytique des vins américains (p. 24, Montpellier, 1885). — Aimé Champin : Catalogue descriptif (p. 13, Lyon, 1887). — Cte de Rovasenda : Essai d'une ampélographie universelle (p. 209, Paris, 1887). — V. Pulliat : Mille variété de vignes (p. 376, Montpellier, 1888). — P. Viala : Une mission viticole en Amérique (p. 228 et 295, Paris, 1889). — Mme veuve Ponsot : Les vignes américaines (p. 68, Bordeaux, 1890). — F. Girerd : Les producteurs directs (p. 103, Lyon, 1890). — Vte de Saint-Pol : Enquête sur les cépages américains faite par la Société des agriculteurs de France (p. 17, Paris, 1891). — Viala et Ravaz : Adaptation (pp. 185 et 187, Montpellier, 1892). — Ravaz : Porte-greffes et producteurs directs (p. 206, Montpellier, 1902). — Munson : Correspondance (1903).

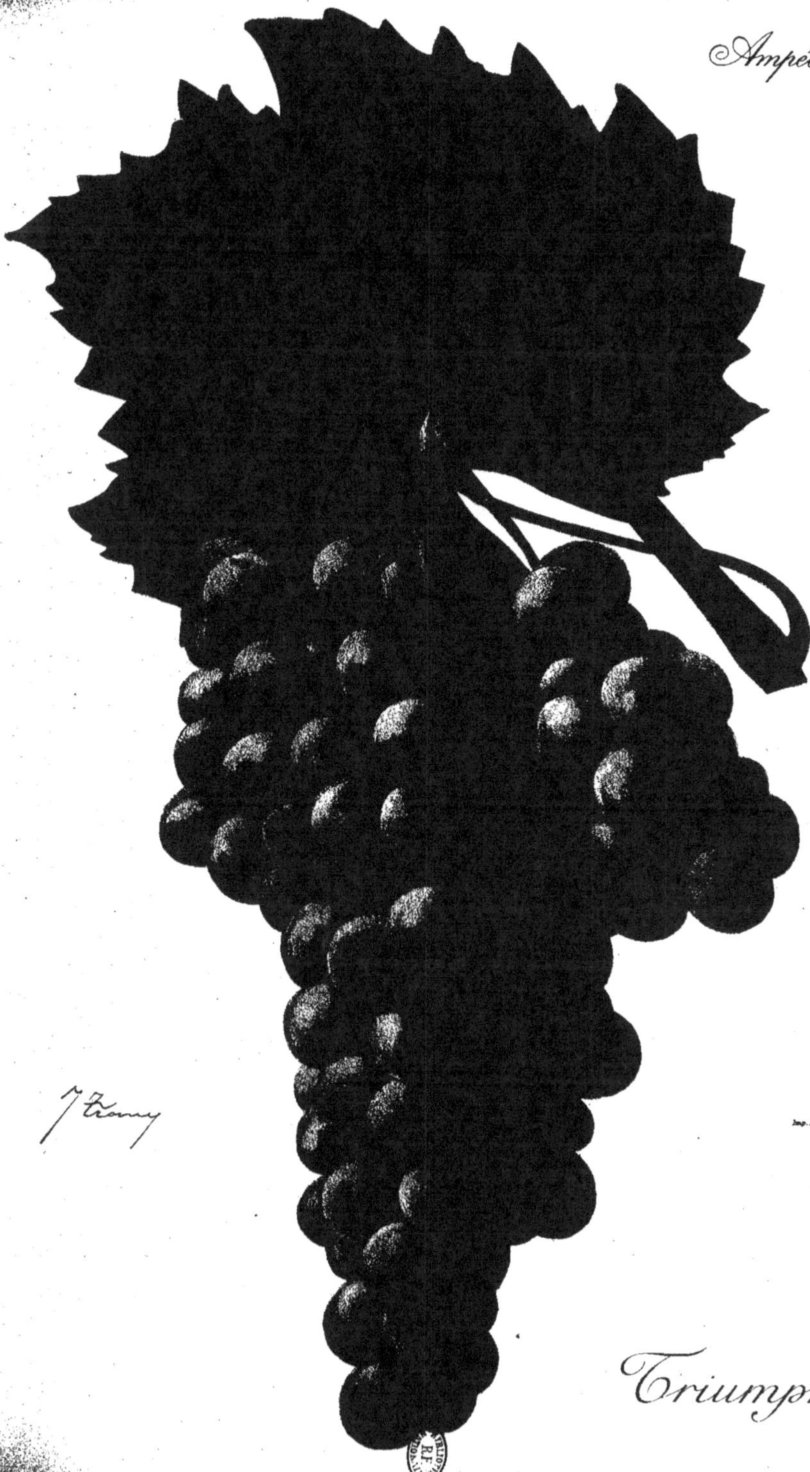

Imp. F. CHAMPENOIS, Paris.

Triumph

« Quant à sa production, cette année elle n'a été égalée chez M. Reich que par celle de
« l'Aramon. » Et, le 27 mai de la même année, M. Piola ajoutait : « Quant au Triumph,
« je le crois appelé à remplacer dans nos vignobles de l'Entre-deux-Mers la Folle blanche,
« ou Enrageat, complètement détruite par le Phylloxéra, et à jouer le même rôle que
« l'Othello jouera dans nos Palus..... » Pour appuyer son dire il expédiait à M. Pulliat
un échantillon de sa récolte de Triumph 1882. Ce vin, de même que celui exposé plus
tard à Lyon par M. Gaillard, en 1885, fut trouvé assez bon, sans vices ni vertus. Au
Congrès pomologique de 1887, M. Silvestre donne la recette de Champin, qui était si
satisfait de son vin de Triumph, recette bien simple et consistant en la séparation avant
fermentation du moût et du marc.

Mais, à cette époque, les beaux jours du Triumph étaient passés ; déjà ses premiers expérimentateurs, mieux éclairés sur ses mérites, faisaient machine en arrière. M. Lespiault,
un des thuriféraires de la première heure, n'hésita point à briser son idole quand il en eut
reconnu le vil métal : il déclara courageusement le Triumph peu résistant au Phylloxéra
et le classa au-dessous de l'Elvira et du Noah. En 1886, M. Froidefond, vice-président de
la Société d'agriculture de la Gironde, constate que le Triumph, beau pendant les
premières années de sa plantation, avec fruits abondants et dorés quand on a su lui
ménager une bonne exposition, dépérit dès la quatrième année et voit son feuillage se
maculer et ses fruits disparaître. Ces reproches et d'autres analogues animèrent quelque
temps les controverses engagées par les publicistes sur la rusticité douteuse de cet américain. Enfin, les travaux de MM. Viala et Ravaz éclairèrent ce problème obscur en fixant
le degré réel de résistance phylloxérique de la plante. Cette résistance était des plus
minimes ; le Triumph quitta, dès ce jour, la grande culture pour rentrer dans le domaine
de la collection où il a même quelque peine à se maintenir. On peut dire que, au moins
en France, ce pompeux hybride a bien mal justifié son nom.

Nous avons vu que le Campbell n° 6 est dû à un croisement du Concord, variété de
Labrusca, par un vinifera, le Chasselas musqué. Ce vinifera portant parfois en Amérique
le nom de Saint-Alban — du moins c'est sous ce nom que le Cte de Rovasenda l'en a reçu
— nous supposons que, par extension, on a prêté ce vocable, complété par un nom de
lieu, Joslyn, à son descendant le Triumph. D'où les synonymes de Joslyn's Saint-Albans
et Saint-Alban de Joslyn.

Repris à son tour, comme élément d'hybridation, dans la région méridionale des États-
Unis où il avait réellement triomphé, le Triumph a enfanté sous la main experte de
M. Munson une série de semis peu connus en France mais fort estimés dans le Nouveau-
Monde, dont les principaux sont : Bailey, Big extra, Big hope, Carman, Rommel et
Campbell.

Culture et vinification. — Au moment de sa splendeur, le Triumph passait pour un
cépage fertile et vigoureux ; et, de fait, il l'est tant que le Phylloxéra et les maladies
cryptogamiques lui laissent du répit. Son bouturage est des plus faciles et son adaptation
assez large grâce à sa forte dose de sang Vinifera. Il vient certainement mieux que les
Riparia, les Rupestris et les Labrusca purs dans les terrains calcaires ; on l'a même vu
végéter dans le sol crayeux des Charentes. C'est ce qui explique, en partie, l'engouement
dont il a été un instant l'objet dans cette région si deshéritée avant la vulgarisation des

hybrides de Berlandieri. Mais sa faible résistance phylloxérique cotée 4 par MM. Viala et Ravaz devait rapidement limiter son extension. Et c'est ce qui arriva. Alors que, dans les sols profonds de son pays d'origine, il pousse admirablement, puisque son obtenteur écrivait en 1882 : « J'ai créé le Triumph il y a bien des années (*many years ago*) ; j'ai « encore les pieds de semis dans mon jardin, ils se montrent parfaitement résistants au Phylloxéra..... », dans nos terrains superficiels il a été très vite enlevé par l'insecte. Il souffre aussi de la grillade et de l'humidité, et paraît se comporter mieux dans les alluvions et les argiles que dans les terres légères. Il demande à être conduit en treille avec une taille mi-longue. Son bois moelleux est sensible aux gelées de souche en hiver. Son débourrement plutôt hâtif ne le met pas à l'abri des gelées de printemps. Dans la collection Bender, en Beaujolais, il a suivi à peu près les mêmes vicissitudes printanières que les greffes, gelé quand elles l'étaient, tandis que, à côté, Noah et Othello restaient indemnes.

On lui a surtout reproché sa maturité tardive : « Cépage très vigoureux, très fertile, dit « de lui le Vte de Saint-Pol, dans l'enquête faite par les agriculteurs de France, en 1891, « mais presque partout abandonné parce que ses raisins ne mûrissent pas. » Dans le Midi il s'était révélé d'une précocité qui avait fait concevoir aux viticulteurs septentrionaux des espérances qui ne se sont point réalisées. Voici sa marche végétative à l'École de Montpellier :

ÉPOQUES DE VÉGÉTATION

CÉPAGE	DÉBOURREMENT	FLORAISON	MATURITÉ
Triumph..................	20 mars. — 9 avril.	4 juin. — 16 juin.	30 août. — 11 septembre.

Son ample feuillage qui, au début, passait pour très sain, s'est bientôt laissé attaquer par le Mildiou, et, certaines années, autant que les Vinifera. De plus, il est sujet à cette sorte de grillade des feuilles que M. Viala a nommée *Résorption*. C'est même sur ce cépage que l'éminent professeur observa pour la première fois en France cette curieuse affection : « Les altérations, dit-il, se présentent sur le parenchyme, entre les nervures, sous forme « de taches d'un jaune citron très transparentes à travers la lumière ; les dernières rami- « fications des sous-nervures jaunâtres se détachent sur ce fond clair. Le parenchyme « paraît plus mince. Les taches qui occupent définitivement toute la longueur de la feuille, « suivant les nervures principales, se boursouflent rarement ; le plus souvent au contraire « elles se rétrécissent ; il y a étirement des tissus qui paraissent résorbés. Le rétrécisse- « ment du parenchyme se produit soit sur un seul côté du limbe, soit irrégulièrement sur « toutes les parties ; le limbe est déformé ; les nervures secondaires deviennent tangentes « dans quelques cas et sont décolorées ; les feuilles sèchent souvent. » On comprend que ce soit là, indépendamment de l'action phylloxérique, une cause de rabougrissement assez sérieuse. D'autre part, le Triumph qui échappe à la carie noire en Amérique, au dire de Bush et de Meissner, est loin d'être, en France, indifférent au Brown-Rot et au Black-Rot. Il a besoin de beaucoup de cuivre pour garder sa récolte ; et, défaut peut-être plus grand encore pour un raisin de table destiné à être emballé pour l'expédition ou conservé au fruitier, sa peau éclate habituellement à la maturité, même en terrain sec où il n'est pas rare de rencontrer des grappes aux grains tous fendus d'un côté.

En résumé, c'est sans doute un beau raisin de dessert, décoratif et fort acceptable de saveur, malgré son parfum labrusqué, mais sa sensibilité phylloxérique en empêche la culture directe et sa sensibilité cryptogamique n'en rend pas bien tentant le maintien par le greffage.

Les essais de vinification entrepris en France avec le Triumph n'ont pas été satisfaisants. A la dégustation, organisée au sein de la Société d'agriculture de la Gironde, le vin de Triumph de M. Piola n'obtenait que la note 11, alors que le jury décernait 16 et 17 aux échantillons de Noah du même propriétaire. Son moût grisâtre ne donne, après fermentation, qu'un vin insipide ou foxé, teinté, difficile à décolorer et à éclaircir. Ses partisans les plus chauds reconnaissent eux-mêmes que ce vin ne vaut pas grand'chose : M. Girerd le dit « généralement peu alcoolique », et Mme Ponsot ajoute « assez plat et aqueux ». Malgré la haute estime dans laquelle l'ont tenu Piola et Champin, le vin de Triumph semble n'avoir pas même égalé un vulgaire vin de Chasselas. Voici sa composition :

MOUT DE TRIUMPH

Analyses de M. Bouffard.

PROVENANCE	ANNÉE	DENSITÉ D'APRÈS Baumé à 15°	SUCRE en glucose.	ACIDITÉ EN acide sulfurique.	BITARTRATE de potasse.
Montpellier...........	1883	9.50	173	5.70	3.14
—	1888	9.00	148	5.75	»

VINS DE TRIUMPH

Analyses de M. Bouffard.

PROVENANCE	ANNÉE	DENSITÉ	ALCOOL	ACIDITÉ totale en acide sulfurique.	BITAR-TRATE de potasse	EXTRAIT SEC		Glycé-rine et matières volatiles	CENDRES		
						à 100°.	dans le vide.		solu-bles.	insolu-bles.	totales.
Montpellier	1883	993.3	9°5	5.10	2.50	17.2	22.4	8.4	1.20	0.40	1.60
—	1888	»	8.6	5.21	»	14.8	»	»	»	»	»

Cette analyse révèle par la faiblesse de l'extrait sec, surtout dans le second échantillon, une des causes vraisemblables de l'infériorité de ce vin, mouillé en quelque sorte par la nature.

DESCRIPTION. — Souche, assez vigoureuse, à port étalé ; tronc de bonne grosseur ; écorce caduque et irrégulièrement soulevée ; racines épaisses et charnues.

Bourgeons, gros et renflés, vaguement enveloppés dans un coton lâche, roussâtre et cuivré ; débourrement d'époque moyenne ou précoce ; jeunes feuilles duveteuses et bronzées, liserées de rose sur leur pourtour, couvertes à la face inférieure d'un tomentum argenté, avec fins bouquets de poils sur les nervures, lisses et jaunâtres à la face supérieure qui est parsemée de quelques flocons aranéeux, découpées en trois lobes, à denture petite et mucronée de rouge, assez lentes à s'ouvrir complètement et découvrant, une fois aplaties. les jeunes grappes de fleurs qui sont vert clair et enlacées d'un duvet peu serré.

Rameaux, allongés et un peu grêles, de coloration vert rougeâtre à l'état herbacé et d'un brun terne foncé une fois aoûtés; mérithalles longs, rayés de cannelures larges mais sans saillie; bois moelleux, à nœuds bien marqués; vrilles régulièrement discontinues comme dans les vinifera, à 2 et 3 lacets, mais le plus habituellement à 3, envinées à leur départ.

Feuilles, sur-moyennes ou grandes, à peu près orbiculaires, gaufrées, bullées, ondulées, à trois lobes; sinus latéraux supérieurs peu ou point marqués; sinus inférieurs totalement absents; sinus pétiolaire presque fermé en V très étroit; limbe vert foncé, glabre à sa face supérieure, couvert à la face inférieure d'un duvet lanugineux, compact et blanchâtre; denture en deux séries, courte, peu aiguë et mucronée; nervures assez peu saillantes et rosées en dessus à leur point de bifurcation. — Pétiole long, carminé et formant avec le plan du limbe un angle presque toujours droit; défeuillaison d'époque moyenne et de coloration jaunâtre et terne.

Fruits. — *Grappes*, 2 en moyenne, insérées en face des 4e et 5e feuilles, grandes, assez serrées, longuement cylindro-coniques, brièvement épaulées de deux petits ailerons; pédoncule fort et allongé, verdâtre, très ferme, bien que ne se lignifiant pas à la maturité; rafle vert grisâtre; pédicelles courts, moyennement gros, parsemés de petites verrues et terminés par un bourrelet très aplati; pinceau incolore et très adhérent au grain qui ne s'en détache qu'en lui abandonnant quelques lambeaux de pellicule. — *Grains*, gros, ronds, et, par compression, sub-globuleux allongés, de volume très irrégulier sur la même grappe où l'on en compte de gros, de moyens et de sous-moyens, entremêlés de quelques petits grains verts avortés, de coloration vert pâle devenant au soleil presque jaune d'or à la maturité qui est de 3e époque, très faiblement pruinés; ombilic peu apparent et souvent désaxé; peau mince, peu élastique, translucide, sujette à éclater; chair fondante quoique un peu pulpeuse; jus abondant, sucré et foxé, de coloration grisâtre; pépins de 1 à 3, assez petits relativement au volume des grains.

J. Roy-Chevrier.

Elvira

ELVIRA

Synonymie. — Rommel's n° 1, Taylor's Seedling n° 1.

Historique et aire géographique. — L'*Elvira* est issu d'une graine de Taylor semée vers 1863 par Jacob Rommel, de Morrisson (Missouri). C'est en 1869 que fructifia pour la première fois ce frère aîné du Noah, comme lui, Taylor's Seedling. Bush et Meissner l'introduisirent dans leurs cultures en 1874, après avoir admiré la façon remarquable dont il avait supporté sans abri les rigueurs de l'hiver 1872-73. Ils donnèrent sa monographie avec planche en couleur en 1876 : de la publication de ce travail date la vogue de l'Elvira. Cépage prodigue en petits raisins et d'une santé relative, au moins les années peu favorables au développement des rots, il fut porté au pinacle par ses premiers planteurs ; ce n'est pas avec faveur et bienveillance qu'il fut reçu mais avec un enthousiasme vraiment délirant. Meissner, témoin et un peu cause de cet engouement, avoue qu'aucune variété nouvelle ne s'est répandue avec une telle rapidité. Et le célèbre professeur du Missouri, Georges Husmann, en fit un panégyrique complet, énumérant complaisamment les sept raisons pour lesquelles on devait le planter. Sa maturité précoce et sa résistance au froid orientèrent son extension vers le Nord, et il couvrit de nombreux vignobles dans les îles et sur les bords du lac Érié. Cultivé uniquement pour la production du vin, car sa pellicule trop mince et sujette à éclater lui interdit le transport au marché, l'Elvira a eu, et a encore, en Amérique, une aire géographique des plus étendues. Néanmoins, M. Munson nous écrit que cette aire tend à se restreindre parce que, peu à peu, ce cépage cède la place à son propre hybride, le Rommel, croisement d'Elvira × Triumph, qui lui est de beaucoup supérieur à tous égards.

BIBLIOGRAPHIE. — Meissner : Les vignes américaines en France et aux États-Unis (Vigne américaine du 15 mars, Vienne, 1878). — V. Pulliat : Elvira (Vigne américaine, Vienne, 1880). — G. Foëx et Viala : Ampélographie américaine (p. 145, Montpellier, 1883). — Bush et Meissner : Catalogue des vignes américaines (p. 152, Montpellier, 1885). — G. Husmann : American Grape Growing (1885). — A. Bouffard : Étude analytique des vins américains (p. 24, Montpellier, 1885). — Aimé Champin : Catalogue descriptif des vignes américaines (p. 12, Lyon, 1887). — Cte de Rovasenda : Essai d'une ampélographie universelle (p. 62, Paris, 1887). — V. Pulliat : Mille variétés de vignes (p. 108, Montpellier, 1888). — P. Viala : Une mission viticole en Amérique (pp. 202, 228, 262 et 295, Paris, 1889). — Mme veuve Ponsot : Les vignes américaines (p. 46, Bordeaux, 1890). — Vte de Saint-Pol : Enquête sur les cépages américains faite par la Société des agriculteurs de France (p. 16, Paris, 1891). — J. Perraud : Revue trimestrielle de la Station viticole de Villefranche (pp. 28 et 41, Mâcon, 1891). — Viala et Ravaz : Adaptation (p. 153, Montpellier, 1892). — F. Girerd : Le guide pratique pour greffer, semer et hybrider (p. 100, Lyon, 1893). — G. Couderc : Congrès viticole et agricole de Lyon (p. 92, Lyon, 1894). — Ravaz : Porte-greffes et producteurs directs (p. 191, Montpellier, 1902). — T.-V. Munson : Lettre à M. Jurie (Denison, 1903).

En France, l'Elvira porté par l'élan de l'éloquence américaine se glissa un peu partout, au début de la reconstitution, ses défauts demeurant dissimulés dans la pénombre et les tâtonnements de cette période initiale. Avec le Clinton et le Taylor, il fut un des porte-greffes de la première heure. Campbell l'avait recommandé comme tel en Amérique ; chez nous, Champin et Pulliat en conseillaient l'emploi dans le Beaujolais et dans l'Isère, vers 1880. Il est vrai d'ajouter que, huit ans plus tard, après l'avoir vu à l'œuvre, Pulliat le condamnait sans rémission, non seulement comme porte-greffe, mais encore comme producteur direct. Entre temps, les Charentes l'avaient expérimenté : son eau-de-vie n'y avait pas paru désagréable. Et si son adaptation calcifuge, jointe à son manque de résistance phylloxérique, n'avait arrêté son essor dans le pays de Cognac et d'Armagnac, peut-être aurions-nous à déplorer aujourd'hui la consommation d'un malheur irréparable, l'abandon de la Folle-Blanche, auteur de l'eau-de-vie sans rivale qui a fait la réputation et la fortune de ces contrées. Mais en même temps que Pulliat et les viticulteurs bourguignons jetaient l'Elvira par-dessus bord, MM. Cazeaux-Cazalet, Daurel, Froidefond et d'autres encore dans la Gironde, éclairaient leurs compatriotes sur sa valeur surfaite et les mettaient prudemment en garde contre les dangers de son adoption. Aussi, en 1891, en résumant les réponses à son questionnaire, l'*Enquête des agriculteurs de France* constate que l'Elvira est une variété sans avenir, condamnée et abandonnée à peu près partout. Depuis, ce semis de Taylor n'a survécu que dans bien peu d'exploitations : il est resté cantonné dans les collections des Écoles et des amateurs qui, fervents de l'ampélographie américaine, se sont donné pour mission de tout recueillir pour mieux éliminer.

Ampélographie comparée. — Hybride de Labrusca × Riparia, comme son frère cadet le Noah, l'Elvira, qui a puisé dans la sève des ancêtres présumés du Taylor la plupart de ses aptitudes et de ses caractères, a un aspect général beaucoup plus Labrusca que Riparia. Ses feuilles épaisses, entières, à denture obtuse et sans acumen saillant, assez sensibles au Mildiou, ses grappes petites et jaunâtres, le différencient aisément du Noah au feuillage robuste et sain, aux lobes aigus et aux grappes vertes. La continuité de ses vrilles, qui entraîne la continuité de ses raisins, habituellement au nombre de 4 ou 5 et parfois de 7 ou 8, confirme absolument l'hypothèse de Millardet qui a toujours incliné à voir dans le Taylor, cépage aux allures de Riparia, l'intervention du sang Labrusca.

Des semis d'Elvira, opérés à l'École de Montpellier en 1877, ont néanmoins semblé révéler l'existence d'un troisième facteur dans les origines de ce plant. Ces semis ont, en effet, montré deux types absolument distincts et se répétant sans cesse à l'exclusion de tous autres. Les uns affectaient l'allure des Riparia à feuilles glabres et plus ou moins sinuées, genre Taylor, les autres reproduisaient une variété très singulière, existant au Jardin d'acclimatation de Paris sous l'étiquette de *Grand Noir*, mais n'ayant rien de commun avec le Vinifera qui porte ce nom. Ce cépage inconnu et que M. Planchon eut quelque mal à classer, vu son faciès bizarre et ménispermoïde, fut baptisé par MM. Foëx et Viala du nom symbolique de *Sphinx*, à cause de l'énigme qu'il semblait poser à l'ampélographie. Forme véritablement paradoxale, aberrante, presque monstrueuse dans le groupe des vrais vitis, elle offre des feuilles qui, au lieu d'être lobées et dentées à la façon ordinaire, présentent un contour à large sinus qui rappelle d'assez près certains ménispermes. Par sa persistance à apparaître dans les semis de pépins d'Elvira, on a été en droit de supposer que ce cépage, aussi étrange qu'étranger, a dû jouer, à l'insu de Rommel, le rôle de père dans l'hybridation naturelle du Taylor d'où est sorti l'Elvira. De même qu'il se différencie facilement du Taylor qui a la feuille mince et découpée, l'Elvira peut se distinguer aussi de son générateur paternel, le Sphinx, dont voici les caractères les plus saillants : port étalé, sarments longs, à mérithalles allongés, plutôt grêles, de diamètre presque constant, sinueux ; nœuds renflés ; rameaux stipulaires nombreux, d'une couleur brun foncé avant l'aoûtement, glabres, avec quelques poils seulement aux extrémités, cannelés de sillons assez apparents s'étendant jusqu'aux nœuds ; vrilles rameuses, bifurquées, assez fortes, légèrement lavées de brun, généralement discontinues, mais continues sur quelques rameaux ; feuilles petites, entières, rhomboïdes, avec une seule série de dents obtuses et larges, à surface gaufrée et vert foncé, glabres en dessus, recouvertes en dessous d'un duvet feutré et blanchâtre.

En dehors de ces semis d'Elvira, que je qualifierai d'intérêt scientifique, il en existe un grand nombre d'autres d'intérêt pratique, qui ont engendré des plants fertiles et estimés, au moins au delà des mers. Hermann Jaeger, de Neosho, en a fait plusieurs, dès 1880, avec des pépins mis obligeamment à sa disposition par Jacob Rommel. C'est de ces recherches qu'est sorti l'*Elvira n° 100*. Ce raisin, encore plus Labrusca que l'Elvira, est assez gros, presque aussi gros que le Concord et plus compact que lui. Il a gardé le caractère de la continuité des vrilles, ce qui, étant donné le volume de sa grappe, lui assure une grande fertilité. Comme rusticité du feuillage, vigueur des racines et arome du fruit, il n'offre aucune supériorité sur le type : il ne s'est pas répandu en France. De son côté, Rommel fit de très nombreux semis de son Elvira. Le plus célèbre en Amérique de ces petits-fils de Taylor est l'Elvira n° 3, appelée aussi *Etta*. Il a remporté le prix de fertilité à la Société d'horticulture de Saint-Louis en 1880. « Nous le considérons, disent Bush et « Meissner, comme le meilleur des raisins blancs de Rommel, et comme un grand progrès « sur l'Elvira. » Cette opinion est controversée même par les américanistes les plus indulgents. « Le progrès, ajoute Champin en guise de commentaire, si progrès il y a, est peu « sensible. Grande vigueur, beaucoup de raisins, aussi petits que ceux de l'Elvira. » Les grappes de l'Etta offrent cette particularité curieuse de se dédoubler souvent par un aileron aussi gros que la grappe elle-même. Pas plus que l'Elvira n° 100, l'Etta n'a été multiplié sur le continent. Au Texas, T.-V. Munson a créé en 1885, en hybridant l'Elvira par le Triumph, une série de cépages blancs dont il a dédié, dans un affectueux hommage, le plus méritant à l'auteur même de l'Elvira : c'est le *Rommel*. Une autre combinaison d'Elvira par Champion lui a donné en 1886 le *Presly*, beau raisin noir. Le Rommel a paru digne à quelques viticulteurs français, et notamment à M. Chevallier, dans le Gers, de servir à nouveau d'élément d'hybridation. Les résultats de ces croisements sont encore inconnus. Parmi les très rares hybrides d'Elvira fabriqués en France il faut citer le n° 5510 de M. Castel, qui est un Elvira × Herbemont d'Aurelle.

Culture. — L'Elvira pousse vigoureusement dans presque tous les terrains, excepté dans ceux à sous-sol trop calcaire ou trop humide et dans les terrains marneux et tuffeux. Il s'enracine facilement et sa croissance est rapide. Dans les sols propres aux Labrusca, c'est-à-dire frais, profonds, sablonneux et, en somme, peu phylloxérants, il est si vigoureux qu'il a donné l'illusion de pouvoir être un bon porte-greffe. « Je l'observe depuis

« douze ans, dit M. Girerd, en milieux phylloxérés et sols de médiocre qualité, et mon
« attention est de plus en plus attirée par la plus grande production qu'il communique aux
« diverses variétés avec lesquelles il est greffé, malgré les nombreuses nodosités dont ses
« racines sont garnies. Le même fait se passe pour le Taylor. Cette fertilité que me paraît
« imprimer l'Elvira à ses greffons est due à la puissance remarquable qu'il possède
« d'émettre des petites racines. Dans les cultures, cette abondance du chevelu de l'Elvira
« et du Taylor est frappante, et les greffes (en pépinière ou en place) de ces deux variétés
« sont très faciles à distinguer de loin par la végétation dominante de leurs greffons,
« surtout la première année. » Qui se souvient aujourd'hui de l'Elvira porte-greffe? Et
pourtant il nous était venu d'Amérique recommandé comme tel par Campbell, et, en
France, ses partisans furent nombreux. Meissner l'affirmait bien plus résistant au Phylloxéra que le Taylor. Daurel le conseillait. Pulliat lui-même le donnait, en 1880, sur la
foi de ses correspondants, comme une des meilleures variétés, un cépage « dont les preuves
sont faites depuis 6 et 7 ans dans les centres phylloxériques les plus intenses ». Mais ce
n'était là de sa part que des suppositions et des espérances; il s'en aperçut tout le
premier à l'usage. La petite résistance de l'Elvira, fixée judicieusement à 8 par M. Viala,
et l'horreur de ce plant pour le calcaire arrêtèrent d'ailleurs assez vite son extension. Des
défaillances furent signalées de tous côtés : M. Silvestre en Beaujolais, M. Froidefond en
Gironde, constatèrent des dépérissements d'Elvira greffés. Les essais du champ de la
Condamine vinrent éclairer le public sur la valeur de l'Elvira porte-greffe, comparé au
Taylor, sa mère, puis au Vialla, sujet d'une résistance moyenne, et enfin au Rupestris,
type de la résistance. Voici le résumé de ces expériences :

CHAMP DE LA CONDAMINE

GREFFONS	PORTE-GREFFES			
	RUPESTRIS Résistance : 19	VIALLA R : 12	TAYLOR R : 11	ELVIRA R : 8
Aramon	19	13	20	8
Carignane	20	16	20	9
Cinsaut	19	12	18	7
Alicante-Bouschet	20	15	20	9
Petit-Bouschet	20	16	19	11
Clairette	20	14	18	10
Folle-Blanche	19	18	20	15
Pinot	14	17	16	5
Poulsard	15	15	13	3
Cabernet franc	20	20	18	11
Cabernet-Sauvignon	20	13	20	7
Gamay	16	14	14	5
Mourvèdre	16	16	16	2
Syrah	18	16	20	11
Grenache	20	16	19	12
Bobal	20	15	20	8
Terret-Bouschet	20	14	16	12

- De ce tableau il ressort que l'Elvira s'accommode de bien peu de greffons et qu'il ne maintient de vigueur à aucun. Aussi, malgré l'opinion contraire des rares viticulteurs qui s'acharnaient à vanter ce plant, la cause était entendue, et Pulliat crut devoir, en 1888, terminer sa description, dans *Mille variétés de vignes*, par cette épitaphe : « Variété aujourd'hui abandonnée soit comme porte-greffe, soit comme producteur direct. »

Et, en effet, comme producteur direct, l'Elvira n'a pas eu, en France, une carrière beaucoup plus longue ni plus brillante que comme porte-greffe. Arrivé d'Amérique avec une réputation de santé dans son feuillage et dans son fruit qu'il ne justifia qu'imparfaitement, l'Elvira fut si mildiousé en 1883 que le Comité d'études d'Alais en témoigne publiquement sa douloureuse surprise. Le Black-Rot, qui respectait ses raisins en Amérique, au moins dans les saisons peu propices à la prolifération de la cryptogame, les attaque violemment chez nous. Dans le Sud-Ouest, l'Elvira souffre des Rots et du Mildiou ; dans le Midi, ses grains éclatent et fendent même avant la maturité ; dans le Nord, les gelées de printemps l'éprouvent comme un vulgaire Vinifera. Voici ses époques de végétation à Montpellier :

ÉPOQUES DE VÉGÉTATION DE L'ELVIRA

DÉBOURREMENT	FLORAISON	MATURITÉ
23 mars. — 9 avril.	8 mai. — 22 mai.	15 août.

Enfin, le Phylloxéra, son ennemi capital, lui fait, au Nord comme au Sud, une guerre incessante qui affaiblit sa production dans la plupart des terrains. Au bout de courtes années de splendeur, le cépage devient chétif ; ses fruits peu nombreux n'arrivent que très péniblement à maturité ; ses feuilles ramollies et affaissées tombent de bonne heure.

Le fox de ses raisins a contribué beaucoup aussi à décourager ses partisans qui auraient pu, sans le déplorable arome de ses fruits et de son vin, prolonger son existence par quelques soins particuliers. Les viticulteurs américains, eux-mêmes, dont le palais est, en général, peu exigeant, reconnaissent que ce raisin est sauvage. Après avoir affirmé qu'il est sans *foxiness* — chacun son goût — Campbell convient qu'il a un *immature flavor*, goût de vert qui, d'après lui, caractérise aussi le Taylor.

Malgré sa susceptibilité aux gelées printanières c'est un cépage fertile, grâce à ses sous-bourgeons qui sont fructifères. Il ne coule pas. Ses raisins sont petits et leurs grains seulement moyens, mais ils sont serrés et nombreux. Aussi son rendement en pleine vigueur peut-il être important, surtout à taille longue : on a cité des exemples de 150 à 200 hectolitres à l'hectare. Sa maturité est de 1re époque. Ses grappes, de coloration verdâtre en Amérique et jaune presque rosé en France, attendent difficilement la vendange et ne peuvent être expédiées à cause de la finesse de la pellicule du grain qui éclate, même sans pluie et dans les terrains les plus secs.

Vinification. — « L'Elvira fait un excellent vin blanc », disent Bush et Meissner. Il serait intéressant de savoir si l'Elvira fait réellement un bon vin en Amérique ou si — ce que je suis plutôt porté à croire — les Américains trouvent excellent le vin d'Elvira.

Hermann Jaeger ajoute : « L'Elvira est sans rival pour la production d'un vin de Hock (vin du Rhin). » Cette prétention à supplanter le Riesling à l'arome délicat si faiblement musqué, et à récolter dans une plaine quelconque sur la lisière des forêts vierges du Johannisberg — pas même d'Alsace! —, prête au sourire. Et cependant notre maître Pulliat l'a prise au sérieux et l'a discutée : « Je n'ai jamais goûté de vin spécialement fait « avec de l'Elvira, dit-il en 1880, toutefois la saveur de son raisin, qui n'est pas sans « agrément, mais qui rappelle cependant un peu sa parenté avec les Labrusca, n'a abso- « lument aucune analogie avec le Riesling qui produit les célèbres vins du Rhin. Je « pense avec beaucoup de personnes qui ont cultivé l'Elvira que ce cépage pourra pro- « duire un vin d'ordinaire assez agréable, mais je suis loin de croire qu'il puisse jamais « atteindre la qualité du Johannisberg, ni même celle des vins de la rive gauche du Rhin « beaucoup moins appréciés. » Le chauvinisme œnologique des viniculteurs des États-Unis les égare : faire du Johannisberg avec de l'Elvira, autant dire qu'on peut faire du Château-Yquem avec du Noah en insinuant que le Sauvignon est foxé et le Noah musqué. Les Américains sont convaincus de l'excellence de leurs propres crus. « La Caroline, dit « Ruysson, est fière de ses Scuppernong, frais et doux, mais légers, débiles même ; de son « Herbemont, blanc rosé, dont le goût ressemble un peu à celui du Manzanilla espagnol, « avec une fraîcheur plus agréable et une plus ample rondeur ; de son *Taylor qui le* « *dispute au Riesling Rhénan* ; de son Cunningham et de son Devereux qu'on compare au « Madère, mais de loin, de très loin. » Je crois avec Pulliat que, malgré les prétentions américaines, si l'Elvira, de même que son ancêtre le Taylor, peut être comparé au Riesling, il doit l'être « de loin, de très loin ».

Le vrai moyen de consommer le vin d'Elvira de France serait de l'envoyer en Amérique : la traversée l'améliore et il devient excellent en touchant le sol sacré de la patrie origi- nelle. Champin lui-même, qui voulait tirer des américains directs nos vins de rôti et de dessert, n'ose défendre le vin d'Elvira, « qui a un goût sui generis de fraise ou de fram- boise ». Le Vte de Saint-Pol, rapporteur de l'*Enquête des agriculteurs de France*, nous donne l'opinion unanime des récoltants : « Vin mauvais, très foxé ; ce goût foxé s'atténue un peu avec le temps. »

Dans son *Essai d'ampélographie universelle*, le Cte de Rovasenda a un mot, au sujet du vin d'Elvira, que j'avoue n'avoir pas très bien compris : « Vin, dit-il, utilisable en France. » Pourquoi? Il me semble cependant que les Vermouth di Torino et les Moscato, plus ou moins Spumante, d'Asti et d'ailleurs, utiliseraient infiniment mieux ce raisin muscat que les chais où se récoltent les Chablis et les Meursault. Quel qu'en soit le sens, cette insinuation est une erreur profonde. Car, si le vin de Noah est, à la rigueur, défoxable et utilisable en France, celui d'Elvira est tellement framboisé qu'il résiste à la plupart des manipulations tentées pour le rendre buvable. « Les vins blancs américains, dit « M. Bouffard, sont loin de se substituer aux vins blancs indigènes ; ils laissent en général « beaucoup à désirer comme qualité et quantité. Le vin d'Elvira est foxé, il manque de « fraîcheur et est sujet à la graisse. Le rendement du plant est de 25 hectolitres à l'hec- « tare. » Sauf le chiffre du rendement qui est discutable, et qui s'applique dans l'espèce, aux souches de l'École de Montpellier affaiblies par le Phylloxéra, le jugement de M. Bouffard est parfait. Voici, d'après lui, la composition du moût et du vin de l'Elvira :

MOUT D'ELVIRA

Analyse de M. Bouffard.

PROVENANCE	DATE de la récolte.	DENSITÉ D'APRÈS Baumé à 15°	SUCRE en glucose.	BITARTRATE de potasse.	ACIDITÉ EN acide tartrique.
Montpellier	1882, 21 août	9.0	128	»	9.90
—	1883, 6 septembre	10.2	160	3.10	6.40

VIN D'ELVIRA

Analyse de M. Bouffard.

PROVENANCE	ANNÉE	DENSITÉ	ALCOOL	ACIDITÉ totale en $SO^4 H^2$	CRÈME de tartre.	EXTRAIT SEC		Glycérine et matières volatiles à 100°	CENDRES		
						à 100°	dans le vide.		solubles.	insolubles.	totales.
Montpellier	1883	993.2	9°2	3.03	2.36	17.8	20.8	8.0	1.55	0.33	1.88
—	1884	992.3	9.5	3.12	2.32	19.6	20.4	9.0	1.75	0.21	1.96

Plant de maturité précoce, l'Elvira remonta facilement vers les vignobles septentrionaux, mais sans y acquérir pourtant beaucoup d'alcool, ainsi que le montrent les analyses suivantes :

VIN D'ELVIRA

Analyse de M. Perraud.

PROVENANCE	ANNÉE	ALCOOL	ACIDITÉ EN $SO^4 H^2$	EXTRAIT SEC
Villefranche (Rhône)....................	1888	6.85	6.1	19.4
—	1890	6.75	6.6	22

Voici l'appréciation dont M. Perraud accompagne son analyse : « L'Elvira donne un « vin léger, moins alcoolique et plus foxé que celui du Noah ; cet arrière-goût s'atténue « par les soutirages sans toutefois disparaître. Ce plant est fructifère dans les bons terrains, « mais inférieur au Noah comme qualité. » M. Perraud a soumis l'Elvira aux mêmes essais de levuration artificielle qui lui avaient réussi à défoxer à peu près totalement l'Othello et le Noah. La levure choisie a été une levure de Sauternes. Voici les résultats de son expérience :

NATURE DE LA FERMENTATION	ALCOOL	ACIDITÉ	EXTRAIT SEC
Elvira nature (témoin).......................	6.5	6.6	20
— levuré de Sauternes...................	6.85	6.7	21

Il y a eu, du fait de la levure pure de Sauternes, un léger gain d'alcool et d'extrait, et le fox du témoin a paru à la dégustation plus accentué que celui de l'échantillon levuré.

Mais l'influence de la levure est beaucoup moins sensible que pour le Noah qui, soumis à ce même ensemencement, avait vu son alcool passer de 7° à 8° et son extrait de 20 à 22 grammes, et avait été jugé, en outre, très amélioré au goût. L'Elvira se prête donc mal à la levuration artificielle.

La distillation de son vin donne une eau-de-vie assez délicate, plus neutre que celle du Noah. A la fameuse dégustation organisée le 29 novembre 1883 par la Société d'agriculture de Bordeaux, on a proclamé hautement ses qualités. Alors que le vin d'Elvira était coté 9, son eau-de-vie, exposée par M. Lespiault et provenant des coteaux de l'Armagnac, atteignait la note 20, maximum des points. Depuis, le commerce est revenu sur cette première impression et a reconnu la supériorité des produits de la Folle-Blanche.

DESCRIPTION. — Souche, vigoureuse, à port peu étalé sans pourtant être érigé ; tronc fort ; écorce caduque et grossière, racines charnues, très ramifiées superficiellement.

Bourgeons, duveteux, vert pâle à liseré rose, à départ assez hâtif, très petits, souvent doubles, d'un roux sale s'éclaircissant en une teinte blanchâtre envinée sur le pourtour des feuilles ; jeunes feuilles qui s'ouvrent de bonne heure, entières, épaisses, cotonneuses, vert blanchâtre, couvertes d'un tomentum caduque à la face supérieure et persistant en dessous ; nervures enveloppées de duvet roussâtre ; dents mucronées de jaune verdâtre ; jeunes grappes de fleurs vertes, tachées de brun sale, montrant à la floraison un ovaire peu renflé, surmonté d'un style long, terminé par un très petit stigmate.

Rameaux, allongés, gros, fortement noués, avec ramifications latérales rares mais bien développées, aranéeux et vert pâle à l'état herbacé, lavés de brun avec quelques poils petits et raides, puis à l'aoûtement de coloration chamois avec nuance dégradée et plus foncée vers les nœuds ; rameaux solides, résistant bien aux vents et n'exigeant pas le palissage d'une façon rigoureuse ; mérithalles moyens et plutôt courts à la base des sarments, rayés de stries fines et régulières ; moelle moins abondante que dans le Taylor et bois plus dur ; nœuds tout à la fois saillants et aplatis ; vrilles régulièrement continues, à 3 lacets, fortes et longues.

Feuilles, grandes, entières, épaisses, un peu repliées ; sinus supérieurs peu profonds et simplement marqués par une dépression encadrant le lobe terminal acuminé en pointe ; sinus inférieurs nuls, sinus basilaire très étroit et même fermé par la tangence des lèvres du tablier pétiolaire ; limbe bullé, gaufré entre les nervures, d'un vert foncé et un peu luisant à la face supérieure qui est presque glabre, d'aspect glauque en dessous et pubescent, très légèrement garni de poils floconneux blanchâtres ; dents anguleuses très larges, peu profondes, en deux séries courtement mucronées ; nervures un peu rosées en dessus, bien saillantes en dessous et couvertes de poils hérissés. — Pétiole un peu long, robuste, strié de canicules brunâtres, garni de poils courts et raides, et formant avec le plan du limbe de la feuille un angle habituellement obtus.

Fruits. — *Grappes*, de 3 à 5, insérées consécutivement, sous-moyennes ou petites, d'une douzaine de centimètres de longueur, arrondies, courtement cylindriques, parfois sphériques ou cylindro-sphériques, serrées, très compactes, rarement ailées ; pédoncule fort et allongé sans être grêle, verdâtre et lanugineux ; rafle verte ; pédicelles un peu courts, de force moyenne, sans verrues et à bourrelet peu saillant ; pinceau jaune clair, d'une faible adhérence au grain. — *Grains*, sous-moyens ou petits, de 10 à 12 millimètres de diamètre, souvent de deux grosseurs différentes sur la même grappe, mais non entremêlés de grains verts avortés, serrés, globuleux, faiblement allongés, vert pâle avec fleur blanche, parfois teintés de stries rouges à la maturité extrême, ce qui lui donne un aspect général rosé — cet aspect est beaucoup plus commun en France qu'en Amérique — ; ombilic excentrique marqué par le stigmate persistant ; peau assez épaisse, coriace et rigide, ce qui l'expose à fendiller, verte à l'intérieur et, à l'extérieur, d'un blanc verdâtre qui passe au jaune doré et, parfois, à bonne exposition, au rose tendre, à la maturité qui est de 1re époque ; chair un peu pulpeuse, non fondante, à jus incolore, sucré, de saveur framboisée ou légèrement foxée, assez agréable ; pépins de 1 à 3 par grain, le plus souvent 2, de taille moyenne.

J. Roy-Chevrier.

AUTUCHON

Synonymie. — Hybride d'Arnold n° 5, Arnold's 5.

Observations. — L'*Autuchon* est un hybride de Labrusca-Riparia × Vinifera du même auteur et, sinon de la même série, du moins du même genre que l'Othello et le Canada. Dans cette nouvelle combinaison, Arnold a gardé le Clinton pour mère et fait intervenir comme père le Chasselas doré. En 1869, Samuel Miller, l'obtenteur du Martha, hybride direct qui eut lui aussi son heure de célébrité, fit le plus grand éloge de ce jeune cépage. A son avis, l'Autuchon serait le meilleur raisin blanc indigène de toute l'Amérique et un véritable trésor. Mais en dépit de l'agrément de son fruit, d'ailleurs trop rare, l'Autuchon ne tint pas ses promesses, et, soit à cause de son insuffisante fertilité, soit plutôt à cause de son extrême sensibilité aux maladies cryptogamiques, Mildiou et Rots divers, il disparut rapidement des États-Unis où il avait été timidement essayé, sans même s'étendre au Canada, sa patrie. M. Munson nous confirmait récemment ce que M. Viala nous avait appris, savoir que dans son pays d'origine ce plant est connu mais peu cultivé. En France, il ne sortit guère des collections. Aimé Champin en fit l'objet d'une confusion bizarre. On sait que l'Autuchon est blanc rosé, aucune de ses formes n'est noire. Eh bien, le châtelain de Salettes, d'ordinaire si bien documenté, ne craignit pas d'écrire ceci : « Autuchon, joli feuillage, vert brillant, bien découpé, joli raisin, long, *noir*, très bon. » Ce qui prouve, en passant, que l'Autuchon était mal connu dans le Centre de la France.

Sa résistance phylloxérique un peu supérieure à celle de l'Othello, 7 au lieu de 6, et son adaptation calciphile le firent planter par curiosité dans quelques terrains maigres et réfractaires aux américains les plus courants. Dans la craie des Charentes, par exemple, je me souviens parfaitement l'avoir vu jadis assez vert, franc de pied, mais il ne s'y maintint pas longtemps. Cépage de vigueur plutôt faible, aux longs sarments un peu grêles et aux racines charnues, d'aspect beaucoup plus Vinifera que Labrusca, il reprend très

BIBLIOGRAPHIE. — Foëx et Viala : Ampélographie américaine (p. 204, Montpellier, 1883). — A. Bouffard : Moniteur vinicole du 9 mai (Montpellier, 1884). — Piola : Vigne américaine (t. VIII, p. 155, Lyon, 1884). — Bush et Meissner : Catalogue des vignes américaines (p. 116, Montpellier, 1885). — Aimé Champin : Catalogue descriptif des vignes américaines (p. 12, Lyon, 1887). — P. Viala : Une mission viticole en Amérique (p. 195, Paris, 1889). — A. Bouffard : Les vins à l'Exposition universelle (Montpellier, 1889). — Mme veuve Ponsot : Les vignes américaines (p. 40, Bordeaux, 1890). — Viala et Ravaz : Adaptation (p. 210, Montpellier, 1892). — Ravaz : Porte-greffes et producteurs directs (p. 297, Montpellier, 1902). — Ravaz et Bouffard : Congrès de l'hybridation de la vigne (t. II, p. 425, Lyon, 1902).

Autuchon

bien de bouture et s'accommode des terres marneuses, pauvres et calcaires tant que le Phylloxéra n'y pullule pas. Voici ses époques de végétation à Montpellier : débourrement du 2 au 10 avril, floraison du 15 au 25 mai et maturité du 24 au 30 août. Son cycle de végétation est rapide et analogue à celui du Chasselas dont il est issu. Peu sujet à l'Oïdium et au Botrytis cinerea, son raisin devient, à l'occasion, la proie du Black-Rot et sa feuille trop souvent celle du Mildiou. Sa grappe est longue, maigre, peu garnie, très éprouvée par la coulure ; c'est une sorte de grande rafle étroite sur laquelle se trouvent semés çà et là des grains moyens, d'un jaune rosé et d'une saveur de muscat cuit qui n'a d'ailleurs rien de désagréable. L'Autuchon a été rarement employé en France comme élément d'hybridation : citons cependant le n° 166-1 de M. Malègue qui est un Gamay-Couderc $\times$ Autuchon.

Son vin a été trouvé très bon à Montpellier. A Bordeaux, où M. Piola a fait déguster un échantillon d'Autuchon 1883 récolté dans les Palus, l'impression du jury a été moins favorable, et ce vin n'a obtenu que la note 10, à côté du Noah qui était coté 16 et 17. Revenons donc à l'École de Montpellier qui conserve dans ses caves du vin d'Autuchon depuis une dizaine d'années : « Vin blanc remarquable, disent ses professeurs, vineux et « frais, à bouquet légèrement musqué et agréable, d'une belle couleur jaune et qui gagne « en vieillissant. » Voici, d'après M. Bouffard, la composition du moût et du vin d'Autuchon, du clos de l'École d'agriculture de Montpellier :

MOUT D'AUTUCHON

Analyse de M. Bouffard.

PROVENANCE	ANNÉE	DENSITÉ à 15° c.	SUCRE	ALCOOL correspondant.	ACIDITÉ TOTALE en $SO^4 H^2$
Montpellier	1888	- 1088	204	12°	6.8
—	1900	1083	191	11.2	7.76
—	1901	1094.5	221.5	12.95	5·6

VIN D'AUTUCHON

Analyse de M. Bouffard.

PROVENANCE	ANNÉE	DENSITÉ à 15° c.	ALCOOL (Ébulliomètre Salleron).	EXTRAIT SEC (Houdart).	ACIDITÉ TOTALE en $SO^4 H^2$
Montpellier	1888	»	12°65	24.50	6.35
—	1900	994.4	9.8	17.20	5.97
—	1901	992.3	12.6	20.10	4.77

Si le bulletin de dégustation qui précède ces analyses est exact, il est certain que, justifiant la bonne opinion de ses expérimentateurs, l'Autuchon « pourrait entrer dans la consommation comme vin de qualité ». Mais les vices majeurs de la plante auraient bien du mal à être rachetés par les mérites du produit. Aussi doit-on conclure avec un des auteurs de la dégustation ci-dessus : « En somme, cette variété ne peut être utilisée en grande culture, et elle n'existe nulle part. »

DESCRIPTION. — Souche, de bonne vigueur, à port étalé ; tronc fort ; écorce se soulevant en lanières inégales, racines grosses et tendres.

Bourgeons, duveteux, d'un vert pâle jaunâtre liseré de rose clair ; jeunes feuilles aranéeuses, vert pâle, brillantes, nettement trilobées et parfois quinquelobées, à dents très marquées et fortement envinées à leur pointe, couvertes sur les deux faces d'un léger duvet blanc qui disparaît vite de la face supérieure ; jeunes grappes de fleurs massives, d'une coloration verdâtre, légèrement carminées à leur sommet, apparaissant sous un réseau de poils aranéeux blanchâtres au moment de l'épanouissement du pampre qui est tardif.

Rameaux, allongés, presque grêles, sinueux, très ramifiés, glabres, cannelés et rayés de violet presque noir à l'état herbacé, s'éclaircissant à l'aoûtement en jaune brun, demeurant pourpre très foncé vers les nœuds ; mérithalles moyens, lisses et cylindriques ; nœuds saillants, larges et aplatis ; vrilles régulièrement discontinues, allongées, à 2 lacets et envinées à leur base.

Feuilles, moyennes, quinquelobées, profondément découpées ; sinus latéraux, supérieurs et inférieurs, largement creusés en forme de lyre, sinus basilaire très ouvert en U ; limbe vert foncé, uni et luisant à la face supérieure, plus pâle à la face inférieure ; dents anguleuses très étroites et aiguës ; nervures et sous-nervures pubescentes en dessous et glabres en dessus avec une coloration rosée au point de bifurcation. — Pétiole gros et allongé, glabre, faiblement lavé de pourpre, faisant un angle droit avec le plan du limbe ; défeuillaison d'époque moyenne et de coloration jaunâtre.

Fruits. — *Grappes*, 1 ou 2 en moyenne, portées assez haut sur le pampre, grandes, cylindriques, très allongées et étroites, parfois ailées, mais le plus souvent l'aileron avorte en vrille, lâches, très éclaircies par la coulure ; pédoncule gros, long, d'un brun sale, bien lignifié à la maturité ; rafle verte, à ramures très courtes ; pédicelles moyens, verts, à bourrelet bien apparent, semé de verrues rares mais très visibles ; pinceau incolore, court et gros, très adhérent au grain. — *Grains*, moyens ou sous-moyens, globuleux ou très faiblement ellipsoïdes, peu serrés, verdâtres et rosés au soleil, pruine peu abondante ; ombilic central et bien marqué par le stigmate persistant ; peau épaisse sans être coriace, pellucide et élastique ; chair fondante et sucrée, à jus clair, abondant et parfumé, à la maturité complète qui survient entre la 1re et la 2e époque, d'un bouquet spécial et non désagréable de muscat madérisé, très distinct du fox habituel des Labrusca ; pépins, 1 à 2 par grain, de taille moyenne et de coloration grisâtre.

J. Roy-Chevrier.

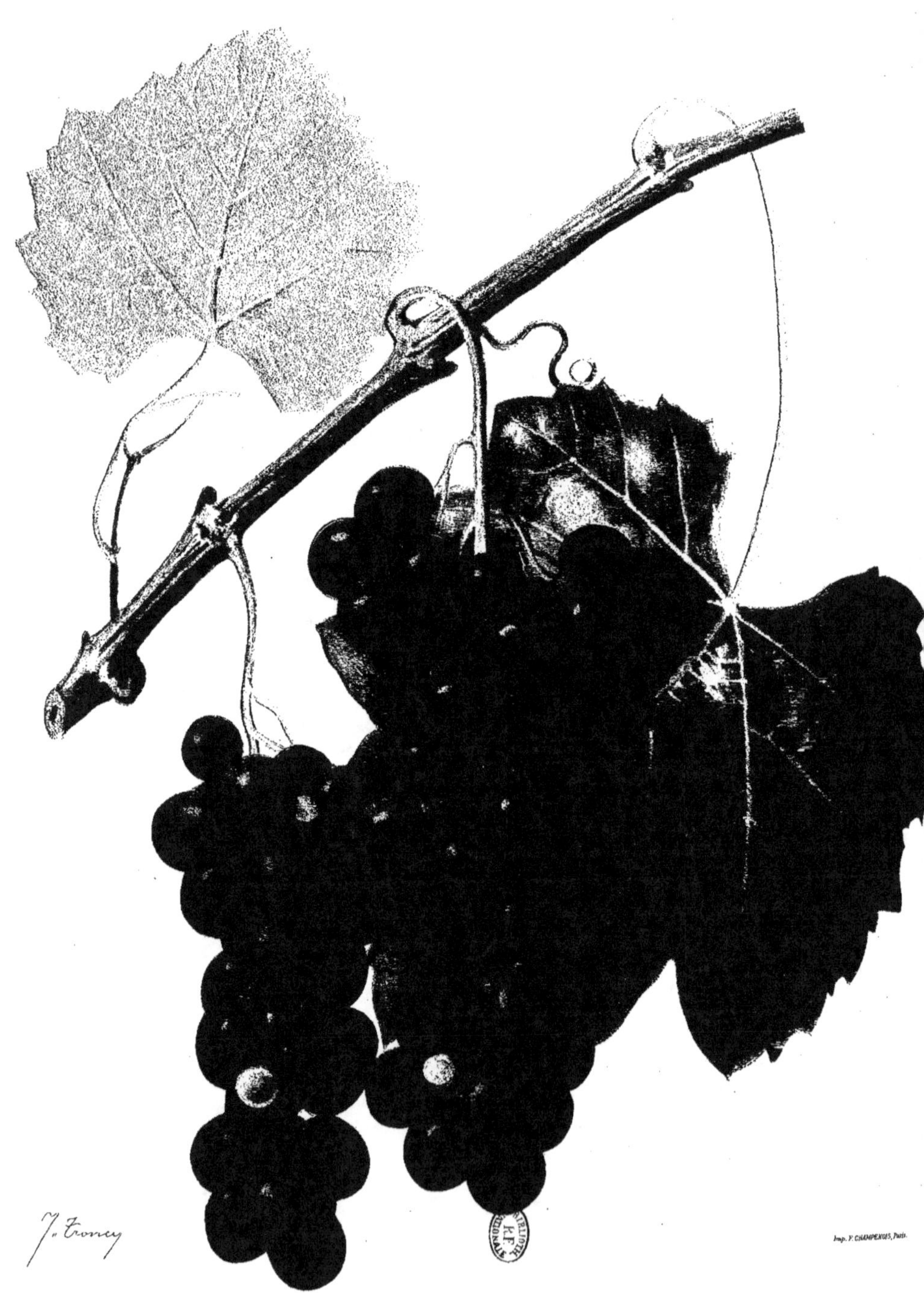

Isabelle

ISABELLE

Synonymie. — Paign's Isabella, Woodward, Christie's improved Isabella, Payne's Early, Sanborton (?) (*Bush* et *Meissner*). — Captraube, Black cape (*Hermann Gœthe*). — Raisin de cassis, Uva Fragola, Raisin Fraise (*Rovasenda*). — Garber's red-fox (cav. Agazzoti). — Raisin Framboise (*Champin*). — Alexander, Raisin du cap, Constantia, Schuylkill (?), Schuyl kill, Sainte-Hélène, Isabelle d'Amérique (*Pulliat*). — Cape, Framboisier (Valais, d'après *A. Berget*). — Champania (Bulgarie, *Viala*).

Historique et aire géographique. — L'*Isabelle* est le producteur direct américain le plus anciennement introduit en Europe. C'est même le seul qui, avant la période phylloxérique, y ait été cultivé sur une certaine étendue. Quelques auteurs ont supposé que cette variété de Labrusca avait dû prendre naissance en Europe, et que, de là transportée dans le Nouveau-Monde, elle nous en aurait été renvoyée après une multiplication rapide et avantageuse dans les vignobles de ce pays. Malgré l'existence deux fois séculaire du V. Labrusca dans les collections de nos Jardins botaniques, cette hypothèse a peu de chances, faute de textes précis, d'être jamais démontrée, car aucun de nos vieux botanistes n'en parle, et si ce semis avait vu le jour dans l'un de nos établissements scientifiques d'Europe il serait mentionné sur ses registres. Or, on n'en trouve de trace nulle part. Il est infiniment plus vraisemblable et plus logique d'attribuer l'origine de cette forme de Labrusca à la patrie même du V. Labrusca, c'est-à-dire à l'Amérique.

BIBLIOGRAPHIE. — Cte Odart : Ampélographie universelle (p. 159, Tours, 1849). — Husmann : Culture of the native grape (New-York, 1866). — Elliot : Western fruit grower's Guide (New-York, 1867). — Planchon : Messager politique du Midi (24 août 1871), et Revue des Deux-Mondes (15 février 1874). — Bulletin des séances de la Société nationale d'agriculture de France (t. XXXV, p. 59, Paris, 1875). — Chorlton : Grape grower's Guide (New-York, 1879). — D^sse de Fitz-James : Revue des Deux-Mondes (15 juin 1881). — Foëx et Viala : Ampélographie américaine (p. 111, Montpellier, 1883). — Bush et Meissner : Catalogue des vignes américaines (p. 170, Montpellier, 1885). — Aimé Champin : Catalogue descriptif (p. 10, Lyon, 1887). — Cte de Rovasenda : Essai d'une ampélographie universelle (p. 92, Paris, 1887). — V. Pulliat : Mille variétés de vignes (p. 163, Montpellier, 1888). — P. Viala : Une mission viticole en Amérique (p. 205, Paris, 1889). — Mme veuve Ponsot : Les vignes américaines (p. 32, Bordeaux, 1890). — Viala et Ravaz : Adaptation (p. 56, Montpellier, 1892). — E. Sauvaigo : Les cultures sur le littoral de la Méditerranée (p. 288, Paris, 1894). — Prosper Gervais : Études pratiques sur la reconstitution du vignoble (p. 33, Montpellier, 1900). — Ravaz : Porte-greffes et producteurs directs (p. 57, Montpellier, 1902). — Ravaz et Bouffard : Congrès de l'hybridation de la vigne (t. II, p. 384, Lyon, 1902), etc...

Bush et Meissner font naître l'Isabelle dans la Caroline du Sud. Ce semis de Labrusca, importé ensuite dans le nord des États-Unis, fut signalé à l'attention des cultivateurs, vers 1816, par Prince qui le tenait de Mme Isabelle Gibbs, dont il porte encore le prénom. D'après Mme la duchesse de Fitz-James, c'est au contraire Prince qui le remit à sa marraine : il le planta à Brooklin, New-York, dans le jardin de Mme Isabelle Gibbs et le dédia à sa propriétaire. Quoi qu'il en soit, il demeure constant que ce cépage eut pour premiers propagateurs Prince et Mme Gibbs. Son extension fut très rapide en Amérique ; sa grande fertilité le fit adopter très vite par les régions de l'est des États-Unis ; à l'ouest, ses défauts culturaux, maturité inégale et sensibilité au Mildiou ainsi qu'aux divers rots, limitèrent sa marche en avant. C'est en Virginie et en Géorgie que sa vogue se maintint le plus longtemps : actuellement, il y est, sinon totalement abandonné, du moins fort délaissé, à cause des gains nombreux, et de leur qualité supérieure, obtenus par les hybrideurs américains.

Introduit de bonne heure en Afrique, en Asie et en Europe, d'abord simplement à titre de plante curieuse recommandée aux collections d'amateurs, puis, plus tard, comme une vigne à vin résistant à l'Oïdium, il est signalé à Nice, au dire du Dr Sauvaigo, dès 1835, et en Algérie dix ans après. Sa multiplication au cap de Bonne-Espérance, dans le fameux vignoble de Constance, remonte aussi à une date reculée. Bientôt la France, l'Italie, le Portugal, la Roumanie et la Bulgarie l'accueillent avec faveur à cause de sa résistance insigne à l'Oïdium. Il faut se reporter à cette époque de 1850 à 1860, période des vaches maigres de la viticulture européenne terriblement éprouvée par l'Erisyphe américain, pour comprendre l'affolement des viticulteurs privés de récoltes et l'enthousiasme bien excusable de ceux qui, grâce à l'Isabelle, arrivèrent à produire du vin, bien que ce vin fût de petite qualité et très foxé. D'après M. le professeur Cavazza, l'Isabelle fut introduite directement d'Amérique en Italie par un propriétaire de Mergozzo, sur le Lac Majeur. Les Annales de la Société d'agriculture de Bologne prouvent que cette importation remonte à une date fort reculée, probablement de 1825 à 1830. En Toscane, le marquis Ridolfi, grand propriétaire des environs de Florence, n'hésita pas à décapiter plusieurs hectares de Vinifera et à les greffer en Isabelle. Dès la deuxième année de son opération, il récolte 860 hectolitres d'un vin dont le palais peu exigeant des paysans italiens s'accommode très volontiers. L'élan est donné ; ses voisins l'imitent, et le Piémont, la Vénétie, la Lombardie et le comté de Nice se couvrent d'Isabelle ; mais c'est en Lombardie que sa culture prit le plus d'extension. Les émigrants italiens ont bien soin d'emporter, dans leur modeste pacotille, des sarments du précieux cépage, et par eux le voilà disséminé aux quatre coins du monde. Au Brésil, notamment, il fait la joie et la fortune des colons qui lui réservent une place d'honneur.

En France, l'Isabelle est vanté dans maints Congrès et, malgré le jugement sévère du Cte Odart qui, comme tant d'autres grands hommes, eut beaucoup plus d'autorité après sa mort que de son vivant, il est essayé sur une assez large échelle, même dans les bons crus. C'est ainsi que, à Carbonieux, dans le Médoc, une plantation précipitée ne rapporte que des déboires à son propriétaire obligé de l'arracher au bout de quelques années. La valeur œnologique de l'Isabelle est très variable suivant les régions. Dans la fabrication de certains vins spéciaux, vins muscats, vins de liqueur, très alcooliques, récoltés dans les pays chauds, son emploi est accepté ; il y est mieux que toléré on peut dire qu'il y est recherché.

Dans les possessions portugaises, aux îles Açores, à l'île San-Miguel en particulier, puis sur la terre même du Portugal, aux environs de Coïmbre et sur les bords du Douro, dans les micachistes savonneux, défoncés en terrasse, dont a parlé M. Viala dans sa conférence de Lyon, l'Isabelle donne des produits estimés et son extension maintenue par le greffage ne tend nullement à diminuer. Mais dans le centre de l'Europe, en Suisse comme en France, ce cépage, qui a été des plus répandus, n'y existe plus guère qu'à l'état de souches isolées, treilles vénérables et spacieuses tonnelles, donnant un frais ombrage en été et parfois, en automne, un vin aussi mauvais qu'abondant. On cite le pied monumental du Jardin de Saumur, mais on peut lui adjoindre de nombreux échantillons rivaux, à commencer par la treille du buffet de la gare de Lons-le-Saunier qui couvre toute la partie extérieure de la restauration et produit, certaines années, plusieurs milliers de grappes.

Ampélographie comparée. — Semis de Labrusca, l'Isabelle est une amélioration très sensible du type au point de vue de la fertilité; mais il s'en rapproche énormément par ailleurs, comme allure générale, vigueur et santé. Décrit par Linné, puis par Michaux et enfin par Bosc qui, tous deux, l'avaient étudié sur place, dans la Caroline, et planté dans le Jardin du Muséum et les pépinières de Versailles, le Labrusca est très décoratif par l'ampleur de son feuillage et par l'opposition de sa teinte vert foncé en dessus et blanc roussâtre dans le tomentum de sa face inférieure; mais ses grappes ne portent que quelques grains, parfois très gros, il est vrai, puisque Bosc les compare à des noix. C'est une plante vigoureuse qui, dans les sols humides, s'élève au sommet des arbres les plus élevés. Ses fruits sont foxés. On retrouve dans l'Isabelle la plupart des caractères du V. Labrusca proprement dit, à tel point que, dans bien des collections d'Europe, ce cépage a pris la place et le nom de son ancêtre. C'est le même bourgeonnement cotonneux et rosé, la feuille peu dentelée, épaisse, garnie en dessous d'un duvet serré, la grappe pas ou brièvement ailée, aux grains gros, à peau coriace, pulpeux et parfumés de cette odeur étrange et spéciale qui rappelle aux uns la framboise, aux autres la fraise, et que les Américains désignent sous le nom de foxy (venant de fox, renard), d'où nous avons tiré notre qualificatif *foxé*. On y retrouve enfin le caractère le plus tranché des Labrusca, savoir : la continuité des vrilles, disposition qui n'existe dans aucune autre famille de vignes.

Les variétés de Labrusca ont été classées en groupe Nord et en groupe Sud. L'Isabelle fait partie de ce deuxième groupe qui est le moins robuste et le moins rustique. Malgré cela sa fécondité est extrême. Les yeux du vieux bois sont fertiles. Sur la taille les bourgeons sont multiples et les rameaux qu'ils émettent portent de 2 à 4 grappes. Celles-ci sont grandes, plus ou moins serrées, à gros grains, charnus et coriaces, sucrés, mais à saveur acide et foxée. Le jus est à peine teinté et le pigment colorant reste localisé dans la pellicule.

La saveur étrange, bien que nullement désagréable, du raisin d'Isabelle explique un grand nombre de ses synonymes. C'est le raisin tantôt *Fraise*, tantôt *Cassis*, tantôt *Framboise*. Son nom de *Constantia* et de *Cap* a été attribué aux boutures de provenance africaine, envoyées du cap de Bonne-Espérance où le cépage s'est implanté avec un certain succès. Le *Précoce de Payne* et l'*Isabelle améliorée* de *Christie* figurent dans certaines ampélographies comme des formes distinctes; mais ce sont des sélections assez mal fixées qui nous semblent insuffisamment constantes pour les individualiser. Le *Schuylkill*, synonyme rapporté par André Leroy et Pulliat, serait, d'après Mme la duchesse de Fitz-James, un cépage spécial, fort ancien, sorte de précurseur de l'Isabelle et du Catawba.

Il existe, au dire de Mme Ponsot, des variétés d'Isabelle à grains rosés et d'autres à grains blancs. Nous ne les avons jamais rencontrées. D'ailleurs les très nombreux semis d'Isabelle, dont plusieurs reproduisent d'une façon frappante le faciès maternel, allongent singulièrement, malgré la diversité de leurs vocables, la nomenclature de ses formes. Citons parmi ses semis qui peuvent être classés en sous-variétés : *Bogue's Eureka, Aiken, Baker, Brown, Cloanthe, Carter, Hudson, Louisa, Lee's Isabella, Pioneer, Nonantum, Trowbridge, Wright's Isabella,* etc., etc. Ceux qui semblent avoir une personnalité un peu plus distincte sont : *Adirondac, Eureka, Hyde's Eliza, Mary-Ann, To-Kalon, Union-Village* et *Israella.* Ce dernier, obtenu par le Dr Grant, est assez estimé par Champin qui déclare dans son Catalogue que l'Israella, fils d'Isabelle, s'est montré chez lui, depuis dix ans, tellement vigoureux qu'il l'a utilisé souvent comme porte-greffe à gros bois. Mais dans cet ordre d'idées, le plus grand mérite de l'Isabelle, comme générateur de sujets, est incontestablement d'avoir donné naissance au Vialla, porte-greffe favori du Beaujolais. « Le Vialla, dit M. Prosper Gervais, est un hybride d'Isabelle et de Clinton, obtenu par « M. Laliman dans sa propriété de la Tourate, près Bordeaux ; d'abord appelé la Tourate « par Millardet qui l'avait vu et étudié à la Tourate même, il fut ensuite, en 1875, baptisé « Vialla par M. Laliman lui-même, du nom du président de la Société centrale d'agricul- « ture de l'Hérault, comme un hommage au savant praticien qui avait, dit M. Laliman, « montré une foi sans égale à la cause des vignes américaines. »

En tant que porte-greffe, l'Isabelle a provoqué un cas tératologique des plus curieux. M. Jurie a signalé, à Poligny (Jura), une souche d'Isabelle greffée en Poulsard qui aurait transmis à son greffon quelques-uns de ses caractères labruscoïdes, vrilles continues et feuilles moins découpées ; il y aurait eu, de ce fait, d'après l'observateur, hybridation de greffon. Comme le phénomène est des plus rares, n'ayant jamais été signalé avec d'autres portes-greffes, nous tenons à le consigner ici, dans ce dossier complet de l'Isabelle.

Culture et vinification. — Ainsi que les Labrusca ancestraux l'Isabelle aime une conduite arborescente. Il s'élance volontiers à l'escalade des arbres vivants, puis en redescend, franchit l'espace sur une ou deux fourches de bois mort et remonte, en guirlandes de pampres, sur un autre arbre. C'est du moins ainsi qu'il est cultivé en Italie, son pays de prédilection, en Toscane sur érables et en Lombardie sur mûriers. C'est la taille en hautains décrite par Pline et reproduite d'une façon si décorative dans les fresques de Pompéi. Tantôt les guirlandes sont horizontales, tantôt obliques, avec billon court ou archet Sylvoz, mais partout le principe est le même, donner une grande extension végétative à la plante : grâce à cette arborescence, l'Isabelle acquiert une réelle vigueur, une fertilité considérable et une rusticité suffisante. C'est encore de cette manière que l'Isabelle est cultivé aujourd'hui aux portes de Nice, sur la route de Saint-Laurent-du-Var. Dans les jardins des villas élégantes, les fourches de bois vermoulus et les arbres ont fait place à des piquets de fer et à de gracieux berceaux, et sur leurs nouveaux supports les vieilles souches demeurent monstrueuses et vivaces, rampant d'un bout à l'autre de l'enclos.

Le principal avantage de l'Isabelle, pour les vignerons niçards aussi bien que pour les cultivateurs piémontais, est d'être indemne d'Oïdium. Rien ne peut donner une idée de leur apathie viticole et de leur aversion pour le soufrage. C'est du fatalisme, dit le Dr Guyot. Ils regardent l'Oïdium comme un fléau de Dieu et ils préfèrent mourir de faim plutôt que de le combattre. L'Isabelle leur est apparu comme la solution naturelle de ce problème redoutable, comme un moyen permis et fourni par la Providence pour échapper au fléau ; et les pauvres gens s'en sont contentés. La résistance de l'Isabelle à l'Oïdium fut constatée dès le début de l'invasion de cet Erisyphe en Europe. La Société d'agriculture de la Gironde fit même, en 1863, des essais de greffage de Vinifera sur Isabelle pour voir si l'immunité de l'Isabelle se transmettrait à son greffon. Naturellement il n'en fut rien ; mais certains propriétaires du Médoc s'obstinèrent à planter quand même des Isabelle dont ils vinifièrent les propres raisins.

Sensible au Mildiou et au Black-Rot, mais assez résistant à l'anthracnose, l'Isabelle craint beaucoup le Phylloxéra. Il ne mérite en résistance phylloxérique que la note 5. Sa grande vigueur avait fait naître, au début de l'invasion phylloxérique, plus d'une illusion : « Vous pourrez échapper au Phylloxéra, écrivait Planchon le 24 août 1871, en « greffant vos vignes sur l'Isabelle, cépage inapte à nourrir le Phylloxéra. » Mais rapidement édifié sur sa faible résistance, Planchon avoue son erreur dans un article de la *Revue des Deux-Mondes* du 15 février 1874. D'ailleurs, dans les terrains qui lui sont favorables, l'Isabelle vit assez longtemps en présence du Phylloxéra. M. Froidefond constate qu'il résiste encore, en 1886, au champ de la Souys, dans la Gironde ; et, à Aubignan, près Carpentras, la vigne de M. Guillaume survécut de longues années à la disparition des Vinifera voisins. Néanmoins, cette résistance, intermédiaire entre celle de l'Othello et celle du Canada, est, en réalité, si minime que, tôt ou tard, le Phylloxéra en a eu raison. Aussi les pays qui, habitués à son produit, désirent le garder, se sont-ils mis, comme le Portugal, à traiter l'Isabelle en greffon et à l'enter sur des racines plus robustes. Jusqu'à présent, il semble être un bon greffon.

L'adaptation de l'Isabelle est essentiellement celle des Labrusca ; il demande des sols peu phylloxérants, alluvions profondes, fertiles et non calcaires. « Les terrains où cette « espèce croît naturellement, dit M. Viala, et ceux où l'on cultive ses variétés sont sableux, « ou rouges et siliceux, résultant souvent de la décomposition de roches granitiques. « Ainsi, les terrains de New-Jersey, ceux des îles des environs de New-York, sont « constitués par des sables fins, très profonds, fertiles et frais ; ceux du Maryland sont des « sables rouges, fins et très humides. Dans la Virginie, la Pensylvanie, etc., cette espèce « est limitée dans des terres granitiques, très riches, et seulement dans les endroits qui « sont frais et humides. » Dans les terrains secs et chauds, l'Isabelle perd ses feuilles dès le mois d'août, juste au moment où elles seraient le plus nécessaires à la maturité du fruit, aussi cette maturité demeure-t-elle trop souvent inégale et incomplète.

Ses époques de végétation ont été notées ainsi à Montpellier : débourrement du 20 mars au 6 avril ; floraison du 15 au 25 mai et maturité le 2 septembre.

Sa production est irrégulière et variable suivant l'âge et la conduite des souches. Dans certains cas son rendement est énorme. Il excite l'indignation des ampélographes, gardiens jaloux de la renommée des Vinifera. Voici le Cte Odart qui dit : « Je me réunirai donc à « plusieurs propriétaires viticoles de France qui pensent que ce raisin, avec son goût plat « et médicinal de cassis, n'est propre à rien, pas plus au pressoir qu'à la table... Toutefois « on ne peut pas refuser à ce cépage sylvestre d'être très productif. » Le Dr Barretto écrit

du Brésil, en 1888 : « Oui, ce sont, en effet, ces abominations-là, l'Isabelle surtout,
« l'affreuse Isabelle, qui ont régné sans partage sur notre sol jusqu'à une époque très
« rapprochée de nous. C'est l'Isabelle qui fait encore le bonheur des Italiens qui depuis
« quelque temps émigrent en masse vers notre province. Ils ne regardent qu'au rende-
« ment, et aucun cépage n'est comparable à l'Isabelle sous le rapport de la fertilité : sur
« des ceps de 10 à 12 ans on peut compter jusqu'à trois et quatre mille grappes. C'est
« simplement dégoûtant. » Cette fécondité colossale fut rarement atteinte en Europe,
mais en Amérique elle a été constatée d'une façon courante. Une autre cause du succès
de l'Isabelle, au Brésil et ailleurs, est sa résistance assez notable à la Pourriture grise des
vendanges.

Le premier vin d'Isabelle dont on ait gardé le souvenir fut fait à Hermann, en 1840,
chez Tugger. Et Ainsworth cite, en 1859, des vignobles à Rochester rapportant de 1.000
à 1.500 dollars à l'acre. Rush, de Bloomfield, parle d'un tiers d'acre sur lequel cent
souches d'Isabelle produisirent 4.000 livres de raisins. Ces raisins sont beaux d'aspect et
assez appréciés en Amérique pour la table. En Europe ils sont trouvés généralement
mauvais ainsi que le vin qu'ils produisent. Cependant lorsque ce vin, récolté en bon
coteau, a vieilli, il perd en se dépouillant une partie de son arome spécial et devient
buvable. Il m'est arrivé d'en déguster d'excellent chez M. Durandy, l'honorable président
du Conseil général des Alpes-Maritimes. C'était du vin de bonne année, provenant du
meilleur cru du département, le Bellet, et qui, avec son parfum atténué par dix ans de
bouteille et sa saveur tanique, jouait à s'y méprendre les petits Bordeaux. Cette analogie
de bouquet qui rend le vin d'Isabelle la caricature du vin du Médoc avait frappé les viticulteurs de la Gironde. Et plusieurs d'entre eux avaient intercalé dans leurs vignes quelques
ares d'Isabelle pour donner à des cépages d'assortiment l'arome du Cabernet-Sauvignon.
Au moment de la phylloxérisation et avant le greffage, raconte M. de Malafosse, ces
rangées de *Sainte-Hélène*, nom de l'Isabelle dans le Sud-Ouest, tranchaient en vert au
milieu des dépérissements gris et jaunâtres des Vinifera. Cela tendrait à prouver que le
vin d'Isabelle n'est pas, toujours et partout, aussi mauvais que le prétendait Odart.
D'ailleurs, les vins canadiens, envoyés à l'Exposition universelle de 1878 par l'Association
des viticulteurs de Toronto et par la maison Hamilton Dunlop, de Brandford, compre-
naient des vins d'Isabelle, et ces vins ont paru au jury loin d'être méprisables.

Voici quelle est la composition moyenne de son moût, en Amérique :

MOUT D'ISABELLE

Analyse de M. le professeur Jackson, de Boston.

PROVENANCE	POIDS SPÉCIFIQUE	QUANTITÉ de sucre pour 100.	ACIDE TARTRIQUE
Pennsylvania..........................	1.0640	14.70	1.90

En Italie, d'après des documents mis obligeamment à notre disposition par M. le professeur Tamaro, le vin d'Isabelle qui supporte mal les chaleurs de l'été ne se conserve

guère plus d'une année. Pour l'améliorer on fait fermenter sa vendange sur le moût de raisins de Vinifera méridionaux. Sa composition moyenne serait :

Alcool 6° 5 à 8°
Acidité 6 à 7 gr.
Extrait sec 21 à 22 gr.

A l'École de Montpellier l'Isabelle a donné 2 kilog. 800 par souche, le poids moyen d'une grappe étant de 122 grammes. Voici, d'après M. le professeur Bouffard, la constitution de son moût et de son vin :

MOUTS D'ISABELLE	1900	1901
Densité à 15° C.	1069.1	1082
Sucre correspondant (table Salleron)	154	188
Alcool correspondant	9°	11°
Sucre (par liqueur de Fehling)	»	195.3
Acidité totale (en acide sulfurique)	5.97	3.16

VINS D'ISABELLE	1900	1901
Densité à 15° C.	998.5	997.6
Alcool	7°5	9°9
Extrait à 100°	»	24.1
Extrait sec : Houdart	18.30	23.80
Extrait : vide	24	»
Acidité totale (en acide sulfurique)	6.15	5.92
Crème de tartre possible (méthode Berthelot)	2.82	»
Cendres solubles	1.2	1.60
Cendres insolubles	0.16	0.38
Cendres totales	1.36	1.98
Alcalinité des cendres (en carbonate de potasse)	0.98	1.26
Alcalinité des cendres estimée en tartre	2.7	3.43
Acidité du tartre correspondant au carbonate de potasse	0.7	0.89
Intensité colorante rapportée à celle de l'Aramon	»	3

Remarques et dégustation. — Alcoolique, acidité marquée, composition chimique analogue au Vinifera, goût foxé caractéristique, couleur peu intense (3 aramons), nuance rose, casse jaune à l'air.

L'eau-de-vie d'Isabelle est très parfumée et les habitants des îles Açores en font l'objet d'une fabrication importante et d'un commerce avantageux. Elle rappelle un peu certaines eaux-de-vie de fruits, de prune notamment, analogues au Slivovitza des pays slaves. Elle s'expédie en Hollande où elle entre dans la confection des liqueurs dites du Cap.

DESCRIPTION. — Souche, vigoureuse, à port étalé ; tronc puissant ; vieille écorce peu adhérente et se soulevant en lanières étroites et irrégulières.

Bourgeons, duveteux, blanc jaunâtre, à liséré rose, couverts de poils bruns sur les écailles qui persistent longtemps ; jeunes feuilles faiblement gaufrées et dorées à la face supérieure, lavées de rose vif en dessous, avec nervures portant des poils rouillés assez peu denses, s'aplatissant de bonne heure ; jeunes grappes de fleurs sortant de suite, vertes avec le sommet enviné, rapidement visibles sous le duvet des écailles qui les enlace.

Rameaux, allongés et grêles, droits, ternes et rugueux, couverts d'une légère pruine vers les nœuds ; pampres aranéeux, d'un vert jaunâtre ou rose sale, à longs poils clairsemés ; sarments aoûtés brun violâtre, s'éclaircissant au milieu des mérithalles et se fonçant vers les nœuds ; mérithalles plutôt longs, finement striés de canalicules peu profondes et irrégulières ; nœuds aplatis ; vrilles continues, fortes, verdâtres et vaguement aranéeuses.

Feuilles, grandes ou très grandes, plus larges que longues, épaisses, découpées en trois lobes ; sinus latéraux peu accentués ; sinus basilaire profond, ouvert en V étroit, et, parfois, fermé par les lèvres des deux lobes qui se recouvrent ; limbe gaufré et bullé au centre et plus lisse sur les bords, glabre à sa face supérieure qui est de coloration vert terne assez foncé, tomenteux à sa face inférieure, bien duvetée de coton blanc ; dents rondes, très larges, fortement acuminées, en deux séries nettement délimitées ; nervures vert pâle en dessus, très saillantes en dessous, avec poils lanugineux. — Pétiole long et gros, verdâtre, lavé de carmin, portant quelques touffes de poils souples et peu serrés, et faisant un angle droit avec le plan du limbe de la feuille ; défeuillaison hâtive.

Fruits. — *Grappes*, de 3 à 4 par rameau, moyennes ou sur-moyennes, cylindriques, arrondies à leur extrémité, lâches et courtement ailées ; pédoncule court, ligneux à l'insertion et, d'une grosseur moyenne ; rafle verte ; pédicelles verts, minces, assez longs, verruqueux, terminés par un bourrelet aplati ; pinceau long et enviné, d'une faible adhérence au grain. — *Grains*, sur-moyens, à peu près globuleux, bien que légèrement ovales, entremêlés de rares grains verts, de coloration pourpre foncée, presque noire quand ils sont bien mûrs, mais le plus souvent rougeâtre, couverts d'une pruine abondante ; ombilic central, à stigmate persistant ; peau épaisse, coriace, âpre et acide ; chair pulpeuse, d'un arome foxé très prononcé ; jus faiblement teinté de rouge, de saveur sauvage et foxée ; pépins de 1 à 4, gros, ramassés, à bec court, chalaze et raphé nuls, remplacés par une dépression circulaire très marquée.

J. Roy-Chevrier.

Terret noir

TERRETS

Synonymie. — Terret noir, Tarret. — Terret gris, Terret Bourret, Bourret, Terret rose. — Terret blanc, Tarret blanc (Hérault, Gard, Aude, Pyrénées-Orientales).

Observations. — Les *Terrets* sont essentiellement des cépages de la région méridionale, et plus spécialement du Bas-Languedoc proprement dit, comprenant les départements de l'Hérault, du Gard, de l'Aude et des Pyrénées-Orientales. On ne les trouve point ailleurs; et tout porte à croire que c'est là leur lieu d'origine comme leur habitat. Ils figurent au premier rang de ceux qu'on appelle *plants du pays*, et précisément parce qu'ils y sont demeurés étroitement confinés, ils ont peu de synonymes. Malgré qu'ils y soient connus de fort longue date et qu'il soit impossible de déterminer l'époque de leur introduction dans cette région, les auteurs locaux en font rarement mention. Ainsi, ni Olivier de Serres, ni Garidel n'en disent mot; seul, Magnol les cite sous le nom de « Tarret ». Ce silence est fait pour surprendre quand on songe à la place qu'occupaient les Terrets dans notre ancien vignoble.

Ils étaient, avant le Phylloxéra, fort répandus dans cette partie du bassin de la Méditerranée où on les cultivait pour la cuve et pour la table, tantôt sur les coteaux, tantôt dans la plaine, mélangés aux variétés les plus communément employées à ce moment : Morrastel, Mourvèdre, Cinsaut, Œillade, Carignan, etc. Ils étaient recherchés dans la plaine à raison de leur résistance aux gelées et à la pourriture, sur les coteaux parce qu'ils y produisaient des vins frais et bouquetés. Depuis la reconstitution, les choses ont changé, et sur bien des points les Terrets, notamment le Terret noir, ont été délaissés au profit de cépages plus productifs ou d'une fructification plus régulière. Certaines de leurs variétés ont cependant conservé une grande faveur : grâce à des qualités précieuses, elles ont vu leur culture se maintenir et parfois même s'accroître. Ce sont elles qui méritent le plus particulièrement de retenir l'attention. Pour étudier les Terrets il est donc nécessaire d'étudier séparément les variétés principales, en qui se résume le groupe tout entier : Terret noir, Terret gris, Terret blanc.

BIBLIOGRAPHIE. — Mas et Pulliat : Le Vignoble (t. III, p. 153). — V. Pulliat : Mille variétés de vignes (1888, p. 367). — A. Pellicot : Le vigneron provençal (1866, p. 91). — H. Marès : Cépages principaux de la région méditerranéenne (pp. 62-64).

TERRET NOIR. — Antérieurement à la période de l'Oïdium, c'est-à-dire avant 1850, le Terret noir formait le fond de la plupart des vignobles de l'Hérault. A cette époque, le vignoble méridional était complanté d'une foule de variétés, où dominaient les cépages à maturité tardive. La crise de l'Oïdium d'abord, puis celle du Phylloxéra déterminèrent une évolution qui a pour ainsi dire complètement modifié cette physionomie. A la diversité, à l'extrême variété des cépages a succédé une uniformité presque générale. Aux anciens plants du pays (Grenache, Espar, Morrastel, Terret, etc.) se sont substitués l'Aramon et les Hybrides Bouschet. Dans le nouveau vignoble, il y a tendance à donner la préférence aux cépages à maturité hâtive, — j'entends relativement hâtive pour cette région.

On a observé avec raison que, depuis la reconstitution sur porte-greffes américains, les vendanges s'effectuent dans le Midi plus tôt qu'autrefois ; on a souligné à bon droit l'avance de maturité dont le greffage est la source et l'origine ; tout cela est vrai, mais le choix des cépages greffons y est aussi pour quelque chose, et il a contribué dans une large mesure à avancer la date de la cueillette.

Peu difficile sur la nature du terrain, le Terret noir était cultivé dans la plaine parce que, débourrant très tard, il y était rarement gelé, et qu'il y produisait une récolte abondante et régulière pouvant atteindre 80 hectolitres à l'hectare. Il était recherché sur les coteaux parce que, à côté de cette fertilité, il apportait aux vins des qualités de légèreté, de fraîcheur, de bouquet que ne possédaient pas les cépages à vins corsés et nerveux (Grenache, Espar, etc.) auxquels il se mariait parfaitement. Mais, par contre, il était, surtout dans les fonds bas et humides, très sujet à la coulure et à une sorte de dégénérescence qui le rendait infertile. On avait coutume alors de dire de lui qu'il était *coulard* et *avalidouïre* ; cette dernière expression toute locale vise une coulure particulière qui fait qu'après la floraison la grappe s'évanouit, s'avale elle-même, disparaît, sans laisser de traces. On comprend parfaitement que, étant donné la fréquence de cette affection, le Terret noir ait été peu à peu éliminé des plantations de nos plaines, et qu'on lui ait préféré l'Aramon, plus rustique, plus solide, plus fertile et, par-dessus tout, plus régulièrement fructifère. Dans les sols graveleux et secs des coteaux, il maintenait mieux ses qualités naturelles, et il est fâcheux que, dans ces situations, on ne lui ait pas conservé la place qu'il occupait auparavant. Sans doute, il n'y a point complètement disparu ; et dans nos crus de Saint-Georges, de Langlade, de Murviel, de Lunel, etc., il est demeuré associé aux Œillade, Cinsaut, Aspiran, et autres plants fins du pays ; mais d'une façon générale on ne trouve plus guère aujourd'hui de vignes de Terret noir ; on ne rencontre ce cépage qu'à l'état de pieds isolés, mélangé à d'autres variétés, et plus particulièrement aux vignes de Terrets gris et blanc.

Le Terret noir a donné naissance à un assez grand nombre de sous-variétés, dues pour la plupart soit à des modifications spontanées résultant de l'exposition, du sol ou de la culture, soit à des sélections pratiquées sur des souches de Terret gris ayant produit accidentellement des raisins noirs. Aucune ne paraît avoir assez d'importance ou s'éloigner assez de la forme type pour mériter une mention particulière. Il convient seulement de signaler une sous-variété isolée et cultivée par M. Ernest Bary, de Carcassonne : cette forme à grappe plus petite et plus compacte, à grains légèrement ovoïdes et allongés, serait, d'après ce distingué praticien, remarquable par la régularité de sa production et la bonne conservation du fruit. Il faut également noter le Terret-Bouschet.

J. Froncy
Imp. F. CHAMPENOIS
Terret blanc

Terret Bourret

TERRET GRIS. — Le Terret gris, ou Terret Bourret, le plus souvent appelé Bourret tout court, peut être considéré comme le type de la tribu des Terrets, dont il possède au plus haut degré toutes les qualités essentielles. Très fertile, d'une production plus régulière et plus abondante que le Terret noir, il n'est pas, comme celui-ci, frappé par ces accidents de coulure ou de dégénérescence, par ce vieillissement précoce qui sont la caractéristique du Terret noir. Il est donc supérieur à ce dernier : aussi, tandis que la culture du Terret noir s'est restreinte aux limites que nous venons d'indiquer, celle du Terret Bourret s'est plutôt accrue ; il occupait autrefois avec avantage les sols fertiles et bas, exposés aux gelées printanières, où l'on désirait produire des vins blancs ; il a conservé, dans beaucoup de cas, ces positions. Il y a joint toutes les situations où l'on a visé l'obtention des vins blancs, actuellement si recherchés par le commerce et le consommateur ; de telle sorte qu'il est aujourd'hui un des cépages blancs les plus répandus et les plus recherchés de la région méridionale. Il en est allé de lui comme du Piquepoul gris, dont j'ai signalé la faveur en décrivant le groupe des Piquepouls (voir t. II, p. 357 et suivantes). L'orientation nouvelle imprimée par les événements à la viticulture méridionale a consacré et développé la culture des cépages susceptibles de fournir en abondance les produits nécessaires à la fabrication des vins blancs ou aux industries spéciales telles que la vermoutherie. Dans les sables du littoral, dont l'utilisation a constitué comme une révolution inattendue par tous les progrès dont elle a été la source, — dans les communes voisines de l'étang de Thau, comme Marseillan, Mèze, Pinet, Pomerols, etc., consacrées de longue date à la production des vins blancs —, le Terret-Bourret forme le fond du vignoble. Cette région, dénommée *vignoble de la Marine* à cause de sa situation particulière, est le grand producteur, le grand entrepôt naturel, où viennent s'alimenter les maisons d'exportation de Cette et le commerce local qui recherche de préférence les vins spéciaux. Le Terret-Bourret y est universellement cultivé tantôt dans la plaine, tantôt dans le coteau, à côté des Piquepouls et des Clairette : il forme avec eux le groupe des cépages blancs destinés à la production des vins blancs de notre pays ; mais il domine de beaucoup les deux autres, qui entrent généralement dans les coupages en une proportion plus faible. Depuis quelques années seulement, il y a tendance à leur adjoindre l'Aramon gris, variété de l'Aramon, qui ne manque pas de valeur ; mais c'est alors uniquement en vue de la production des vins de consommation courante. Les types de vins dits de vermoutherie ne s'écartent pas du Terret-Bourret, du Piquepoul et de la Clairette.

Le Terret-Bourret présente assez fréquemment des variations de couleur sur ses raisins : ceux-ci sont parfois en partie gris, en partie blancs, d'autres fois noirs ; et comme on n'observe ce fait que très exceptionnellement chez le Terret noir et chez le Terret blanc, on en peut conclure que le Terret-Bourret est bien réellement la forme type du groupe, dont le Terret noir et le Terret blanc ne seraient que des modifications fixées par la sélection et le bouturage.

TERRET BLANC. — Le Terret blanc ne diffère du précédent que par la coloration de ses grappes qui sont d'un beau blanc très pâle, légèrement lavé de jaune. Il était et est encore moins répandu que le Bourret, à cause de sa moindre fertilité ; des sélections relativement récentes ont permis d'isoler et de multiplier des formes qui, sous le rapport de la fertilité, ne le cèdent en rien au Terret-Bourret. Aussi, dans les plantations nouvelles, le Terret blanc sélectionné prend-il une place chaque jour grandissante ; et je connais des viticulteurs qui n'hésitent pas à le préférer au Bourret. L'un et l'autre sont, d'ailleurs, toujours ou presque toujours cultivés en mélange, leurs produits étant de valeur analogue et pareillement appréciés. Ce que je dirai par la suite du Terret-Bourret s'applique aussi au Terret blanc.

Les Terrets sont des cépages vigoureux, à débourrement, floraison, véraison et maturité tardifs (3e époque tardive de Pulliat). Le noir est le moins vigoureux des trois ; sensiblement inférieur, sous ce rapport comme sous celui de la fertilité, au gris et au blanc. Ils sont caractérisés par leur port érigé, leur feuillage abondant, de couleur vert net, parfois teinté de rouge, leur fructification abondante, leurs belles grappes fortes et grosses, à grains juteux, délicats, bien résistants à la pourriture.

Culture. — Si les Terrets sont demeurés étroitement confinés au Bas-Languedoc, c'est qu'ils ont trouvé là seulement les conditions de développement qui leur sont nécessaires. Comme ils mûrissent très tard, ils ne pouvaient guère s'étendre plus au nord ; comme ils craignent la chaleur desséchante des étés brûlants, ils ne se sont pas propagés au sud, par exemple en Espagne. Ils aiment les terres un peu fortes, bien ressuyées, les sols riches et profonds ; ils s'accommodent des terres graveleuses, caillouteuses, mélangées d'argile, peu sèches. Dans les fonds mouilleux ou humides, ils périclitent, dégénèrent, n'ont plus qu'une fertilité irrégulière et insuffisante.

Leur débourrage tardif les met à l'abri des gelées printanières ; et à moins de circonstances exceptionnelles, ils fructifient d'une façon régulière et abondante. Ils se mettent à fruit de bonne heure, mais vieillissent vite. On ne disait pas d'eux, comme du Morrastel par exemple, qu'ils venaient aisément centenaires. Dans les sables, qu'ils occupent depuis plus de vingt années, ils se comportent parfaitement et ne manifestent aucun symptôme de fléchissement. Que dureront-ils, une fois greffés sur porte-greffes américains ? Bien qu'on en soit réduit sur ce point à des hypothèses, il est vraisemblable qu'ils y vivront autant que les autres cépages de la région, si les conditions de milieu, d'adaptation et d'affinité ont été favorablement résolues. A cet égard il importe de noter que l'affinité des Terrets avec les vignes américaines est loin d'être parfaite : elle est mauvaise avec le Riparia, et les exemples sont nombreux de vignes de Terret-Bourret sur Riparia qui ont rapidement décliné. D'autres exemples montrent qu'elle est bonne avec le Rupestris du Lot, les Riparia × Rupestris, le Berlandieri et quelques hybrides. La conséquence est qu'il faudra s'abstenir désormais de greffer les Terrets sur Riparia, et adopter pour porte-greffes les cépages dont l'affinité avec eux ne laisse rien à désirer. En sol calcaire, les Terrets se sont montrés des greffons plutôt chlorosants, ajoutant ainsi aux difficultés naturelles du milieu. En voici un exemple qui permettra, du même coup, de déterminer la véritable affinité des Terrets pour les principaux porte-greffes américains :

Dans la plaine de Lattes, au domaine de Fangouse, dans une terre mise fort obligeamment à notre disposition par mon aimable voisin et ami M. Martin Bonnet, M. Pierre Viala et moi avons institué un champ d'expériences dont la création remonte à l'année 1897. Le sol est une alluvion argilo-calcaire, profonde, riche et fertile, dosant de 50 à 60 % de carbonate de chaux facilement assimilable, et par conséquent de nature extrêmement chlorosante. La plantation comprend un certain nombre de porte-greffes représentés par une centaine de pieds pour chaque variété, et uniformément greffés en Terret-Bourret ou en Terret blanc. Le point de comparaison est constitué par des lignes de Berlandieri Rességuier n° 1 ; tout le reste de la vigne, d'une contenance totale d'environ 4 hectares, est entièrement complanté avec ce même Berlandieri Rességuier n° 1, et pareillement greffé en Terret. C'est une des plantations de Berlandieri les plus importantes que je connaisse dans notre région, et les plus curieuses en même temps que les plus intéressantes. Les autres porte-greffes représentés dans le champ d'expériences sont : le Rupestris du Lot ; le Riparia Gloire ; le Riparia Scribner ; les Riparia $\times$ Rupestris 101 ^{14}, 3306 et 3309 ; l'Aramon $\times$ Rupestris Ganzin n° 1 ; le 1202 ; les 132^5 et 132^9 ; le 41^n ; le 333 ; le Taylor Narbonne ; les Berlandieri $\times$ Riparia 33 et 34 École ; 420^A ; 157-11 ; enfin certains hybrides sans intérêt immédiat comme le 81-2 et le 554-5, et qu'il est inutile de retenir. De toutes, et sans contestation possible, les greffes de Terrets sur Berlandieri sont les plus belles par leur frondaison d'un vert sombre, par la beauté et la régularité de leur fructification. Celles sur 1202 viennent ensuite, plus vigoureuses peut-être, mais moins régulièrement chargées de fruits et d'une maturité plus tardive : même tenue pour le Rupestris du Lot et l'Aramon $\times$ Rupestris n° 1, avec de-ci de-là quelque légère pointe de chlorose. Les hybrides de Berlandieri, et notamment les Berlandieri $\times$ Riparia, portent des greffes en général bien vertes, bien développées, bien fruitées, avec, semble-t-il, dans ce milieu, un léger avantage en faveur de 157-11. Les Riparia $\times$ Rupestris ont fortement jauni, mais de façon inégale : 101^{14} a le plus jauni des trois ; puis 3306, enfin 3309. Certains pieds qui ont peu ou pas jauni nourrissent des greffes vigoureuses, fructifères et en parfait état. Les Riparia Gloire et Scribner se sont chlorosés jusqu'au rabougrissement ; le Scribner a dû être arraché. Une partie seulement des greffes sur Riparia Gloire a survécu et végète misérablement.

J'ai visité ailleurs, aux environs de Marseillan, des vignes de Terrets sur 1202, Aramon $\times$ Rupestris n° 1, Rupestris du Lot et 3309, situées en coteaux ou en terres franches peu ou moyennement calcaires ; ces vignes sont luxuriantes, d'une fructification soutenue. On en peut conclure que si l'affinité des Terrets pour le Riparia est mauvaise, elle paraît parfaite avec le Berlandieri et ses hybrides. très bonne avec le 1202, l'Aramon $\times$ Rupestris n° 1 et le Rupestris du Lot, bonne ou suffisante avec les Riparia $\times$ Rupestris, plus particulièrement avec 3309.

J'ai quelques essais de greffes de Terrets sur hybrides de Cordifolia (106^8 et 125) : l'affinité s'y annonce de tous points excellente ; mais ces essais sont trop récents encore pour qu'il soit possible d'en déduire autre chose qu'une vague indication. Il est vraisemblable que sur les coteaux secs non calcaires ces hybrides de Cordifolia constitueraient pour les Terrets des porte-greffes de premier ordre.

Le greffage des Terrets sur vignes américaines a produit ses effets habituels, il a accru leur fertilité naturelle et atténué leur propension à la coulure. Dans les sols riches et fertiles, il n'est pas rare de voir la récolte des Terrets-Bourrets dépasser 100 hectolitres à l'hectare et atteindre 150 hectolitres, pour y rivaliser presque avec l'Aramon. On conçoit qu'il faille, dans ces conditions, leur prodiguer des fumures régulières et copieuses. Les tourteaux de graines oléagineuses dans les terres de sable, les fumiers d'écurie associés aux engrais chimiques dans les autres natures de sols, sont les types de fumures qui semblent le mieux leur convenir.

Les Terrets demandent la taille courte à coursons ; ils souffrent de la taille longue, dont ils n'ont nul besoin ; j'ai vu péricliter rapidement des vignes de Terrets sur Solonis auxquelles on avait tenté d'appliquer la taille à long bois. Dès la seconde année de taille à long bois, ces vignes, pourtant situées en fond riche, frais et fertile, donnèrent des signes manifestes d'affaiblissement ; à la troisième année, elles se rabougrirent. Ramenées à la taille courte sur coursons, elles sont redevenues fort belles.

Les Terrets sont sensibles aux maladies cryptogamiques. Ils doivent être soigneusement préservés contre le Mildiou et contre l'Oïdium ; ils ne craignent pas l'Anthracnose. Ils sont recherchés par certains insectes, tels que la Pyrale et la Cochylis ; la Pyrale surtout y produit quelquefois de véritables ravages. L'Altise, l'Attelabe, le Gribouri s'y rencontrent comme sur les autres cépages de la région. Ils sont fréquemment atteints du *Rougeau*, décrit par Henri Marès en 1853 sous le nom de *Rougeau des Terrets* : « Sous l'influence « de cette maladie, les feuilles rougissent et se crispent, le raisin se flétrit, les sarments « subissent un commencement de dessiccation ; la végétation des ceps semble s'arrêter, la « maturité des fruits ne se fait plus, ou bien elle est entravée, et la récolte est compromise. « Ces effets se produisent principalement à la fin de juillet et dans le commencement « d'août, à l'époque où se font sentir les chaleurs et la sécheresse d'été, et dans la plupart « des terrains sujets aux humidités et mal ressuyés. » Le Terret-Bourret et le Terret blanc sont moins sujets que le noir à cette affection ; et même je ne l'ai jamais observée sur les vignes greffées sur Berlandieri auxquelles j'ai fait allusion tout à l'heure. Depuis le greffage de nos variétés indigènes sur porte-greffes américains, c'est un fait remarquable que certains accidents, auxquels étaient sujettes nos vignes franches de pied, se soient modifiés, sous l'influence manifeste du porte-greffe. D'aucuns ont presque disparu ; d'autres, par exemple le *folletage*, se sont accentués avec certains porte-greffes tel que le Riparia ; l'intervention du porte-greffe, lorsque l'adaptation et l'affinité ne laissent rien à désirer, s'est traduite de la façon la plus inattendue et la plus heureuse : et il semble bien que ce soit le cas pour le *Rougeau des Terrets*.

Quoique vigoureux, les Terrets n'ont nul besoin d'être ébourgeonnés comme l'Aramon. Avec eux il n'y a pas à lutter contre une végétation adventice embarrassante ou nuisible. Mais pour les défendre contre l'action funeste des vents, il est bon de leur faire subir à diverses reprises de légers pincements. Cette pratique a d'ailleurs l'avantage de favoriser le développement des feuilles de la base et de mieux protéger les raisins contre les coups de soleil qui les grillent facilement. Ainsi préservés, les raisins des Terrets se conservent très avant dans la saison ; ils constituent alors d'excellents raisins de table.

Vinification. — On applique à la vendange des Terrets bourrets et des Terrets blancs les procédés usités de nos jours pour la vinification en blanc. La plupart des installations vinicoles méridionales où l'on vise l'obtention des vins blancs sont aménagées avec une méthode, un soin, une connaissance complète des nécessités de la vinification véritablement admirables. Les beaux celliers que la Compagnie des Salins du Midi possède à Jarras, près Aigues-Mortes, et à Villeroy, près Cette, sont des modèles du genre : turbines aéro-foulantes, débourbeurs, pressoirs hydrauliques, chambres d'égouttage, pompes, foudres, etc., tout est combiné en vue d'une manipulation rapide de la vendange, d'un assèchement parfait des marcs, d'une fermentation irréprochable des moûts, d'une longue conserva'ion des vins. Les quantités de Terrets qui y sont traitées chaque année sont considérables et dépassent 50.000 hectolitres. Généralement les vins qui en proviennent sont mélangés aux vins de *Clairette* et surtout de *Piquepoul*, avec lesquels ils se marient parfaitement.

Cueillis à maturité complète, les Terrets donnent un vin fin, délicat, légèrement bouqueté, variant de 10 à 11° d'alcool. Comme ils ne redoutent pas la pourriture, ils peuvent être vendangés fort tard : leur degré alcoolique s'élève alors, mais au détriment de la fraîcheur et de la finesse. Le vin des Terrets n'a ni la vinosité, ni le mordant, ni le corps du Piquepoul ; il est plus neutre que celui-ci, mais aussi plus agréable et plus frais.

Le vin des Terrets est de bonne garde ; il gagne à vieillir. Au bout de quelques années, il tend à se madériser, et prend la force et le corps qui lui manquaient au début.

Au cours des vendanges dernières (1902), j'ai procédé à quelques analyses comparatives de moût de raisins de Terrets prélevés sur les souches du champ d'expériences de Fangouse, cité ci-dessus. La cueillette a été faite le 1er octobre un peu prématurément, et avant maturité complète : les résultats ne sont donc pas ceux qu'ils auraient été si les circonstances avaient permis de procéder à ces essais un peu plus tard et avec plus de méthode. Je crois devoir néanmoins les consigner ici, à raison des indications comparatives qu'ils fournissent sur l'état de la vendange des divers porte-greffes :

PORT.-GREFFES	POIDS MOYEN de la vendange prélevée sur 4 souches.	MUSTIMÈTRE	ALCOOL.
Berlandieri	14.9	1072	9.5
—	15	1072	9.5
—	20.2	1070	9.2
—	15	1076	10.1
—	15.3	1072	9.5
—	17.1	1070	9.2
—	15.5	1072	9.5
Berlandieri × Riparia 34 Ecole	14.3	1066	8.6
333 (Tisserand)	15.3	1069	9.0
Berlandieri × Riparia 33 Ecole	19.2	1068	8.9
Berlandieri × Riparia 420 A	7.9	1074	9.8
Berlandieri × Riparia 157-11	19.3	1068	8.9
41 B	13.9	1070	9.2
Rupestris du Lot	12.3	1068	8.9
—	11.5	1070	9.2
Riparia × Rupestris 3309	12.1	1070	9.2
— 3306	13	1072	9.5
— 101¹⁴	11.3	1074	9.8
1202	13.2	1066	8.6
—	15.1	1070	9.2
Aramon × Rupestris n° 1	15.9	1076	10.1
Taylor Narbonne	19	1068	8.9
548-1	18	1070	9.2
554-5	15	1068	8.9
132-9	15.1	1066	8.6
132-5	12.1	1064	8.2
81-2	16	1070	9.2

La production la plus élevée a été fournie par les greffes de Berlandieri, avec des moûts d'un poids minimum de 9° 2 ; les hybrides de Berlandieri, avec une production un peu moindre, ont fourni des moûts d'un poids minimum de 8° 6 ; les Riparia × Rupestris ont accusé des poids minimum de 9° 2, mais avec une production faible ; le Rupestris du Lot de 8° 9, avec une production également faible ; même observation pour le 1202 ; l'Aramon × Rupestris n° 1, avec une production moyenne, a donné 10° 1, confirmant ainsi ce que nous avons noté de son affinité pour les Terrets.

DESCRIPTION. — Souche, vigoureuse ou de vigueur moyenne ; tronc plutôt grêle, peu ramassé, à écorce se détachant aisément en lanières d'un gris roussâtre, à port érigé.

Bourgeons, moyennement gros, renflés ; bourgeonnement duveteux, blanchâtre, très tardif ; jeunes feuilles d'un vert très clair, franchement découpées, blanches et très duveteuses en dessous, légèrement duveteuses au-dessus et sur les bords, d'un vert blanc comme lavé de jaune, s'avivant par degrés pour passer au vert clair et luisant.

Rameaux, vigoureux, noués long, forts, relativement peu nombreux, à nœuds franchement accusés ; verts, parsemés de poils à l'état herbacé, de couleur rouge clair après aoûtement ; aux extrémités duveteuses et d'un vert blanchâtre ; vrilles nombreuses, nettement bifurquées, fines, très longues, d'un vert pâle.

Feuilles, de grandeur moyenne, quinquelobées, les lobes bien découpés dans le jeune âge, plus tard le supérieur seul demeurant bien accusé, les autres s'atténuant insensiblement pour se noyer enfin dans les dentelures et se confondre avec celles-ci ; lisses super, cotonneuses infer, de couleur vert clair et gai pendant la période de grande végétation pour se foncer ensuite et devenir, avec certains porte-greffes (Berlandieri), d'un vert sombre mat ; dents petites, inégales et grossières ; nervures faiblement apparentes au-dessus, nettes et saillantes au revers, parsemées de poils duveteux. — Pétiole vert, imperceptiblement lavé de carmin, se desséchant vite fin octobre.

Fruits. — *Grappes*, fortes, grosses, le plus souvent ailées, à grains serrés, à pédoncules durs et ligneux, résistants ; pédicelles forts et tenaces. — *Grains*, gros, oblongs, d'un *noir violacé*, ou d'un *rose gris*, ou d'un *blanc pâle* suivant la variété, plus petits dans la variété noire ; s'égrenant difficilement ; à chair juteuse, finement acidulée, à saveur douce et fraîche ; à peau ferme et presque dure, s'écrasant difficilement, très résistante à la pourriture.

P. Gervais.

Buckland

BUCKLAND

Synonymie. — BUCKLAND SWEETWATER, BUKLAND.

Observations. — D'après A.-F. Barron, cette variété provient d'un semis anglais fait à Buckland, près de Reigate, par un gentleman qui apporta la graine du continent; MM. Ivery et Son le greffèrent sur le Black Hamburgh (Frankental), une des greffes reprit, fut merveilleuse tandis que toutes les autres périrent; M. Ivery le présenta au public vers 1860. Ce cépage, qui a quelque ressemblance avec le Golden Hamburg (Frankental blanc), devint vite populaire. En dehors du Muscat d'Alexandrie et du Forsters il n'y a pas de plus belle grappe. Ce raisin est cultivé communément dans les serres anglaises sous un climat tempéré et humide. Il redoute trop la chaleur et la sécheresse pour réussir dans les Forceries françaises, sauf aux confins de la Belgique.

Le *Buckland* donne des bois très moelleux, de calibre moyen; il demande une taille demi-longue, car il est peu fructifère, surtout forcé. Ses bourgeons débourrent irrégulièrement; ils sont souvent doubles et poussent très rapidement. Ses sarments se palissent aisément; ils portent des fleurs peu apparentes, formées de petits bouquets sur des ramifications très longues et pendantes; la fleur passe vite et la nouaison est assez irrégulière. Les grains, restés petits, sont enlevés par un ciselage facile et peu important, car la grappe est formée d'ailerons peu serrés, portés par des pédoncules très longs. Les tailles en verts, pincements à 4 feuilles au-dessus de la grappe, suppression de nombreux rejets et vrilles, lui sont absolument nécessaires. Son feuillage, malgré la dimension de ses feuilles, est peu serré, vert clair et laisse passer la lumière. Ce cépage préfère une atmosphère fraîche et humide; feuilles et grains grillent facilement au soleil et il végète mal si peu que la température soit sèche ou susceptible de dépasser 40°; dans un air humide, il est extrêmement sensible à l'Oïdium et ne peut être soufré que très légèrement. La Grise (Tetranychus tellarius) se développe peu sur son limbe inférieur glabre, non sensible à la nicotine. C'est un cépage des plus chlorosants.

A la maturité, les grains se dorent difficilement et irrégulièrement; quelques-uns, quoique ayant atteint une grosseur normale, restent verts; ces grains supprimés sont cause

---

BIBLIOGRAPHIE. — Catalogue des frères Louis Simon, de Metz. — Catalogue de Leroy, d'Angers. — Cte DE ROVASENDA : Essai d'une ampélographie universelle (2e édition, 1887). — WILLIAM THOMSON : A practical Treatise on the cultivation of the grape vine (10e édition, 1895, London). — A.-F. BARRON : Vines and Vine culture (4e édition, 1900, London).

d'un déchet dans le poids de la grappe qui est très irrégulier et variable avec le nombre des grappillons ; 300 à 350 grammes sont le poids moyen d'une grappe. L'incision annulaire pratiquée 8 jours après la nouaison augmente beaucoup la grosseur du grain et sa facilité à dorer. Une fois mûr, le grain se détache facilement de la grappe ; conservé sur souche, il ride et tombe ; il est peu fleuri.

Le Buckland vient après le Forster comme maturité ; il est de 1re époque. Les Anglais apprécient ce raisin très aqueux, juteux, neutre, à goût d'eau sucrée comme ils l'appellent. Délicat à forcer, peu fructifère et donnant une grappe pas assez ornementale pour racheter ses défauts, ce cépage est abandonné de plus en plus ; il ne peut du reste s'expédier au loin.

DESCRIPTION. — Souche, de vigueur moyenne ; tronc gros ; écorce épaisse s'enlevant en longues lanières régulières ; racines de grosseur moyenne.

Bourgeons, larges à la base, aplatis, lisses ; au débourrement jeunes feuilles d'un vert blond, glabres ; jeunes grappes claires et très ramifiées, peu importantes.

Rameaux, de longueur moyenne, gros, cylindriques, souvent aplatis, érigés, très ramifiés ; jeunes rameaux vert clair, très lenticellés ; rameaux aoûtés brun acajou, avec bandes plus rouges et plus foncées ; mérithalles courts, légèrement striés, dépourvus de poils ; moelle blanche peu importante ; bois dur ; nœuds nettement marqués, réguliers, non aplatis ; diaphragmes très prononcés ; vrilles de grosseur moyenne, bi ou trifurquées.

Feuilles, trilobées, très grandes, aussi larges que longues, à parenchyme très épais et gaufré ; sinus pétiolaire en lyre très ouverte à la base et lobes du tablier très importants ; sinus latéraux inférieurs absents ou peu découpés ; sinus latéraux supérieurs bien découpés, avec légère tendance des lobes à se rapprocher ; limbe très bullé ; face supérieure du limbe vert sombre, glabre ; face inférieure glabre également, vert très clair ; dents tri-sériées, normales au limbe ; nervures saillantes et blanc vert. — Pétiole peu long, très gros, très renflé à ses deux extrémités, rigide, cylindrique, non aplati, vert paille, à côtes bien marquées, teintées de carmin, sans sillon ni poils, inséré à angle très obtus par rapport au plan du limbe ; à la défeuillaison, la feuille se teinte entièrement de jaune et persiste assez longtemps sur le sarment.

Fruits. — *Grappes*, insérées à la base du sarment au niveau de la 2e et 3e feuille, grosses, coniques, longues, larges à leurs sommets, bien épaulées, constituées par plusieurs ailerons ; pédoncule très gros, très renflé à son insertion sur le sarment, cylindrique, très court, vert à la maturité, très rigide ; rafle verte, à ramifications courtes, donnant des grappes formées de grappillons à grains serrés ; pédicelles courts, très gros, à bourrelet très gros, adhérant au grain. — *Grains*, gros, ovoïdes, souvent ronds et ovoïdes dans la même grappe, jaune cire, avec nervures peu visibles, sauf à la véraison ; pruine très légère, ombilic bien marqué, très consistant ; peau moyennement épaisse, élastique ; pulpe développée, moyennement consistante ; jus incolore, peu abondant, à saveur sucrée, peu acide, assez relevée ; pépins au nombre de 2 à 3, très gros, à bec long, ventre bien marqué, chalaze et raphé nettement indiqués.

P. Pacottet.

Appley Towers

APPLEY TOWERS

Observations — D'après A.-F. Barron l'*Appley Towers* est un hybride de Gros Colman par Black Alicante, obtenu par M. Miles, jardinier de Lady Hutt. Ce cépage a reçu un certificat de 1re classe en 1889 de la Société royale d'horticulture d'Angleterre et est considéré par Barron comme un raisin de valeur. L'Appley Towers est resté confiné dans les serres anglaises ; en France on le trouve aux Forceries de la Seine, à Nanterre ; il ne semble pas vouloir se répandre dans ce pays pas plus qu'en Belgique et ne supplante nulle part le Black Alicante.

L'Appley Towers est considéré, par les Forceurs anglais notamment, comme le rival du Black Alicante dont il provient ; leurs qualités, leurs aspects, la facilité de leur forçage rapprochent ces deux cépages. Son bois, moins moelleux que celui de l'Alicante, s'aoûte assez bien ; les bois de taille doivent pour cela être choisis avec soin, On le conduit en cordons ou en palmettes ; fructifère, un œil suffirait à assurer sa récolte, mais, comme il se palisse difficilement, il est plus prudent de lui laisser deux bourgeons francs par coursonnes ; celles-ci, à cause de la dimension des feuilles, doivent être à 30 centimètres les unes des autres pour éviter un feuillage trop dense.

Il n'a pas de préférence marquée pour les sols et ne chlorose pas en terrains même très calcaires. La grise l'attaque ; il est surtout très sensible à l'Oïdium. Au débourrement, ses bourgeons débourrent rapidement et croissent en tous sens, portant des grappes bien détachées. De nouaison très facile, ses grappes demandent un ciselage important.

Un peu plus tardif que le Black Alicante, il se colore après ce dernier et n'en prend jamais la teinte noir foncé ; il reste plutôt rouge. Son grain très serré et allongé atteint la taille du Black Alicante moyen. Moins sucré et de saveur moins fine, il est en revanche plus acide. Cette acidité lui assure une saveur relevée au bout de quelques mois de conservation dans les chambres de garde en bouteilles. Son raisin est ornemental, mais au lieu d'avoir une rafle très verte faisant ressortir son grain noir, celle-ci est teintée de rouge vineux terne et ne paraît pas fraîche. Il est de goût anglais ; en France on préfère le Black Alicante.

DESCRIPTION. — Souche, très vigoureuse ; tronc gros ; écorce très grossière s'exfoliant, racines semi traçantes.

BIBLIOGRAPHIE. — A.-F. Barron : Vines and Vine culture (4e édition, 1900, London).

Bourgeons, gros, aplatis à la base, coniques, débourrant très gros, souvent doubles, très cotonneux ; jeunes feuilles trilobées, très duveteuses, blanc vert en dessus, complètement blanches en dessous tant elles sont lanugineuses ; jeunes grappes petites, blanches.

Rameaux, longs, gros, ronds, poussant en tous sens, plutôt érigés, blanc vert à l'état herbacé, avec stries rouges ; ramifications nombreuses et importantes ; rameaux aoûtés acajou clair, avec bandes longitudinales acajou foncé ; mérithalles plutôt longs, quelque peu duveteux ; moelle importante ; bois dur ; nœuds très prononcés ; diaphragmes très apparents ; vrilles peu abondantes, petites, bi ou trifurquées.

Feuilles, très grandes, rondes, gondolées, très épaisses, quinquelobées ; sinus latéraux supérieurs très profonds, aigus ; sinus latéraux inférieurs peu profonds ; sinus pétiolaire fermé et très profond, les bords du tablier en se recouvrant laissent à l'insertion du pétiole une ouverture ovoïde ; limbe légèrement bullé, vert foncé et glabre à la face supérieure, blanc et très duveteux à la face inférieure ; poils courts ; dents normales au limbe, grandes, irrégulières ; nervures blanches non saillantes à la face supérieure, carminées à leur naissance, très saillantes et grosses en dessous. — Pétiole aussi long que la feuille, gros, robuste, cylindrique, rouge carminé, sans sillon avec quelques poils, s'insérant au limbe en faisant avec ce dernier un angle de 30 degrés ; à la défeuillaison la feuille prend une teinte jaune paille, avec marbrures rouges très décoratives.

Fruits. — *Grappes*, très grosses, serrées, un peu courtes, coniques, munies d'ailerons souvent importants ; pédoncule trapu, court, rond, peu ligneux à la maturité, vert teinté de rouge ; ramifications courtes et peu nombreuses ; pédicelles très courts, gros, verruqueux, terminés par un bourrelet tronc-conique très lenticellé ; pinceau court, peu important, vert à peine teinté de rose, très adhérant au grain. — *Grains*, très gros, égalant ceux du Black Alicante, toujours nettement ovoïdes, noir rouge, très pruinés ; ombilic saillant et bien indiqué, très ferme ; peau épaisse, mais plus mince que celle du Black Alicante, élastique ; matière colorante rouge vif, peu abondante ; pulpe incolore, chair croquante ; jus abondant, peu sucré, acidulé, relevé, sans goût spécial ; pépins gros, avec chalaze et raphé très indiqués, au nombre de 2 à 3.

P. Pacottet.

Muscat Dr. Hogg

MUSCAT DR HOGG

Observations. — D'après A.-F. Barron, ce cépage a été obtenu en 1869 d'un semis
de la duchesse de Buccleuch par M. Pearson, de Chilwell, qui l'exposa au Comité en
1871 où il reçut un certificat de 1re classe. D'époque de maturité moyenne, c'est le
plus petit des Muscats de forçage. Il est cultivé principalement en Angleterre, est rare
en Belgique et plus encore en France.

Peu vigoureux, ce cépage donne des sarments petits mais très fructifères. Il supporte
la taille courte et se conduit en cordons ou palmettes, et ses sarments portent facilement 2
à 3 grappes. Son débourrement est maigre, double et laisse apparaître de bonne heure
les grappes qui se détachent bien. Il passe vite fleur et noue facilement sans qu'on ait
besoin de l'entourer de précautions spéciales. Sa feuille menue donne un feuillage très
peu dense qui ne nécessite pas de suppressions de feuilles et de sarments; les pincements sont rares. On peut maintenir les bras porteurs des tailles à 10 ou 25 centimètres d'écartement. Les jeunes pousses sont souples et ne cassent pas facilement. Le
raisin une fois noué demande un ciselage peu abondant, consistant à supprimer les grains
restés petits ou verts. Il redoute la grise, peu l'Oïdium et craint les insecticides à base de
nicotine.

Ce Muscat se dore bien, et il reste sur souches sans craindre la pourriture, car sa
grappe est peu serrée. Les grains sont très adhérants et ne se détachent pas pendant la
cueillette ou le transport. Leur grosseur atteint avec peine celle des grains moyens de
Frenkental, aussi la grappe dépasse rarement un poids moyen de 150 à 200 grammes.
Ce raisin, très doré, à rafle verte, à grains moyens, à grappe petite, n'est pas très
ornemental, mais il se force bien et, qualité des plus méritoire pour un Muscat, noue
très facilement; on peut le forcer de bonne heure afin d'obtenir du raisin musqué hâtif,
car ce cépage est de 2e époque de maturité et mûrit un peu avant le Muscat d'Alexandrie.
On ne peut prétendre faire avec lui des récoltes de poids élevé; mais, dans les pays septentrionaux, il réussira plus facilement que le Muscat d'Alexandrie, car il exige durant toute
sa végétation une température moins élevée.

En résumé, le *Dr Hogg* peut rendre de réels services sous le climat de l'Angleterre ou
de la Belgique comme Muscat à forcer. En France, sous un climat plus chaud, il est laissé

BIBLIOGRAPHIE. — A.-F. BARRON : Vines and vine culture (4e édition, London, 1900). — ÉTIENNE
SALOMON : Catalogue (Thomery, 1900).

très en arrière par le Muscat d'Alexandrie. Il est moins musqué mais l'est peut-être plus finement que ce dernier, dont il n'a pas la pulpe ferme et croquante, car il est juteux.

DESCRIPTION. — Souche, de vigueur moyenne; tronc gros; écorce s'exfoliant facilement en lanières courtes et épaisses, racines moyennes.

Bourgeons, coniques, à écailles bien marquées, brun acajou foncé; débourrement petit, vert, légèrement cotonneux; jeunes feuilles entières; sur les deux faces, vert luisant, glabres; grappes petites et très détachées, très ramifiées.

Rameaux, de longueur et grosseur moyennes, ronds, érigés; ramifications nombreuses et grêles; rameaux herbacés vert pâle; rameaux aoûtés de couleur acajou clair mais ponctués acajou foncé; mérithalle plutôt court; moelle peu importante; bois de consistance moyenne; nœuds aplatis d'un côté mais très marqués à l'insertion des feuilles; diaphragmes apparents; vrilles nombreuses, longues et fines, très ramifiées.

Feuilles, de grandeur moyenne, à bords repliés en dessus, formant trois gouttières plus larges que longues, peu épaisses, à cinq lobes, les deux inférieurs souvent absents; sinus latéraux supérieurs très profonds; sinus latéraux inférieurs souvent absents; sinus pétiolaire en V profond; limbe à peine gaufré, vert foncé luisant, non duveteux à la face supérieure, face inférieure vert pâle, terne, avec bouquets de poils cotonneux; dents aiguës, normales, très irrégulières, avec mucron bien indiqué; nervures très saillantes à la face inférieure, renflées, avec ramifications aplaties vert clair à la face supérieure. — Pétiole très long, plus long que la feuille, gros, cylindrique, glabre, très renflé à son extrémité avant de s'insérer sur une large surface, de grosseur moyenne, vert foncé luisant, sillon absent, glabre, angle du limbe 60 degrés; à la défeuillaison la feuille reste verte longtemps, se tache de blanc et tombe.

Fruits. — *Grappes*, insérées au niveau des 2e, 3e et 4e nœuds, sur-moyennes, très ailées, à ailerons détachés, cylindriques ou cylindro-coniques; pédoncule long, fort, rigide, vert, mais dur à la maturité; rafle très ramifiée, verte, légèrement carminée, ponctuée acajou, pédicelles renflés et verruqueux, de longueur moyenne; bourrelet trapu et verruqueux; pinceau peu important, blanc, adhérant au grain. — *Grains*, de grosseur moyenne, ronds régulièrement, pruine abondante mais peu visible et s'enlevant difficilement, ferme; peau de couleur terne, puis jaune ou cuivré rouge, épaisse, élastique, n'éclatant pas; pulpe très fondante, non croquante, blanc clair; jus très abondant, peu sucré, bien et finement musqué; pépins au nombre de 1 à 2, à bec très long, chalaze et raphé peu marqués.

P. PACOTTET.

Ampélographie.
A. Kreÿder
Muscat Pearson

MUSCAT PEARSON

Observations. — D'après A.-F. Barron, ce Muscat tardif provient d'un croisement de Black Alicante par Ferdinand de Lesseps. Ce cépage, qui a obtenu en 1874 un certificat de 1re classe, n'est pas aussi cultivé qu'il devrait l'être. Il demande une chaleur égale au Muscat d'Alexandrie et va bien dans les forceries chaudes.

Le *Muscat Pearson*, très fructifère, se contente d'une taille courte à un œil. On le conduit de préférence en cordons ou en palmettes, en espaçant ses coursons de 20 à 25 centimètres. Lent à débourrer, il pousse tout d'un coup émettant des ramifications nombreuses ; peu vigoureux dans son ensemble, sa souche doit être formée très lentement, sinon il se dégarnit facilement ; ses coursons se palissent bien et permettent d'obtenir des souches régulières. Les fleurs se détachent peu d'un feuillage peu important. Les tailles en vert, pincement et suppression des entre-cœurs, sont indispensables si on ne veut pas avoir une souche buissonnante. C'est de tous les Muscats que l'on force celui qui noue le mieux et le plus facilement. Cette nouaison trop parfaite oblige à un ciselage important et difficile à cause de la faible longueur des ramifications et des pédicelles.

Comme tous les Muscats, il ne redoute pas la chaleur, et le soleil ne grille ni ses fruits ni ses feuilles ; il se contente aussi de peu de chaleur et est moins exigeant sous ce rapport que le Muscat d'Alexandrie. Il redoute peu l'Oïdium et est sujet à la grise, mais craint les insecticides à base de nicotine.

Ce cépage est le plus tardif des Muscats, on peut le placer à la 4e époque de maturité de Pulliat. Les grains mûrissent régulièrement ; il n'en est pas toujours de même des grappes d'une même souche. Les grains ne dépassent pas comme grosseur ceux du Frankental et donnent des grappes qui, petites, cylindriques et peu volumineuses, dépassent difficilement 200 grammes. Très doré à la maturité, avec des reflets ivoirins, ce raisin se conserve très tard, jusqu'en décembre, sur souche sans éclater ni pourrir ; sa peau jaunit, se fonce et devient cuivre rouge. Sa chair est très finement musquée, juteuse, sucrée, non croquante. Le goût musqué est un peu moins accentué que chez le Muscat d'Alexandrie, mais le *Pearson* a l'avantage sur ce dernier d'être plus tardif que lui et de pouvoir se conserver sans que les grains les plus mûrs se rident. On ne peut espérer avec lui faire des poids élevés et il ne peut concurrencer le Muscat d'Alexandrie que dans les Forceries les plus septentrionales où les temps brumeux gênent la nouaison de celui-ci.

BIBLIOGRAPHIE. — A.-F. BARRON : Vines and vine culture (4e édition, London, 1900). — ÉTIENNE SALOMON : Catalogue (Thomery, 1900).

DESCRIPTION. — Souche, de vigueur moyenne ; tronc gros, à écorce se détachant en longues lanières.

Bourgeons, gros, coniques, renflés à leur base, à écailles cotonneuses bien marquées ; débourrement petit, blanchâtre ; jeunes feuilles vert clair, à 3 lobes, duveteuses, avec pétiole lie de vin ; fleurs peu apparentes, blanchâtres, avec pédoncule vineux.

Rameaux, de longueur moyenne, gros, semi-érigés ; rameaux herbacés verts, lavés de rouge vineux, duveteux, assez ramifiés ; rameaux aoûtés, café au lait, ponctués de brun ; mérithalles moyens comme longueur, plutôt gros ; stries peu saillantes ; moelle moyenne ; bois dur ; nœuds renflés, très marqués ; vrilles abondantes, trifurquées, blanc vert, cotonneuses.

Feuilles, de grandeur moyenne, arrondies, aussi larges que longues, assez épaisses ; sinus latéraux supérieurs plus profonds, souvent recouverts par les lobes ; sinus latéraux inférieurs à peine indiqués, le limbe est replié en dessus suivant les nervures indiquant trois gouttières ; dents normales au limbe, ogivales, terminées par un mucron brun clair ; nervures non saillantes à la face supérieure, vert clair, teintées de rose, très saillantes à la face inférieure, blanc vert, duveteuses. — Pétiole court, fort, trapu, vert, avec bandes vineuses, aranéeux, avec sillon à peine indiqué, vert clair, inséré à 120° ; à la défeuillaison les feuilles très persistantes se décolorent complètement pour devenir blanc paille.

Fruits. — *Grappes*, insérées à partir du 2ᵉ nœud, au nombre de 2 et 3, de grosseur moyenne, cylindro-coniques, le nœud porte fréquemment une grappe assez longue ; pédoncule fort, court, cylindrique, duveteux, ligneux à la maturité ; rafle verte lavée de rouge, avec ramifications peu importantes ; pédicelles courts, de grosseur moyenne, terminés par un bourrelet verruqueux rougeâtre ; pinceau presque nul, très adhérant au grain. — *Grains*, de grosseur moyenne, inégaux, régulièrement ronds, jaune ambré, très pruinés, avec ombilic et lenticelles très marqués, fermes ; peau peu épaisse, élastique, souvent rouge cuivré ; pulpe très juteuse, incolore ; jus abondant, très sucré, très et finement musqué ; pépins 1 à 2, moyens, avec bec allongé.

P. Pacottet.

Ampélographie
A. Kreijder
Imp. F. Champenois
Alphonse Lavallée

ALPHONSE LAVALLÉE

Observations. — L'*Alphonse Lavallée* n'a pas de synonyme. Il semble avoir été obtenu
par un pépiniériste d'Orléans vers 1860. Dédaigné en France malgré sa beauté, il a
acquis en Angleterre une certaine réputation. Il est à cultiver en très petite quantité ;
il n'est pas répandu dans les Forceries belges et françaises.

L'Alphonse Lavallée se contente d'une taille courte à 1 ou 2 yeux. Il se conduit bien
en cordon ou en palmette à la condition de former chaque année un petit nombre de
coursonnes nouvelles. Les pincements lui sont nécessaires, et il faut espacer sa charpente
trop serrée. Il se palisse facilement et ne casse pas malgré un bois très moelleux. L'incision
annulaire après la nouaison accroît de beaucoup la grosseur de son grain et sa précocité.
Il noue moins facilement que le Frankental et le ciselage de la grappe se trouve réduit de
ce fait. Il faut du reste lui laisser bien peu de grains si on ne veut avoir à la maturité
une grappe trop serrée. C'est un cépage résistant à la Grise, à l'Oïdium ; la Chlorose
ne l'atteint pas dans les sols riches en calcaire assimilable. Il se greffe mal, notamment
sur les bois durs comme l'Aramon × Rupestris.

L'Alphonse Lavallée est de fin de 1re époque de maturité de Pulliat, c'est-à-dire plus
précoce que le Frankental. Il se force aussi facilement que ce dernier et ne redoute pas la
chaleur sèche des chauffages à la fumée. La grappe, très ornementale, a des grains d'un
bleu intense très pruiné que fait ressortir davantage une rafle vert clair. Le grain se
colore tout d'un coup et très irrégulièrement dans la grappe ; il est très coloré avant
d'être mûr, ce qui le fait cueillir avant sa maturité complète. Peu acide, peu sucré, son
jus est neutre, non relevé et sa pellicule a une saveur herbacée prononcée. Ce n'est pas
un bon raisin à manger ; il se conserve bien en revanche et se transporte facilement.
Cultivé en pot, il vient très bien ; son joli feuillage large et abondant rehausse la beauté
du fruit. Vinifié, il donnerait un vin sans qualité.

DESCRIPTION. — Souche, très vigoureuse ; tronc fort ; écorce s'enlevant en lanières
très longues, se détachant facilement.

Bourgeons, à bourgeonnement vert, duveteux ; jeunes feuilles, parenchyme et nervures
carminés fortement ; faces supérieure et inférieure duveteuses.

Rameaux, longs, gros, semi-érigés, peu ramifiés ; à l'état herbacé verts foncés, avec
bandes longitudinales lie de vin, à l'aoûtement acajou foncé ; mérithalles courts ; stries

BIBLIOGRAPHIE. — A.-F. Barron : Vines and vine culture (4e édition, London, 1900).

fines ; moelle très importante ; bois tendre ; nœuds très renflés, avec diaphragmes apparents ; vrilles bifurquées, fortes, souvent veinées de carmin.

Feuilles, très grandes, arrondies, plus larges que longues, à 5 lobes nettement dessinés ; sinus latéraux supérieurs peu profonds, à lobes se recouvrant ; sinus latéraux inférieurs à peine indiqués ; sinus pétiolaire en forme de lyre bien ouverte ; limbe épais non gaufré ; face supérieure glabre, vert foncé non luisant ; face inférieure aranéeuse, vert mat plus clair, poils blancs aranéeux ; dents droites, inégales, en deux séries ; mucrons blanchâtres très accentués, les cinq nervures principales très apparentes et très saillantes sur le 1/3 de leur longueur, à la face supérieure rouge vineux intense, également saillantes en dessous. — Pétiole long, de grosseur moyenne, aminci en son milieu, renflé à ses deux extrémités, le sillon absent est remplacé par un simple aplatissement, glabre, inséré à plus de 90°.

Fruits. — *Grappes*, insérées à la base du sarment du 2ᵉ au 3ᵉ nœud, très grosses, pouvant dépasser le kilogr., cylindro-coniques, très longues, peu larges ; ramifications peu nombreuses, peu détachées, sauf les ailerons supérieurs quelquefois très développés ; pédoncule très court, presque nul, cylindrique, trapu, très vert, rarement teinté de rose, dur à la maturité, non lignifié ; rafle peu développée, verte ; pédicelles longs, de grosseur moyenne ; bourrelet peu prononcé ; pinceau court, non coloré, très adhérant au grain qui ne se détache pas facilement. — *Grains*, très gros, ronds, légèrement aplatis autour de l'ombilic, de forme régulière, de calibres inégaux, couleur bleu violet foncé mat ; pruine très abondante, ombilic gros et très indiqué, grain très ferme ; peau épaisse, peu élastique, éclate quelquefois, peu riche en matière colorante ; pulpe charnue, croquante, ferme, verte ; jus moyennement abondant, peu sucré, peu acide, à saveur herbacée, grossière ; pépins au nombre de 2, généralement gros, chalaze et raphé à peine indiqués.

P. Pacottet.

Räuschling

RÄUSCHLING

Synonymie. — Melon blanc, Lyonnaise blanche (France, d'après *Stoltz*). — Gros Fendant, Grosser Räuschling, Offenburger (Alsace). — Drutsch (Palatinat). — Klœpfer, Klaffer, Weisser Räuschling, Silber Räuschling, Rüschling, Frankentraube (Grand-Duché de Bade et à Kaiserstuhl). — Guay jaune, Buchelin (canton de Vaud). — Weisswelsch, Züriweiss (Suisse orientale allemande). — Silberweiss, Luttenberger, Brauner Würnberger, Diviema, Szrebo bela (Autriche et Styrie).

Observations. — Le *Räuschling blanc* est un vieux cépage qui a été décrit par Tragers, il y a plus de trois cent cinquante ans, dans son herbier sous le nom de *Drutsch*. Cette variété est encore aujourd'hui répandue dans le sud de l'Allemagne, principalement en Alsace et dans le Grand-Duché de Bade, à Offenbourg et à Kaiserstuhl. On la trouve aussi en Suisse; elle diminue cependant constamment, car elle pourrit facilement et elle éclate. C'est de ce défaut que lui viendrait son nom de Klœpfer, mais Trummer conteste cette origine.

Le *Blauer Räuschling* est la forme noire du Räuschling, dont il ne diffère que par la couleur des grappes. Ses synonymes sont : *Gelbhölzer, Schwarzer Räuschling, Schwarzer Klœpfer*, notamment à Kaiserstuhl et à Heidelberg.

D'après Babo, à Genève, le Räuschling blanc est confondu avec le *Weiss Gutedel* qui porte aussi le nom de *Fendant*. Remarquons aussi que le Räuschling blanc n'est pas identique à l'*Ortlieber* (Knipperlé), qui, d'après Stoltz, est nommé près de Colmar *Kleine Räuschling*.

Le Räuschling est peu exigeant comme sol et s'accommode des différentes terres, cependant il s'épuise vite dans un terrain léger et sec. D'après Babo, il s'adapte aux situations les plus diverses et préfère la plaine et les terrains compacts. Il donne des rendements élevés; ses grappes abondantes, surtout dans sa jeunesse, donnent un poids considérable de vendange. On le conduit indifféremment en taille courte ou en taille longue, mais il prospère surtout dirigé en arçon ou à taille courte.

Ce cépage est utilisé parfois comme raisin de table, mais il a peu de valeur car il se conserve peu.

BIBLIOGRAPHIE. — Von Babo : Der Weinstock und seine Varietäten (p. 141). — Von Babo et J. Metzger : Die Wein und Tafeltrauben (p. 82). — Trummer : Klassification (p. 99). — Stoltz : Ampélographie rhénane p. 120). — Kohler (p. 14). — H. Gœthe : Handbuch der Ampelographie (p. 116). — Oberlin (p. 71).

DESCRIPTION. — Souche, forte, puissante ; port étalé ; écorce grossière se détachant facilement en grosses lanières.

Bourgeons, peu saillants, coniques et acuminés, brun foncé, blanc laineux à la pointe ; bourgeonnement cotonneux, lavé de rouge ; jeunes feuilles d'un vert clair.

Rameaux, cylindriques, droits, herbacés vert clair, veinés de rouge et quelquefois lavés entièrement de rouge ; rameaux aoûtés brun clair, à reflets très faiblement grisaille, ponctués irrégulièrement de noir ; stries droites, fines et régulières ; nœuds peu saillants et de couleur moins foncée que le bois ; mérithalles de longueur moyenne ; vrilles grêles.

Feuilles, grandes, gondolées et bullées, minces mais rigides, à bords repliés en dessous ; de forme régulière, ronde, elliptique, formant un carré que prolonge en fer de lance le lobe terminal ; de couleur vert foncé à la face supérieure, vert tirant au jaune à la face inférieure ; sinus latéraux supérieurs ouverts, peu marqués, arrondis au fond ; sinus latéraux inférieurs à peine indiqués ; sinus pétiolaire très aigu, profond, étroit, souvent fermé, les bords du limbe laissent quelquefois en se recouvrant une ouverture au fond du sinus ; nervures petites, saillantes au départ du pétiole sur le plan du limbe contracté et plissé, rouges principalement chez les feuilles adultes, rouge carminé chez les petites et les jeunes feuilles, cette coloration s'étend aux nervures latérales ; ces nervures à la face inférieure sont pourvues de poils ; dents courtes et larges à la base, irrégulières, les grosses dents sont recourbées extérieurement, les petites dents sont à bords droits ; mucrons très petits, presque imperceptibles. — Pétiole vert, lavé de rouge foncé, à angle obtus avec le limbe.

Fruits. — *Grappes*, moyennes, serrées, mais parfois assez lâches, souples ou munies de ramifications courtes, rarement longues ; pédoncule moyen ou court, fort, plus trapu au-dessus du nœud qu'au-dessous, non rigide, vert clair, non ponctué, lignifié jusqu'au nœud en pleine maturité ; pédicelles moyennement longs, de grosseur moyenne, vert clair et finement verruqueux, faibles au point d'attache terminé par un bourrelet renflé pourvu de fines côtes brunes. — *Grains*, ronds, de grosseur moyenne, vert clair, veinés, ponctués, lavés fortement de gris blanc ; ombilic central, petit, peu prononcé ; peau mince, fine, éclatant facilement ; jus aqueux, peu riche comme celui de l'Elbling ; pépins au nombre de deux, généralement brun gris.

R. Gœthe.

Ampélograp
J. Francey
Imp. F. CHAMPENOIS, Pa
Ciréné de Rom

CIRÉNÉ DE ROMANS

BIBLIOGRAPHIE. — V. PULLIAT : Rapport sur les études ampélographiques faites en 1872; Mille variétés de vignes. — L. ROUGIER : Syrah, Serine, Séréné, etc. (in Progrès agricole et viticole, 1901, t. II).

Synonymie. — SIRANIÉ (*Pulliat*). — SÉRENÉ, CIRANÉ, CÉRIGNÉ, CÉRÉNÉ (dans la région de Romans). — SÉRENÈZE DE LA TRONCHE (vallée supérieure du Grésivaudan).

Historique et aire géographique. — A notre connaissance, Pulliat est le seul ampélographe qui ait mentionné le *Ciréné*. En rendant compte d'une exposition de raisins organisée à Lyon en 1872, l'auteur du *Vignoble* relate que « M. le vicomte de Sallemard, de Peyrins, près Romans (Drôme), avait adressé des grappes sur sarments feuillés d'une variété de vignes dont il fait grand cas et qu'il recommande sous le nom de *Cérigné* ou *Céréné* ». Il croit que le Cérigné est synonyme de la *Sérenèse*, de Grenoble, qui est considérée comme « un cépage des plus fins, des plus riches en sucre et des plus régulièrement fertiles de la vallée du Grésivaudan ».

Dans le même rapport, en rendant compte de l'excursion ampélographique faite dans les départements de l'Isère et de la Drôme, Pulliat dit qu'il a trouvé ce cépage sous le nom de *Siranié* chez M. Servan, à Beauséjour, et il pense toujours qu'il s'agit de la Sérenèse de Grenoble. D'ailleurs, quelques jours après on dut lui montrer, en effet, à La Tronche, localité voisine de Grenoble, un cépage dénommé Sérenèze, qui n'était autre que le Cérigné du vicomte de Sallemard ou le Siranié de M. Servan.

Trois ans auparavant, c'est-à-dire en 1869, Pulliat avait trouvé à Tullins la *Séréné*, cépage très apprécié, désigné aussi sous le nom de *Sérenèze* et qui était absolument différent de la Sérenèze de La Tronche. Mais, comme en 1872 il ne visita pas le vignoble de Tullins et qu'on ne lui montra pas à nouveau le Séréné, il dut penser, ainsi qu'en témoigne le compte rendu des études ampélographiques de 1872, que les Siranié, Cérigné, Céréné, Sérenèze ne formaient qu'un seul et unique cépage. C'est qu'en effet le nom de Sérenèze était un des synonymes des cépages examinés soit en 1869, soit en 1872, et ces variétés étaient toutes appréciées pour la qualité de leurs vins.

Pulliat toutefois ne devait pas longtemps confondre les deux Sérenèzes et, après les avoir réunies dans ses collections, il les décrivait toutes les deux dans ses *Mille variétés*. L'une, qu'il avait reçue de M. Servan, était décrite sous le nom de *Siranié*, — c'est le *Ciréné* dont nous nous occupons en ce moment —; l'autre, qui lui avait été envoyée de l'Isère, conservait son nom de *Sérenèze*; nous la désignerons *Serène de Voreppe*. Malheureusement, les

Mille variétés ne contiennent pas la synonymie de ces cépages, et, comme leur monographie n'a pas été faite dans le *Vignoble*, il existe encore une grande confusion en ce qui concerne les cépages appelés Séréné, Ciréné, Serène, Sérenèze..., etc. ; c'est qu'en effet la même dénomination est souvent employée pour désigner les deux cépages que Pulliat a pourtant bien séparés, et que l'un et l'autre de ces cépages portent des noms différents, suivant les localités.

C'est ainsi qu'un viticulteur distingué, le regretté Calvat, propriétaire de vignes voisines de celles qu'avait visitées Pulliat à La Tronche, en 1872, et dans lesquelles on lui avait montré le Ciréné sous le nom de Sérenèze, faisant grand cas de ce cépage, l'a répandu en lui maintenant ce dernier nom. Et, actuellement encore, lorsqu'on désigne dans les environs de Grenoble un cépage sous le nom de Sérenèze on ignore s'il s'agit du *Ciréné de Romans*, ou de la *Serène de Voreppe* de l'*Ampélographie*. D'ailleurs, à part Pulliat, aucun autre ampélographe, que nous sachions, ne s'est occupé d'identifier ou de distinguer ces cépages, et le Congrès ampélographique de 1874, tenu à Grenoble, s'est borné à décrire la Serène sous le nom de Sérenèze, sans indication synonymique. Les membres de ce Congrès ignoraient certainement que ce nom était employé à La Tronche, à quelques centaines de mètres du lieu des séances, pour désigner une autre variété.

L'étude à laquelle nous nous sommes livré nous a permis de reconnaître comme Pulliat deux types bien distincts, qui auront chacun leur monographie spéciale. Nous avons pu aussi identifier le Siranié des *Mille variétés* avec la *Sérenèze de Calvat* que nous examinons maintenant. Nous n'adopterons pas, néanmoins, l'un de ces derniers noms parce que le premier est très peu usité et que le second a été employé par Pulliat, par le Congrès ampélographique de 1874 et par un grand nombre de viticulteurs pour désigner un autre cépage. Nous prendrons celui de *Ciréné*, qui est le nom adopté à Romans, région dans laquelle ce cépage est le plus répandu et paraît le plus anciennement cultivé. Afin d'éviter toute confusion avec les autres dénominations nous ajoutons le nom de cette ville. Ainsi que nous l'a indiqué M. A. Giraud, président du syndicat agricole de Romans, qui nous a donné de précieux renseignements sur le Ciréné, ce cépage est cultivé depuis un temps immémorial dans la région de Romans, mais on ne connaît rien sur sa véritable origine.

Le Ciréné occupe une place assez importante dans les vignobles de la région de Romans, à côté du Durif qui s'y est beaucoup répandu dans ces dernières années; on le retrouve en outre dans les cantons voisins de Bourg-de-Péage et de Saint-Donat. Il est aussi cultivé à La Tronche (Isère), ainsi que nous le mentionnons plus haut, et a été répandu dans quelques vignobles de la vallée du Grésivaudan. On le trouve encore disséminé sur d'autres points des départements de la Drôme et de l'Isère, mais jamais comme cépage principal. L'aire géographique du Ciréné n'est donc pas très étendue.

Ampélographie comparée. — Le Ciréné est un cépage assez bien caractérisé par son bourgeonnement blanchâtre, ses feuilles d'un beau vert clair, trilobées, mais sans interruption de dents dans les sinus latéraux, ses raisins pas très serrés, d'un rouge foncé tirant sur le noir de fumée, et ses sarments d'un jaune cannelle. Ce n'est que par suite des diverses dénominations sous lesquelles il a été désigné et qui ont été données à un autre cépage de l'Isère, la *Serène de Voreppe*, que des confusions ont pu se produire à son sujet.

La différence entre ces deux cépages est très nette ; ce dernier a, en effet, un bourgeonnement tirant sur le grenat, des feuilles d'un vert jaunâtre et à sinus pétiolaire très ouvert. Ajoutons aussi qu'au point de vue cultural, et surtout en ce qui concerne l'accessibilité au Mildiou, il y a une différence considérable entre le Ciréné de Romans et la Serène de Voreppe. Tandis que le premier ne craint pas beaucoup le Mildiou, le second est certainement le cépage le plus sensible à cette maladie.

Culture et vinification. — Les premiers bourgeons des rameaux du Ciréné sont fructifères, de sorte qu'on peut le tailler à court bois ; c'est d'ailleurs la taille qu'on lui applique généralement dans la région de Romans ; cependant M. A. Giraud le taille à long bois et en obtient d'excellents résultats. Le Ciréné est un cépage fertile qui produit régulièrement ; il réussit très bien au greffage et son affinité pour les porte-greffes américains est bonne. Avant l'invasion phylloxérique il était planté surtout dans les terrains légers, sablonneux. Son débourrement est plutôt tardif et sa maturité est de 2ᵉ époque tardive.

Il est peu exposé au Mildiou, mais il est assez accessible à l'Oïdium. Il offre par contre une bonne résistance à la pourriture.

Le Ciréné donne un vin assez délicat, bien supérieur à celui du Durif avec lequel il est souvent associé à Romans. Son vin se conserve bien et il acquiert de la qualité en vieillissant.

DESCRIPTION. — Souche, vigoureuse ; tronc fort ; écorce se détachant en lanières assez larges.

Bourgeons, assez gros, coniques, à écailles fortes d'un brun violacé foncé ; bourgeonnement duveteux, d'un blanc grisâtre.

Rameaux, assez allongés, droits, cylindriques, d'un diamètre moyen, ayant lorsqu'ils sont aoûtés une teinte jaune cannelle ; stries grossièrement délimitées, larges ; nœuds renflés, vrilles fortes et longues, bifurquées.

Feuilles, sur-moyennes, plus larges que longues, trilobées, assez épaisses, souples ; les trois lobes supérieurs sont bien marqués mais les sinus latéraux ne sont généralement pas très profonds et ils présentent des dents sur toute leur étendue ; sinus basilaire en forme de lyre, assez ouvert ; limbe un peu tourmenté, légèrement bullé, face supérieure d'un beau vert clair ; face inférieure d'un vert tendre, presque glabre, à peine existe-t-il un léger duvet aranéeux sur le parenchyme et pileux sur les nervures ; dents irrégulières, obtuses, assez profondes, avec mucrons peu développés. — Pétiole sous-moyen comme longueur et diamètre, prenant une légère coloration rouge.

Fruits. — *Grappes*, se développant à la base des rameaux, de dimension moyenne, plutôt courtes, larges, ailées et lâches ; pédoncule court, pas très gros, mais très résistant ; rafle d'un vert tendre bien net ; ramifications longues ; pédicelles assez grêles : bourrelet peu prononcé. — *Grains*, moyens, sphériques ou vaguement ellipsoïdes, de plusieurs dimensions ; chair assez ferme, bien juteuse, sucrée et à saveur bien relevée ; peau assez épaisse, élastique, prenant une teinte d'un rouge foncé tirant sur le noir de fumée, avec une pruine très abondante.

L. Rougier.

SERÈNE DE VOREPPE

Synonymie. — Serené, Séréné, Cérénèse, Sérénèse, Sirène, Serine (Isère), Serenèze.

Historique et aire géographique. — La *Serène* paraît avoir été cultivée de tout temps dans la vallée du Grésivaudan. Cependant A. Gras, qui constate, en 1846, que ce plant est très répandu dans l'arrondissement de Grenoble, rapporte l'opinion des viticulteurs de cette région d'après laquelle ce plant serait originaire de Bourgogne. Cette opinion ne semble pas fondée, car si la Serène avait existé à un moment donné dans cette province elle y aurait certainement été signalée. C'est probablement la qualité de son vin qui a fait penser que la Serène provenait des vignobles de cette province réputée.

Pulliat, en rendant compte de son voyage ampélographique en Dauphiné en 1872, rapporte qu'il a trouvé la Sérenèze à La Tronche et qu'il la croit identique à la Serène ou Sérenèze qu'on lui avait montrée trois ans auparavant dans les vignobles de Tullins. En réalité, la Sérenèze de La Tronche, ainsi que nous l'avons établi dans la monographie du *Ciréné de Romans*, n'avait que le nom de commun avec la Sérenèze de Tullins. Pulliat d'ailleurs ne fit qu'émettre cette hypothèse au sujet de l'identification des Sérené, Siranié et Sérenèze, et il se réservait d'étudier ces cépages dans ses collections afin de pouvoir résoudre la question de synonymie.

Cette étude lui permit en effet d'établir, dans ses *Mille variétés*, la distinction entre la Sérenèze qu'il avait vu en 1869 et celle de 1872. Il adopta pour le Cerigné et Sérenèze de La Tronche la dénomination de Siranié et conserva celle de Sérenèze pour désigner la *Sirène* ou *Sérenèze* de Tullins. Comme on le voit, la distinction des deux cépages était bien faite, mais sans aucune indication synonymique. Au Congrès ampélographique de Grenoble, en 1874, la Serène est présentée et décrite sous le nom de Sérenèze, mais on ne s'occupe pas de l'identifier ou de la distinguer du Ciréné de Romans; on a voulu seulement établir la différence qu'elle présentait avec la *Syrah*, appelée, dans certaines parties de l'Isère, *Serine* ou *Sereine*, noms du cépage dont nous nous occupons en ce moment.

Pulliat ayant décrit la Serène sous le nom de *Sérenèze*, et Calvat, un viticulteur estimé

BIBLIOGRAPHIE — A. Gras : Notice sur la culture de la vigne dans l'arrondissement de Grenoble (Almanach de la Société d'agriculture de Grenoble en 1846). — V. Pulliat : Rapport sur les études ampélographiques faites en 1872. — Cᵗᵒ d'Agoult : Rapport sur l'exposition de cépages tenue à Grenoble en 1874. — V. Pulliat : Mille variétés de vignes. — L. Rougier : Syrah, Serine, Serené, etc. (Progrès agricole et viticole, 1901, t. II).

Sérène de Voreppe

des environs de Grenoble, ayant répandu le Ciréné sous le nom de *Sérenèze de La Tronche*, il existe encore à l'heure actuelle, ainsi que nous l'avons déjà mentionné, une grande confusion, dans l'Isère, au sujet de ces cépages portant le même nom. C'est pour bien établir leur distinction que nous n'adoptons pas les noms de Sérenèse et Sérenèze qui ont été employés, tant par Pulliat que par le Congrès ampélographique de 1874, et que nous conservons l'appellation d'Albin Gras, qui est encore en usage d'ailleurs, dans le Bas-Grésivaudan où ce cépage est le plus répandu. Et afin d'éviter toute confusion nous ajoutons à son nom celui de *Voreppe*, l'une des communes dans lesquelles la Serène est très cultivée.

La Serène est un cépage essentiellement dauphinois; il occupe une place relativement importante dans les vignobles du Bas-Grésivaudan, c'est-à-dire dans la partie de la vallée de l'Isère qui s'étend de Grenoble à Tullins; mais on la trouve, en plus ou moins grande proportion, dans presque toutes les autres régions viticoles de l'Isère et de la Drôme. Par suite de sa très grande accessibilité au Mildiou elle perd plutôt du terrain, même dans les milieux où elle était le plus cultivée.

Ampélographie comparée. — La Serène est un cépage bien caractérisé par son bourgeonnement grenat, ses feuilles à lobes bien acuminées, d'aspect un peu vernissé, à teinte claire brillante, et ses grappes allongées et peu serrées, à grains d'un rouge bien net.

Bien qu'on désigne aussi ce plant sous les noms de *Sérené*, *Ciréné*, *Sérenèze*, *Cérénèse*, appliqués au Ciréné de Romans, il n'y a, nous l'avons vu, aucune ressemblance entre ces cépages. Le synonyme de Serine étant également celui de la Syrah, on a aussi confondu ces deux cépages qui cependant sont bien dissemblables au point de vue ampélographique comme au point de vue cultural. La Syrah a en effet un bourgeonnement plus blanchâtre, avec une bordure rosée sur les jeunes feuilles, mais non à teinte générale grenat comme celui de la Serène. Les feuilles de la Syrah sont d'un vert plus sombre et elles ont un duvet aranéeux sur les nervures qu'on ne trouve jamais sur celles de la Serène. Charles Rouget a noté que la Serène avait plus d'un rapport avec l'*Argant* du Jura, mais ce dernier se distingue nettement par son bourgeonnement d'un vert très clair et ses feuilles profondément sinuées et à sinus pétiolaire étroit ou fermé.

La Serène est susceptible de donner lieu à des variations assez grandes parmi lesquelles il convient d'indiquer le duvet de la face inférieure des feuilles. Celui-ci est quelquefois absent et la feuille est glabre; dans d'autres souches il est au contraire relativement abondant. La grappe peut aussi être plus ou moins serrée ou lâche. Cependant on n'a jamais cherché, que nous sachions, à sélectionner des formes spéciales de Serène pour en faire des variétés particulières. La Serène est un cépage à débourrement très tardif et à maturité de 2ᵉ époque tardive.

Culture et vinification. — Les premiers bourgeons des rameaux de la Serène ne sont pas absolument infertiles, mais ce cépage ne peut donner une production normale que lorsqu'il est taillé à longs bois. Dans le Bas-Grésivaudan, où sa culture est le plus répandue, il est conduit en hautin ou en treillage et soumis à la taille longue. Sa vigueur n'est que moyenne et il demande des sols riches pour pouvoir durer longtemps; dans les sols maigres il dégénère rapidement; il convient de le greffer sur un porte-greffe vigoureux, de préférence sur Rupestris ou un de ses hybrides, si on doit le conduire à grand développement.

La Serène est un cépage moyennement fertile, à production assez régulière. Il est peu accessible à l'Oïdium, mais il est par contre un des cépages français les plus exposés au Mildiou ; cultivé le plus souvent dans des bas fonds plus ou moins humides, il est difficile de le défendre contre cette maladie. A débourrement très tardif, il offre une grande résistance aux gelées d'hiver et c'est en raison de sa robustilité qu'il a de tout temps occupé une place assez large dans les parties basses des vallées de l'Isère exposées aux intempéries.

La Serène est un des cépages dauphinois qui donnent les meilleurs vins, peut-être même est-ce celui qui donne le meilleur vin de tous. Le Persan, qui seul peut lui être comparé, produit un vin susceptible de vieillir plus longtemps et d'atteindre un bouquet plus prononcé, mais celui de la Serène est plus vite en état d'être consommé. Il est bien fruité, d'une belle couleur vermeille et possède un parfum des plus agréables au bout d'un an ou deux. Ce n'est pas évidemment un très grand vin, mais c'est certainement un bon vin ou même un grand ordinaire.

DESCRIPTION. — Souche, de moyenne vigueur, port érigé ; à écorce régulière, assez adhérente, se détachant en lanières très fines.

Bourgeons, moyens, d'un roux blanchâtre ; bourgeonnement d'un grenat clair rappelant celui du Chasselas ; jeunes feuilles munies d'un duvet clair même sur les nervures et prenant vite la teinte grenat qui les caractérise ; grappes de fleurs se développant de bonne heure ayant un léger duvet et prenant vite une teinte grenat.

Rameaux, plutôt courts, de diamètre moyen, légèrement aplatis et sinueux ; à l'état herbacé d'un vert très clair lavé de rouge vineux, prenant une teinte noisette avant l'aoûtement et finalement d'un rouge acajou ; mérithalles courts, finement striés, avec bandes plus colorées ; diaphragmes assez épais, bi-concaves ; vrilles bifurquées, minces.

Feuilles, de dimension moyenne, un peu plus longues que larges, lisses, trilobées, avec sinus latéraux assez prononcés, les trois lobes sont bien acuminés et assez allongés ; sinus pétiolaire toujours largment ouvert en V ; face supérieure d'un vert clair jaunâtre, brillant ; face inférieure quelquefois glabre ou bien munie d'un duvet assez abondant et bien pileux, laissant cependant toujours voir l'épiderme de la feuille qui est d'aspect vernissé ; dents allongées, aiguës et bien acuminées. — Pétiole court, cylindrique, d'un vert clair se lavant de rose ; à la fin de l'été les feuilles prennent une teinte grenat à la périphérie, qui s'étend progressivement vers l'intérieur et finit souvent par recouvrir la plus grande partie de la surface au moment de la défeuillaison.

Fruits. — *Grappes*, insérées à partir des 4e et 5e bourgeons, de moyenne dimension ou même petites, tronconiques, assez longues, étroites ; pédoncule grêle, allongé ; rafle verte, grêle ; ramifications pas très longues. — *Grains*, de plusieurs dimensions, moyens ou même sous-moyens, globuleux ; chair un peu molle, bien sucrée, un peu astringente, à saveur bien relevée ; peau mince, d'un rouge grenat bien foncé, avec pruine abondante ; stigmate bien apparent et persistant.

L. Rougier.

J. Troncy

Imp. F. CHAMPENOIS, Paris

Blavette

BLAVETTE

Synonymie. — BLAVET (*Cte de Rovasenda*).

Observations. — La *Blavette* est un cépage qui paraît avoir été cultivé de tout temps dans la région d'Aubenas (Ardèche). Pulliat seul, à notre connaissance, s'en est occupé. Dans son *Rapport sur les études ampélographiques* faites en 1872, il se borne à le signaler en disant que c'est « une variété de maturité tardive, restant toujours d'un rouge clair ».

C'est surtout dans les calcaires jurassiques, appelés *grads*, de la région d'Aubenas que la Blavette était cultivée avant l'invasion phylloxérique. Sauf dans quelques vignobles des communes de Saint-Julien de Serres, Ucel, Aubenas, Vesseaux, où elle formait la base de l'encépagement, elle a toujours été considérée comme cépage d'assortiment. En raison de la résistance qu'elle oppose à l'Oïdium, elle a joui d'une certaine vogue vers 1855, au moment où cette maladie sévissait avec une très grande intensité. Depuis l'invasion phylloxérique, son importance semble avoir plutôt diminué.

La Blavette est un cépage parfaitement défini et que l'on ne peut guère confondre avec les autres variétés cultivées dans la région. Elle est caractérisée essentiellement par des feuilles quinquelobées, avec un duvet très abondant à la face inférieure et des grappes à grains restant toujours d'un rose plutôt clair à la maturité. Son débourrement a lieu à une époque moyenne et sa maturité est presque de 3e époque.

Les premiers bourgeons de la Blavette sont fructifères, de sorte qu'elle peut très bien être taillée à court bois. Elle vient bien dans tous les terrains lorsqu'elle n'est pas greffée, mais c'est surtout dans les sols calcaires qu'elle se développe le mieux. C'est un cépage très productif, dont le rendement, dans la région d'Aubenas, peut presque rivaliser avec celui de l'Aramon ; elle aoûte de bonne heure et supporte bien les froids de l'hiver.

Ainsi que nous l'avons dit, la Blavette est douée d'une grande résistance à l'Oïdium et son accessibilité au Mildiou est moyenne.

La pellicule des grains de Blavette étant mince et restant toujours d'un rouge clair, son vin est peu coloré ; il est léger, pétillant et agréable à boire. On obtient un très bon résultat en mélangeant ses raisins avec ceux du *Pougnet* avec lequel elle est souvent associée.

BIBLIOGRAPHIE. — V. PULLIAT : Rapport sur les études ampélographiques faites en 1872 ; Mille variétés de vignes.

DESCRIPTION. — Souche, vigoureuse, à tronc fort; écorce se détachant en grandes lanières.

Bourgeons, moyens, allongés, pointus, souvent doubles, recouverts d'écailles d'un rouge vineux.

Rameaux, plutôt courts, d'un diamètre moyen, sinueux; à l'état herbacé, lavés d'un rouge vineux; prenant à l'aoûtement, qui est assez précoce, une teinte noisette; presque cylindriques, à peine cannelés, avec saillies étroites; mérithalles courts, très irréguliers comme longueur; nœuds un peu comprimés.

Feuilles, moyennes, presque aussi longues que larges, minces et ne résistant pas très bien au froissement, à parenchyme délicat; quinquelobées, les lobes sont très allongés, bien pointus; sinus latéraux supérieurs profonds, étroits en V, les inférieurs assez profonds, tous fermés; sinus pétiolaire fermé, profond, avec bords superposés; limbe tourmenté et prenant souvent la forme en entonnoir, un peu bullé; face supérieure d'un vert foncé; face inférieure munie d'un duvet blanc roussâtre assez abondant; nervures envinées sur une grande partie de leur parcours. — Pétiole moyen, prenant en été une teinte vineuse; les feuilles se colorent en automne en jaune vineux et elles se dessèchent assez rapidement, ce sont celles qui tombent les premières avant l'hiver.

Fruits. — *Grappes*, insérées à partir du 3e bourgeon, moyennes, irrégulièrement cylindro-coniques, ailées, assez serrées; pédoncule plutôt long, la première ramification est souvent une vrille qui porte quelquefois un ou plusieurs grains; pédicelles grêles, pas très allongés. — *Grains*, moyens, globuleux; chair molle, bien juteuse, un peu astringente; peau prenant d'abord une teinte violette qui se fonce davantage mais qui ne devient jamais très foncée.

L. Rougier.

Tinta carvalha du Douro

TINTA CARVALHA DU DOURO

Historique et aire géographique. — Ce cépage portugais n'a pas de synonymes, mais, par contre, il est deux cépages qui portent le même nom, d'où de grandes difficultés, car en parlant de l'un on n'est pas d'accord sur les caractères de l'autre, et ceux qui étudient un des deux cépages peuvent se trouver en contradiction. C'est ce qui nous est arrivé et nous avons dû étudier les deux variétés séparément afin de les distinguer dans l'*Ampélographie*, car il existe une *Tinta Carvalha* au Douro et une *Tinta Carvalha* à Traz-os-Montes qui n'ont entre elles aucune ressemblance.

La vraie *Tinta Carvalha*, cependant, qui a été décrite par le vicomte de Villa Maior, dans son *Douro illustrado*, est réellement celle qui existe au Douro, mais son histoire reste tout à fait ignorée : elle peut conséquemment être aussi bien une importation qu'une obtention par le semis dans le pays. Plusieurs propriétés du Douro sont connues sous le nom de Quinta das Carvalhas, et nous-mêmes possédons un petit domaine, dans les alentours de Castedo, dénommé simplement Carvalhas. Or, comme en Portugal fort souvent les cépages prennent les noms des propriétés où ils existent d'abord et d'où ils ont été propagés, il est très probable que la Tinta Carvalha a été une obtention ou importation

BIBLIOGRAPHIE. — Antonio Gyrão : Tratado theorico e pratico da agricultura das vinhas (p. xii, 1822). — Baron de Forrester : The Oliveira Prize-Essay on Portugal (p. 80, 1853). — Vicomte de Villa Maior : Preliminares da ampelographia e œnologia do paiz vinhateiro do Alto Douro (pp. 178, 193, 1865); Segunda memoria sobre os processos de vinificação (p. 5, 1867); Manual de Viticultura Pratica (p. 490, 1875); Douro Illustrado (p. 180, 1876); Jornal Official de Agricultura : Escóla Ampelographica do Jardim Botanico de Coimbra (p. 605, 1877); O Instituto (p. 24, 1879). — Ferreira Lapa : Revista da Agricultura na Exposição Universal de Paris de 1878 (p. 195, 1879); Vinicultura Portugueza in Jornal de Horticultura Pratica (p. 129, 1875). — Manuel Rodrigues Gondim : Collecção de documentos officiaes, memorias e noticias ácerca da agricultura (p. 59, 1882). — Antonio Carlos Pinto de Lemos : Portugal : Noticias ácerca dos seus vinhos (p. 175, 1888). — Dr. Joaquim Pinheiro d'Azevedo Leite : Boletim da Direcção Geral de Agricultura (p. 664, 1889). — Albino de Souza Rebello : Boletim da Direcção Geral de Agricultura (1889, p. 664, et pp. 1223, 1224, 1890). — Rodrigues Gondim : Relatorio ácerca da doença das vinhas do Douro denominada Maromba in Boletim da Direcção Geral de Agricultura (p. 1063, 1894). — Antonio Xavier Pereira Coutinho : Tratado elementar da cultura da vinha (p. 57, 1895). — Dr. Taveira de Carvalho : Apontamentos para o estudo da ampelographia Portugueza (p. 783, 1895). — Vicomte Villarinho de S. Romão : Viticultura e Vinicultura (p. 481, 1896). — Felicio dos Santos : Linguagem popular de Trancoso in Revista Lusitana (vol. V, p. 174, 1898). — J.-M. Guillon : Les époques de végétation de la vigne (p. 15, 1900); Revue de viticulture (t. XIV, p. 455, 1900). — Cincinnato da Costa : O Portugal Vinicola (p. 121, 1900). — Xavier Rocques : Revue de viticulture (t. XVIII, p. 235, 1902).

d'une de ces propriétés. *Carvalha* veut dire en français *Chêne*, mais le nom reçu par le cépage ne rappelle pas du tout le feuillage de ce bel arbre de nos anciennes forêts. Il est donc facile de reconnaître que son nom a eu une origine étrangère à l'arbre son homonyme, et qu'il en a une autre qu'on pourrait chercher en vain.

Avant l'invasion phylloxérique, on était sûr de rencontrer la Tinta Carvalha dans le principaux domaines produisant au Douro du vin liquoreux, et c'était un cépage jouissant d'une bonne réputation, principalement pour la quantité de son produit. A ce sujet, le vicomte de Villa Maior s'exprimait ainsi : « Dans le Haut-Douro, et surtout dans le Douro, c'est un cépage très estimé et d'une grande fertilité ». Et quand il a parcouru ce pays viticole, en 1869, pour ses travaux ampélographiques et œnologiques, il en fait mention comme un des plants qui, à Costa do Castedo, peuplait la Quinta de Malvedos de MM. Graham et Cⁱᵉ, et la Quinta do Sibio appartenant, à cette époque-là, aux ancêtres de l'auteur de cette monographie. Dans les reconstitutions, la Tinta Carvalha continue à être greffée dans presque tous les domaines des deux rives du Douro. C'est surtout un cépage du nord du Portugal. Mais M. le Dʳ Taveira de Carvalho, après une étude très patiente, établit l'aire géographique suivante :

Seconde région agronomique. — Chaves, Murça, Villa Real.

Troisième région agronomique. — Alfandega da Fé, Alijó, Armamar, Mesão-Frio, Moncorvo, Regua, Sabrosa, Santa Martha de Penaguião, S. João da Pesqueira, Taboaço.

Quatrième région agronomique. — Taboa.

Sixième région agronomique. — Nellas, Tondella.

Il reste toutefois un point qu'il faudrait vérifier pour l'exactitude de cette aire géographique : est-ce que la Tinta Carvalha du Douro a été considérée séparément, ou avec la Tinta Carvalha de Traz-os-Montes? Probablement dans l'enquête qu'a faite M. Taveira de Carvalho il n'a pensé qu'au *nom*, et conséquemment l'aire géographique ci-dessus doit comprendre les deux cépages.

Culture et vinification. — Ce cépage se comporte bien à la taille courte de Guyot simple, et si on le charge trop il s'épuise rapidement et devient ensuite peu productif. Sur les collines schisteuses du Haut-Douro, très pauvres en éléments fertilisants, on voit la Tinta Carvalha être toujours d'une grande fertilité et s'adapter parfaitement sur les divers Riparias. Toutefois, nous le greffons depuis quelques années sur le Rupestris du Lot, et nous inclinons à croire que sur ce porte-greffe il devient plus vigoureux dès la première année et ensuite plus productif que sur les Riparias. Nous signalons ce fait mais tout en reconnaissant qu'il faut attendre quelque temps encore pour bien le constater.

Il est assez réfractaire à l'Oïdium, qu'un léger traitement au soufre réussit facilement à anéantir; cela bien entendu pour le Douro, car, dans les régions humides, on doit prendre les précautions habituelles contre cette maladie ainsi que contre le Mildiou. Son débourrement est assez précoce et il entre en véraison très tôt, avant même le *Bastardo*; malgré une maturation précoce aussi, le raisin se maintient bien sur pied jusqu'au moment de la récolte générale quoi qu'il soit cependant une des variétés préférées par les abeilles, car son raisin est excessivement doux.

Depuis des époques très reculées, les différents cépages cultivés au Douro sous le nom générique de *tintas grossas* (ce qui, traduit en français, veut dire *raisins rouges à gros grains*) ne l'étaient que pour la régularité et l'abondance de leur production ; ainsi quand on disait d'une façon générale que dans telle Quinta il y avait dans l'encépagement beaucoup de « tintas grossas », on était assuré de suite de la mauvaise qualité du produit de ce domaine. Le vin de ce cépage est pourtant d'un goût assez fin, délicat et très riche en sucre, mais il lui manque du corps et de la couleur ; celle-ci peut être comparée à celle des vins du *Donzellinho do Castello* ou du *Mourisco tinto*, mais notons que son vin est loin d'être bouqueté comme celui de ces deux cépages. On comprendra donc que pour en faire du Porto extra il lui manque des titres pour le recommander, et avouons que jusqu'à un certain point il nuit même à la qualité ; en conséquence, il serait prudent de ne pas en abuser dans les nouvelles créations si on tient à conserver le renom dont le Portugal jouit pour les vins nobles.

Rendons toutefois justice aux qualités de ce cépage ; il a une haute valeur si on le considère comme un raisin de cuve pour fabriquer des vins de table légers, agréables au palais. Dans les parties plus élevées du Douro, ainsi que dans presque toute la province de Traz-os-Montes, il trouverait par suite sa véritable place ; en le vinifiant avec le *Souzão*, pour lui donner la couleur qui lui manque, et la *Touriga*, susceptible de lui communiquer son fin bouquet, on obtiendrait des vins d'une nature telle qu'ils ne laisseraient rien à désirer au point de vue œnologique.

M. Larcher Marçal a fait, en 1890, des essais réitérés, dans la province d'Alemtejo, sur le moût de Tinta Carvalha, et voici la conclusion de ses observations :

	Température du moût	Densité glucométrique Apparents	Densité glucométrique Corrigés	Richesse alcoolique	Densité Baumé
Penamacôr	18.7	19.0	17.5	12.2	10.7
Covilhã	21.0	19.2	17.2	12.5	11.0

Le vicomte de Villa Maior, étudiant ce cépage, a constaté ce qui suit :

Production du moût	60.8 °/₀ en poids
Densité	1.080
Sucre	26.666 °/₀
Acides	0.194 °/₀

D'après M. Cincinnato da Costa, voici l'étude chimique et physique de Tinta Carvalha faite sur du raisin récolté à Provezende (Haut-Douro) :

	Gr.
Poids moyen de la grappe	294
Poids moyen des grains	3.77
Rafles (poids °/₀)	2.70
Grains (°/₀)	97.30
Pulpe (°/₀)	92.13
Peaux (°/₀)	5.62
Pépins (°/₀)	2.25
100 kilog de raisins, grappes complètes avec rafles, produisent kilog	77.54
100 kilog de raisins, sans rafles, produisent	79.70
Degré glucométrique (Guyot) — à 15° centigrades	19.62

	Moût	Peaux	Rafles
Eau	70.50	73.32	55.32
Sucre fermentescible	25.84	—	—
Acidité totale (en acide sulfurique)	0.20	0.13	0.14
Matières minérales	0.23	2.95	2.68
Tanin	—	0.42	0.51

DESCRIPTION. — Souche, vigoureuse ; tronc tortueux ; écorce brun rouge lie de vin, se détachant par étroites et longues lanières.

Bourgeons, longs, pointus, coniques, à écailles épaisses, d'une teinte canelle clair, à bourgeonnement blanchâtre ; jeunes feuilles trilobées.

Rameaux, très forts, cylindriques, semi-érigés, noisette foncé, fortement cannelés ; mérithalles moyens, ni trop longs, ni trop courts dans toute la longueur du sarment ; nœuds peu proéminents, aplatis, cassants ; vrilles nombreuses, fortes, bifurquées et plus généralement trifurquées.

Feuilles, quinquelobées, grandes, plus larges que longues, très épaisses, boursouflées, glabres ; face supérieure d'un beau vert foncé ; face inférieure d'un vert un peu plus clair, devenant rouge à l'automne ; sinus supérieurs généralement peu marqués ; sinus latéraux inférieurs fréquemment presque nuls ; sinus pétiolaire peu profond, formant avec les bords des lobes qui se superposent une petite ouverture ellipsoïde ; nervures à la face supérieure peu marquées, à la face inférieure fortes, jaune clair bien tranchant ; dents grandes, alternes, mucronées, les terminales des lobes plus grandes. — Pétiole de longueur moyenne, fort, cylindrique, légèrement teinté de rouge.

Fruits. — *Grappes*, grandes, cylindro-coniques, quelquefois légèrement ailées, bien fournies, mais présentant des cavités par l'irrégularité des grains qui en général sont inégaux ; pédoncule long, cylindrique et ligneux jusqu'à la première articulation, après fascié, devenant aussi parfois ligneux dans les régions chaudes ; pédicelles longs, minces, verruqueux ; pinceau très gros, rouge au centre, avec grand bourrelet. — *Grains*, gros, elliptiques ou légèrement subovoïdes par la compression ; noir bleuté, se détachant facilement du pinceau ; pulpe molle, légèrement colorée, avec goût fin et sucré ; peau dure, parcheminée et ne contenant que peu de matière colorante ; pépins sur 100 baies : à un pépin 6, à deux pépins 49, à trois pépins 38, à quatre pépins 7.

Duarte d'Oliveira.

A. Kreÿder

Tinta carvalha de Traz-os-Montès

TINTA CARVALHA DE TRAZ-OS-MONTES

Observations. — La *Tinta Carvalha de Traz-os-Montes* n'a jamais été signalée clairement par les anciens ampélographes portugais. Toutefois, il est possible que parmi les
auteurs que nous avons cités dans la bibliographie de la *Tinta Carvalha du Douro* il
s'en trouve quelques-uns dont les études se rapportaient à ce cépage; mais comme ils
n'indiquent que le nom sans la moindre trace de description, soit du cépage, soit de son
produit, il devient impossible de savoir auquel des deux cépages ils ont eu à faire : est-ce
à celui du Douro ou à celui de Traz-os-Montes?

On ne peut pas en dire bien long sur ce dernier; on est même forcé d'être très bref,
parce que chercher à faire son histoire, employer des efforts pour découvrir son origine,
serait du temps perdu. Nous avons interrogé de vieux vignerons de plusieurs endroits de
la province de Traz-os-Montes, où la vigne est cultivée depuis des époques reculées; leur
réponse ne nous a pas avancé beaucoup; ils connaissaient tous le plant en question depuis
leur enfance et c'est tout. Avec de telles ressources, on doit s'arrêter et attendre que de
riches collections ampélographiques soient établies par le gouvernement portugais pour
qu'on puisse y rechercher la synonymie et créer sur des bases solides les études ampélographiques, si nécessaires dans un pays viticole comme le nôtre.

D'après nos observations, la Tinta Carvalha de Traz-os-Montes préfère les terrains
profonds. Son débourrement et sa maturation sont assez précoces. Sa production n'est
pas excessive, elle est quelquefois même moyenne, parce que c'est un plant assez porté
à la coulure les années qui ne sont pas favorables à la floraison. Ce cépage est, comme le
Mourisco tinto, très sujet à l'Érinose; en revanche il n'est pas très sensible à l'Oïdium,
même les années où ce fléau ne respecte pas la plus grande partie des autres cépages.

En 1901, nous avons vinifié à Murça (Traz-os-Montes) une petite quantité de Tinta
Carvalha dans un pressoir d'essais : le moût était peu foncé, penchant vers un rouge légèrement saumoné, et le mustimètre, corrigé à la température de 15°, a accusé :

Densité	Sucre	Alcool
1096	226	13.3

Des essais, exécutés le même jour dans des conditions pareilles avec d'autres cépages
rouges cultivés dans la région, nous ont donné les chiffres suivants :

	Densité	Sucre	Alcool
Touriga	1092	215	12.6
Souzão	1091	212	12.5

Par les chiffres qui précèdent, si on ne peut pas juger exactement de la valeur œnologique, on apprécie au moins la richesse ; quant au vin il semble rappeler celui du *Mourisco tinto* ; la Tinta Carvalha de Traz-os-Montes peut parfaitement avoir certains liens de famille avec ce dernier.

DESCRIPTION. — Souche, forte ; tronc cylindrique ; écorce marron foncé, se détachant par petits fragments épais.

Bourgeons, petits, coniques, pointus et allongés, à jeunes feuilles légèrement soyeuses, vert jaunâtre, avec des reflets métalliques et reluisants, distinctement quinquelobées, mais les sinus secondaires disparaissent généralement par le développement du limbe mince, glabre, vert clair.

Rameaux, semi-érigés, aplatis, lisses, légèrement striés de brun vineux ; à l'aoûtement d'une teinte noisette cendré, avec stries plus foncées ; mérithalles basilaires courts, les autres longs (13 c.) ; nœuds moyens ; se cassant difficilement et emportant les tissus de l'épiderme ; vrilles nombreuses, vigoureuses, trifurquées, s'accrochant solidement.

Feuilles, grandes, aussi larges que longues, vert bleuâtre sur les deux faces, de forme très irrégulière ; presque entières, trilobées ou quinquelobées mais alors les sinus latéraux inférieurs sont imperceptiblement indiqués ; sinus pétiolaire profond, peu ouvert ; parenchyme très épais, boursouflé, glabre sur les deux faces ; nervures peu marquées à la face supérieure, saillantes en dessous et légèrement duveteuses ; dents arrondies, inégales. — Pétiole moyen, cylindrique, glabre ; à l'automne les feuilles deviennent jaune ocre et quelquefois pointillées ou marbrées de carmin.

Fruits. — *Grappes*, nombreuses, moyennes ou grandes, cylindriques ou cylindro-coniques quand elles sont ailées, bien fournies, les grains se superposent et forment des cavités irrégulières, les plus petits se passerillent ; pédicelles courts, forts, avec bourrelet assez gros ; pédoncule cylindrique tantôt court et tantôt long, se lignifiant sur la moitié supérieure de sa longueur ; pinceau court, trapu, rouge vineux au centre, se détachant difficilement du grain et emportant beaucoup de pulpe. — *Grains*, gros, hémisphériques, très semblables à ceux du Mourisco tinto, pourtant plus petits ; noir bleuâtre, très pruinés ; ombilic bien marqué et tout à fait adhérent à la pellicule ; pulpe ferme, incolore, fondante, très juteuse ; saveur non relevée ; peau épaisse, dure, parcheminée, contenant peu de matière colorante ; pépins sur 100 baies : à un pépin 28, à deux pépins 38, à trois pépins 26, à quatre pépins 8.

Duarte d'Oliveira.

Tinta francisca

TINTA FRANCISCA

Synonymie. — Tinta Franceza, Tinta de França.

Historique et origine. — Pereira Rubião nous laisse penser, d'après le signalement qu'il donne des deux cépages (*O Vinhateiro*, p. 55, 1832), que la *Tinta de França* et la *Tinta Francisca* sont des cépages différents. Nous sommes porté à croire qu'il a manqué de renseignements précis, et certainement sur ce point il ne fait pas autorité, parce que, on doit le dire sans détours, il n'a pas abordé, même de loin, la question ampélographique, la partie technique des cépages, dans son ouvrage écrit à Paris, sous une atmosphère peu propre à l'étude de l'ampélographie portugaise et sans les éléments dont il avait besoin ; son travail du reste a de la valeur si on considère l'époque à laquelle il a été publié. Il faut dire que Pereira Rubião a été forcé d'émigrer en France au moment des événements politiques qui ont eu lieu en Portugal et qu'il a été obligé d'avoir recours aux connaissances acquises dans son pays pour se procurer les ressources qui lui manquaient pour vivre à l'étranger. Rubião, comme ses prédécesseurs Lacerda

BIBLIOGRAPHIE. — Lacerda Lobo : Memorias Economicas da Academia Real das Sciencias de Lisboa (p. 72, 1790). — Rebello da Fonseca : Memorias da agricultura (t. II, p. 183, 1790). — Antonio Alves Pinto Villar : 1815, Jornal Horticolo-Agricola (p. 82, 1899). — A. Jullien : Topographie de tous les vignobles connus (1822). — Antonio Gyrão : Tratado theorico e pratico da agricultura das vinhas (pp. 50, xii, xiv, 1822). — Francisco Ignacio Pereira Rubião : O Vinhateiro (pp. 55, 91, 1832, et pp. 55, 267, 1844). — Anonymo : O Panorama (p. 64, 1842). — Baron de Forrester : Uma ou duas palavras sobre o vinho do Porto (p. 3, 1844) ; The Oliveira Prize-Essay on Portugal (p. 80, 1853). — Hum Gentil-Homem e Negociante Britanico : Huma palavra de verdade sobre o vinho do Porto dirigida ao publico britanico (trad. de l'anglais, p. 9, 1844). — Lavradores-proprietarios de vinhos no Alto Douro : Appendix à vindicação de José James Forrester contra as imputações a elle feitas no parecer da direcção da Associação Commercial do Porto de 15 de março de 1845 (p. 4, 1845). — Commissão de Favaios : Relatorio que em 24 de março de 1854 foi remettido ao Governo de Sua Magestade ácerca da molestia das Videiras no Douro (oïdium) in Jornal da Sociedade Agricola do Porto (vol. I, p. 360, 1856). — Vicomte de Villa Maior : Preliminares da Ampelographia e œnologia do paiz vinhateiro do Alto Douro (pp. 23, 56, 69, 125, 129, 154, 170, 176, 205, 211, 214, 1865-1869, avec chromo du raisin) ; Memoria sobre os processos de vinificação (pp. 35, 37, 38, 1867) ; Archivo Rural (p. 8, 1869) ; Manual de Viticultura Pratica (p. 502, 1875) ; O Douro Illustrado (p. 182, 1876). — Cte Odart : Ampélographie universelle (6ᵉ édit., pp. 253, 539, 1873). — Ferreira Lapa : Technologia Rural (p. 92, 1874) ; Jornal de Horticultura Pratica (p. 129, 1875) ; Revista da Agricultura na Exposição Universal de Paris de 1878 (p. 195, 1879). — Alexandre de Sousa Figueiredo : Manual d'Arboricultura (pp. 188, 194, 1875). — Vicomte de Villar d'Allen : Commissão Central dos serviços Phylloxericos (p. 28, 1881). — Manuel Rodrigues Gondim : Collecção de documentos officiaes, memorias e noticias ácerca da agricultura (p. 59, 1882). — Antonio Monteiro Borges d'Araujo : Jornal de Horticultura Pratica (p. 156, 1886) ; A Vinha americana em Portugal (p. 278, 1897). — Dr. Joaquim Pinheiro

Lobo et Rebello da Fonseca, essaya de décrire des cépages portugais, ou soi-disant portugais, en discutant déjà leurs origines, plus ou moins timidement. En parlant de la *Tinta de França*, de la *Tinta Franceza* ou de la *Tinta Francisca*, il était assez prudent pour ne pas chercher l'origine de tous ces noms, synonymes du reste.

Les auteurs portugais n'ont jamais osé s'aventurer sérieusement dans la recherche de l'origine des cépages, et, dans leurs ouvrages traitant de la viticulture, ils se sont presque tous occupés très superficiellement de la question ampélographique, se copiant successivement les uns les autres, ou écrivant d'après les renseignements très vagues qui leur étaient fournis par des viticulteurs plus ou moins consciencieux dans leurs informations. Ainsi, dans un ouvrage relativement récent de Sousa Figueiredo (*Manual de arboricultura*, p. 188, 1875), cet auteur fait de la Tinta de França et de la Tinta Francisca deux cépages différents : « Le premier, dit-il, produit peu, le vin est d'une couleur très foncée ; le second produit beaucoup, le vin est rouge et peu alcoolique. » Selon ces descriptions vagues on pourrait se convaincre que les deux noms ne sont pas synonymes, mais nos propres observations au Douro et Traz-os-Montes, où nous avons étudié ce cépage à plusieurs reprises et dans tous ses détails, nous ont conduit à ne pas mettre en doute leur identité.

La confusion qui existe est facile à expliquer si l'on pense que pour passer de *Tinta de França* (Rouge de France) à *Tinta Franceza* (Rouge Française), il n'a qu'un petit pas ; puis de *Tinta Franceza* à *Tinta Francisca* (Rouge Françoise) la distance n'est pas plus longue dans la langue portugaise que dans la langue de Corneille et Racine. Dans tous les pays, les ouvriers et les campagnards soumettent la langue à des corruptions et surtout déforment les noms des plantes, principalement lorsque ceux-ci sont étrangers ou scientifiques. Ainsi depuis que les Aramons ont été introduits en Portugal, on les appelle *Allemão* (prononcez *Allemon*), ce qui signifie en français *Allemand*, d'ici quelques années, par corruption de l'oreille et même pour mieux se faire comprendre des ouvriers, on finira par dire *Allemão* × *Ruprestis* au lieu d'*Aramon* × *Rupestris*, car l'oreille portugaise — nous ne savons pas bien pourquoi — fait toujours sortir, dans ce nom, l'*r* de sa véritable place. Des viticulteurs même illustres ne diront que rarement *Rupestris* ; c'est étrange, mais c'est un fait acquis.

Dans cette question assez embrouillée, le vicomte de Villa Maior, le Guyot Lusitanien, a cherché à faire un peu de lumière ; en s'occupant du beau domaine de Roriz, un des plus anciens du Douro, il s'exprime ainsi (*Preliminares da ampelographia e œnologia do paiz*

D'Azevedo Leite : Boletim da Direcção Geral de Agricultura (p. 664, 1889). — Ramiro Larcher Marçal : Boletim da Direcção Geral de Agricultura (pp. 371, 378, 1892). — Eduardo Sequeira : Jornal de Agricultura e Horticultura Pratica (p. 18, 1894). — Antonio Xavier Pereira Coutinho : Tratado elementar da cultura da vinha (p. 57, 1895). — Dr Taveira de Carvalho : Apontamentos para o estudo da Ampelographia Portugueza (p. 787, 1895). — J.-L.-W. Thudichum : A Treatise on Wines (p. 321, 1896). — Vicomte Villarinho de S. Romão : Viticultura e Vinicultura (p. 481, 1896) ; O Minho e suas culturas (p. 209, 1902). — Palma de Vilhena : A Vinha americana em Portugal (p. 267, 1897). — Charles Sellers : Oporto old and new ; Historical record of the Port-wine trade (p. 234, 1899). — Cincinnato da Costa : O Portugal Vinicola (p. 137, 1900) ; Le Portugal au point de vue agricole (pp. 366, 370, 377, 1900). — D. Luiz de Castro : Boletim do Real Syndicato agricola d'Evora (p. 67, 1901). — J. Roy-Chevrier : Ampélographie de P. Viala et V. Vermorel (t. III, p. 363, 1902). — Rodrigues Chicó : Portugal Agricola (p. 72, 1902). — Xavier Rocques : Le Porto et la région vinicole du Douro in Revue de viticulture (t. XVIII, pp. 235, 236, 1902). — Baron de Massarellos, Conseiller Ferreira da Silva.

vinhateiro do Alto Douro, 1865) : « Le premier qui a planté Roriz a fait venir de Bour-
gogne une grande quantité d'un cépage rouge auquel on a donné le nom de Tinta de
França ou Tinta Franceza et qui s'est propagé beaucoup dans le Douro. Le baron de
Massarellos prétend que ce cépage est celui qu'aujourd'hui, par corruption, on appelle
Tinta Francisca. J'ai plusieurs raisons pour ne pas accepter son opinion, malgré qu'il
existe dans divers endroits un autre cépage rouge auquel on donne aussi le nom de Tinta
Franceza, mais ce cépage n'a aucun rapport avec celui dont je m'occupe. »

Cet autre cépage qui porte aussi le nom de *Tinta Franceza* et parfois aussi *Tinta Francisca*, c'est le *Teinturier mâle* auquel M. Roy-Chevrier (*Ampélographie*, vol. III, p. 362)
a donné ce dernier nom comme synonyme du précédent. Inutile d'ajouter qu'ils n'ont
rien de commun avec la Tinta Francisca, dont nous nous occupons dans cette monographie.

Si nous faisons synonymes *Tinta Francisca*, *Tinta de França* et *Tinta Franceza*, nous
ne voulons pas imposer notre opinion ; pour arriver à des conclusions irréfutables et sûres
il est d'autres investigations à faire.

Nous allons voir, par exemple, qu'en 1842, la Tinta de França était pour le Midi une
nouvelle acquisition viticole, tandis que plus d'un siècle avant elle était cultivée dans le
Nord. Un journal illustré, tout à fait étranger, cependant, à la viticulture (*O Panorama*,
Lisbonne, p. 64), publiait, en 1842, un article, du reste assez naïf : « Sur l'espèce de raisin
appelée *Tinta de França*. » L'article en question ne porte pas de signature, mais l'auteur,
qui était probablement de Lisbonne ou de ses environs, a oublié de renseigner les viticulteurs sur la provenance de sa « nouvelle espèce de raisin ». A titre de curiosité nous
donnerons quelques lignes extraites de cet article.

« Nous allons faire connaître à nos lecteurs un cépage dont la supériorité, sur bien
d'autres, commence à être connue depuis ces dernières années. Nous l'annonçons et sommes
convaincus qu'ils se presseront à essayer sa culture et qu'ils s'assureront de l'excellence
de ce plant, en récoltant son produit séparément ou même avec l'ensemble de la vinification. Généralement il perd de sa qualité par l'association de cépages de grande production
qui donnent un vin aqueux, sans couleur et d'un goût sapide ou d'une telle qualité que
sa réputation se perd sur les marchés étrangers. Ce plant, disons-le, c'est la Tinta de
França, remarquable pour le vin précieux qu'il produit, d'une couleur fortement rouge
noir, d'un ton brillant et délicat, et surtout d'un bouquet si agréable et d'un goût si
plaisant au palais qu'il devient une véritable liqueur. Vraiment c'est plutôt dans cette catégorie qu'il doit entrer que dans celle des vins. Un agronome portugais qui s'occupe
beaucoup de viticulture, Moraes Feijó, de Merciana (Alemquer), a été le premier à remarquer la valeur de ce cépage et l'a de suite recommandé à son voisin F.-A. da Fonseca, de
Sanguinhal, en lui faisant voir que sa valeur surpassait tous les produits provenants
d'autres cépages. M. Fonseca s'est empressé de répandre la Tinta de França et nous
sommes convaincus qu'il a rendu service à notre pays. »

Cette question de synonymie de la Tinta de França et de la Tinta Francisca est d'autant
plus embarrassante que Rebello da Fonseca (*Memorias da Agricultura*, p. 41, 1790),
décrivant ce cépage (Tinta de França), nous donne des caractères généraux qui ne correspondent pas à ceux qu'on rencontre chez la Tinta Francisca, ainsi qu'on va le voir :
« Feuilles petites, presque rondes, avec cinq ouvertures, terminées en flèche ; au pourtour
inégalement découpées en scie ; par-dessous rouge avec du coton grisâtre. Rameaux

courts, rouge noirâtre; yeux espacés d'un pouce ou de deux doigts. Grappe petite, serrée; grains ronds, noirs; peau mince; pépins, deux, petits. Jus rouge et doux. »

Puis, dans une note, il nous fournit ces renseignements (p. 160) : « Ce cépage a été importé de France par l'Irlandais James Archibold qui en a fait une grande plantation à Quinta de Roriz, propriété qui produit du très bon vin, fort foncé et d'une excellente couleur. Il donne beaucoup de grappes; cependant comme elles sont très petites, sa production n'est pas très abondante, et, en outre, comme elles mûrissent bien plus tôt que les autres variétés, elles ne peuvent pas attendre pour être vendangées avec elles, aussi ordinairement elles sèchent ou pourrissent. Il n'existe pas d'autre cépage — pas même le *Souzão* — pour produire un vin si rouge, car son jus a la couleur du rubis, ce qui lui donne sa principale valeur. » Rebello da Fonseca ajoute encore : « Il se peut que ce cépage soit le *Morillon noir ordinaire* de Beguillet, *Vitis præcox Columellæ acinis dulcibus nigricantibus* de Miller [1]. »

Si, à l'époque où écrivait Rebello da Fonseca (1790), on cultivait au Douro sous le nom de Tinta de França un cépage qui n'était pas Tinta Francisca, il a disparu tout à fait, car les divers Teinturiers étaient connus en Portugal, aussi bien au nord qu'au midi, depuis des époques fort reculées, sous le nom de *Tintureiros*. Vicencio Alarte, nom de plume de Silvestre Gomes de Moraes, dans son *Agricultura das vinhas e tudo o que pertence a ellas* (p. 33, 1712), estimait déjà le Tintureiro comme « un cépage admirable pour sa production, aussi bien que pour la couleur de son jus [2] ».

M. Rodrigues Chicó, suivant la voie de ses prédécesseurs ampélographes, écrivait récemment (*Portugal Agricola*, p. 72, 1902) que le Teinturier mâle des Français semblait identique à la Tinta Francisca du Douro. La confusion ne fait que continuer, puisque les deux cépages n'ont absolument rien de commun, surtout si on veut bien se donner la peine de vérifier que le Teinturier mâle — ou femelle si on le veut aussi — n'est jamais entré dans l'encépagement des Portos. Il existe, parsemés dans ces précieux vignobles, quelques rares individus, objet de simple curiosité pour leur couleur qui se détache de celle de tous les Viniferas connus jusqu'à cette époque. Nous ferons remarquer que le Teinturier mâle arrive à maturité assez tôt et qu'il n'endurerait pas les fortes chaleurs du Douro; il ne pourrait donc pas y être cultivé, même s'il avait d'autres qualités en dehors de la couleur brillante et extra foncée de son jus.

Notons que la Tinta Francisca était signalée par Lacerda Lobo et Rebello da Fonseca en 1790 et qu'elle appartient à la série des anciens cépages portugais, ou soi-disant portugais.

Aire géographique. — La Tinta Francisca occupe, sous ce nom, les deux provinces du Douro et Traz-os-Montes, et, par exception, à Mirandella et à Carrazeda d'Anciães, on rencontre ce cépage simultanément sous le nom de Tinta Franceza. Pour ces deux endroits y aurait-il deux cépages différents? Il faudrait faire une enquête spéciale et aller sur place

---

1. Voyez *The Gardener's Dictionary*, by Phillip Miller, 1731.

2. Le *Teinturier* porte, en France, ainsi qu'on le sait (Dussieu, in *Cours complet d'agriculture*, par l'abbé Rozier, p. 165, 1800; Bosc, in *Nouveau dictionnaire d'histoire naturelle*, 1804), entre autres synonymes les noms de *Noir d'Espagne, Alicante, Portugal*; et M. Roy-Chevrier (*Ampélographie*, vol. III, p. 363, 1902) ajoute encore *Oporto* comme son synonyme dans la Gironde. Quand on considère en Portugal le *Teinturier* comme une importation de la France, il est très curieux de le voir prendre dans ce dernier pays des noms qui le feraient croire d'origine espagnole ou portugaise!

résoudre cette question un peu embrouillée. Enfin, la Tinta Francisca reste, sous tous les points, un des cépages prédominants dans la vinification du Douro et Traz-oz-Montes, et c'est ce que nous devons avoir en vue de démontrer ici. Voici le tableau que nous avons tracé pour indiquer la distribution des trois synonymes dans les diverses régions du pays :

	TINTA FRANCISCA	TINTA FRANCEZA	TINTA DE FRANÇA
2e région agronomique.	Chaves, Mirandella, Murça.	Mirandella.	—
3e région agronomique.	Alfandega da Fé, Alijó, Armamar, Carrazeda de Anciães, Freixo d'Espada á Cinta, Moncorvo, Regua, Sabrosa, Santa Martha de Penaguião, S. João da Pesqueira, Taboaço, Villa Flôr, Villa Nova de Foscoa.	Carrazeda de Anciães.	—
4e région agronomique.	—	Leiria.	—
5e région agronomique.	Almeida, Moimenta da Beira, Nellas, Pinhel, Trancoso.	—	Figueira de Castello Rodrigo, Pinhel.
6e région agronomique.	—	Castello de Vide, Portalegre.	—
7e région agronomique.	—	Arruda, Azambuja, Lisboa, Olivaes, Setubal, Torres Vedras.	Alcacer do Sal, Aldeia Gallega, Arruda, Cadaval, Rio Maior, Torres Vedras, Villa Franca de Xira.

Culture et vinification. — La Tinta Francisca préfère la taille Guyot demi-longue. Pour que ce cépage puisse acquérir ses qualités au plus haut degré, il faut le planter, dans les terrains du Douro, aux expositions chaudes, c'est-à-dire dans ceux exposés au levant et qui sont ensoleillés presque pendant toute la journée, car il est reconnu que, contrairement à beaucoup de variétés, celle-ci ne craint pas les plus forts rayons du soleil. Par contre, dans les sols riches et frais elle se comporte assez mal : le débourrement qui est des plus tardifs ne se produit pas régulièrement et la coulure est fréquente. Dans ces deux circonstances la production reste en générale moyenne.

D'après Villa Maior, les cépages les plus productifs à la Quinta da Caldeira étaient le Mourisco tinto et la Tinta Francisca. Au Douro et à Traz-os-Montes, ce cépage n'est pas des plus sujets aux maladies cryptogamiques ; l'Oïdium lui cause rarement des dégâts et cède toujours à de légers traitements.

Nous la connaissons greffée sur divers plants américains ; c'est un fait acquis qu'elle va très bien sur les divers Riparias et à merveille sur le Riparia × Rupestris 3309. Nous employons le Rupestris du Lot avec un succès assuré en supprimant, l'année du greffage, les rejets qui deviennent parfois dangereux pour le greffon.

La Tinta Francisca n'a jamais été étudiée sérieusement au point de vue de sa vinification. Pinto Villar (1815) a été le premier et le seul qui nous ait dit quelque chose sur le vin qu'elle produit : « Dans les bonnes expositions très chaudes du Douro, ce cépage produit du vin excellent, ayant beaucoup de corps, de couleur et un excellent bouquet ; cependant il est un peu mou et commence à vieillir dès la seconde année. » Il fait la remarque suivante, très importante pour la production des vins de Porto : « A trois ou quatre ans il se trouve tout à fait vieilli, conservant pourtant toute son étoffe. » Pour les Portos, le verbe vieillir veut dire, dans ce cas, prendre la couleur de pelure d'oignon.

Nous ajouterons que les cépages qui produisent des vins qui s'oxydent facilement, comme la Tinta Francisca, tout en conservant toujours les autres caractères œnologiques qu'on exige des variétés distinguées, ont une grande valeur pour la vinification du vrai Port-wine.

Antonio Gyrão plaçait la Tinta Francisca parmi les principaux cépages produisant le vrai Port-wine du Douro et il en parlait ainsi (1832) : « Les raisins rouges qui s'associent le plus intimement sont : la *Touriga* trois parties ; la *Tinta Francisca* trois parties ; le *Bastardo* une partie et une autre partie d'*Alvarelhão*, de *Muscatel preto* (*Muscat noir*), de *Muscatel roxo* (*Muscat rose*). Pour la partie qui reste encore il peut entrer d'autres variétés rouges, mais on doit préférer soit le *Tinto cão*, soit le *Donzellinho do Castello*. La Touriga est de tous ces cépages le plus rouge, c'est-à-dire celui qui produit le vin le plus foncé et d'une douceur moyenne ; la Tinta Francisca produit un vin supérieur, plus aromatique, plus spiritueux, mais plus clair. » Par ce qui précède, on voit la haute estime en laquelle Antonio Gyrão tenait la Tinta Francisca en la faisant rentrer dans la vinification du Douro, avec la Touriga, pour trois parties chacune, laissant les autres cépages jouer un rôle relativement secondaire. Le baron de Forrester estimait beaucoup ce cépage pour la vinification dourienne, et il écrivait dans sa brochure *Uma ou duas palavras sobre o vinho do Porto* (1844) : « Il produit une grande grappe ; la pellicule des grains est mince et éclate facilement avec les pluies. Le vin a beaucoup de corps et la couleur est excellente. » Villa Maior a rendu hommage à la Tinta Francisca au point de vue œnologique : « La Tinta Francisca ne peut pas rentrer dans la catégorie des cépages de mauvaise qualité, au moins quand on le considère sous le point de vue de l'excellence de son vin. » Le même savant œnologue nous dit que le rendement du moût est de 60 % et il a relevé encore ce qui suit :

Densité	Sucre	Acides
1095	24.100	0.325

M. le vicomte de Villar d'Allen assure que la Tinta Francisca va à merveille avec la Touriga, le Tinto cão et le Souzão, et il est, sans doute, dans le vrai. Avec du raisin provenant de Castendo (Beira Alta) M. Cincinnato da Costa, professeur de l'Institut agronomique de Lisbonne, nous fournit l'étude chimique et physique suivante pour la Tinta Francisca :

	Gr.
Poids moyen de la grappe	126
Poids moyen des grains	1.80
Rafles (poids %)	1.65
Grains (%)	98.35
Pulpe (%)	86.95
Peaux (%)	10.35
Pépins (%)	2.50
100 kilog. de raisins, grappes complètes avec rafles, produisent kilog.	82.51
100 kilog. de raisins, sans rafles, produisent	83.90
Degré glucométrique (Guyot) — à 15° centigrades	19.84

	Moût	Peaux	Rafles
Eau	66.78	65.58	32.48
Sucre fermentescible	28.11	—	—
Acidité totale (en acide sulfurique)	0.15	0.25	0.39
Matières minérales	1.04	0.61	4.45
Tanin	—	1.27	0.16

A Quinta do Sibio (Castedo, Haut-Douro) nous avons constaté en 1902 pour la Tinta Francisca au moment de la récolte générale :

Densité	Sucre	Alcool
1109	260	13.3

A Murça (Traz-os-Montes) nous avons fait les observations suivantes sur le moût de Tinta Francisca :

Année	Densité	Sucre	Alcool
1901	1095	223	13.1
1902	1085	196	11.5

Les vins de 1902 ont titré, en général, un degré ou deux degrés de moins que ceux des autres années, et c'est avec les raisins de cette année-là que nous avons fabriqué quelques décalitres de vin pour l'étude. Au foulage, sa couleur était d'un rouge foncé avec des reflets brique ; il était délicatement parfumé au moment d'être encuvé et son goût était fin et distingué. Six mois plus tard — c'était encore un peu trop tôt — nous l'avons dégusté très soigneusement et le même bouquet, que le moût avait dénoncé au moment de sortir de la cuve, n'a fait que se développer, devenant plus relevé et caractéristique. La couleur s'est fixée, et les reflets brique que nous avions tout d'abord remarqués ont disparu ; le vin a pris un joli ton miroitant rouge rubis clair. A la dégustation, on reconnaissait une légère présence d'acide carbonique lui donnant une certaine gracieuseté ; le tanin et le tartre lui communiquaient de la fraîcheur et du nerf. En somme, c'était un vin parfaitement équilibré et très harmonieux, laissant au palais une impression agréable ; l'arrière-goût surtout est d'une finesse très exquise rappelant la framboise.

Voyons maintenant ce que l'analyse chimique de M. le conseiller Ferreira da Silva va nous dire sur le même vin de 1902, que nous venons d'étudier.

DÉGUSTATION ET COLORATION. — Vin rouge, parfaitement limpide ; couleur rouge (1re rouge, 185 vinicolorimètre de Salleron), sec, tanique et acide ; bouquet sui generis pas trop prononcé.
EXAMEN MICROSCOPIQUE. — Après être centrifugé il n'existait pas le moindre sédiment.

ANALYSE CHIMIQUE

Poids spécifique à 15°... 0.9962
Force alcoolique, en degrés légaux français......................... 9° 66

Gr. par 100 c. 3

		Gr. par 100 c. 3
Alcool en poids		7.660
Extrait sec		2.216
Acidité totale computée en acide sulfurique H² SO⁴		0.529
Acidité totale computée en acide tartrique C⁴ H⁶ O⁶		0.810
volatile computée en acide acétique C² H⁴ O²		0.055
fixe computée en acide tartrique C⁴ H⁶ O⁷		0.742
Matières minérales (cendres)		0.204
Sucre réducteur		0.104
Glycérine		0.386
Tanin		0.040
Bitartrate de potasse		0.161
Acide tartrique libre		0.018
Sulfate de potasse		0.033
Acide phosphorique		0.025

DESCRIPTION. — Souche, de force moyenne ; port semi-érigé ; tronc ramassé ; écorce lie de vin foncé, assez adhérente et se détachant par petits et minces fragments écailleux.

Bourgeons, gros, ovoïdes ; jeunes feuilles tantôt trilobées, tantôt parfaitement quinquelobées ayant leur forme future nettement dessinée ; dents profondes et aiguës à leur face supérieure, d'un jaune doré légèrement carminé et jaune verdâtre, nuancé d'un ton jaune cuivré, en dessous.

Rameaux, vigoureux, aplatis, cannelés ; à l'état herbacé striés de rouge carmin, très luisants, devenant à l'aoûtement noisette clair et marron foncé sur les nœuds, qui sont légèrement indiqués ; mérithalles courts ou moyens, même sur les individus à fort développement ; vrilles très longues et fortes, bi ou trifurquées.

Feuilles, moyennes ou petites, aussi larges que longues, à forme presque arrondie ; quinquelobées ; glabres sur les deux pages, crispées, légèrement gaufrées ; face supérieure vert clair, vert jaunâtre en dessous ; sinus supérieurs profonds, peu ouverts ; lobes à bords ondulés ; sinus inférieurs irrégulièrement accusés ; sinus pétiolaire profond, presque ou tout à fait fermé, les lobes se superposant beaucoup surtout chez les feuilles plus développées ; dents larges alternant avec des dents plus petites ; la dent terminale des lobes est très large, terminée par un mucron court jaune clair ; nervures se détachant à la face supérieure par leur couleur jaune clair et fortement marquées sur l'autre face. — Pétiole fort, moyen ou court, rougeâtre ou carmin sépia.

Fruits. — *Grappes*, nombreuses, grandes, cylindriques, portant parfois une ou deux ailes longuement pédonculées, bien garnies, mais pas trop serrées ; pédoncule court ou moyen, lignifié et cylindrique au point d'insertion, vert et aplati après la première articulation de laquelle part quelquefois un grappillon ; pédicelles courts, verruqueux, rouge carminé ; bourrelet petit, carmin foncé ; pinceau maigre, court, vineux foncé au centre, très adhérent à la baie. — *Grains*, noirs, très pruinés, presque sphériques, de grandeur moyenne, pulpe molle, juteuse, à goût relevé ; peau dure, contenant peu de matière colorante ; pépins sur 100 baies : à un pépin 12, à deux pépins 40, à trois pépins 40, à quatre pépins 8.

Duarte d'Oliveira.

J. Troncy

Clairette M[...]

CLAIRETTE MAZEL

Observations. — La *Clairette Mazel* a été obtenue, en 1864, par mon père, Antoine Besson, d'un semis fait dans ses pépinières du Pont-de-Vivaux situées aux environs de Marseille. Cette variété est aujourd'hui cultivée par un très grand nombre de viticulteurs de la région méridionale et de l'étranger pour sa grande fertilité, la bonté de ses raisins de bonne conservation. Elle aime à être taillée selon le système Guyot, et sur fil de fer. Dans ce cas, elle peut donner, avec une fumure phospho-potassique et azotée, jusqu'à 12 grappes par souche, dont le poids de chacune atteint parfois 1 kilog.

La Clairette Mazel vient bien sur tous les porte-greffes américains, mais notamment sur l'Aramon $\times$ Rupesptris Ganzin n° 1 et n° 2, les Rupestris du Lot et Martin, les Riparia Gloire et Grand Glabre, le Riparia $\times$ Berlandieri 157[11], les Riparias $\times$ Rupestris 3306, 3309 et 101[14]. Les attaques d'Oïdium et de Mildiou sont moins intenses que sur d'autres raisins de table, peut-être parce que les ailes de sa grappe sont bien séparées et que l'air et la lumière circulent aisément entre ses grains. Comme sa peau est ferme et un peu dure, les guêpes ne se portent pas sur elle ; elle est aussi peu maltraitée par les insectes ampélophages et résiste à la coulure.

Le raisin est complètement mûr dans les premiers jours de septembre en Provence ; il est un peu croquant et sucré.

DESCRIPTION. — Souche, vigoureuse, à port érigé et à tronc fort ; écorce grossière, se détachant en lanières irrégulières ; les racines sont semi-pivotantes, mi-charnues, de couleur jaunâtre, pourvues de nombreuses radicelles.

Bourgeons, gros, arrondis et doubles, avec des feuilles jeunes, assez denses, orbiculaires ; les bourgeons sont duveteux et vermillons ; leur débourrement dans le Midi a lieu vers fin avril.

Rameaux, longs, pouvant atteindre jusqu'à 4 et 5 mètres de long ; de grosseur forte à la base, mais allant en diminuant vers le sommet, avec de très légers poils, peu ramifiés ; à l'état herbacé, ils sont verdâtres, avec teinte vineuse ; mi-arrondis, avec deux cannelures centrales opposées ; aoûtés, ils ont une teinte rouge terne ; mérithalles de longueur moyenne, courts à la base du sarment, avec deux côtés aplatis, luisants et portant quelques poils ; nœuds renflés, légèrement comprimés dans le sens perpendiculaire à l'aplatissement des mérithalles ; diaphragmes de moyenne épaisseur, moelle épaisse ; vrilles continues, grosses, longues et bifurquées.

Feuilles, moyennes, plus longues que larges, épaisses, peu souples, résistant au froissement, entières, quinquelobées ; lobes latéraux supérieurs avec un plus grand développement du limbe, qui a la dent terminale prononcée et large ; sinus latéraux profonds et en forme de cœur ; sinus pétiolaires plus profonds que les latéraux et en forme de cœur ; limbe légèrement gaufré, formant gouttière avec les côtés légèrement réfléchis, lobe terminal plan ; face supérieure d'un beau vert foncé et luisant ; face inférieure d'un vert plus terne et blanchâtre, avec bouquet de poils aranéeux, abondants, régulièrement placés sur les nervures ; deux séries de dents larges à la base et pointues au sommet, avec un petit mucron jaune ; nervures fortes, proéminentes, poilues et d'un jaune clair à la face inférieure. — Pétiole long, gros, renflé à son insertion, vineux, avec légères raies jaune vert, formant avec le plan du limbe un angle obtus. Les feuilles deviennent à la maturité jaunes.

Fruits. — *Grappes*, insérées à partir du 3e nœud, parfois du 4e, généralement au nombre de deux sur le même sarment ; elles sont de grosseur sur-moyenne, de forme conique et lâches ; pédoncule gros, long, vineux, avec légère teinte jaune vert, renflé à l'insertion de l'aile et à la base, assez dur ; pédicelles vert vineux ; pinceau adhérent au grain et allongé. — *Grains*, assez gros, de forme légèrement ovoïdes, adhérents, fermes, blanc transparent et ambré au soleil ; peau épaisse, dure, pulpe ferme, un peu croquante et juteuse ; saveur bien sucrée et goût franc ; 1 à 2 pépins par grain.

P. Besson.

Imp. F. CHAMPENOIS, Paris.

Béclan

BÉCLAN

Synonymie. — Béclan (à Salins et à Poligny, d'après *Ch. Rouget* qui pense que ce nom pourrait venir du mot *bécle* employé dans le sens de treille dans un écrit salinois de 1671, signalé par M. Ch. Toubin). — Beitrian (en patois à Salins et Arbois, d'après le même auteur). — Petit Béclan (dans la plus grande partie du Jura, pour le distinguer du Gros Béclan qui est le Durif de la Drôme et de l'Isère). — Baclan (*Ch. Rouget*). — Petit Margillin (à Arbois et dans les autres communes viticoles de ce canton, pour le distinguer du Gros Margillin, qui est l'Argant). — Séaut noir, Saut noir (à Beaufort, Cuiseaux et Saint-Amour). — Saunoir (à Coligny, Ain). — Duret, Dureau (Dauphin reproduit ensuite par *Lenoir*, par le Cte *Odart* et par le Cte *J. de Rovasenda*, mais écarté comme inexact par le Dr *Guyétant* en 1822 et plus tard *Ch. Rouget*).

Historique et aire géographique. — Le *Béclan* paraît être connu et cultivé depuis une époque très reculée dans le Jura et une partie de la Franche-Comté, M. Ch. Rouget s'exprime ainsi au sujet de ce cépage : « Par ce que nous savons déjà du Béclan, nous pouvons en entrevoir l'ancienneté dans les cultures franc-comtoises, et si j'avais à exprimer mon sentiment au sujet du *Margillin* (Margeliain), mentionné comme tiers-plant dans l'acte cité de 1385, je dirais qu'il ne peut être que notre Béclan ou Petit Margillin d'Arbois, et j'aurais pour appuyer ce sentiment l'analogie de l'époque de maturité des raisins et celle des terres qui conviennent aux deux autres plants auxquels on l'associe encore aujourd'hui. Mais un sentiment, même appuyé de puissantes probabilités, n'est pas une preuve et nous sommes réduits à convenir que la première mention absolument authentique et indiscutable qui ait été faite de notre plant, se trouve dans l'édit de 1732 du Parlement de Besançon, qui en fait une double mention : sous le nom de *Bacclan* (le 4e), puis sous celui de *Petit Margillin* (le 10e et dernier des bons raisins noirs), ce qui porte à faire douter que le Parlement ait nettement connu l'identité du plant sous ces deux noms, mais qui atteste du moins l'estime reconnue de ses produits. L'enquête viticole de 1774 nous le montre comme bien connu d'Arbois à Lons-le-Saunier, quoique plus répandu dans ce dernier

BIBLIOGRAPHIE. — Cte Odart : Ampélographie universelle (Paris, 1859, 4e édit., p. 266). — Cte J. de Rovasenda : Essai d'une ampélographie universelle (traduct. Cazalis et Foëx, Montpellier, 1881, pp. 11 et 15). — Mas et Pulliat : Le Vignoble (t. I, p. 101). — Ch. Rouget : Les vignobles du Jura et de la Franche-Comté (Lyon, Poligny, 1897, p. 68). — Portes et Ruyssen : Traité de la vigne et de ses produits (Paris, 1886, t. I, p. 335). — V. Pulliat : Mille variétés de vignes (Montpellier, 1888, 3e édit., p. 16).

vignoble où l'on distingue le *Petit Béclan* et le *Gros Béclan*, ce dernier entièrement distinct et cépage à part. Avec les auteurs Dauphin et Guétant, nous constatons l'importance que ce plant garde d'abord dans le Jura méridional au XIXᵉ siècle. Guyétant, le premier, mentionne à Saint-Amour l'existence du *Saut-Noir*, dont il ne soupçonne pas l'identité avec le Béclan. De même, le Dʳ Dumont, qui signale la rareté à Arbois du Petit Béclan, semble ne rien savoir de son identité avec le Petit Margillin, dont il donne une description suffisante qui est bien celle de notre plant. »

La culture du Béclan s'étend sur la lisière du Jura, de Coligny à Arbois; comme celle de tous les cépages fins, elle tend à diminuer dans l'arrondissement de Lons-le-Saunier, et cependant, le Cᵗᵉ Odart en Touraine, M. V. Pulliat dans le Beaujolais et le Cᵗᵉ J. de Rovasenda dans le comté de Saluces en Piémont, sont unanimes à se louer des résultats qu'ils ont obtenus dans ces divers milieux par l'importation de ce cépage, dont l'aire d'extension possible paraît être égale à celle où sont cultivées les vignes de 2ᵉ époque de maturité.

Ampélographie comparée. — Le nom de *Gros Béclan* est donné au Durif dans certains vignobles du Jura, ainsi que j'ai pu m'en assurer en comparant des échantillons du premier de ces cépages recueillis à Couzance avec des Durif cultivés dans le vignoble de Colas, à Allan (Drôme), et de provenance certaine. Il pourrait y avoir de ce fait une cause de confusion entre ce cépage et le Petit Béclan, auquel seul devrait être attribué le nom de Béclan, si ces deux cépages ne différaient très nettement par les caractères suivants : la feuille de ce dernier est plus petite, plus large que longue, peu profondément découpée, avec des dents courtes, étroites, arrondies et courtement mucronées; tandis qu'elle est moyenne ou grande, très nettement tri ou quinquelobée, avec des dents larges, un peu aiguës chez le Durif, enfin par le raisin dont la grappe est cylindro-conique, avec l'extrémité vers la pointe récurvée et avec un grappillon latéral bien détaché, à grains petits, d'un noir bleuâtre, bien pruinés, mêlés de très petits grains verts et à maturité de 2ᵉ époque chez le Petit Béclan; avec une grappe moyenne ou grosse, à grains réguliers, moyens, d'un noir foncé, peu ou point pruinés et à maturité de 1ʳᵉ époque chez le second.

Le nom synonymique de Duret et de Dureau paraît résulter de la confusion qui a existé à un moment donné dans le Jura, entre le Péloursin noir de l'Isère que l'on appelle parfois Duret et le Gros Béclan, ou peut-être de la synonymie plusieurs fois pressentie, puis rejetée[1], mais cependant réelle, comme nous venons de le voir, entre ce cépage et le Durif, dont le nom aurait été corrompu; la communauté du nom des deux Béclan, le Gros et le Petit, a pu faire le reste. Ainsi que nous l'avons vu, M. le Dʳ Guyétant et M. Ch. Rouget l'ont nettement rejeté comme inexact. Nous avons indiqué les différences qui existent entre le Petit Béclan et le Durif, celles que l'on remarque avec le Péloursin noir ne sont pas moindres; le bourgeonnement du Petit Béclan est roussâtre, celui du Péloursin est blanchâtre; la feuille du premier petite, plus large que longue, a le sinus pétiolaire en U, avec des dents courtes, étroites, arrondies et courtement mucronées; celle du second est moyenne, aussi ou plus longue que large, à sinus pétiolaire très large-

1. Cʜ. Rouget, *loc. cit.*, p. 75 et 137.

ment ouvert en V, avec une denture longue, assez aiguë ; le raisin du premier est à grappe petite, presque cylindrique, avec un grappillon latéral et des grains petits, comme nous l'avons déjà indiqué, tandis que celui du Péloursin est à grappe grosse ou très grosse et largement cylindro-conique.

Culture. — Le Béclan est un cépage à taille longue, ce n'est que lorsqu'il est soumis à ce régime que sa production est suffisante, toutefois il ne faut pas exagérer l'emploi de ce procédé, sous peine de faire fléchir la végétation ; sa souche qui ne prend ordinairement guère plus de développement que celle du Pinot noir, et ses sarments grêles et peu vigoureux ne permettent pas, le plus souvent, de lui donner plus d'une courgée qu'il faut réduire à quelques yeux quand la vigne est fatiguée par une forte production antérieure ; la *courgée*, ou long bois, est généralement accompagnée d'un *sifflet* ou courson. En réglant bien sa production et en la soutenant par des fumures suffisantes on peut en obtenir un rendement qui est susceptible de s'élever jusqu'à cent hectolitres à l'hectare. Sa maturité arrive à la seconde époque de Pulliat.

Les situations qui conviennent le mieux à ce cépage sont celles à mi-côte ou en bas de côte, dans des sols riches et frais. Toutefois, comme il redoute les gelées d'hiver, on doit éviter de le planter dans les milieux froids et humides. Le Béclan redoute peu l'Oïdium et la Pourriture grise, mais il est assez sujet au Mildiou et quelque peu à l'Anthracnose ponctuée.

Le Béclan est rarement vinifié seul, il donne un vin de 8° 5 à 9°, coloré, vif et brillant, intermédiaire comme qualité entre ceux du *Gueuche* et de la *Mondeuse*, qui lui sont inférieurs, et le *Pulsard* et le *Pinot*, qui lui sont supérieurs. Associé à d'autres bons plants, il communique à leur vin, d'après Chevalier, du corps, du feu, de la légèreté, du brillant, et il sert, suivant cet auteur, à tempérer ce que les autres peuvent avoir de trop liquoreux.

DESCRIPTION. — Souche, peu vigoureuse, à tronc grêle, à port étalé.

Bourgeons, petits, sub-ovoïdes ; bourgeonnement roussâtre, un peu rosé, peu duveteux.

Rameaux, grêles, un peu sinueux, à mérithalles plutôt allongés, à nœuds peu volumineux, un peu aplatis ; ramifications nombreuses et courtes ; bois dur, renfermant peu de moelle ; écorce (après l'aoûtement) couleur cannelle jaunâtre, tachetée de nombreux petits points noirs qui, dans les parties aoûtées, ressemblent à des ponctuations d'Anthracnose ; sur les sarments herbacés, d'un vert nuancé de pourpre violacé, portant deux à trois grappes à partir du troisième et quatrième nœud ; à vrilles assez développées, bifurquées, restant fréquemment herbacées.

Feuilles, petites, généralement plus larges que longues, quinquelobées ; sinus pétiolaire assez profond, en U, souvent fermé par la superposition des lobes juxtaposés ; sinus latéraux, près de l'origine, peu profonds ; extrêmes, plus profonds ; lobe extrême bien détaché, ordinairement obtus ; les deux suivants encore bien distincts ; les deux limitant le sinus pétiolaire peu marqués ; dents en deux séries, courtes, étroites, arrondies au sommet, mucronées ; limbe tourmenté, bullé, creusé en entonnoir, d'un vert pâle et glabre en dessus, d'un vert plus pâle encore et glabre en dessous, se nuançant de rose et même de rouge vif à l'arrière-saison ; nervures fines. — Pétiole moyen plutôt grêle, vert nuancé de violet clair, formant généralement un angle droit avec la nervure médiane.

Fruits. — *Grappes*, petites, cylindriques, récurvées vers la pointe, avec un grappillon latéral bien détaché, très serrées, renfermant de très petits grains verts ; pédoncule très court, le plus souvent entièrement herbacé, parfois lignifié près de l'origine ; pédicelles courts, à bourrelet assez gros, retenant un pinceau mince et vineux. — *Grains*, petits, presque sphériques, assez fermes, à pellicule mince quoique assez résistante ; ombilic persistant, central ; noirs bleuâtres, bien pruinés, à chair fondante, d'une saveur vineuse légèrement acidulée qui le rend peu agréable comme raisin de table.

G. Foëx.

Imp. F. CHAMPENOIS, Paris.

Cargajola

CARGAJOLA

Synonymie. — Cargajola (prononcé Cargaïola), Bonifazino (arrondissement de Bastia). — Carcagiola (Bonifazino), Bonifacienco (*Cte Odart*, cité par *Rovasenda*). — Giro (*Rovasenda*, sans affirmation et évidemment par erreur).

Observations. — Le *Cargajola* est cultivé en Corse où il paraît avoir été introduit de Sardaigne, comme l'indiquent les noms de Bonifazino et de Bonifacienco sous lesquels il est connu dans diverses parties de l'île; il est d'ailleurs encore plus particulièrement cultivé dans le vignoble de Bonifacio où on le trouve mélangé avec le *Giro*, autre cépage sarde avec lequel il a été parfois confondu à tort. On le rencontre également dans les environs de Sartène et à Pero-Casevechcié (arrondissement de Bastia). Sa maturité qui est de 3e époque tardive et son débourrement hâtif qui l'expose aux gelées de printemps en limitent forcément la culture à la région méditerranéenne plutôt chaude.

Le Cargajola n'a été confondu qu'avec le *Giro* de Sardaigne; on en fait très nettement la distinction dans le vignoble de Bonifacio où les deux cépages sont cultivés ensemble. Le Cargajola a une grappe moyenne, conique, peu ailée, à grains moyens, ovoïdes, d'un noir pruiné, mûrissant à la 3e époque plutôt tardive; le Giro a une grappe plus ailée, à grains plus gros, plus sphériques, d'un noir rosé, il est plus productif que le précédent et se vendange plus tôt (avec le *Brustiano*, qui est de 2e époque).

On rencontre dans les vignobles de Sartène deux formes de *Cargajola blanc* sous le nom de *Bianco gentile* (*gentil blanc*), l'une dont les grains et la grappe sont identiques au type noir, sauf la couleur du raisin et qui n'en diffère que parce que les feuilles sont un peu plus découpées; l'autre à port un peu plus étalé, à feuilles plus découpées, à grappe plus lâche, avec pédoncule et pédicelles plus longs et plus grêles, et avec des grains de même forme, mais plus petits. Ces deux formes, fixées par le bouturage, n'offrent pas les différences de pubescence du revers des feuilles qu'on rencontre presque toujours dans les cas de variations blanches résultant du semis.

Le Cargajola est un cépage très vigoureux et fertile; il paraît être apte à être soumis à la taille longue avec grand développement de charpente, à la condition de soutenir sa production par des fumures suffisantes. Il est taillé très court, ce qui l'amène à produire

BIBLIOGRAPHIE. — Cte Odart : Ampélographie universelle (Paris, Tours, 1859, pp. 547 et 548). — Cte J. de Rovasenda : Essai d'une ampélographie universelle (trad. Dr F. Cazalis et professeur G. Foëx, Montpellier, Paris, 1881, p. 35). — J.-B. Castelli : La vigne en Corse (Marseille, 1898, p. 18).

beaucoup de bois et peu de raisins, comparativement à ce qu'il pourrait donner dans d'autres conditions. D'après des observations faites en Corse, il réussirait mieux sur le Riparia que sur le Rupestris, ce qui est le cas des cépages ayant une tendance à s'emporter en bois, dont la vigueur est encore exagérée par celle que lui communique ce dernier porte-greffe. Le Cargajola est sujet à la coulure, il débourre avant tous les autres cépages locaux et il est, par suite, exposé aux gelées de printemps ; il redoute enfin beaucoup le Mildiou et l'Oïdium.

Le Cargajola noir est rarement vinifié seul, il est presque toujours mélangé aux autres cépages corses. Son raisin, à jus blanc, mais à peau recouvrant un pigment très coloré, donne un vin d'un noir bleuté et très bouqueté, marquant 9 à 10°. Le *Cargajola blanc*, d'après M. J. Pietri, donne, après pressurage, un vin blanc mousseux, agréable, atteignant 9 à 10°, mais d'une clarification difficile, même après des soutirages répétés qui lui laissent une couleur laiteuse. Cuvé avec les pellicules, il produit un vin doré et se clarifiant bien.

DESCRIPTION. — Souche, très vigoureuse ; à tronc assez gros ; à port semi-érigé ; à écorce grossière.

Bourgeons, pointus, donnant naissance à de jeunes feuilles entières, recouvertes d'un duvet aranéeux, assez abondant.

Rameaux, assez longs, légèrement sinueux, de grosseur moyenne, à mérithalles courts, à nœuds aplatis, peu volumineux ; ramifications nombreuses ; bois dur, avec peu de moelle, à écorce brune, légèrement rayée de brun plus foncé quand le sarment est aoûté, avec les cloisons des nœuds assez épaisses ; les sarments herbacés de couleur verte ; les grappes situées sur le 2ᵉ et le 3ᵉ nœud ; vrilles assez fortes, bifurquées, souvent lignifiées.

Feuilles, moyennes, tri ou le plus souvent quinquelobées, assez profondément découpées ; sinus pétiolaire largement ouvert dans bien des cas, mais parfois fermé par la superposition des lobes latéraux ; sinus latéraux près de l'origine, peu profonds ; extrêmes, assez profonds ; lobe extrême bien détaché ; lobes latéraux nettement découpés ; dents aiguës ; limbe à relief tourmenté, contourné en entonnoir, à consistance un peu épaisse, d'un vert glauque et glabre en dessus, d'un vert plus pâle, avec de petits flocons de poils aranéeux, peu denses, en dessous, se colorant en automne de quelques taches pourpres sur la périphérie ; nervures minces, nettement saillantes. — Pétiole assez court, lavé de violet.

Fruits. — *Grappes*, moyennes, coniques, peu ailées, serrées, régulières ; à pédoncule gros, court, lignifié à l'origine ; pédicelles courts, grêles, herbacés, légèrement verruqueux ; bourrelet peu volumineux, entraînant un petit pinceau violacé. — *Grains*, de grosseur moyenne, oblongs, à chair fondante, à peau assez ferme, gardant un ombilic central, peu apparent, de couleur noire, avec une pruine assez abondante ; jus sucré et d'une saveur spéciale ; une ou deux graines moyennes, de forme allongée.

G. Foëx.

Courbu noir

COURBU NOIR

Synonymie. — Dolcedo-grunstieliger (*Babo* et *Metzger*?). — Espar (par erreur, *Babo*).

Observations. — Cépage constituant, avec le Manseng noir, la base de l'encépagement pour vins rouges du Jurançonnais et des contre-vallées de la rive gauche du Gave de Pau, jusqu'au pays Basque. De l'un et de l'autre de ces cépages les habitants de la contrée disent : « Noirs du pays ». Vins fins, à belle robe, de conserve et gagnant beaucoup à être bien soignés au moins pendant deux années en barrique avant d'être mis en bouteilles. On cultive toujours le *Courbu noir* en hautains et on affirme qu'il ne réussit pas bien en souches basses. Taillé à longs bois, de 7 à 10 yeux, avec côt de retour ; la souche est difficile à maintenir à hauteur parce qu'elle émet peu de rejets ; assez souvent même les côts de retour avortent ; il n'y a pas à ébourgeonner. Production peu régulière ; débourrement fin 1re époque. Les mannes menues et dressées sont peu apparentes lors de leur formation ; quand la température n'est pas favorable, elles se transforment facilement en vrilles avant la floraison ; celle-ci est assez rapide et n'occasionne pas de millerandage. Maturité un peu tardive.

Ce cépage est sujet à l'Oïdium, contre lequel on le défend par trois soufrages ; il craint le Mildiou moins que le Tannat.

DESCRIPTION. — Souche, vigoureuse, à grande longévité ; port semi-érigé ; tronc sensiblement aplati ; vieille écorce à lanières étroites et longues, sous-écorce brun clair.

Bourgeons, courts, peu volumineux, légèrement lanugineux à l'extrémité ; préfoliaison d'un blanc verdâtre ; poussés axillaires très développées vers le 5e nœud, mais diminuant rapidement ensuite sans s'aoûter.

Rameaux, herbacés vert clair, atteignant jusqu'à 3 mètres de longueur, ils ont une coupe présentant la première année un très léger aplatissement, qui s'accentue l'année suivante ; moelle développée occupant presque la moitié du diamètre ; mérithalles longs, de 7 à 8 centimètres à la base et ne dépassant pas 15 à 16 centimètres dans la partie du sarment correspondant à la période la plus active de la végétation ; bois aoûté de couleur noisette, avec pointillé clairsemé et stries accentuées et saillantes ; jeunes feuilles légèrement lanu-

BIBLIOGRAPHIE. — Hardy : Cat. Luxembourg (p. 57). — Babo et Metzger (1836). — Babo (1861, p. 559).— Mentionné dans le catalogue de Vivier.

gineuses; vrilles minces, discontinues, le plus souvent de 3 en 3 nœuds, se desséchant rapidement et se détachant naturellement du sarment.

Feuilles, trilobées; le plus souvent planes, parfois concaves, présentant une assez grande régularité de forme sur toute la longueur du sarment; aussi larges que longues (les plus grandes 0.20×0.20); d'un vert foncé, lisses, tout en étant très légèrement gaufrées, avec le dessous plus clair par le fait d'un très léger réseau lanugineux blanchâtre; sinus pétiolaire en boucle large, parfois à recouvrement; sinus latéraux peu profonds, le plus souvent anguleux et présentant fréquemment une dent dans le fond. — Pétiole aplati, fort et long; défeuillaison tardive, jaune avec taches vineuses sur le bord des feuilles.

Fruits. — *Grappes*, se développant à partir du 3e bourgeon émanant de la branche à fruit; mais les plus grosses et les mieux constituées proviennent des 5e et 6e bourgeons; elles naissent sur les 3e et 4e nœuds des sarments de l'année; ailées; pédoncule vert tendre, aplati vers la base; pédicelles à embases assez fortes et un peu granulées (poids d'une grappe moyenne 172 grammes; rafle 15 grammes; nombre de grains 160). — *Grains*, sphériques, moyennement gros et tassés, foncés de couleur rouge vineuse et peu pruinés; pulpe non colorée, de même que le pinceau qui est très court; pellicule fine; 1 ou 2 pépins allongés et minces.

H. de Lapparent.

Manseng rouge

MANSENG ROUGE

Synonymie. — Moncin, Maussin, Temy, Coulant, Gros Coulon, Petit Coulon, Coulon timbré (*Petit-Laffite*, Gironde). — Tarney coulant, Paguierre, Soumansigne (*Secondat de Montesquieu*). — Petit Mansenc, Gros Mansenc, Mansenc gros-rouge (*Pulliat*). — Mancin, Maussein, Petit-Fou (*Daurel*). — Mansein rouge, Mansein noir (*Hardy*). — Mansen, Manseing, Mansenc gros-roux (*Rovasenda*).

Observations. — Le *Manseng rouge* forme, avec le Courbu noir, la base de l'encépagement pour vins rouges du Jurançonnais et des contre-vallées de la rive gauche du Gave de Pau ; on le trouve également très répandu dans la Chalosse. En mélange, ces deux cépages donnent un vin fin, à belle robe, de conserve et gagnant beaucoup à être bien soigné, au moins pendant 2 années en barrique, avant d'être mis en bouteilles. Si dans les vallées on l'établit toujours en hautains, il admet cependant les formes plus basses dans la Chalosse. Il est taillé à long bois avec côts de retour.

Débourrement et maturité un peu plus tardifs que pour le Courbu noir, auquel on peut le comparer au point de vue du millerandage, de l'Oïdium et du Mildiou.

DESCRIPTION. — Les caractères du Manseng rouge sont à peu près les mêmes que ceux du Courbu noir en ce qui concerne la souche et les sarments, sauf que ceux-ci sont de nuance plus foncée et ont les mérithalles plus courts. Il y a aussi une grande analogie pour les feuilles ; toutefois elles sont moins grandes et plus rondes ; souvent les sinus latéraux sont à peine marqués et il y a moins d'homogénéité de forme sur la longueur des sarments ; défeuillaison tardive, jaune, avec taches vineuses sur les bords. — Les sarments émis par la branche à fruit produisent des raisins dès le nœud le plus rapproché de la base, mais ils sont petits et uniques jusqu'au cinquième, les suivants portent deux grappes. Celles-ci sont allongées (0 m 20) et ont cinq à six ailes, dont la première très développée. — Les grains, bien sphériques, ne sont pas tassés ; leur coloration est foncée, avec une belle pruine ; les pédoncules, souvent aplatis, prennent une couleur vineuse à la maturité ; pédicelles à embases minces, non granulées ; peau très fine ; pinceau non coloré ; matière colorante peu abondante sous la peau ; le plus souvent 2 pépins accolés, longs et de nuance tendre ; quand il n'y en a qu'un, il est fortement renflé. Une grappe, dans la bonne moyenne, pèse 130 grammes et porte 260 grains ; le poids de la rafle est de 10 gr.

H. de Lapparent.

BIBLIOGRAPHIE. — Babo : Weinstock (1841, p. 6 ,7). — Petit-Lafitte : Enquête ampélographique de Saint-Maur (p. 179). — Secondat de Montesquieu (1784) : Classification des vins de Bordeaux (1829, p. 253). — Pulliat : Mille variétés (p. 197). — Daurel (p. 21). — Hardy : Cat. du Luxembourg (p. 57). — Rovasenda (p. 112). — Rendu (p. 45).

COER DE BACCO

Observations. — Le *Coer de bacco*, ou *Coé de bacco*, *Queue de vache*, est un cépage blanc, débourrant en 2ᵉ époque, considéré surtout comme produisant des raisins de table, raisins à conserver dans l'eau-de-vie. On n'en trouve qu'un petit nombre de pieds épars dans les vignobles en hautains des contre-vallées du Gave de Pau, où il est soumis à une taille très longue. Il ne redoute pas l'Oïdium, est peu susceptible au Mildiou, résiste à la Pourriture grise et ne millerande pas.

DESCRIPTION. — Souche, très vigoureuse; port érigé; tronc cylindrique; écorce en lanières larges et longues, sous-écorce de coloration brun clair.

Bourgeons, moyens, pointus, brun clair, non lanugineux; préfoliaison vert rosé.

Rameaux, herbacés vert clair, avec teinte violacée sur les parties exposées à la lumière; rameaux axillaires assez développés, mais ne s'août ant qu'exceptionnellement; les sarments de l'année atteignent un développement de 1 mètre à 1ᵐ 50; mérithalles ayant 7 à 8 centimètres de longueur à la base et ne dépassant pas 14 centimètres dans les parties où la végétation a eu le plus d'activité; assez fréquemment un mérithalle très court se remarque dans ces parties entre deux longs; teinte noisette, avec pointillé très fin, peu abondant; vrilles minces, discontinues, se desséchant et se détachant du sarment.

Feuilles, de forme très homogène, à cinq lobes, lisses, plates ou légèrement concaves, les plus grandes mesurant $0^m 24 \times 0^m 24$, sans feutrage à la partie inférieure; sinus pétiolaire en U, ouvert sur les petites feuilles et en boucle à recouvrement sur les grandes; premiers sinus latéraux très profonds, fermés; deuxièmes sinus latéraux moins profonds et plus anguleux; poils très fins, peu nombreux sur les nervures; dentition aiguë, très irrégulière, parfois très profonde. — Pétiole fort et court, légèrement nuancé de violet, ainsi que la base des nervures, quand les feuilles n'ont pas encore leur entier développement; cette nuance disparaît progressivement et fait place au vert tendre tirant sur le jaune.

Fruits. — *Grappes*, insérées à partir du 3ᵉ bourgeon du bois de taille, mais encore petites et peu ailées; les plus belles grappes proviennent des sarments produits du 5ᵉ au 10ᵉ bourgeon; ailes nombreuses et toutes longues, peu différentes de l'extrémité même de la grappe; pédoncule puissant, vert jaune, strié de brun; pédicelles longs, à embase petite; pinceau clair. — *Grains*, un peu ovoïdes, à ombilic court; coloration vert tendre tirant sur le jaune, à entière maturité; peau épaisse portant de rares pointillés; 2 à 3 pépins allongés; pulpe charnue; défeuillaison hâtive, à coloration jaune.

H. DE LAPPARENT.

Ampélographie.
J. Troncy
Imp. F. CHAMPENOIS, Paris
Coer de bacco

A. Kreyder
Imp. F. CHAMPENOIS, Paris.
Blanc du Valdigne

BLANC DU VALDIGNE

Synonymie. — Blanc commun (*Gatta*). — Blanc de Morgex, ou Plant de La Salle (*Argentier*).

Historique et aire géographique. — Le *Blanc du Valdigne* est un cépage particulier à la haute vallée de la Doire, où on ne le trouve qu'au nord-ouest d'Aoste, dans la partie appelée le Valdigne, qui s'étend de la grande moraine frontale de Saint-Pierre à Courmayeur, au pied du Mont-Blanc. C'est lui qui donne les seuls vins blancs de commerce que produise le Val d'Aoste, sur quatre communes seulement, Avize, La Salle, Morgex et Pré-Saint-Didier, à l'extrême limite de la culture de la vigne dans cette région, aux altitudes de 700 à 950 mètres.

Ce cépage est resté inconnu jusqu'ici par suite de la confusion qui s'était accréditée entre lui et une autre variété originaire du Val d'Aoste, le *Prié blanc* ou *Agostenga*. Ce dernier ayant été répandu en France depuis quelques années en raison de sa précocité, supérieure à celle du Portugais bleu, plusieurs auteurs, entr'autres Pulliat[1] et M. Mouillefert[2], ont cru pouvoir le recommander comme vigne à vin pour nos vignobles du Nord-Est, sur la foi des renseignements qui lui attribuaient la production des vins blancs estimés de Morgex. Il n'en est rien. Le Prié blanc est sans doute répandu dans tout le Val d'Aoste, où on le trouve jusqu'à l'altitude de 1.200 mètres[3], mais uniquement comme vigne pour hautains et treillages, dans les cours, allées et jardins, en raison de sa grande arborescence, peu propice à la culture réduite des vignobles ordinaires. Mais nulle part dans le Val d'Aoste, il ne forme, à proprement parler, de véritables vignobles et il n'y jouit, sous le rapport de la production œnologique, que d'une estime des plus médiocres. Ses beaux raisins ne servent que pour la consommation de bouche ; ils apparaissent sur le marché vers le 25 août, trois semaines avant ceux des autres cépages du pays. On ne convertit en vin que ceux qui n'ont pu être vendus ainsi ; seules quelques communes de la montagne, où la maturité de toute autre vigne est impossible, cultivent le Prié en treil-

1. *Les Raisins précoces pour le vin et la table*, p. 28.
2. Monographie de l'Agostenga, *Ampélographie générale*, t. III.
3. V. notre note sur les *Les plus hauts vignobles des Alpes*, in *Rev. de vitic.*, février 1904.

BIBLIOGRAPHIE. — Gatta : Saggio sulle viti e sui vini della Valle di Aosta, in Memorie della R. Società Agraria di Torino (t. XI, anno 1837). — L.-N. Bich : Monographie des cépages de la vallée d'Aoste et leurs systèmes de culture (brochure de 25 pages, Aoste, 1896). — Notes du professeur Laurent Argentier, à Aoste. — A. Berget : Étude ampélographique des vignobles du Val d'Aoste (Rev. de vitic., octobre 1903).

lages pour récolter un petit vin blanc, très faible et très acide, qu'on doit laisser cuver deux à trois jours pour qu'il puisse se conserver jusqu'à la saison des chaleurs. Nous avons dégusté à Aoste des vins ainsi produits par les treillages des environs de la ville. Ils sont tout à fait comparables pour la verdeur et la platitude à ceux du Gouais blanc, récoltés dans les mêmes conditions dans le Valais et la Haute-Savoie. Rafraîchissants et diurétiques, très peu alcooliques, ils constituent une bonne boisson d'été pour les travailleurs; là se borne leur usage. Leur valeur sur place ne dépasse pas 10 fr. l'hectolitre; ils ne sauraient être conservés plus d'une année, aussi n'entrent-ils pas dans le commerce.

C'est donc au Blanc du Valdigne seul qu'il faut rapporter la production et les mérites des vins blancs de la région de Morgex, qui valent couramment 30 fr. l'hectolitre et dépassent ce prix dans les meilleurs climats.

L'origine de ce cépage est inconnue. Selon une tradition locale douteuse, il aurait été importé dans le Val d'Aoste vers 1630 par des Valaisans appelés pour coloniser à nouveau la haute vallée dépeuplée par la peste. Ils devenaient propriétaires de la moitié de la surface replantée par eux après neuf ans de culture à moitié fruit. Mais deux raisons rendent peu probable l'importation moderne de la culture des raisins blancs dans ce petit coin du Val d'Aoste. L'une, qu'un document antérieur, consulté par M. Argentier, mentionne une redevance de vin blanc en faveur de l'église de Morgex. L'autre, que le Blanc du Valdigne ne présente aucune analogie avec les cépages blancs de la Suisse, particulièrement avec le Fendant. Celui-ci, importé dans la vallée d'Aoste, n'a pu s'y maintenir en raison des froids de l'hiver et de la sécheresse de l'été. Il gelait et coulait trop fréquemment; l'hiver rigoureux de 1892 en a anéanti les dernières souches; on n'en rencontre plus dans les vignobles, représentée par quelques ceps épars, qu'une variété rose, peut-être identique au *Fendant rouge de Salquenen*. Tout porte donc à croire que le Blanc du Valdigne, plus encore que le *Prié* répandu dans le Haut-Piémont sous le nom d'*Agostenga* et dans le Valais sous ceux de *Pri* et de *Bernarde*, est un cépage autochtone de la vallée d'Aoste.

Le Blanc du Valdigne diffère à première vue du Prié ou Agostenga par les caractères suivants : bois lanugineux, bourgeonnement blanc, feuilles bien plus grandes, quinquelobées, d'un vert mat à la face supérieure, inférieurement duveteuses. Grappe moyenne, cylindro-conique, à grains moyens, ronds, très pruinés de blanc, mûrissant trois semaines après ceux du Prié. Ni la Rèze, ni les Arvines du Valais ne présentent d'analogies avec le Blanc du Valdigne, pas plus que les cépages blancs les plus usités en Savoie. Le seul dont on pourrait peut-être le rapprocher est le *Bon blanc* de Maurienne, peu répandu.

A La Salle, on distingue deux sous-variétés du Blanc commun, d'après la différence de volume des grappes et des grains; le Gros et le Petit, sous les noms de *Blanc mâle* et de *Blanc femelle*, le second à produit plus distingué, le premier plus abondant. Ce ne sont là que des variations provenant de l'influence des terrains, très différents de richesse et de fertilité entre la base des coteaux et sur leurs flancs où il a fallu construire des terrasses pour retenir le sol.

Culture et vinification. — Le Blanc du Valdigne est encore cultivé en treilles basses suivant l'ancienne méthode valdotaine. Les souches, distantes de 0 m 50 à 0 m 60, étaient plantées en lignes distantes de 2 mètres et élevées sur une charpente inclinée en sens inverse de la pente du terrain, de manière à couvrir tout l'intervalle. Le plateau du treillage ainsi formé s'abaissait de 1 mètre à 0 ^{m} 60, laissant pendre les raisins au dedans. Cette méthode les préservait de la grillure, à redouter quand souffle le sirocco. Elle est de plus en plus abandonnée dans le reste du Val d'Aoste pour les treillages ordinaires, en raison de la cherté croissante des bois et des difficultés que cette disposition présente pour l'application des traitements cryptogamiques. A la différence du Prié qui réclame de l'arborescence, le Blanc du Valdigne paraît d'ailleurs pouvoir très bien s'accommoder, en raison de sa vigueur moyenne, de la culture sur souches basses. Il est généralement taillé à 2 pampres'avec un *reculeur* ou courson de retour à deux yeux. La position de ses raisins sur les 4e et 5e nœuds semble indiquer une préférence pour la taille longue modérée.

Ce cépage est peu difficile sur le choix du terrain ; toutefois il prospère mieux dans ceux qui sont un peu frais ; dans les sols légers et secs, ses grappes sont moins fournies et sa production plus réduite. Il a les avantages d'un débourrement tardif et d'une grande résistance à la coulure, joints à celui d'une bonne et régulière fertilité. Toutefois il craint le Mildiou et l'Oïdium, moins la Pourriture. Sa résistance aux gelées d'hiver est bonne, mais un peu inférieure à celle du Prié, qui est de premier ordre. Sa maturité est inférieure à celle du Prié de 3 à 4 semaines ; elle paraît contemporaine de celle des Chasselas, c'est-à-dire de 1re époque.

Dans le Valdigne, le vin du Blanc commun se prépare de deux manières : à la méthode du pays, avec 5 à 6 jours de cuvaison, il est alors plus dur et un peu jaune ; ou à la méthode suisse, avec entonnage immédiat, comme les vins blancs ordinaires. Ce vin ressemble alors beaucoup à celui des Fendants. Plus sec et plus spiritueux que le vin de Prié, il a la réputation de *casser les jambes*, c'est-à-dire d'enivrer facilement, toutefois sans excès, car sa richesse alcoolique ne dépasse pas 9 à 11°. En raison de l'étroitesse de son aire de production, il est entièrement consommé sur place, surtout depuis que l'affluence des touristes s'est portée vers Courmayeur et ses environs. Les hôteliers emploient aussi ce vin blanc, de préférence au *Muscat de Canelli*, pour la préparation d'une crème spéciale très appréciée dans cette région : le *sembayon*. Quelques propriétaires d'Avize et Morgex font *flétrir* les raisins du Blanc pour préparer un *vin forcé* analogue aux vins de paille de la Suisse et du Jura. Les vins du Val d'Aoste n'ayant encore été l'objet d'aucune étude méthodique, nous n'avons pu nous procurer d'analyses des moûts et produits de ses cépages.

DESCRIPTION. — Souche, forte, à port érigé ; pousse beaucoup de bois à écorce grise filamenteuse sur aubier brun clair.

Bourgeons, assez gros, coniques, entièrement couverts de duvet blanc ; jeunes feuilles d'un vert brillant, inférieurement couvertes de duvet floconneux ; pousse terminale blanchâtre.

Rameaux, assez forts, érigés, avec ramifications nombreuses, d'un brun rougeâtre à l'état herbacé passant au jaune chamois à l'aoûtement ; bois toujours semé de duvet lanugineux et finement strié, avec nombreuses lenticelles noirâtres, qui deviennent très serrées à la base du sarment ; mérithalles moyens, longs de 8 à 10 centimètres, fasciés au sommet du rameau ; nœuds gros et rougeâtres, à diaphragme concave ; moelle grosse, supérieure au demi-diamètre.

Feuilles, moyennes ou grandes, à peu près aussi larges que longues, quinquelobées, assez épaisses, fermes et mates au toucher ; le tablier assez court se relève souvent et la feuille est alors plissée en gouttière dans le sens de la nervure médiane ; lobes inférieurs arrondis, les latéraux plus aigus, le terminal assez grand mais toujours large ; sinus pétiolaire en U, étroit, souvent fermé ; la face supérieure de la feuille est d'un vert mat, l'inférieure est à nervures saillantes, complètement hispides, rosées à leur point de départ ; toute la page est couverte d'un feutrage aranéeux blanchâtre qui se prolonge en flocons sur les pétioles. — Pétiole long et fort, à grosse attache, de couleur verte veinée de rose et légèrement hispides ; inséré directement, il forme un angle légèrement obtus avec le rameau et inversement aigu avec le limbe.

Fruits. — *Grappes*, moyennes, cylindro-coniques, un peu allongées, non rameuses, généralement épaulées, à pédoncule allongé, assez fort, qui se lignifie en jaune et forme un renflement moyen, à vrille caduque ; pédicelles trapus, verts, avec quelques lenticelles ; pinceau large et incolore. — *Grains*, moyens, ronds, légèrement discoïdes par dépression de l'ombilic, à peau fine et souple, de couleur blanche qui passe au jaune translucide à maturité ; marquée de fines lenticelles, elle est toujours couverte d'une abondante pruine blanche ; chair juteuse, à saveur sucrée, franche et agréable, sans parfum spécial. Deux à trois pépins moyens, très larges, d'un gris brun foncé, à chalaze ovale, déprimée, fine, bien apparente ; raphé étroit, bec très court, légèrement incurvé. Maturité générale de 1re époque.

A. Berget.

A. Kreyder
Imp. F. CHAMPENOIS
Prié rouge

PRIÉ ROUGE

Synonymie. — Prié rose, rouge ou violet, Prometta, Primetta, Neblou (*Gatta, Bich et Argentier*). — Bonda (*Bich*).

Observations. — Le *Prié rouge* ou *rose* est un cépage de 1re époque de maturité, dont la culture est encore exclusivement confinée dans son pays d'origine, le Val d'Aoste. On l'y rencontre surtout dans les expositions les plus froides, sur la rive droite de la Doire où il compose un quart des vignobles, notamment à Arvier, tandis que sur la rive gauche il n'en représente guère qu'un vingtième. Pourtant, au delà du confluent du Buthier, on le rencontre dans les vallées latérales, particulièrement dans la Valpelline, à Signaye, où sa proportion est sensiblement plus forte.

Le nom de ce cépage est une attestation de son origine. Il serait dérivé du *Prié blanc*, ou *Agostenga*, qu'on rencontre partout en treilles hautes dans les expositions les plus froides du Val d'Aoste. Mais il ne s'est pas répandu comme lui au dehors, malgré la plus grande beauté de son fruit, sans doute en raison de sa moindre précocité. Cette étude paraît être la première qui en fasse mention dans notre pays.

Si le Prié rouge paraît bien dérivé du Prié blanc tant par les allures de sa végétation que par les caractères généraux des feuilles et des fruits, les différences sont pourtant trop importantes pour qu'on puisse admettre que cet accident ne soit dû qu'à une variation de bourgeons comme celles qu'on constate sur les Pinots, Chasselas, Tressots, Muscats et autres tribus ampélographiques bien déterminées. Sans doute, on distingue dans le Val d'Aoste deux ou trois types de Prié blanc, entr'autres un à grains ronds, le plus fertile, et l'autre à grains ovales, plus vigoureux mais plus sujet à la coulure. Toutefois les uns et les autres ont à peu près la même précocité et le même aspect. Il n'en est pas de même du Prié rouge.

Celui-ci diffère à première vue du blanc par la couleur de son feuillage, d'un vert plus clair et plus glaucescent. La denture en est plus allongée et plus irrégulière, ce qui donne à la feuille un aspect plus frisé, le sinus pétiolaire en est plus fermé et la page inférieure, couverte d'un duvet floconneux épars dans les feuilles supérieures, est chez les adultes entièrement couverte de duvet aranéeux. La grappe paraît plus rameuse et moins

BIBLIOGRAPHIE. — Gatta : Essai sur les vignes et les vins de la vallée d'Aoste (1837). — L.-N. Bich : Notes sur les cépages de la vallée d'Aoste (1896) et Les plants des vignobles valdôtains, in Almanach de l'agriculteur valdôtain (1902). — Notes de M. Laurent Argentier. — A. Berget : Étude ampélographique des vignobles du Valais et du Val d'Aoste (Rev. de vitic., octobre 1903).

serrée, surtout en raison du plus grand nombre de grains avortés. Les baies sont plus allongées et moins renflées que celles du Prié blanc[1], à peau plus ferme, d'un rose franc qui passe au violet dans les sols les plus chauds. La maturité, inférieure d'au moins trois semaines, ne paraît se produire qu'entre 1re et 2e époque. En revanche, le moût du Prié rouge est plus sucré et plus parfumé que celui du blanc. L'importance de ces contrastes fait donc présumer que cette variété doit résulter d'un semis naturel de Prié blanc. Semblable hypothèse nous paraît probable pour l'origine de la *Rèze* du Valais, dont la maturité est contemporaine de celle du Prié rouge.

Le Prié rouge est moins vigoureux que le blanc; il s'accommode donc mieux des formes réduites de la culture en vignes basses. Comme lui, il présente une très grande résistance aux froids de l'hiver, ce qui explique sa culture dans les expositions froides ou élevées. Il s'accommode aussi assez bien de tous les sols, toutefois avec une préférence pour les sols riches et frais, qu'ils soient calcaires ou argileux. Sa fructification est plus réduite dans les terres sableuses. Il fleurit bien et ne coule guère, sauf dans les terrains trop secs où sa végétation a peine à se soutenir. Il est très peu sujet au Mildiou et à la Pourriture. L'épaisseur de la pellicule de ses baies et la moindre compacité de son fruit lui garantissent une meilleure conservation que celle des raisins du Prié blanc; toutefois il n'est pas indemne d'Oïdium.

A la différence du blanc, le Prié rouge vient bien à la taille courte, mais il semble préférer une taille longue modérée. Sa conduite en cordons serait sans doute préférable pour la production en vue de la table. Gatta fait presque aussi peu d'estime du vin de Prié rouge que du blanc, qu'il juge tous deux faibles et pauvres d'alcool. Mais M. Argentier le place beaucoup au-dessus du triste produit du Prié blanc. C'est pour lui un excellent petit vin de table, assez doux et moelleux, légèrement coloré quand il est fait en blanc. Mélangés à la cuve aux raisins noirs, ceux du Prié rouge donnent au produit plus de fraîcheur et d'agrément; quelques amateurs les laissent flétrir pour préparer avec eux un vin de paille qui est de longue conservation et des plus estimables. Le Prié rouge paraît donc pouvoir être utilisé à la fois comme raisin de cuve et comme raisin de table. Pour ce dernier usage, il est regrettable qu'il n'ait pas la précocité du Prié blanc, car il lui serait évidemment supérieur; sa grappe plus lâche, aux grains plus fermes, supporterait très bien les transports. La forme originale des baies, leur belle couleur rose veloutée par une pruine blanche très abondante, lui donnent une apparence flatteuse que ne dément pas leur saveur plus sucrée et plus parfumée. Aussi jugeons-nous que le Prié rouge peut être une bonne acquisition pour la viticulture française. C'est pourquoi, à la suite de notre voyage de 1902, nous avons pris les mesures nécessaires pour le faire entrer, avec les variétés les plus intéressantes du Valais et du Val d'Aoste, dans nos collections d'études.

DESCRIPTION. — Souche à tronc noueux et élancé et écorce filamenteuse grise sur bois gris clair; fortes racines plongeantes et très résistantes.

Bourgeons, simples, moyens, coniques, à pointe légèrement incurvée, de couleur brune; bourgeonnement d'un vert jaunâtre, à légère pointe blanche; jeunes feuilles avec faibles touffes de duvet floconneux; fleurs à étamines plus longues que le pistil.

1. M. Bich admet pourtant quelque distinction entre les Neblou, Bonda et Prometta suivant la forme des grains, sans spécifier in *Monog.*, p. 14.

Rameaux, semi-érigés, très ramifiés, à jeune bois blanc, puis jaune clair, avec larges stries plus foncées et fines lenticelles claires ; traces de duvet à la base ; mérithalles moyens, de 8 à 10 centimètres, ronds, un peu grêles ; renflements forts ; diaphragmes épais et concaves ; nœuds assez clairs ; bois dur et flexible, à moelle jaunâtre, d'un tiers de diamètre.

Feuilles, petites ou moyennes, orbiculaires, souples et épaisses, peu découpées ; d'un vert glaucescent moins sombre que celui du Prié blanc ; lisses supérieurement, avec fines nervures, glabres inférieurement, avec légères traces floconneuses sur les nervures rosées ; sinus pétiolaire un peu ouvert, les secondaires nuls, les supérieurs assez marqués ; lobes peu prononcés ; tablier court et étroit ; denture obtuse, régulière, arrondie, à fin mucron jaune légèrement relevé. — Pétiole gros et assez court, rosé, formant angle droit avec le limbe, érigé en oblique sur le sarment.

Fruits. — *Grappes*, allongées et rameuses, moyennes ou sur-moyennes, longues de 15 centimètres environ, un peu lâches ; fin pédoncule ligneux, grêle et tombant, jaune, assez long, à vrille caduque, de lignification précoce ; les grappes sont souvent pourvues de 3 à 4 ailes tombantes et un peu claires, en raison du nombre des grains avortés ; pédicelles un peu grêles, disposés en touffes espacées, longs, avec larges disques à lenticelles ; pinceau large et blanchâtre. — *Grains*, ellipsoïdes ou ovoïdes, bien allongés, assez gros, d'un rose très pruiné de blanc qui voisine le violet à complète maturité ; la couleur rose débute en marbrures qui gagnent progressivement ; peau ferme et élastique, assez épaisse ; ombilic saillant ; chair fondante, fraîche et sucrée, un peu relevée et finement parfumée ; 3 à 4 pépins gris, trapus, à bec large, chalaze en forme de poire, raphé apparent, fosses peu profondes. Maturité moyenne entre 1re et 2e époques.

A. Berget.

MAÏOLET

Synonymie. — Majolet, Majoletto (*Gatta, Bich* et *Argentier*). — Majolet bon vin (*Rovasenda*). — Mayolet (*Pierre de Crescence*, XIIIᵉ s.) (?).

Historique et aire géographique. — Le Majolet, pour la désignation duquel nous adoptons la prononciation locale, *Maïolet*, est un cépage précoce à raisins noirs qui ne paraît connu et cultivé que dans la vallée d'Aoste. Il serait originaire des vignobles d'Aoste même, car c'est sur les terrasses qui dominent cette ville, à gauche de la Doire, et dans les vignobles de son hameau de Signayes, dans la Valpelline, à 800 mètres d'altitude, que sa culture est la plus étendue [1]. Il y couvre en tout une cinquantaine d'hectares, associé aux divers *Orious* qui complantent la majeure partie des vignobles de la partie centrale et de la haute vallée d'Aoste. S'il ne s'est pas plus répandu, malgré sa précocité et sa grande résistance aux froids de l'hiver, c'est précisément parce qu'il est difficile de récolter son produit en même temps que celui des cépages, plus tardifs de trois semaines, avec lesquels il est mélangé dans les plantations. Ce n'est qu'à une époque récente que le Maïolet a été introduit dans les vignobles les plus voisins d'Aoste, particulièrement à Charvensod et dans la haute vallée, à Saint-Pierre, où, associé au *Petit-Rouge*, il concourt à donner le meilleur vin du Val d'Aoste, celui du cru de *Torrette* à 700 mètres d'altitude. On ne le rencontre plus qu'accidentellement hors d'un rayon de dix kilomètres autour de la ville d'Aoste. En tout, c'est à peine s'il couvre actuellement une centaine d'hectares. Le Maïolet est donc bien le *Plant d'Aoste* par excellence. C'est à lui qu'il convient de réserver ce synonyme et les qualités de précocité que Pulliat [2] attribuait à l'*Urize* qu'il a rencontrée dans le Valais, à La Croix, aux environs de Martigny, sur la route qui mène

---

1. Pierre de Crescence fait pourtant mention, dans son *Opus ruralium*, paru vers 1273 à Bologne, d'une espèce de vigne qu'on trouvait tout autour de cette ville, « nommée *Mayolus* qui fait une grappe très noire et meure hastivement et fait beaulx longs et espes bourjons et en sont les raisins doulx en saveur et fait vin dur et qui bien se garde et est assez plantureuse et si vient bien en terre pleine et en montagnes ». (Texte in Roy-Chevrier, *Ampélog. rétrosp.*, Montpellier, 1896, p. 119).

2. *Les vignobles du Valais et du Haut-Rhône*, extrait du *Bulletin des Agriculteurs de France*, 1885.

BIBLIOGRAPHIE. — Gatta : Essai sur les vignes et les vins de la vallée d'Aoste, in Mémoires de la Société Royale d'agriculture de Turin (t. XI, 1837). — De Rovasenda : Ampélographie universelle (2ᵉ édit., 1882, p. 107). — L.-N. Bich : Monographie des cépages de la vallée d'Aoste (L. Mensio, Aoste, 1896). — Notes du professeur L. Argentier. — A. Berget : Étude ampélographique des vignobles du Valais et du Val d'Aoste (Rev. de viticulture, octobre 1903).

A. Kreyder

Maïolet

au Val d'Aoste par le col du Saint-Bernard. L'Urize de ce pays n'est qu'un Oriou mûrissant comme le type, en 2e époque. C'est sans doute par confusion avec le Maïolet, que nous n'avons pas rencontré dans le Valais, que les importateurs de cette variété lui ont attribué une précocité dont elle est dépourvue.

Culture et usages. — Le Maïolet ne nous a rappelé sur place aucun cépage précoce actuellement connu. Il nous semble une variété complètement originale à inscrire à l'actif de l'ampélographie alpestre, à laquelle nous devons déjà une bonne partie des meilleurs cépages précoces que nous possédons : les *Lignan, Rastignier, Juliette, Malvoisie rose, Tantovina*, etc. Cette communauté d'origine semble attester qu'un effort d'adaptation aux climats difficiles paraît être la cause principale de l'apparition des variétés précoces.

Quoi qu'il en soit, le Maïolet serait une des plus estimables de ces variétés. Il prospère dans les sols les plus légers, résiste bien aux rudes hivers des Alpes, ne coule jamais et donne en quantité satisfaisante un vin assez alcoolique. Il réussit à toutes les tailles et montre toujours une grande vigueur qui semble l'approprier aux tailles longues toutes les fois que la richesse du sol permet le développement de la fertilité. Il débourre d'assez bonne heure, mais ses raisins ne paraissent que plus tard, car ils poussent très éloignés du pampre, détail caractéristique. Médiocrement sensible à l'Oïdium et au Mildiou, le Maïolet passe dans la vallée d'Aoste pour trop sujet à la Pourriture. Mais comme sa précocité, qui paraît être en moyenne supérieure de huit jours à celle du Pinot noir, est bien loin de concorder avec la maturité assez tardive des autres raisins noirs de la vallée, ce reproche ne semble traduire que l'impossibilité de le récolter avec eux. Ne pouvant attendre trois semaines sur la souche, le Maïolet n'est récolté dans ces conditions que figué ou pourri. Il devrait être vendangé à part, en temps propice. Malgré cela, on le préfère dans la vallée d'Aoste au *Dolcetto nero* d'Alba ou *Doucet*, récemment introduit dans le pays en raison de sa précocité, mais qui pourrit plus et dont les raisins tombent de bonne heure sous la souche, défaut que n'ont pas ceux du Maïolet.

Le vin de celui-ci passe pour fin, moelleux et assez alcoolique (8 à 10° en moyenne, selon M. Bich), mais un peu mou et trop pauvre en tanin pour se conserver, aussi n'emploie-t-on le Maïolet qu'en mélange avec d'autres cépages pour adoucir leur vin et lui donner plus de finesse et d'agrément. Les conditions dans lesquelles le Maïolet est vendangé dans la vallée d'Aoste autorisent quelques réserves sur la complète exactitude de ce jugement. Le raisin du Maïolet est assez analogue à celui du Pinot fin, quoique plus allongé. Il ne semble pas, en raison de ses dimensions réduites, avoir d'avenir comme raisin de table. Cette variété, jusqu'ici à peu près inconnue, ne nous paraît donc recommandable que pour la production œnologique dans les vignobles de haute altitude ou de latitude extrême. Il conviendra en particulier de l'expérimenter dans le bassin de la Seine concurremment avec le Saint-Laurent et les Pinots précoces.

DESCRIPTION. — Souche, forte, à port semi-érigé, à racines peu plongeantes ; écorce grise, très filamenteuse sur bois brun.

Bourgeons, simples, moyens et trapus, duveteux sur fond roux ; bourgeonnement d'un vert nuancé de jaune ; jeunes feuilles vertes et bien découpées, lisses supérieurement, avec traces de duvet floconneux, de même que sur les pétioles, rougeâtres ; inférieurement assez duveteuses.

RAMEAUX, jeunes grêles, veinés de roux ; bois rond et grêle, d'un brun clair, avec stries plus foncées et fines lenticelles ; mérithalles moyens de 5 centimètres à la base, de 10 au sommet des rameaux, pruinés et parfois légèrement floconneux ; nœuds un peu violacés : diaphragmes épais et légèrement convexes de même que la base des pétioles ; beaucoup de ramifications, ce qui dénote une tendance à buissonner ; grosse moelle, peu dense, de demi-diamètre ; vrilles fines, assez allongées, avec deux lacets enroulés, caduques à la base des rameaux, continues au sommet.

FEUILLES, moyennes, souples et épaisses ; quinquelobées ou plus généralement trilobées, les deux lobes inférieurs peu marqués, les latéraux lyrés et étroits, le supérieur allongé, avec pointe lancéolée ; sinus pétiolaire généralement ouvert, mais le tablier, d'un tiers de longueur, est souvent relevé, de sorte que l'angle paraît fermé ; la feuille se plisse alors dans le sens de la nervure médiane, les bords étant légèrement relevés ; face supérieure d'un vert mat un peu jaunâtre, l'inférieure est complètement duveteuse aranéeuse et ses nervures finement hispides ; denture allongée et étroitement acuminée, à léger mucron brunâtre. — Pétiole plus court que la nervure médiane, un peu grêle, veiné de rose et parfois légèrement hispide ; il forme un angle obtus avec le rameau, aigu avec le limbe, ce qui donne aux feuilles un aspect tombant, surtout en saison chaude.

FRUITS. — *Grappes* moyennes, cylindro-coniques, serrées, longues d'environ 10 centimètres, régulières ou légèrement épaulées, assez souvent avec grappillon au nœud, pendu à un long pédoncule ; la grappe paraît bifurquée quand il se développe ; pédoncule moyen, assez fort qui se lignifie en brun à maturité ; pédicelles courts et verts, à disque moyen et faibles lenticelles. — *Grains*, sous-moyens, noirs, fortement pruinés, se détachant facilement ; peau fine et souple, marquée de faibles lenticelles ; chair juteuse, sucrée, fraîche et parfumée, douce, mais peu relevée ; 1 à 2 pépins au plus, grisâtres, à chalaze elliptique, saillante et brune, bec droit et court, fin raphé et les deux fosses apparentes. Maturité moyenne assez précoce, paraissant correspondre à celle du Saint-Laurent.

A. BERGET.

Humagne

HUMAGNE

Historique et aire géographique. — L'*Humagne* est un cépage à fruits blancs qui
semble véritablement particulier à la région du Haut-Valais. Tout porte à croire qu'il en
est indigène. Il passe avec le *Rouge du Pays* pour le cépage le plus anciennement connu
et cultivé dans la vallée. Aucun document historique n'éclaire ses origines. C'est en vain
que nous avons réclamé à Sion les manuscrits du xiie au xive siècles, qui, selon une légende
recueillie par Pulliat, feraient mention du *Vinum Humanum*. Aucune des compétences
locales n'avait foi dans leur existence.

Au point de vue ampélographique, l'Humagne ne nous paraît pouvoir être identifiée à
aucun cépage blanc déjà connu. Si sa physionomie générale rappelle superficiellement celle
des Gros Mesliers, il est pourtant impossible de l'assimiler à ces variétés, moins vigoureuses et plus tardives. Elle ne nous paraît pas non plus présenter de parenté avec les
variétés blanches si nombreuses et encore si peu connues qu'on rencontre dans les vignobles
d'importance minuscule, mais de grand intérêt ampélographique, des vallées sub-alpestres
de la Savoie et de la Suisse. Avec les trois *Arvines*, la *Rèze*, le *Blanchier* et la *Diollaz*,
du Valais; les *Gros Bourgogne*, *Porterie*, *Brétigny*, etc., du canton de Vaud; les *Prié*
et *Blanc du Valdigne* valdôtains; les *Martin-côt*, *Bon blanc*, de Maurienne, *Roussette
basse*, *Fumette*, *Bécuette*, *Gringet*, *Jonvin*, etc., de la Haute-Savoie, elle compose tout un
groupe de cépages blancs, de maturité moyenne et de rusticité éprouvée, où la viticulture
française pourrait sans doute faire encore quelques acquisitions utiles. L'exemple de
l'extraordinaire fortune ampélographique de notre famille des Chasselas, à peu près certainement issue des Fendants suisses, en semble un témoignage. Celui, plus modeste,
de l'estimable *Roussette haute* de Seyssel (Altesse de Savoie) en est un autre. Précisément,
le Congrès ampélographique de Genève de 1878 avait cru pouvoir identifier l'Humagne à
cette dernière variété, déjà réputée. L'Humagne en diffère profondément par sa plus grande
vigueur, ses feuilles plus grandes et plus foncées, et ses fruits plus abondants, à grains plus

BIBLIOGRAPHIE. — Marc Micheli : Notes sur quelques cépages valaisans, in Bulletin de la classe d'agri-
culture de la Société des arts de Genève (n° 76, 1878, 4e trim.). — M. de La Pierre : Catalogue des différentes variétés de raisins exposées au concours de Lucerne (Sion, 1881). — Pulliat : Les Vignobles du
Haut-Rhône et du Valais (Paris, 1885). — Krauer-Widmer : Lexikon der Schweiz de Furrer, art. Weinbau
(Berne, 1890). — Guide pratique du vigneron valaisan (publ. de l'Assoc. agric. du Valais (Sion, 1893). —
Durand : A travers le Valais (Vigne américaine, mai 1903). — A. Perget : Étude ampélographique des
vignobles du Léman, du Valais et du Val d'Aoste (Rev. de vitic., 1903, 2e sem.). — Notes de MM. de la
Pierre, de Riedmatten et Gassr.

gros et de maturité plus précoce d'une quinzaine environ. La Roussette de Seyssel, que nous avons rencontrée à Thonon sous le nom de *Plant Verdet*, nous paraît pouvoir être plus justement identifiée à l'*Arvine brune* des environs de Martigny.

Jadis très cultivée, l'Humagne devient aujourd'hui de plus en plus rare dans le Valais par suite de l'extension croissante de la culture des Fendants vaudois et du *Rhin* ou *Sylvaner*, importés depuis le commencement du xixe siècle. Déjà ceux-ci peuplent à peu près exclusivement la région du Bas-Valais, de Villeneuve à Saint-Maurice; ils dominent maintenant dans le Haut-Valais, sauf dans le district de Sierre où l'on continue de leur préférer la Rèze. Bien que la culture des cépages blancs couvre dans le Valais les quatre cinquièmes de la superficie viticole, celle de l'Humagne s'est ainsi réduite à une proportion de quelques millièmes. C'est à peine si elle couvre encore quelques hectares sur les deux territoires de Chamoson et de Sion. Ailleurs, on ne rencontre plus qu'accidentellement l'Humagne représentée par quelques ceps perdus à travers les vignobles.

Culture et vinification. — Pourtant, ce cépage n'est pas sans mérites. Débourrant assez tard, comme le Rouge dont il reproduit les allures de végétation, il a l'avantage de fleurir et de mûrir beaucoup plus tôt, 4 à 5 jours avant les Fendants, c'est-à-dire dans le voisinage de la 1re époque. Très peu exigeant sous le rapport des fumures, il s'accommode des sols rocheux les plus secs et les plus arides. Comme le Rouge, il résiste aux plus fortes gelées d'hiver et donne des repousses fertiles après les gelées de printemps. Mais on lui reproche de n'avoir qu'une production intermittente, parfois très forte, puis des plus faibles pendant les 2 ou 3 années suivantes. Sujette à l'Oïdium, moins au Mildiou, l'Humagne est aussi trop sensible à la Pourriture grise. Sa récolte peut se perdre en 4 à 5 jours quand la maturité coïncide avec une période de pluies chaudes. Selon M. C. Rey, de Sierre, elle a aussi l'inconvénient de griller par les fortes chaleurs, d'où son abandon progressif.

Comme le Rouge, l'Humagne s'accommode mal de la taille à la vaudoise. On ne la cultive qu'à la valaisanne avec renouvellement par le procédé traditionnel des versannes. Trop peu fertile à taille courte, elle exige un long bois recourbé ou archet de 7 à 8 yeux. Il se fait alternativement avec la fleurette et le pouzet pour éviter l'allongement exagéré de la souche. L'archet est généralement fait avec le sarment supérieur; on en pince toutes les pousses sauf la plus basse, conservée pour maintenir le courant séveux. Son rendement est évalué à 45 hectolitres à l'hectare en moyenne.

Comme la plupart des vieux cépages blancs du Valais, l'Humagne n'est plus utilisée que pour la consommation locale. Aussi ses raisins ne sont-ils pas traités, comme ceux des Fendants, selon la méthode normale usitée pour la préparation des vins blancs, mais plutôt selon la vieille méthode du pays qui comporte une cuvaison d'une dizaine de jours. On obtient ainsi un vin jaune, un peu rude la 1re année, moyennement alcoolique, mais très solide, qui a la réputation d'être fortifiant et d'une conservation longue et facile. Jadis recommandé pour la consommation des vieillards, il se fait aujourd'hui de plus en plus rare.

Dans une série d'analyses de vins du Valais, recueillies par M. de la Pierre, nous relevons les trois résultats suivants, obtenus, les deux premiers par MM. Seiler et Evêgnoz, et le dernier par M. le Dr Lorétan, dans l'analyse de vins d'Humagne préparés avec cuvaison de 8 jours; ils attestent que les produits de l'Humagne ne sortent pas de la catégorie des bons ordinaires. Toutefois, en l'absence de toute expérimentation étrangère, il serait téméraire de préjuger absolument de la valeur de ce cépage en d'autres contrées :

VINS D'HUMAGNE RÉCOLTÉS EN	DENSITÉ	ALCOOL p. %	EXTRAIT en gr.	ACIDITÉ totale.	SUCRE total	CENDRES
1890....................................	0.9965	10.03	21.75	6	2.03	1.51
1892....................................	0.9941	10.08	25.88	5.60	1.96	1.47
1900....................................	0.9937	11	18.3	5.2	0.8	1.46
Moyenne des vins blancs du Valais..........	0.9937	11.54	18.64	5.68	1.51	1.54

DESCRIPTION. — Souche, très vigoureuse et érigée, à écorce filamenteuse brunâtre sur bois plus clair; racines fortes et plongeantes qui s'enfoncent profondément dans les rochers, chevelu abondant.

Bourgeons, simples ou doubles, moyens et trapus, brun foncé, avec pointe blanche très fine; bourgeonnement très érigé, à pointe terminale blanche; jeunes feuilles avec traces de duvet lanugineux plus abondant à la page inférieure; vrilles abondantes mais courtes et caduques; fleurs vertes et trapues, à étamines plus longues que le pistil.

Rameaux, érigés et forts, d'abord à écorce verte légèrement lanugineuse, puis d'un blanc lisse et velouté, peu marquée de lenticelles et qui passe à l'aoûtement au brun acajou, avec forte pruine violacée aux nœuds, forts; mérithalles ronds et striés, d'une longueur moyenne de 8 centimètres; diaphragmes épais, légèrement convexes; moelle jaune, assez grosse, du tiers à demi diamètre, bien que le bois soit très résistant aux gelées.

Feuilles, moyennes, assez épaisses, souples et un peu découpées, planes ou à bords abaissés; supérieurement lisses ou un peu gaufrées et d'un vert mat, inférieurement couvertes d'un duvet floconneux particulièrement épais le long des nervures; découpées en 3 à 5 lobes, les inférieurs peu marqués, les secondaires étroits et pointus, le supérieur lancéolé avec pointe allongée; sinus inférieurs finement lyrés ou arrondis, les supérieurs assez profonds, mais rétrécis; denture irrégulière, large et profonde, acuminée, à mucron brunâtre. — Pétiole moyen ou un peu court, flexible et à forte attache, de longueur égale à la nervure médiane, d'un vert taché de rouge qui passe au brun à la maturité; disposition un peu relevée sur le rameau, à angle très obtus avec le limbe.

Fruits. — *Grappes*, moyennes, cylindro-coniques, à deux ailes dont l'une, plus courte, est insérée sur le nœud pédonculaire; d'abord érigées sur leur attache un peu courte, elles s'inclinent selon leur poids; pédicelles grêles, souvent composés, à gros disque élargi, avec larges lenticelles. — *Grains*, moyens, brièvement ellipsoïdes, qui grossissent beaucoup à maturité; peau fine et souple qui pourrit facilement, d'abord d'un vert translucide bien pruiné de blanc qui passe au jaune clair; chair juteuse, acidulée, très fraîche, à léger goût spécial qui se retrouve dans le vin; 3 à 4 pépins brun foncé, assez gros et renflés, à bec infléchi; fosses et raphé peu apparents; chalaze nulle. Maturité moyenne, entre 1re et 2e époques.

A. Berget.

ROUGE DU VALAIS

Synonymie. — Petit Rouge et Gros Rouge, Rouge du pays (*de la Pierre* et *de Riedmatten*).

Historique et aire géographique. — Le *Rouge du Valais* est un cépage qui a toujours été considéré comme spécial aux vignobles du Valais, d'où il passe pour originaire et ne semble pas encore être sorti jusqu'ici. Il y aurait pourtant lieu, à notre avis, de le confronter avec le Petit Rouge des vignobles du Val d'Aoste, particulièrement celui de la région de Nus à Saint-Vincent. La Commission ampélographique récemment constituée dans le canton, sous la présidence de M. le chanoine Besse, de Martigny, pourra faire œuvre utile en comparant les vieux cépages rouges du pays avec les différents Orious valdôtains. Il nous paraît probable que certains d'entre eux peuvent leur être assimilés.

Quoi qu'il en soit de cette origine possible, le Rouge du Valais est certainement le plus ancien cépage à raisin coloré qui ait été connu et répandu dans cette contrée, adonnée surtout à la culture des variétés à raisins blancs. Les *Bourgogne* (Petit Pinot), *Petite Dôle* (Gros Pinot), *Grosse Dôle* (Gamay) et *Bordeaux* (mélange confus de Durif, Cabernet, Gamays, etc.) ne sont venus que beaucoup après, importés sans doute du canton de Vaud dans la première moitié du xixᵉ siècle. En raison de leur plus grande précocité, ils ont contribué à restreindre de plus en plus la culture du vieux *Rouge*.

Aujourd'hui, c'est à peine si celui-ci couvre 1/100 du total des vignobles, ampélographiquement si bigarrés, du Valais. On ne le rencontre pas dans le Bas-Valais, de Saint-Maurice à Villeneuve, dont le climat, plus froid, ne convient pas aux cépages tardifs. Sa culture, çà et là répandue par parcelles dans tout le Haut-Valais, de Martigny à Salquenen et Vièges, est surtout concentrée dans les vignobles en terrasses des districts de Sion et de Sierre. C'est dans ce dernier qu'il donne ses meilleurs produits, dans les crus réputés du

BIBLIOGRAPHIE. — Marc Micheli : Notes sur quelques cépages valaisans (in Bulletin de la classe d'agriculture de la Société des Arts de Genève, 1878). — Les Raisins de Sion (Catalogue des différentes variétés de raisins exposées au concours agricole de Lucerne par la Société d'agriculture de Sion, 1881, p. 15). — V. Pulliat : Les vignobles du Haut-Rhône et du Valais (in Bulletin de la Société des agriculteurs de France, Paris, 1885). — Krauer-Widmer, « art Weinbau » : in Vokswirthschafts-Lexikon der Schweiz, de Furrer (Berne, 1890) ; Guide pratique du vigneron valaisan (Sion, 1893). — Durand : A travers le Valais, Notes sur ses cultures arbustives (Vigne américaine, 1903). — A. Berget : Étude ampélographique des vignobles du Valais et du Val d'Aoste (Revue de viticulture, septembre 1903). — Notes de MM. de la Pierre, de Riedmatten et Gassr (Sion, 1902).

Rouge du Valais

Château de la Soie sur Vièges et du Clos d'Enfer, à Salquenen. En tout, sa culture, jadis plus étendue, ne paraît pas couvrir plus d'une cinquantaine d'hectares.

Ampélographie comparée. — Souvent mélangé dans le Valais d'autres cépages rouges assez indéterminés comme les *Gorons* (parfois Grec rouge), le *Rouge de Fully* et le *Savoyen* (Mondeuse), le Rouge du Valais est distingué par les détails suivants : souche forte, très érigée, qui exige l'ancienne culture valaisanne et souvent la taille longue ; bourgeonnement à pointe blanche ; feuilles petites ou moyennes, d'un vert franc, glabres ou à peu près sur les deux faces, à denture fine et aiguë qui leur donne un aspect frisé assez particulier. Signe caractéristique, elles se teintent de très bonne heure en *rouge franc*, de même que les pétioles, et tranchent ainsi très fortement aux approches de la maturité parmi les feuilles jaunies des autres cépages. Raisin cylindrique, allongé, souvent pourvu de 2 à 3 ailerons qui s'épaulent ; grains moyens, ronds ou légèrement ellipsoïdes, d'un noir intense fortement pruiné, à peau ferme et résistante. Maturité de 3e époque.

En raison de la similitude du nom, plusieurs auteurs, notamment Chevalier et le Dr Dumont, ont cru pouvoir assimiler à ce cépage le *Valais noir* du Jura, qui aurait été importé par des colons valaisans établis en Franche-Comté au xviie siècle [1]. Mais ce cépage est lui-même assez mal déterminé. Le nom de *Valet*, la plus vieille orthographe connue (édit du Parlement de Besançon, 1732), est généralement appliqué au Chasselas blanc. Le *Valet noir* des environs de Lons-le-Saulnier (Saint-Lamain et Sellières), Moulan ou Mourlan noir, nous a paru identique au *Mornant noir*, dans lequel beaucoup d'auteurs, comme le frère Ogérien [2], ont cru, en effet, reconnaître la variété noire du Chasselas. D'autre part, à Poligny, le nom de Valais noir est également appliqué à un autre cépage très différent, appelé aussi à tort *Foirard noir*, et que Ch. Rouget a identifié au *Dameret*, ou *Dameron*, de la Haute-Marne, cépage plus vigoureux, à feuillage plus large, plus terne et plus gaufré, fruits plus gros et plus précoces, sans rapports avec le Rouge du Valais [3]. Enfin, Ch. Rouget a réservé le nom de *Valais noir* à une troisième variété répandue sous ce nom au nord d'Arbois, à Salins, dans le Doubs et la Haute-Saône, celle qui porte le nom de *Taquet* dans l'arrondissement de Dôle. Malgré les concordances que nous a révélées, son observation directe, son bourgeonnement plus vert, son apparence plus grêle, l'absence du caractère si apparent de la décoloration en rouge de son feuillage, enfin le fait que le Valais jurassien mûrit assez aisément, établissent assez de contrastes avec le Rouge du Valais pour que leur assimilation paraisse douteuse en l'absence d'une expérimentation comparative à laquelle nous ferons procéder. D'ailleurs, on trouve dans la région franc-comtoise, où le Valet jurassien est assez répandu, la commune de Valay (Haute-Saône), d'où son nom pourrait être originaire, peut-être avec plus de vraisemblance que de la région suisse la plus éloignée du Jura.

Le seul cépage qui nous paraisse présenter des analogies très sérieuses pour l'ensemble des caractères et l'époque de maturité est, avons-nous dit, un Orion valdôtain, non pas le type, qui porte habituellement le nom de Rouge ou Petit Rouge, à Aoste, mais une variété de celui-ci qui s'en distingue précisément, outre les dimensions plus réduites de la grappe

---

1. Ch. Rouget, *Les Vignobles du Jura et de la Franche-Comté*, Poligny, 1897, p. 86-88.
2. Frère Ogérien, Appendice au tome I de son *Hist. nat. du Jura*, Valais noir, 1867, p. 833.
3. *Id.*, p. 97-101.

et des feuilles, par la décoloration en rouge de son feuillage à l'époque de la véraison. Bien que nous l'ayons remarquée à Aoste sur quelques points, elle y paraît moins répandue que le type. Mais nous l'avons rencontrée avec plus d'abondance dans les environs de Chambave sous le nom de Petit Rouge. Elle aurait l'avantage de ne couler jamais et d'être moins sujette à la brûlure que l'Oriou type.

Quoi qu'il en soit de cette assimilation possible, comme l'Oriou, le Rouge du Valais a engendré plusieurs variétés. On en distingue pratiquement deux, différentes par la vigueur générale et le volume des feuilles et des fruits, le *Petit Rouge* et le *Gros Rouge*. Le premier donne les meilleurs produits, le second le plus d'abondance. Ils ne représentent que des différences de sélection, car, aux dimensions près, leurs caractères ampélographiques sont identiques.

Quelques vignerons valaisans, frappés des analogies qui existent pour le port, la vigueur et la rusticité entre leur Rouge du pays et l'Humagne, cépage blanc local de culture aussi ancienne et d'origine également inconnue, regardent le Rouge comme une Humagne à raisins colorés. Mais les caractères du feuillage et des fruits sont trop dissemblables pour que cette dérivation nous paraisse admissible.

Culture. — Le Rouge du Valais est avec l'Humagne un des rares cépages du pays qui ne se plient pas à la méthode de culture dite *vaudoise*, qui se généralise de plus en plus dans le Valais avec la culture des Fendants. Il ne s'accommode bien que de la vieille culture à la *valaisanne*[1]. Celle-ci consiste essentiellement, au lieu de diriger la taille de manière à obtenir 4 à 6 coursons en couronne taillés à un œil, comme dans la mode vaudoise, à la diriger sur 2 coursons ou cornes, l'un inférieur, le *pouzet*, taillé sur l'œil dormant ou borgne, l'autre supérieur, la *fleurette*, taillé à un œil à fruit, plus le borgne. A la cinquième feuille, pouzet et fleurette sont taillés à un œil de plus, on ne laisse à l'ébourgeonnement que deux sarments au pouzet et trois à la fleurette. Le Rouge reçoit quelquefois double fleurette, il réclame généralement un archet, ou long bois recourbé, qui est attaché alternativement une année en bas et une année en haut. Le courson de remplacement fourni par le pouzet est alors pris sur vieux bois. Ce mode de conduite lui est absolument particulier avec l'Humagne, quelquefois aussi avec le *Johannisberg* ou *Riesling*. Pour renouveler les ceps dans cette méthode, on utilise généralement le vieux procédé des *versannes*. Il consiste à partager la vigne en bandes de 4 à 6 lignes de ceps séparées par un fossé de 60 à 70 centimètres de profondeur. Chaque année, on couche une ligne de ceps au fond du fossé qui avance d'un rang, de sorte que toute la vigne est provignée en 4 à 6 ans. Cette méthode a l'avantage d'entretenir la vigne sans exiger les fortes fumures nécessaires dans la culture à la vaudoise ; le défoncement annuel qu'elle entraîne suffit pour renouveler et ameublir le sol. Un apport modéré de fumier est cependant utile pour compenser l'amaigrissement qu'entraîne l'irrigation, généralement usitée pour rafraîchir le sol brûlant des *tablats*, ou terrasses, sur lesquels sont établis la plupart des vignobles si originaux du Valais.

La nature du sol n'importe guère ici pour guider le vigneron sur l'adaptation préférée du

---

1. Décrite avec détails dans le *Guide pratique du vigneron valaisan*, Sion, 1893, rédigé sous la direction de M. Hopfner, de l'École normale de Sion, à la suite d'un concours ouvert en 1890 par l'Association agricole du Valais.

cépage, car celui des vignobles valaisans a généralement un caractère artificiel. En effet, le sol, défoncé à la plantation, à 2 mètres de profondeur, est rapidement modifié par l'apport annuel de schiste lamellaire ou *brisé* qu'on répand à sa surface dans le but de favoriser le maturation par le rayonnement et de renouveler le sol amaigri par les irrigations. Le rôle du brisé est plutôt physique que chimique, car il ne contient que 2.28 °/₀ de matières assimilables. Des fumures modérées sont indispensables pour compléter son action quand on veut obtenir une production régulière.

Celle du Rouge du Valais passe pour un peu capricieuse. On lui reproche d'être *saisonnier* et de ne donner une récolte satisfaisante qu'une année sur deux. Mais ce cépage a le mérite d'une grande rusticité. Il s'accommode des sols les plus maigres, résiste aux plus fortes gelées d'hiver et dure près d'un siècle en terre. Il donne des repousses fertiles après les gelées de printemps, résiste assez bien à la coulure et beaucoup à la pourriture. Moyennement sujet au Mildiou, il l'est beaucoup plus à l'Oïdium. Malheureusement, son fruit mûrit tard, 15 jours à 3 semaines après les Fendants, c'est-à-dire en 3ᵉ époque. On ne peut guère le vendanger dans le Valais qu'à la fin d'octobre, souvent même autour de la Toussaint où le givre le couvre souvent. Mais il se conserve bien sur la souche et gagne même en qualité à attendre les premiers froids. Toutefois, cette maturité tardive oblige à prolonger trop longtemps les opérations de la vendange et ne permet pas de mélanger ses produits à la cuve avec ceux des variétés nouvelles comme les Dôles et les Bordeaux. Aussi, la culture du Rouge décroît-elle d'année en année dans le Valais. Peut-être ce cépage trouverait-il un nouvel avenir si on l'importait dans des contrées méridionales plus propices à sa nature.

Les qualités de son vin pourraient recommander le Rouge pour un essai de ce genre. Quoique d'une alcoolicité moyenne, 10° environ, il a le mérite d'être capable d'une très longue conservation. Il gagne même beaucoup à vieillir et contracte alors un bouquet spécial assez caractéristique qui rappelle celui des Bordeaux. Ce vin, très couvert et assez fruité, constitue certainement un ordinaire de choix digne d'estime.

On le prépare par les méthodes ordinaires avec cuvaison de 8 à 10 jours sans égrappage. Le raisin rend de 35 à 37 litres de moût par *brante* de vendange (45 litres). La production moyenne est de 3.000 litres à l'hectare pour le Petit Rouge, de 4.800 à 5.000 pour le Gros Rouge, résultat assez satisfaisant étant donnée la médiocrité des sols. Une analyse[1] d'un bon vin de *Rouge* récolté à Conthey en 1892 donnait les résultats suivants que nous rapprochons de ceux obtenus avec un vin de Dôle de même origine et de la composition

NATURE DU VIN	DENSITÉ	ALCOOL P. 1/10	EXTRAIT	ACIDITÉ TOTALE	SUCRE TOTAL
Moyenne des vins rouges du Valais.	0.9939	12.03	25 gr 07	5.18	1.79
Dôle..........................	0.9949	11.96	28 gr 04	4.50	1.12
Rouge.........................	0.9946	11.17	25 gr 62	3.25	1.58

1. Analyse de MM. Seiler et Evêquoz communiquée par M. de la Pierre.

moyenne des vins rouges du Valais. Le Valais n'exporte que des vins blancs. Les rares produits du Rouge ne servent qu'à la consommation particulière des producteurs.

DESCRIPTION. — Souche, très forte ; à port érigé ; atteignant 30 centimètres de diamètre en vigne basse ; à écorce grise se détachant en longues lanières sur bois brun ; racines nombreuses et très fortes, pivotantes malgré un chevelu abondant.

Bourgeons, moyens, simples ou doubles, de couleur brune, avec pointe blanche accusée : bourgeonnement d'un vert jaunâtre, avec traces de duvet lanugineux sur les deux faces des folioles, de même que sur les jeunes rameaux, surtout aux nœuds ; jeunes fleurs de couleur verdâtre tirant sur le rouge, à étamines plus longues que le pistil.

Rameaux, érigés, un peu grêles, à ramifications assez nombreuses et nœuds forts ; jeunes rameaux d'abord verts et veinés de blanc, passant au jaune clair puis au brun noisette veiné de violet à l'aoûtement, avec teinte plus violacée aux nœuds ; mérithalles inégaux, très courts à la base, s'allongent ensuite progressivement ; longueur moyenne 6 à 10 centimètres ; moelle blanche et épaisse, de demi-diamètre ; diaphragmes assez forts et convexes.

Feuilles, moyennes, orbiculaires, souples et résistantes ; — d'un vert franc, assez clair chez les jeunes feuilles, intense chez les adultes, cette coloration passe au rouge dès la véraison en débutant par les bords et s'étendant entre les nervures ; le feuillage reste longtemps en cet état donnant à la plante un aspect général analogue à celui de certains rosiers ; — sinus pétiolaire en U, rarement fermé, le point d'attache des premières nervures est souvent à nu ; lobes inférieurs nuls ou à peine indiqués, les supérieurs mieux dessinés, le terminal lancéolé, avec pointe accusée ; — denture assez régulière et allongée, avec pointes mucronées d'un brun clair et diversement inclinées, ce qui donne à la feuille un aspect frisé caractéristique ; nervures fines et vertes, lisses et glabres sur les deux faces, parfois quelques poils ou traces de duvet à la page inférieure des feuilles, plus généralement glabres. — Pétiole assez court et grêle, un peu incliné, à forte attache, généralement pruiné et veiné de rose, devient rouge avec les feuilles et s'incline alors formant angle obtus avec le rameau et plus prononcé encore avec le limbe.

Fruits. — *Grappes* moyennes, de forme cylindrique ou pyramidale, allongées, avec grappillon au nœud très fréquent, quelquefois de demi grandeur et 2 à 3 ailerons qui l'épaulent ; pédoncule grêle, incliné à partir du nœud, devient d'un rouge noir à la maturité ainsi que les pédicelles, ceux-ci sont longs et un peu grêles, à fortes lenticelles ; pinceau large et coloré. — *Grains*, moyens, très adhérents, ronds ou légèrement ellipsoïdes, de diamètre supérieur chez le Gros Rouge ainsi que les dimensions de la grappe ; peau souple et très résistante ; véraison assez précoce, bien que la maturité se fasse longtemps attendre et reste souvent très inégale, couleur d'un noir intense voilé par une pruine bleue très abondante ; chair un peu pulpeuse et ferme, à saveur simple, un peu relevée ; moût rapidement coloré donnant un vin très couvert ; 2 à 3 pépins brunâtres devenant rouges à la maturité, à chalaze elliptique très apparente, raphé moyen et fosses assez profondes. Maturité générale entre 2ᵉ et 3ᵉ époques.

A. Berget.

A Kreÿder

Oriou

ORIOUS

Synonymie. — Oriou lombard, ou Picciou rouge, Oriou curare, Curant, ou Voirard
d'Aoste, Pétit-Rouge, ou Picciou rouzo, Gros Oriou, ou Gros Rouge, Oriou gris (*Gatta,
Bich* et *Argentier*). — Vien de Nus (*Gatta* et *Argentier*). — Rouge male d'Arviers
(*Argentier*). — Oriou Saint-Vincent (*Rovasenda*). — Gros Noir (*Argentier*). — Urize,
ou Plant d'Aoste (*Pulliat*)?

Historique et origine. — Les *Orious* sont un groupe de cépages évidemment dérivés
du même type primitif et dont l'habitat paraît jusqu'ici étroitement confiné à la vallée
d'Aoste, leur pays d'origine. Encore à peu près inconnue des ampélographes, cette tribu
mérite d'être scientifiquement étudiée, car elle est peut-être le plus remarquable exemple
d'évolution d'un même cépage en milieu confiné. S'adaptant à la longue par voie naturelle
aux conditions géologiques et climatériques très diverses de la haute vallée de la Doire, le
même type est arrivé à se diversifier suffisamment pour répondre à la plupart des besoins
de la production locale. Aussi n'a-t-il pu être supplanté par les nombreuses variétés
importées des régions voisines, particulièrement du Piémont et de la Lombardie, et
demeure-t-il encore l'échantillon peut-être le plus original de l'ampélographie alpestre, si
riche en variétés diverses et trop peu connues.

L'origine de cette variété est inconnue. Une légende très accréditée dans la vallée et que
M. Bich traduit encore veut que les cépages et les vins de la vallée d'Aoste aient une grande
analogie avec ceux de la Bourgogne. Selon elle, les variétés les plus anciennes, comme
l'Oriou, auraient été importées de cette région quand le Val d'Aoste fit successivement
partie des trois royaumes de Bourgogne, d'abord au vi[e] siècle, puis de 888 à la fin du
xe siècle[1]. En réalité, rien dans les caractères des cépages valdôtains ne rappelle les

---

1. V. de Tillier, *Historique de la vallée d'Aoste*, mss. 1743 Bibl. de Turin, et S. Lucat, *Lectures pour les écoles
et les familles valdôtaines*, 2e partie, Ivrée, 1900.

BIBLIOGRAPHIE. — L.-F. Gatta : Saggio sulle viti e sui vini della Valle di Aosta, in Memorie della
R. Società Agraria di Torino (t. XI, ann. 1837). — De Rovasenda : Essai d'une ampélographie universelle
(E. Loescher, Turin, 1877, et Coulet, Montpellier, 1884). — Notizie e studio intorno ai vini ed alle uve
d'Italia (public. du Minist. de l'Agric., Berlero, Roma, 1896, p. xli). — L.-N. Bich : Monographie des
cépages de la vallée d'Aoste (Aoste, 1896). — Prof. dott. E. Gamacchio : Relazione sull' attivita della
Cattedra ambulanta (Provincia di Torino, ann. 1900) : Appendice sur la Coltivazione della vite nella
Prov. di Torino (pp. 75-125). — L.-N. Bich : Les plants des vignobles valdôtains (in Almanach de
l'Agriculteur valdôtain p. 1902, Aoste, Allasia et Salino, édit.). — Notes du prof. Laurent Argentier. —
A. Berget : Étude ampélographique des vignobles du Léman, du Valais et du Val d'Aoste (Rev. de Vitic.,
1903). — L.-N. Bich : Essai sur l'économie rurale de la vallée d'Aoste (1903).

variétés bourguignonnes, Pinots et Gamays, moins vigoureuses et beaucoup plus précoces que les Orious. Le seul cépage bourguignon que nous ayons retrouvé dans le Val d'Aoste est notre Pinot gris sous le nom de *Malvoisie*, sous lequel il est cultivé dans tout le Valais. Avec le *Teinturier* (T. du Cher) et peut-être le *Persagnot*, qui semble être la Mondeuse de Savoie, il paraît représenter les seules importations transalpines qui aient été faites dans le Val d'Aoste des vallées voisines de la Savoie et de la Suisse. Encore ces trois cépages n'existent-ils qu'en très petite quantité dans la vallée, à l'état de variétés d'assortiment. Les seuls cépages importés qui aient pris de l'extension, comme les *Corniola*, *Nebbiolo*, *Freisa* et *Monferrin*, sont venus du Piémont, apportés de la basse vallée de la Doire. Tous les anciens cépages locaux dérivent plus probablement des vignes apportées par les Romains. Ceux-ci occupèrent en effet le pays après la soumission des Salasses, ses anciens habitants, en 22 av. J.-C., sous le principat d'Auguste. Toute la vallée porte encore l'empreinte de ces maîtres colonisateurs. Aoste a été construite sur le plan et avec les ruines de la cité romaine d'Augusta Pretoria. Les campagnes sont encore arrosées par les *rûs* ou canaux qu'édifièrent les conquérants : ceux de Vertosan et de Planaval, par exemple. Nul doute que les premiers vignobles de la vallée, ceux de Donnas et de Chambave, ne datent de leur occupation. Mais, d'autre part, il est avéré qu'à la fin du ixe siècle, la vallée d'Aoste fut entièrement ravagée et occupée par les Sarrasins, tandis que les populations avaient fui dans les montagnes où elles restèrent jusqu'à leur expulsion par saint Bernard de Menthon vers 982. Toute culture fut abandonnée durant près de cent années. Durant ce temps, les vignes délaissées étaient plus ou moins retournées à l'état sauvage. C'est pourtant en utilisant cette ressource indigène que les valdôtains durent relever leurs vignobles. Telle paraît être l'origine véritable des plus vieux cépages locaux, donc celle des Orious, les plus répandus d'entre eux. En tous cas cette hypothèse, émise par M. le professeur Laurent Argentier, nous paraît beaucoup plus plausible que celle de l'origine bourguignonne. Elle revient à considérer les Orious valdôtains comme véritablement autochtones.

Aire géographique. — C'est dans les parties haute et moyenne du Val d'Aoste, sur les pentes rapides des contreforts de la rive gauche de la Doire, sur les 50 kilomètres d'Arviers au défilé de Saint-Vincent, dans la partie la moins étroite de la vallée, que domine la culture des Orious. Au delà, jusqu'au fort de Bard, ils sont remplacés par le *Picotendre*, variété de Nebbiolo, sans doute venue du Canavais, région centrale de la vallée de la Doire, entre Donnas et Ivrée. L'habitat des Orious est confiné entre les altitudes de 776 à 575 mètres, qui sont celles d'Arviers et de Saint-Vincent. En amont, dans les derniers vignobles de la haute vallée d'Aoste, ils font place aux cépages blancs : *Prié* et surtout *Blanc du Valdigne* ; dans les altitudes plus élevées, aux Prié rouge, Maïolet et Prié blanc ; dans les plus basses, à la légion des nouveaux-venus : Picotendre, Freisa, Monferrins, Nérettes, Doucet (Dolcetto nero), Barbera, Bonarda, etc. Malgré cela, les Orious dominent toujours dans les vignobles du Val d'Aoste, mais il est rare qu'ils soient cultivés sans mélange. Dans les meilleurs crus, ils étaient généralement associés au Majolet, plus précoce, qui apportait de la douceur au produit, et à la *Corniola* qui donnait de la couleur, de la finesse et du bouquet. Dans les autres, on rencontre encore parmi eux de vieux cépages locaux non étudiés et qui se font assez rares : les *Ner d'Ala*, *Gros* et *Petit Neyret*,

Roussins, Cornalin, Persagnot, etc. [1]. Aujourd'hui, les variétés d'Oriou les plus fertiles éliminent les cépages de qualité et les autres font place, surtout dans les médiocres et froids vignobles de la rive droite, au *Fumin*, variété de Freisa tardive, mais très rustique et fertile.

Les différentes variétés d'Orious sont réparties suivant leurs aptitudes : les plus parcimonieuses et les plus fines, comme le Petit Oriou ou Petit-Rouge, et le Voirard, dans les sols les plus secs et les plus légers; les plus fertiles et les plus vigoureuses, comme le Gros-Rouge et le *Vien* (ou plant) *de Nus*, dans les sols les plus profonds et les plus compacts. Constitués par des apports glaciaires, ces sols offrent une très grande variété de composition et échappent à toute classification. Au point de vue de l'exposition, les Orious ne sont cultivés que sur la rive gauche de la Doire orientée vers le midi. Elle bénéficie de la réverbération, parfois intense dans cette vallée, encaissée entre des cimes d'au moins 3.000 mètres et large au plus de 2 à 3 kilomètres. Dans les meilleurs crus, comme ceux de l'Enfer sur Arviers et de Torrette à Saint-Pierre, la température moyenne de l'été s'élève ainsi jusqu'à 23º, tandis qu'elle n'est que de 13º sur l'autre versant de la montagne. Cette condition jointe à la nature du sol, maigre et caillouteux, explique la qualité exceptionnelle de ces vins. Elle se retrouve plus ou moins dans les bons terroirs du reste de la vallée, ceux de la Biôle, de Chataigne, des Collignons et de Cossan sur Aoste, de Montovert à Villeneuve, de la Malvasia de Nus, sur les terrasses de Chambave et de Saint-Vincent, et sur les cônes de déjection comme celui où M. Bich a créé de toutes pièces son vignoble si original de la Champagne d'Oley, à Diemoz en amont de Chambave. En tout, on peut évaluer à près de 2.000 hectares, sur 4.000, la surface que couvrent les Orious dans le Val d'Aoste. Il faudrait ajouter à leur extension 100 à 200 hectares dans le Valais si, comme nous le pensons, l'*Urize* ou *Plant d'Aoste*, que Pulliat avait signalée à Brocard, au-dessus de Martigny, et même le *Rouge de Fully*, sur la rive droite du Rhône, appartiennent à la famille des Orious. Comme ces vignobles sont possédés en majorité par des Entremontains des villages sur la route du Saint-Bernard, qui unit les deux vallées, rien de plus vraisemblable que leur importation du Val d'Aoste dans le Valais, pauvre en raisins rouges.

Ampélographie comparée. — Gatta, médecin de l'hôpital d'Aoste, a, dans son remarquable Essai de 1837, fruit de quinze années d'observations, non seulement signalé pour la première fois l'existence des Orious, mais encore reconnu la parenté de leurs divers types. Celle-ci, masquée par l'importance superficielle des disparates, l'est aussi par la variété des dénominations locales. Le nom même d'*Oriou* n'est couramment usité que de Saint-Vincent à Nus; en amont de cette commune et particulièrement sur le territoire d'Aoste, les plants ne sont guère connus que par la dénomination vague de *Rouges*, Gros ou Petits, suivant le volume des fruits et l'ampleur de la végétation. Bien que le fait ne soit pas admis par tous les viticulteurs de la vallée, la dérivation mutuelle de ces différentes variétés nous paraît, ainsi qu'à M. Bich, un fait incontestable. Pour Gatta, le signe distinctif qui établit leur parenté est la facilité avec laquelle les feuilles, aux premiers

---

1. V. les notes sommaires de M. L.-N. Bich dans sa petite, mais intéressante brochure, *Monographie des cépages de la vallée d'Aoste et leurs systèmes de culture*. Aoste, imp. Mensio, 1896, in-32 de 27 p.

symptômes de la maturité, présentent des petites bandes sèches en forme de ruban, tantôt au centre, tantôt aux extrémités de la feuille, et parfois la partageant par moitié tandis que le reste demeure vert. Nous pouvons joindre à ce caractère la forme générale du fruit, cylindro-conique, avec deux épaules latérales serrées et un court aileron qui la surplombe; celle du pétiole, long et vert, qui détache nettement les grappes et surtout la conformation constante des pépins plus ou moins longs ou élargis, mais toujours au nombre de 2 à 3, de couleur grise, à bec trapu et biseauté, chalaze brune, saillante et elliptique; raphé apparent et fossettes peu profondes. Contrairement à maintes théories ampélographiques, les caractères sur lesquels on a cru pouvoir établir différents systèmes de classification : forme des baies, disposition des étamines, absence ou présence de duvet sur la page inférieure des feuilles ou de poils sur leurs nervures, époque de maturité, etc., présentent dans cette variété les plus profonds disparates. La coloration du feuillage, d'un vert clair un peu particulier, est assez persistante, mais son ampleur, la vigueur générale du cépage et le volume des fruits et des baies varient considérablement avec les sous-variétés. L'importance de ces variations pourrait permettre de contester encore la parenté des Orious si l'un de leurs types, le *Voirard d'Aoste*, ou *Oriou curant* (de curare, couler), ne présentait précisément sur tous ses organes et concurremment les variations extrêmes qui servent à caractériser tel ou tel des types dérivés. Celui-ci leur a-t-il servi de souche commune ou n'est-il que la dernière forme de l'espèce, l'aboutissement de sa dégénération sous l'influence d'une culture séculaire? Question douteuse. L'opinion générale dans le Val d'Aoste est que le *Rouge* d'Aoste, Rouge commun, Petit-Rouge, ou Picciou rouge, doit être considéré comme le type originaire. A défaut d'une vérification expérimentale, nous suivrons cette tradition. En partant de ce type, il nous semble qu'on peut pratiquement classer les Orious en deux groupes, d'après les dimensions des fruits et des baies, les Gros et les Petits Orious. Les baies de l'Oriou type ayant un diamètre moyen de 15^{mm}, on peut distinguer ainsi en gradation descendante pour les premiers et ascendante pour les seconds :

Petits Orious : 1° Oriou type ; 2° Petit-Rouge ; 3° Oriou voirard ;

Gros Orious : 4° Oriou gris ; 5° Vien de Nus ; 6° Gros-Noir ; 7° Gros-Rouge d'Arviers.

Ce groupement, imité de celui que la pratique a été amenée à faire en d'autres familles riches en sous-variétés comme les Pinots et Gamays, a l'avantage d'exprimer la valeur œnologique et culturale de chacune d'elles, la qualité des produits étant généralement en raison inverse du volume des fruits et de leur abondance. Nous le suivrons donc pour la description de ces formes.

Malgré leur diversité, pas plus qu'aux précédents observateurs, comme Gatta et Rovasenda, les Orious ne nous ont paru pouvoir être assimilés à aucun cépage déjà connu. Beaucoup plus vigoureux et productifs, mais de maturité plus tardive que ceux de la Bourgogne, pourtant plus précoces et donnant un vin aussi coloré mais moins âpre que la majorité de ceux de la Savoie et du Piémont, ils ne nous ont révélé aucune assimilation possible. Le seul cépage dont on pourrait les rapprocher, en raison du voisinage géographique, est le *Hibou* de la Savoie (rouge et blanc), *Ivernais* en Tarentaise, ou *Polofrais* en Maurienne, que M. Perrier de la Bâthie identifie à l'*Avana* de Suse et des hautes vallées piémontaises [1]. Mais ce cépage a une végétation véritablement arborescente, une grappe plus grosse, à pédoncule court et grains plus volumineux et plus serrés que ceux des Gros

---

1. Sur le cépage Avana, *Vigne américaine*, novembre 1902.

Orious, une maturité plus tardive encore, entre 3ᵉ et 4ᵉ époques, et ne donne qu'un vin dur et peu coloré. La seule identification qui nous paraisse probable est avec quelques-uns des nombreux *Rouges* ou *Gorons*, d'ailleurs très confus et indéterminés, qu'on rencontre dans l'ampélographie valaisanne. Comme le prouvent les exemples de l'*Urize* et de la *Bernarde* du Valais (celle-ci identique au Prié blanc valdôtain), cette dernière contrée paraît avoir reçu à différentes époques des cépages de la vallée cisalpine qui lui correspond si complètement qu'elle est comme son duplicata physique. Il ne nous paraît même pas improbable que la variété à fruits colorés la plus répandue dans le Valais, le *Rouge du Pays* (Petit-Rouge ou Rouge du Valais), puisse être assimilée à l'un des Petits Rouges valdôtains, celui de Chatillon et Chambave, par exemple. C'est du moins une vérification que nous proposons aux intéressés des deux vallées. Mais comme les cépages à fruits rouges ont dans le Valais peu d'extension et, sauf pour les Dôles ou Pinots, sont sans rapports avec ceux des contrées plus septentrionales, ces assimilations possibles n'enlèveraient rien à la nature proprement autochtone du type Oriou, qui demeure caractéristique de l'ampélographie des Alpes Pennines.

Culture — Quoi qu'il en soit, le développement de nombreuses sous-variétés du type Oriou a permis d'adapter ce cépage aux conditions si variées de la géologie et de l'orographie valdôtaines. On le trouve aussi bien dans les calcaires magnésiens à forte proportion de silice des coteaux que dans les schistes désagrégés et les sables limoneux du fond de la vallée. Naturellement les variétés les plus productives sont réservées aux sols les plus riches, mais à condition que l'exposition ne soit pas trop froide. Si adaptés qu'ils soient au climat de la vallée, les Orious ne conviennent en effet ni à l'exposition froide du nord-ouest, ni à une altitude supérieure à 800 mètres. Leur habitat préféré est celui des terrasses caillouteuses, au sol assez profond mais très divisé, qui bordent le thalweg de la Doire au sud-est. Ailleurs, ils gèlent ou mûrissent mal. Bien qu'assez tempéré, la température de l'été ne dépassant guère 28°, le climat du Val d'Aoste est rude pour la vigne en raison de la dureté des hivers où le thermomètre descend souvent à — 15°, de la fréquence des gelées blanches en mai, époque où les montagnes sont encore couvertes de neige, de la sécheresse de l'été et de la précocité des froids de l'automne. Or, les Orious commencent à geler d'hiver à — 15°, accident qui fut très fréquent en 1892 ; bien que leur débourrement soit assez tardif, ils ont à redouter les derniers froids du printemps et leur maturité moyenne n'est guère atteinte dans le pays que vers le 25 septembre. C'est pourquoi le Maïolet et les Priés rouge et blanc leur sont préférés dans les expositions médiocres, le Blanc du Valdigne dans la haute vallée et le Fumin sur la rive droite de la Doire, les premiers comme plus précoces et tous comme plus rustiques.

Les vignobles en terrasses, ou *tôles* soutenues par des murs, sont moins répandus dans le Val d'Aoste que dans le Valais, en raison du plus grand développement des basses falaises au pied des pentes rapides. Malgré la sécheresse du sol en été et sa faible consistance habituelle, l'irrigation des vignes y est aussi moins pratiquée, bien que les rûs ou canaux très nombreux, dont quelques-uns datent de l'époque romaine et la plupart du moyen âge, sillonnent la plupart de ses pentes. Autrefois générale dans les vignobles, l'irrigation est de plus en plus réservée aux prairies. On lui reproche de ramener les racines à la superficie, d'amaigrir le terrain et d'affaiblir la qualité. La nature vigoureuse des Orious et le mode de culture qu'elle commande paraissent aussi la rendre moins nécessaire que dans le Valais, en assurant un enracinement plus profond. En effet, le mode de conduite autrefois général dans le Val d'Aoste consistait en treilles horizontales montées sur des berceaux de mélèze et châtaignier inclinés de 1 mètre à 0 ^{m} 60 en sens opposé à la pente du terrain. Les ceps, plantés à 0 ^{m} 60, quelquefois des deux côtés en lignes distantes de deux mètres, étaient conduits sur le berceau à deux pampres, ou *brots*, de 6 à 7 yeux, avec un *reculeur* ou courson de retour. Aujourd'hui ce mode de conduite, d'installation trop coûteuse, défavorable à la maturation et au traitement des maladies, est de plus en plus remplacé par des espaliers verticaux, en lignes distantes de 1 ^{m} 20 à 1 ^{m} 40, les ceps plantés de 0 ^{m} 60 à 1 mètre étant élevés en moyenne de 0 ^{m} 50 au-dessus du sol et conduits le long d'une perche de mélèze, doublée d'un ou deux fils de fer supérieurs auxquels sont attachés les rameaux. Taille longue, simple ou double, les longs bois étant souvent conduits en arçons. La taille courte à la vaudoise n'a donné que des échecs, mais le Petit Rouge s'accommode de la taille courte à 2 yeux dans les sols maigres.

A l'inverse de la pratique valaisanne, les Orious ne sont soumis à aucun pincement ni rognage. Il importe en effet sous le climat valdôtain d'éviter la brûlure, à redouter quand en été souffle le sirocco. On s'efforce donc de maintenir les raisins le plus possible à l'abri du feuillage. Le débourrement et la floraison des Orious sont assez tardifs. Sauf le Voirard, dont les fleurs sont mal conformées, tous résistent remarquablement à la coulure. Moyennement sujets au Mildiou, ils sont assez résistants à l'Oïdium et à la Pourriture, sauf pour cette dernière quand la Cochylis, assez fréquente dans le Val d'Aoste, a commencé ses ravages. La production moyenne varie considérablement avec les sols et les variétés, selon M. Bich, du demi-hectolitre à 4 et 5 hectolitres par *quartanée* (3 ares 50). Avec les Orious, en culture soignée, elle atteint 80 hectolitres à l'hectare. Mais la brûlure en temps de sirocco vient souvent la réduire d'un tiers, comme le fait se produit dans les années les plus chaudes où l'on atteint le maximum de qualité. Beaucoup de vignobles étant en sols maigres et nombre d'entre eux étant de plus assez mal soignés, la production moyenne des Orious ne dépasse pas, selon M. Bich, 25 à 30 hectolitres à l'hectare ; elle s'abaisse à 15 dans les vignobles.les plus médiocres.

La maturité des Orious est assez variable selon les variétés. Le type mûrit dans le Val d'Aoste à peu près en même temps que le Teinturier du Cher, c'est-à-dire en 2e époque. Le Vien de Nus le dépasse en précocité de 3 à 4 jours, l'Oriou gris retarde au contraire de 5 à 6 jours, le Voirard de 7 à 8. En somme, cette tribu se recommande par sa rusticité, son adaptation à des conditions climatériques difficiles, sa fertilité et la qualité relative de ses produits. Il semble donc qu'elle puisse être expérimentée avec profit dans nos régions alpestres correspondantes de la Savoie et du Dauphiné.

Le Phylloxéra n'ayant qu'à peine fait son apparition dans la vallée d'Aoste, les aptitudes au greffage des variétés si peu connues de cette région n'ont pu encore être sérieusement établies. Cependant, le Comice agricole d'Aoste ayant importé en 1882 un certain nombre de variétés américaines, M. Bich a reconnu que le greffage des Orious, Priés et Prometta sur Riparia et Rupestris donnait des reprises de 70 à 90 %. Les cépages valdôtains promettent donc d'être de bons greffons ; leurs préférences d'affinité restent à déterminer.

Vinification. — Il est rare que les Orious soient vinifiés seuls, puisque leurs plantations sont généralement mélangées d'autres cépages, souvent de maturité très différente, comme le Maïolet et le Fumin. Néanmoins, étant donné qu'ils forment la dominante dans la

majeure partie des vignobles d'Aoste à Saint-Vincent, les vins de cette région représentent
à peu près leur type normal. Moins âpres et moins chargés de tanin que ceux de la basse
vallée fournis par le Picotendre, ils sont aussi un peu moins spiritueux et plus ressemblants
à ceux de l'Astesan. Ce sont de beaux ordinaires, de 9 à 11° en moyenne, 12 à 13° dans
les meilleurs crus, fruités, très couverts et rapidement potables. A l'inverse des vins de
Nebbiolo ou de Freisa, ils sont bons à consommer dès la seconde année et se conservent
difficilement en fûts au delà de la troisième, sauf quand ils sont mélangés au produit très
âpre mais de grande longévité du Fumin. Ils rappellent plutôt nos beaux vins du Gard et
des Corbières que ceux de la Bourgogne [1].

La vinification des Orious est généralement très primitive dans le Val d'Aoste. Jadis, les
raisins foulés à la vigne avec un bâton fourchu étaient apportés dans les cuves ouvertes
et foulés deux fois par jour, après quoi ils restaient ainsi jusqu'à la Toussaint, 15 à
20 jours, au contact des marcs. L'habitude locale de la vente à la cuve aux montagnards,
descendus avec leurs barils des vallées voisines, favorisait cette pratique. On ne décuvait
qu'à l'arrivée du chaland. Les vins ainsi obtenus étaient plus voilés, plus durs et souvent
plus exposés à l'acescence. Aujourd'hui, la fermentation en cuves fermées, et réduite à 8
à 10 jours, se propage de plus en plus. L'égrappage n'est généralement pas pratiqué, sauf
quand on veut obtenir des vins fins de réserve. Il en était de même du mélange des vins
de cuve et des vins de presse. Le pressurage étant pratiqué trop tard dans l'ancienne
méthode, beaucoup ne vendaient que le vin de *fleur* ou de goutte, réservant l'autre à leur
consommation estivale. Si le premier restait invendu, le mélange se faisait au premier
soutirage, au bout de six mois. Les prix moyens, autrefois de 40 à 25 fr. l'hectolitre, selon
qualités, sont tombés de 25 à 15 depuis l'ouverture du chemin de fer, par suite de la
concurrence des gros vins du Piémont. Ceux des crus exceptionnels comme *Torrette* et la
Tôle à Saint-Pierre ou l'*Enfer* d'Arviers, ont valu jusqu'à 90 fr. l'hectolitre. Ils atteignaient
facilement 13° d'alcool en raison de la dessiccation très avancée des grappes dans les expositions brûlantes. Mais la production des vins fins a toujours été réduite, chacun de ces
crus n'ayant que 3 à 4 hectares d'une production qui ne dépassait guère au total 3 à
4.000 kilogrammes de vendange.

Aucune étude des moûts et vins du Val d'Aoste n'avait encore été publiée. Le grand
recueil d'analyses, publié en 1896 par le Ministère italien de l'agriculture sur les vins et les
raisins de l'Italie [2], ne renferme rien à leur sujet. Nous étions donc obligé de nous borner
pour eux à reproduire les indications sommaires que M. Bich donne sur leur seule alcoolicité dans sa Monographie de 1896. Il attribue en moyenne 8 à 9° d'alcool au vin de
l'Oriou type, autant à celui de l'Oriou gris, 7 à 8° à ceux des Gros Orious et Gros-Rouges,
9 à 10° au produit de l'Oriou Voirard et 12° à celui du Petit-Rouge de Chatillon. Nous
devons à M. Pacottet, chef du laboratoire de viticulture à l'Institut national agronomique,
les analyses et appréciations suivantes de deux échantillons moyens de vins d'Aoste,
envoyés par M. L. Argentier. Ces vins proviennent d'un mélange de 3/4 Orious divers
et 1/4 d'autres cépages surtout Maïolet ; le premier est de 1902, année médiocre en qualité,
le second de 1903, bonne année moyenne.

1. V. A. Berget, *Les vins du Val d'Aoste, Rev. de vitic.*, janvier 1904.
2. *Notizie e Studi intorno ai vini ed alle uve d'Italia.* Roma, Bertero, 1896, se borne à citer, p. xli, les noms de
6 cépages du Val d'Aoste.

	Vin de 1902	Vin de 1903
	ANNÉE de faible qualité	MATURATION complète
Alcool	9°	11° 7
Acidité totale en acide tartrique	6 gr 29	7 gr 86
Acidité volatile en acide acétique	0 gr 636	0 gr 43
Crème de tartre	2 gr 20	2 gr 83
Acide tartrique libre	0 gr 38	0 gr 18
Sucre	1 gr 75	2 gr 23
Tanin	0.504	0.590
Cendres	3 gr 32	4 gr 1
Extrait sec total	19 gr 35	31 gr 22
Extrait sec réduit	17 gr 77	29 gr 21

« Ces vins très colorés, d'une robe rouge violet foncé, sont vineux, corsés, âpres au palais, d'une saveur et d'un bouquet relevé mais manquant de distinction, à arrière-goût de cassis. Ces vins trop étoffés, manquant de moelleux et d'agrément, sont plutôt d'excellents vins de coupage que de consommation directe. »

DESCRIPTION. — Souche, vigoureuse, à port érigé, avec écorce filamenteuse brune sur bois de même couleur; racines fortes et plongeantes.

Bourgeons, moyens et coniques, bruns, à pointe blanche aiguë; bourgeonnement très petit et caduc, légèrement duveté de blanc; jeunes feuilles très petites, vertes, quinque-lobées et très acuminées, avec quelques traces floconneuses à la page inférieure; jeune bois vert veiné de rose, à nœuds verts très renflés; fleurs à étamines plus longues que le pistil.

Rameaux, allongés, un peu grêles, assez ramifiés, souvent fasciés et aplatis aux nœuds, couverts d'une écorce brun clair, à larges veines blanches et striés, avec côtes bien sensibles; mérithalles assez réguliers, moyens, de 5 centimètres à la base, s'allongent progressivement de 8 à 12 dans le reste du rameau; nœuds renflés et un peu plus foncés, à diaphragme plan et cassant, grosse moelle blanche qui passe au jaune à l'aoûtement, épaisse d'un demi-diamètre; vrilles roses, à deux longs lacets très enroulés, rapidement caduques.

Feuilles, moyennes ou assez grandes, cordiformes, lisses et coriaces, d'un vert franc un peu jauni dans les sols très secs; — 2 types de feuilles : quelques-unes arrondies, à sinus pétiolaire ouvert et sinus latéraux à peine indiqués, d'autres à sinus pétiolaire fermé et quinquelobées par suite du développement des sinus latéraux, les supérieurs profondément lyrés et les lobes correspondants allongés en forme de lance, avec pointe très aiguë et franchement accusée par un fort mucron; — page supérieure des feuilles lisse ou légèrement gaufrée, l'inférieure légèrement hispide sur les nervures, vertes et saillantes, avec touffes de poils plus apparentes aux angles de départ; les sous-nervures demeurent plus généralement glabres; — dents irrégulières, assez aiguës, les plus grandes alternent avec de petites plus arrondies, toutes à fort mucron brunâtre. — Pétiole court et d'un vert blanchâtre ou lavé de rose, fortement attaché au rameau, assez érigé, formant angle très obtus avec le limbe; il se courbe souvent par le poids de la feuille, la plante a ainsi un aspect général très ombragé.

Fruits. — *Grappes*, moyennes, cylindriques et régulières, insérées sur les 3e et 4e nœuds, longues d'environ 15 centimètres, souvent pourvues d'un aileron supérieur et de deux épaules opposées qui les renforcent à leur base ; pédoncule grand et assez fort, mais flexible, à forte attache, vert rosé puis brun ; le nœud est marqué par une vrille caduque ou un grappillon allongé, à grains assez espacés et qui retombe sur la grappe ; des pédicelles verts et grêles, à disque assez étroit et marqué de lenticelles brun clair ; court pinceau rougeâtre. — *Grains*, moyens, ronds ou légèrement ellipsoïdes ; peau résistante, d'un noir sombre brillant, très pruiné de bleu ; toujours quelques grains verts ou simplement rouges ; chair ferme, fraîche, juteuse, à saveur simple assez savoureuse ; 2 à 3 pépins assez petits, courts et droits, à bec trapu, biseauté, large, brunâtre, à chalaze brune, elliptique, bien saillante, raphé brun apparent et fosses peu profondes. Maturité générale de 2e époque.

PETIT ROUGE DE CHATILLON

Observations. — Ce type, que M. Bich [1] distingue du précédent ou *Petit-Rouge d'Aoste* qu'il appelle simplement *Oriou*, ou *Oriou lombard*, est regardé comme une sous-variété plus fine de celui-ci. Nous inclinons au contraire à penser qu'il pourrait être le type originel dont tous les autres seraient des sélections plus fertiles. Encore assez répandu à Arviers et à Saint-Pierre, il est aujourd'hui remplacé dans les vignobles des environs d'Aoste par l'Oriou ordinaire, avec lequel on le confond sous le même nom de *Petit-Rouge*, ou *Picciou rouzo*. On ne le rencontre en grande abondance et prédominant dans les vignobles que dans la partie terminale de la moyenne vallée, de Nus à Chatillon et Saint-Vincent. A Aoste même, il nous a semblé le reconnaître çà et là à travers les autres Orious. Il nous paraît se distinguer de celui que nous avons conservé comme type, pour nous conformer à l'usage courant, par les caractères suivants :

Souche plus buissonnante, à bois plus brun, fortement ponctué de gris ; mérithalles plus courts et moelle plus petite ; jeunes rameaux plus lavés de rouge. Feuilles à denture fine et page inférieure plus souvent hispide, quelquefois avec duvet aranéeux, léger ; elles ont pour caractère spécial de *rougir à la maturité*. Fruits plus réduits, à grains plus petits ; saveur moins douce, mais plus relevée ; maturité plus tardive de 5 à 6 jours.

Cette variété préfère les sols silico-calcaires et les expositions les plus chaudes. De bon rendement, elle est plus délicate que les autres et craint plus la brûlure et le Mildiou. Si elle mûrit un peu plus tard que l'Oriou ordinaire, par contre son vin, peu coloré et plus astringent à la décuvaison, se fonce avec le temps et gagne beaucoup plus à vieillir. Plus alcoolique de 2 à 3°, il a l'avantage d'être de très longue garde, même en tonneau.

En raison des analogies que ces détails établissent entre cette variété et le Petit-Rouge du Valais, nous pensons que ce dernier pourrait être ce type primitif importé depuis des siècles dans cette contrée transmontaine.

. 1. *Monographie des cépages de la vallée d'Aoste et leurs systèmes de culture*. Aoste, 1896, p. 27.

ORIOU VOIRARD

Synonymie. — Voirard d'Aoste, Curant, Oriou curant, ou Curare.

Observations. — Cette variété, que M. Argentier considère comme la forme noble des Orious, est extrêmement coularde, d'où ses surnoms locaux de *curant* (*lo curant* en patois le coulard), ou *voirard* (qui ne tient pas à la fleur). Comme son produit n'est guère satisfaisant qu'une année sur cinq, on l'extirpe de plus en plus des vignobles où elle était jadis très répandue en raison de la bonne qualité de son produit. Elle n'occupe plus à Aoste qu'un vingtième du vignoble, un peu plus à Chatillon, moins encore dans les autres communes.

Le Voirard nous paraît particulièrement intéressant au point de vue morphologique. C'est le type le plus caractérisé que nous connaissions de variété en voie de dégénération complète. Tous ses organes semblent également frappés de cette tare organique et présentent tour à tour, souvent sur le même cep, les plus curieuses anomalies. C'est ainsi que nous avons pu observer à la fois, sur une même souche, des feuilles glabres et des feuilles hispides, des feuilles pleines et d'autres persilformés, à tablier ouvert ou accolé, parfois double, des pétioles accolés, des grains millerands avec ou sans pépins, et d'autres doubles ou triples accolés, les uns sans pépins, les autres à nombre de pépins double de la normale.

En raison de sa prédisposition habituelle à la coulure, cette variété réclame la taille longue pour donner un produit passable. Elle se plaît dans les expositions les plus chaudes et résiste mieux à la brûlure et au Mildiou, mais non aux gelées d'hiver. Ses raisins, à peau plus épaisse, sont très résistants à la pourriture. Mais ils mûrissent 8 jours plus tard que ceux de l'Oriou ordinaire et sont plus attaqués par le *vermet* (Cochylis). Le vin du Voirard est trop doux pour être vinifié seul. Il n'est susceptible d'une longue conservation qu'en mélange avec le produit du Fumin. Alors, ce vin n'est réellement potable qu'au bout de 4 années, mais il présente une finesse et un moelleux qui font toujours défaut au vin des Orious communs. En raison de la forte proportion des rafles, l'égrappage devient souvent nécessaire dans la vinification de cette variété.

DESCRIPTION. — Bourgeons, souvent doubles. — Rameaux, plus érigés, à mérithalles rapprochés, veinés de stries sombres, déprimés à la base et près des nœuds ; moelle plus grosse. — Feuilles, plus érigées et plus coriaces, généralement plus petites et plus étalées, de forme assez variable mais le plus souvent découpées à cinq lobes en fer de lance ; sinus pétiolaire souvent très ouvert, quelquefois en accolade ; face supérieure des feuilles d'un vert brillant plus foncé, l'inférieure souvent hispide ; denture plus acuminée, à gros mucron vert, avec pointe noirâtre. — Fruits. *Grappes*, extrêmement irrégulières, mêlées de gros et petits grains espacés et de maturité inégale ; pédoncule plus fort, quelquefois double et accolé, généralement redressé, la grappe prenant alors la position horizontale. *Grains*, franchement *discoïdes*, quelquefois doubles ou triples, le plus généralement au-dessous de la moyenne (13 à 14 millimètres) ; peau ferme et épaisse ; jus plus doux ; pépins plus irréguliers, souvent à mamelon déjeté ou légèrement fascié ; maturité entre 2e et 3e époques.

Oriou voirard
Kreyder
Imp. F. CHAMPENOIS, Paris.

Ampélographie.
A. Kreyder
Oriou gris

Kreyder

Gros Oriou de Nus

ORIOU GRIS

Observations. — Cet Oriou ne constitue pas seulement une variation de couleur ; il a aussi des qualités spécifiques qui le font aujourd'hui assez rechercher. D'une façon générale, il est plus fertile et plus rustique que l'Oriou type, aussi le multiplie-t-on de préférence dans les expositions les plus médiocres, à l'altitude de 700 mètres et au-dessus, sur la rive droite de la Doire et dans les vallées latérales, comme celle du Buthier, où il est particulièrement répandu à Signayes. A Aoste, il occupe 1/20 des jeunes plantations ; dans la moyenne vallée, il domine sur les parties hautes du vignoble, particulièrement à Chatillon.

Cette variété prospère dans tous les sols et résiste mieux aux froids de l'hiver que les autres Orious. Elle s'adapte aussi à tous les modes de taille, même à la taille courte, mais en raison de sa grande fertilité, elle risquerait de s'épuiser avec une taille longue exagérée. Insensible aux variations atmosphériques, le raisin de l'Oriou gris ne coule pas ; il ne craint pas non plus la pourriture. Il mûrit 8 jours après celui de l'Oriou type, mais il résiste aux premières gelées et peut attendre longtemps sur la souche. Le vin de l'Oriou gris est très doux et bon à boire dès la 1re année. Ce n'est qu'un vin ordinaire pour boisson courante, pesant 8 à 9°. Comme la pellicule du raisin ne dépasse pas la couleur rose diaphane ou violette dans les années les plus chaudes, le vin est à peine teinté de rose, aussi ne vinifie-t-on d'habitude l'Oriou gris qu'en mélange avec les variétés noires.

L'*Oriou blanc* ne semble pas avoir été remarqué par les vignerons. Gatta fait pourtant mention dans la Valpelline d'un *Picciou blanc*, ou *Gros Blanc*, dont le nom semble établir une assimilation, peut-être fantaisiste, avec les Orious. Mais on peut inférer de la tendance très accusée des Orious à engendrer des variations qu'il ne serait probablement pas très difficile, en cherchant bien, de trouver parmi les Orious gris des sarments à fruits entièrement décolorés. Peut-être cette sélection n'a-t-elle été négligée qu'en raison du peu de cas que jusqu'à présent on faisait des vins blancs dans les moyen et bas Val d'Aoste.

DESCRIPTION. — Mêmes caractères généraux que ceux du type. — Sarments plus minces, à mérithalles courts ; écorce plus claire, souvent couverte d'une pruine blanchâtre ; bois plus dur, à petite moelle. — Fruits, plus gros et plus trapus, à grains moyens, de couleur variant du blanc crémé au violet pâle, plus généralement fixée au rose translucide ; chair douce et juteuse ; pépins plus incurvés.

VIEN DE NUS [1]

Observations. — Le *Vien* (cépage) ou *Plant* de Nus est une variété d'Oriou sélectionnée au xviiie siècle dans le vignoble de Nus, à 9 kilomètres en aval d'Aoste, et qui s'est beaucoup répandue dans le reste de la vallée au cours du xixe siècle. Elle occupe à Aoste

1. Cette variété nous paraît à comparer avec le *Rouge de Fully* du Valais, avec lequel nos notes de voyage semblent révéler bien des similitudes.

le sixième des plantations, le quart dans les vignobles aux sols les plus profonds. C'est en effet la plante des forts terrains où elle se recommande par une production considérable et une bonne rusticité. Elle résiste bien au froid, mieux que les Petits Orious au Mildiou et à l'Oïdium, ne coule jamais et mûrit quelques jours avant l'Oriou type. Le Vien de Nus réclame une taille longue. Son vin n'est que de deuxième qualité. Il possède en primeur une très belle couleur qui tombe rapidement. En raison de son peu de richesse en alcool, 8° en moyenne, il ne saurait se conserver plus de 2 à 3 années.

DESCRIPTION. — Souche, plus vigoureuse et assez arborescente. — Rameaux, à mérithalles plus courts, souvent fasciés et à stries violacées plus foncées ; la base des rameaux et des pétioles souvent duveteuse. — Feuilles, plus grandes, plus épaisses et plus gaufrées ; la page inférieure est généralement hispide, avec flocons épars sur le limbe ; cette variété se caractérise à l'aoûtement par la teinte brune des feuilles qui contraste avec la décoloration jaune des autres Orious. — Fruits. *Grappes*, sur-moyennes, régulières et assez serrées, toujours pourvues de 2 épaules latérales opposées, plus lâches, et quelquefois d'une troisième en avant. *Grains*, sur-moyens, 17 à 18 millimètres, généralement un peu aplatis en forme de disques, déprimés à l'ombilic et de maturité plus régulière ; une rangée de petits grains avortés et restés verts subsiste souvent à l'intérieur de la grappe ; peau un peu mince, très colorée, fortement pruinée de bleu et marquée de nombreuses lenticelles ; maturité de 2ᵉ époque précoce.

GROS NOIR

Observations. — Variété de *Gros Oriou* peu répandue mais plus estimable que le Gros-Rouge d'Arviers. Son feuillage est moins sensible à la brûlure et ses fruits, encore moins sujets à couler, donnent un vin plus coloré et de meilleure conservation. Elle semble une variation de couleur des Gros Orious, le type à pellicule sombre qu'on distingue en France parmi les Pinots et Gamays par le qualificatif de *Moure* ou *Tête de nègre*.

DESCRIPTION. — Feuilles d'un vert jaunâtre, souvent marqué de brun ; limbe souvent révoluté ; la page inférieure, toujours complètement hispide sur les nervures et sous-nervures présente un aspect légèrement feutré. — Fruits. *Grappes*, moins régulières et plus allongées que celles des Gros Orious. *Grains*, légèrement ellipsoïdes et un peu plus petits ; peau d'un noir brillant à peine pruiné ; maturité de 2ᵉ époque.

ROUGE MALE D'ARVIERS

Synonymie. — Gros-Rouge d'Aoste, Gros Oriou (à rapprocher du Gros-Rouge du Valais).

Observations. — Originaire du vignoble d'Arviers, au commencement de la haute vallée d'Aoste, cette variété n'a guère descendu le cours de la Doire. Elle occupe, dans son pays d'origine, la moitié du vignoble, un quart à Saint-Pierre et Villeneuve, un vingtième seulement à Aoste. Plus loin, elle est remplacée par le Vien de Nus. Comme celui-ci, elle est une variété de grande végétation qui convient très bien aux grands treillages, bien qu'elle s'accommode à l'occasion d'une taille réduite. Elle végète bien dans les sols argilo-calcaires, surtout les plus profonds, et s'abâtardit dans les sols maigres. D'un débourrement moyen, elle mûrit aussi facilement que le Petit-Rouge et coule plus rarement. Peu sujette au Mildiou et à l'Oïdium, elle est aussi plus résistante à la Pourriture. Mais son bois est assez sujet aux gelées d'hiver. Le vin du Gros-Rouge est de meilleures qualité et conservation que celui du Vien de Nus, mais il est faible en couleur, plus rouge que noir, faiblement alcoolique et ne constitue comme lui qu'un ordinaire de deuxième qualité, uniquement propre à la consommation courante.

DESCRIPTION. — Souche, forte et très ramifiée. — Rameaux, plus ronds, à nœuds violacés, plus forts et moins déprimés. — Feuilles, assez érigées, d'un vert un peu pâle, à pétioles plus rouges et page inférieure généralement glabre, seulement marquée de traces floconneuses sur les nervures ; tablier souvent imbriqué ou redressé en gouttière étroite, de même que les deux lobes inférieurs ; denture plus allongée. — Fruits. *Grappes*, sur-moyennes, longues d'environ 20 centimètres, pesant 250 à 300 gr., insérées sur les 4e et 5e nœuds. *Grains*, ellipsoïdes, d'environ 18 millimètres de diamètre sur 16, de maturité toujours inégale ; peau noire très pruinée, assez brillante et ferme ; chair plus acidulée ; pépins plus gros et plus trapus ; même maturité que le Petit-Rouge d'Aoste.

A. Berget.

ARVINE

Synonymie. — Petite Arvine (Martigny). — Arvine bonne, Arvine mauvaise, Arvine gringe (Fully). — Grosse Arvine, Grosse Arvine blanche, Arvine grosse (*Pulliat*).

Historique et aire géographique. — La culture de la vigne dans le Valais paraît remonter fort loin ; des manuscrits des xiie, xiiie, xive siècles mentionneraient déjà certains vins, ceux d'Humagne, d'Amigne, de Muscat et de Rèze.

L'*Arvine* n'y est pas citée, et nous n'avons pu trouver aucun écrit ancien faisant mention de ce cépage, dont la culture semble cependant remonter fort loin dans une bonne partie du Valais, à Martigny notamment. Il semblerait que cette vigne a été importée avec beaucoup d'autres cépages du Valais, mais nous ne voyons pas de quel côté elle a pu venir. Le nom d'Arvine faisait penser à Pulliat qu'elle venait des bords de l'Arve, dans le Chablais ; mais nous ne trouvons dans les vignobles des rives de l'Arve aucun cépage pouvant lui être comparé, et nous montrerons plus loin combien est risquée l'identification de l'Arvine et de l'*Altesse*, ou *Roussette haute*, faite par Pulliat.

L'Arvine se rencontre un peu dans tous les vignobles du Valais, qui sont parfois assez mélangés, comme l'étaient souvent les vignobles anciens ; mais on la trouve aussi cultivée comme cépage de fond et formant d'importants vignobles. Martigny est le centre le plus important de la culture de ce cépage ; il peuple les meilleurs coteaux de cette localité et y produit même deux crus fort renommés, La Marque et le Coquempey.

Mais on trouve encore l'Arvine dans la plupart des autres communes viticoles du Valais, en mélange, mais partout regardée comme cépage fin, et employée pour faire des vins destinés à la bouteille. C'est dans ces conditions que nous l'avons rencontrée à Saxon, sur la rive gauche du Rhône, et dans la plupart des vignobles de la rive droite, Sion, Lens, etc., etc.

Il est bien difficile de donner avec quelque exactitude l'importance culturale de l'Arvine dans le Valais, étant donné que le plus souvent elle est cultivée en mélange. Mais sur les 2.340 hectares de vignes du Valais on peut évaluer approximativement à environ une centaine d'hectares à peine, la superficie occupée par l'Arvine, avec un rendement de

BIBLIOGRAPHIE. — V. Pulliat : Les vignobles du Haut-Rhône et du Valais (Paris, 1885) ; Mille variétés de vignes (Paris, Montpellier, 1888). — M. Micheli : Recherches ampélographiques. — H. Gœthe : Handbuch der Ampelographie (Berlin, 1887). — E. Durand : A travers le Valais (Vigne américaine, 1903). — A. Berget : Étude ampélographique des vignobles du Léman, du Valais et du Val d'Aoste (Revue de viticulture, 1903, n° 504).

Imp. F. CHAMPENOIS, Paris.

Kreÿder

Arvine

65 hectolitres à l'hectare, ce qui, au prix de vente élevé de ce vin, représente une partie importante de la production vinicole dans ce pays.

Ampélographie comparée. — Le nom d'Arvine a été donné dans le Valais à plusieurs cépages fort différents les uns des autres, et une confusion assez grande règne sur la synonymie de ce cépage, d'autant plus que, dans une commune, le nom d'Arvine est convenablement appliqué, alors que dans la commune voisine il désigne une autre vigne.

Nous avons reçu de Martigny, sous les noms de *Petite Arvine* et *Grosse Arvine*, deux types que nous cultivons côte à côte et que nous identifions absolument. D'un autre côté nous avons rencontré, dans divers vignobles, des *Grosses Arvines*, des *Arvines grandes*, dans lesquelles nous n'avons pas eu de peine à reconnaître le *Silvaner* des vignobles du Rhin, qui est d'ailleurs assez répandu dans les vignobles valaisans, sous le nom de *Gros Rhin*, par opposition au *Petit Rhin*, ou Johannisberg, qui désigne le Riesling.

D'autre part, Pulliat a cru pouvoir identifier l'*Arvine grosse* ou *Grosse Arvine blanche* (*Vignobles du Haut-Rhône et du Valais*, p. 32), avec la *Roussette haute*, ou *Altesse* de la vallée du Rhône, dont les vins blancs sont si appréciés à Seyssel ; il est vrai qu'il s'est prononcé d'après une description donnée par Tochon (*Monographie des vignes, des cépages et des vins des deux départements de la Savoie*, p. 102) ; malgré cela, nous ne comprenons guère comment il a pu identifier, même avec sa description et celle de Tochon, deux cépages aussi complètement distincts. La Roussette est en effet un cépage de couleur vert sombre, dont les extrémités des pampres sont colorées de tons grenat se mélangeant à la teinte verte des feuilles ; celles-ci sont très duveteuses sur leur face inférieure, et les grappes très longuement pédonculées sont à grains sphériques se cuivrant à la maturité. Pour qui a vu les deux cépages, l'assimilation est impossible ; mais peut-être existe-t-il dans le Valais une forme de Roussette à laquelle les vignerons donnent le nom d'Arvine ? Ce n'est dans tous les cas pas celle qui a été décrite par Pulliat, et, malgré toutes nos recherches dans les vignobles valaisans, nous n'avons pu jusqu'à présent rencontrer ce cépage, et tenons l'Arvine pour absolument distincte de la Roussette, ou Altesse.

Dans cette même étude des *Vignobles du Valais* (p. 35), Pulliat écrit : *Haïden blanc*, synonyme de *Petite Arvine*, ou *Traminer blanc*, *Savagnin blanc*, etc. L'assimilation n'est pas non plus possible, et pour expliquer ce passage de Pulliat il nous faut admettre que dans les vignobles à altitude élevée où l'on cultive le *Haïden*, le nom de *Petite Arvine* est quelquefois employé comme synonyme de ce cépage. Mais c'est là une appellation regrettable, car elle permet d'établir de fausses synonymies. Le *Haïden*, ou *Païen*, que l'on cultive dans la vallée de la Viège, à Stalden et à Viesperterbinen, jusqu'à 1.210 mètres, est l'un des grands cépages fins du Valais ; c'est le même que le *Traminer* de la vallée du Rhin et de la Suisse allemande, le même encore que le Savagnin des vignobles jurassiens. Dans le Jura, il donne les vins de garde, ou vins jaunes de Château-Châlon, et dans le Valais il fournit un vin fort renommé, le Haidenwein, qui emprunte au cépage la propriété de se conserver pendant longtemps.

Mais, à part cette propriété que possèdent les deux cépages de donner des vins de qualité, nous ne voyons pas comment on peut les confondre. Rien dans le bourgeonnement blanc duveteux, la forme arrondie, l'aspect, le duvet inférieur des feuilles du Savagnin (Haïden) ne permet un rapprochement avec l'Arvine de Martigny.

Il est un cépage valaisan dont l'aspect rappelle un peu celui de la *Petite Arvine* de Martigny, c'est la Rèze, que nous avons vue à Fully rapprochée de l'Arvine et même confondue avec elle par certains vignerons ; mais la distinction peut se faire en examinant les grappes et les grains des raisins qui sont beaucoup plus gros dans la Rèze que dans l'Arvine, et un peu allongés, les feuilles, qui, à la base des ceps de Rèze, sont souvent hérissées, pileuses sur les nervures. D'autre part, les vins sont différents : l'Arvine donne des vins durs qui ne sont bons à boire qu'au bout de 5 à 6 ans, tandis que la Rèze donne des vins doux que l'on peut livrer beaucoup plus tôt à la consommation.

En résumé, ce cépage reste une entité, et maintenant que nous l'avons sorti des assimilations fausses où il était engagé, il nous reste à étudier ses formes diverses, à les rattacher au type ou à les en séparer.

Sous le nom d'*Arvine bonne*, à Fully, c'est le type que nous avons rencontré, caractérisé par une fructification régulière et abondante. Par opposition, les vignerons de cette localité donnent le nom d'*Arvine mauvaise*, ou *Arvine gringe*, à une forme coularde, caractérisée par une vigueur excessive, et dont les grappes sont toujours très millerandées ou même parfois coulent complètement ; mais aussi bien que la première, cette forme reproduit tous les caractères du type.

Sous le nom de Petite Arvine aussi bien que sous celui de Grosse Arvine, les vignerons de Martigny désignent le type, celui qui peuple les crus de La Marque et de Coquempey ; les qualificatifs gros et petit désignent des sélections faites en vue de la fertilité et de la grosseur des grappes comme dans beaucoup d'autres cépages.

A Sion, à Granges, à Lens, nous avons rencontré sous le nom d'*Arvine*, de *Grosse Arvine*, un cépage que l'on nous avait donné d'abord comme différent ; mais la différence n'est qu'apparente et résulte du mode de culture ; cultivée en effet à la méthode du Fendant, avec tous les ébourgeonnements, les pincements, l'ablation des entre-cœurs, avec les arrosages réguliers qu'elle reçoit dans ces localités, l'Arvine prend un autre facies ; ses feuilles grandissent, le sinus pétiolaire, qui est étroit, arrive à se fermer, et l'ensemble du cep prend un aspect particulier qui peut faire croire au premier abord à une variété distincte, mais un examen plus minutieux permet de trouver tous les caractères du type, son bourgeonnement, la minceur et l'état glabre des feuilles, la forme des grappes et des grains, l'époque de maturité ; seule la fertilité augmente et se régularise dans les sols soumis à l'irrigation du district de Sion, où les grains ne risquent pas de « s'enferrer », c'est-à-dire de rester durs sous l'action du soleil brûlant.

Reste maintenant l'Arvine brune de Saxon, que l'on avait cru pouvoir identifier avec la Roussette haute, mais dont on ne peut même pas la rapprocher, car elle en diffère totalement. A première vue cette vigne apparaît comme différente de l'Arvine type ; ses feuilles à 3 ou 5 lobes, à sinus pétiolaire en lyre arrondie, bordées de grosses dents arrondies, sont plus tourmentées et gaufrées, mais elles sont glabres comme celles de l'Arvine petite ou grosse. Ses grappes franchement coniques, larges en haut, pointues en bas, sont portées par un pédoncule long, grêle et cassant ; ses grains, moyens, globuleux et un peu allongés, très serrés dans la grappe, restent verts à la maturité et sont toujours bien fleuris. Les sarments sont plus bruns au lieu d'être de teinte noisette clair comme dans le type. En un mot s'il existe des caractères qui distinguent l'Arvine brune il en est aussi qui permettent de la considérer comme un plant de la famille de l'Arvine et digne de figurer à côté d'elle ; c'est un « plant arvineux », disent les vignerons. Son vin est dur et de bonne garde comme celui de l'Arvine dont elle se distingue encore par quelques propriétés : elle est un peu plus précoce qu'elle, point du tout coularde et peut supporter fumures et ébourgeonnements sans courir le risque de s'emporter ; mais si le plant est rustique de ce côté, il craint beaucoup le vent au printemps ; ses pampres se laissent très facilement détacher au départ de la végétation, aussi est-on dans l'obligation de l'attacher de très bonne heure, aussitôt que les pousses ont dix à douze centimètres de long, ou de lui donner des situations abritées. En résumé, type assez différent de la Petite Arvine, mais conservant avec cette dernière une certaine parenté.

Culture. — Dans les sarments d'Arvine, les yeux de la base ne sont pas fertiles, aussi, lors de la taille, les deux yeux de la base, le « borgne » et le « mi-borgne » ne sont pas comptés comme dans le Chasselas ; la taille est faite sur deux yeux francs, ici à la Vaudoise, avec les 3 coursons partant du même niveau, ailleurs à la Valaisanne, avec 2 coursons à deux hauteurs différentes, portant 5 sarments ou 3 coursons de 2 sarments chacun, comme dans la taille vaudoise. Les opérations d'été comportent l'ébourgeonnement, le rognage, l'enlèvement des entre-cœurs, toutes opérations qui sont faites à l'Arvine comme au Fendant, sauf cependant au vignoble de Martigny, où les ceps d'Arvine situés en coteau brûlant, non soumis à l'irrigation, conservent les rejets latéraux pour protéger leurs grappes contre les ardeurs du soleil ; on se contente d'un pincement à la pointe des rejets, à la fin de la saison, pour les préserver des attaques du Mildiou, après le dernier traitement.

Jusqu'à présent le Phylloxéra étant inconnu dans le Valais, la plantation de la vigne se fait toujours par boutures ou plants racinés, et le rajeunissement des souches s'obtient par le provignage en grandes fosses, au fond desquelles les ceps commencent à émettre un premier étage de racines qui sera suivi de plusieurs autres à mesure que dans les années suivantes la fosse sera comblée ; cette méthode de culture a bien sa raison d'être dans les sols si poreux, faits de fragments de schistes, où la vigne est souvent cultivée, et où elle a besoin de racines très profondes pour ne pas se dessécher ; d'un autre côté, en munissant sans cesse la souche de racines jeunes, pleines d'activité, elle la place dans des conditions excellentes pour conserver toujours une vigueur égale. L'Arvine est soumise à ce mode de culture dans divers vignobles.

Assez vigoureuse par elle-même, cette vigne est, d'autre part, peu exigeante sous le rapport des engrais ; on doit même lui appliquer des fumures modérées, des doses un peu fortes la font pousser à bois et provoquent la coulure. L'arrosage d'été lui est très profitable ; c'est sous son action que nous lui avons vu prendre cet aspect particulier de vigueur et de fertilité qui caractérise l'Arvine des environs de Sion ; moins sujette à laisser échauder ses grains que le Fendant elle les laisse durcir ; les grains « s'enferrent » dans les étés brûlants si les bisses ne leur apportent abondamment l'eau bienfaisante.

L'Arvine est une vigne fertile, dont les pampres portent 2 et souvent 3 grappes ; bien sélectionnée, elle donne un rendement en vin sensiblement égal à celui du Fendant, soit de 60 à 70 hectolitres à l'hectare.

Débourrant de bonne heure au printemps, elle est assez exposée aux gelées, sensiblement plus que le Fendant, qui entre plus tard en végétation. Son feuillage reste vert longtemps ; il se tache de jaune seulement à la maturité et demeure longtemps aux pampres ; c'est une des dernières vignes à perdre ses feuilles. Son bois s'aoûte convenablement et ses sarments ne craignent pas les gelées d'hiver ; les souches elles-mêmes présentent une grande endurance et peuvent supporter des abaissements de température très grands.

La maturité de l'Arvine a lieu 10 à 12 jours après celle du Chasselas, ce qui la met dans le groupe des cépages de 2e époque, et oblige le vigneron à la placer dans des sols chauds ou aux expositions très ensoleillées ; elle est d'ailleurs très bien à sa place dans les vignobles valaisans où même les cépages tardifs mûrissent généralement, à cause de la grande chaleur estivale.

Peu sensible à la coulure, surtout lorsqu'elle est bien sélectionnée, l'Arvine ne perd ses fleurs en partie que dans les terrains froids, dans les années pluvieuses ou lorsqu'elle est soumise à la taille longue. Très rustique, elle peut vivre longtemps sans se rabougrir ; il existe des vignes d'Arvine dont la plantation remonte à plus de deux cents ans ; il est vrai que le provignage auquel elles sont soumises leur donne à chaque fois une vie nouvelle.

Par contre, la résistance aux maladies est mauvaise ; c'est l'un des cépages les plus atteints par le Mildiou ; plus d'un vigneron s'en sert pour connaître l'époque d'apparition de la maladie et effectuer les traitements ; cette faiblesse a même été cause de l'abandon de cette vigne au début de l'apparition du Mildiou, mais elle a vite repris faveur lorsque l'on a su appliquer le remède.

Vinification. — La vendange de l'Arvine ne comporte pas de soins spéciaux ; on cueille le raisin quand il est mûr ; les grains sont à ce moment jaune verdâtre, mais rarement ils se dorent. Quant à la vinification elle se pratique comme pour beaucoup de vins blancs dans le Valais : la vendange est foulée, puis mise en cuve où elle fermente pendant 2 à 6 ou 7 jours, suivant le vin que l'on veut obtenir. Généralement on tire le liquide lorsque la grosse fermentation est passée ; on presse le marc et on répartit uniformément le vin de presse sur le vin de goutte. Le vin est mis en tonneau et reçoit 2 à 3 soutirages la première année, un seulement les années suivantes. Au bout de 4 à 5 ans de ce régime le vin est fait ; il est bon à être mis en bouteille.

Le vin d'Arvine pur est jaune, très alcoolique et parfumé ; son bouquet rappelle un peu celui du Madère, comme beaucoup de vins fins récoltés sur ces côtes brûlées où ils prennent, avec de l'alcool, le goût de feu qui caractérise les vins des pays chauds. Très dur la première annnée, ce vin s'améliore beaucoup en vieillissant : c'est un vin organisé pour se conserver très longtemps ; et l'on trouve dans les bonnes caves du Valais des vins d'Arvine de 50, 60 et 70 ans en parfait état de conservation.

L'Arvine est quelquefois vinifiée seule comme à Martigny, aux crus de La Marque et de Coquempey ; mais souvent aussi on mélange son moût à celui du Fendant pour soutenir ce dernier : on estime à 1/3 la proportion d'Arvine qu'il faut mêler au Fendant pour en faire un bon vin de conservation.

C'est dans les sols pierreux faits de débris de schistes, aux chaudes expositions, que l'Arvine donne ses vins les plus alcooliques, les plus bouquetés ; dans les parties calcaires son vin se corse encore plus. Malgré ses qualités réelles, l'Arvine ne gagne point de terrain dans le Valais ; elle aura plutôt de la peine à conserver la place qu'elle occupe actuellement ; on lui reproche en effet de donner des vins trop durs au début, que le commerce ne peut expédier en vins de primeur ; elle restera néanmoins, aux bonnes expositions, comme l'un des meilleurs cépages pour faire du vin de garde.

DESCRIPTION. — Souche, de vigueur moyenne ; à port érigé ; tronc peu développé, à écorce grossière.

Bourgeons, gros, coniques, entourés d'écailles brunes ; bourgeonnement vert blanchâtre ; jeunes feuilles vert jaunâtre très pâle, recouvertes d'un léger duvet blanc à leur face supérieure, plus que sur la face inférieure ; ce duvet laineux persiste encore un peu sur les feuilles plus développées, et il est à peine visible sur les feuilles adultes ; jeunes grappes allongées, cylindriques, longuement pédonculées et érigées.

Rameaux, herbacés plutôt grêles, érigés, verts au sommet, mélangés de vert et de violet dans les régions inférieures ; rameaux ligneux assez forts, aplatis, de couleur brun clair, un peu pruinés ; nœuds peu développés ; mérithalles plutôt courts, à écorce grossièrement striée ; moelle peu abondante ; bois assez dense ; cloison des nœuds épaisses de 2 millimètres à 2 millimètres et demi.

Feuilles, moyennes, sensiblement aussi longues que larges, minces ; trilobées, mais le plus souvent entières par fusion des lobes latéraux qui sont alors indiqués seulement par une dent ; sinus latéraux, au moins les inférieurs nuls, les supérieurs peu marqués ; sinus pétio-aire en lyre étroite, parfois fermé ; face supérieure vert foncé, légèrement tourmentée, gaufrée, dans les feuilles adultes ; face inférieure vert pâle, glabre ; dents moyennes, obtuses, dans les feuilles adultes, aiguës dans les feuilles jeunes, portant assez fréquemment un petit mucron ; nervures grêles, peu apparentes du côté de la face supérieure, saillantes seulement à la face inférieure, de couleur vert jaunâtre, tranchant bien sur le vert foncé de la feuille, avec quelques poils à leur jonction. — Pétiole plus court que la nervure médiane, grêle, vert, strié de vineux violacé, déprimé, avec un léger sillon, glabre, faisant un angle presque droit avec le sarment et obtus avec le plan du limbe ; feuilles jaunissant à la maturité et à la défoliation qui est précoce.

Fruits. — *Grappes*, cylindriques, quelquefois ailées (caractère peu important, car on trouve les deux formes de grappes sur le même cep), longues de 10 à 12 centimètres, larges de 6 à 8, et pesant de 100 à 150 grammes ; pédoncule court et assez grêle, vert, herbacé encore à la maturité ; pédicelles courts et grêles ; bourrelet peu développé ; pinceau assez long et vert jaunâtre, bien adhérent au grain. — *Grains*, moyens, ronds quand ils se sont développés librement, mais se déformant souvent par les pressions qu'ils supportent dans la grappe où ils sont très serrés, mesurant alors 17 sur 15, 15 sur 12, et pesant de 1 gr. 5 à 2 grammes ; peau mince, jaune verdâtre à maturité, portant un ombilic très gros ; chair peu abondante, fondante ; jus abondant, sucré et bien acidulé, sans saveur spéciale ; deux pépins par grain, jaune verdâtre jaspés de brun.

E. Durand.

MOLAR

Synonymie. — Molard, Mollar, Gros Mollar, Mollard (Hautes-Alpes). — Tallardier (*Pulliat*).

Historique et aire géographique. — Le Cte Odart fait observer que le *Molar* alpin n'a rien autre chose que le nom de commun avec le Mollar de l'Andalousie et du Portugal, dont les grains sont très allongés, tandis que ceux du Molar des Alpes sont ronds. Nous ferons remarquer, à notre tour, qu'on doit encore moins le confondre avec les divers Molar que Xavier Rocques, dans son intéressant travail sur *les Vins de liqueur d'Espagne*[1], cite sous le nom de *Mollar de Cadix* (à Parejete), et *Listan prieto* (à Arcos), dont les grains sont ronds, mais de couleur blanc jaunâtre, et le *Mollar blanco* (à Sanlucar), ou *Cañocazo* (à Jerez), à raisins gros et dorés.

Déterminer le pays d'origine du Molar est chose fort difficile. Pulliat l'appelle Tallardier, mais, par cette dénomination, nous pensons qu'il veut montrer seulement combien ce cépage est en faveur à Tallard (Hautes-Alpes). Comme le Cte Odart, nous avons dit qu'il ne fallait pas le confondre avec certains cépages andalous dont il diffère d'une façon très évidente par la forme ou par la couleur du grain ; les études de M. Janini sur les cépages de l'Andalousie, et en particulier sur le *Mollar negro*, nous permettent d'affirmer que le Molar des Hautes-Alpes n'a aucune identité avec les Mollar andalous.

En France, la culture du Molar est spéciale à la région des Alpes, située sur la rive droite de la Durance, dans le sud du département des Hautes-Alpes, d'Embrun à Tallard, sans descendre jusqu'à Sisteron, et dans le département des Basses-Alpes, sur la rive gauche de la Durance, dans les quelques communes viticoles du Gapençais ; c'est là qu'il est plus particulièrement cultivé, cependant on le retrouve dans le département des Hautes-Alpes à peu près partout où il y a de la vigne, même jusqu'à mille mètres d'altitude, mais il y mûrit mal et semble ne pas vouloir dépasser 7 à 800 mètres.

1. Xavier Rocques, *Les Vins de liqueur d'Espagne*, in *Revue de viticulture* de P. Viala, 10e année, t. XIX, p. 453.

BIBLIOGRAPHIE. — Marès : Description des cépages principaux de la région méditerranéenne de la France (Montpellier et Paris, 1890, p. 88). — Cte Odart : Ampélographie universelle (Tours, 1873, p. 476). — V. Pulliat : Mille variétés de vignes (Paris, 1888, p. 216). — Victor Rendu : Ampélographie française (2e édit., Paris, 1857, p. 113). — E. Salomon : Catalogue descriptif. — De Rovasenda : Essai d'une ampélographie universelle (Paris, 1881, p. 122).

J. Troncy

imp. F. CHAMPENOIS, Paris

Molar

Culture[1] et vinification. — Le vignoble des Hautes-Alpes est aujourd'hui presque entièrement reconstitué sur racines américaines et principalement sur le Riparia. Le Solonis, grand favori au début de la reconstitution, est assez délaissé, mais occupe encore une assez grande place; le Rupestris du Lot est plus faiblement représenté. Quant aux hybrides de Riparia × Rupestris et à ceux de Berlandieri, des essais ont été faits qui ne permettent pas encore de se prononcer sur l'affinité de ces porte-greffes avec les cépages du pays. Le Molar se comporte bien sur Riparia et Solonis, donne d'abondantes récoltes, de 50 à 70 hectolitres à l'hectare qu'il dépasse dans les bonnes années. La reprise au greffage est assez capricieuse, surtout sur Riparia, mais ce défaut ne doit pas faire écarter ce porte-greffes, car il est de ceux qui poussent à la fructification. Le Molar greffé ayant une tendance à la coulure il est bon, lorsque le terrain à planter le permet, de choisir un sujet ne favorisant pas ce défaut. La taille courte lui est généralement appliquée sur souches basses et il s'en accommode parfaitement.

Il est assez sensible aux maladies cryptogamiques, notamment au Mildiou et à l'Oïdium, mais il est facilement défendu par les traitements aux sels de cuivre et au soufre. Son débourrement tardif est une qualité importante dans un pays froid où les gelées printanières sont souvent à redouter.

Le vin de Molar est coloré et très agréable à boire; il est consommé en grande partie dans le département des Hautes-Alpes; le peu qui en sort va dans la direction de Grenoble et de Lyon, et y conserve ses qualités, tandis qu'il les perd lorsqu'il voyage dans le Midi, ce qui fait dire aux vignerons du Gapençais que leur vin monte mais ne descend pas.

Ces vignerons, dont nous ne saurions trop faire ressortir les réels et nombreux mérites en ce qui concerne la culture de la vigne, qui ne reculent devant aucune difficulté pour le défoncement du terrain[2], devant aucun sacrifice pour la plantation, qui mettent en pratique les conseils de la science pour préserver leurs récoltes des maladies cryptogamiques par les soufrages et les sulfatages, nous paraissent, pour la plupart du moins, encore fort en retard dans l'art de la vinification. Nous estimons, en effet, qu'il est fâcheux de voir encore, à notre époque, employer l'ancien procédé dangereux qui consiste à jeter dans de grandes cuves les raisins tels qu'ils viennent de la vigne, à les y laisser ainsi jusqu'à ce que la fermentation soit bien commencée, et à faire entrer à ce moment, dans la cuve, un ou plusieurs hommes complètement nus, qui, battant et soulevant de leurs bras et de leurs jambes la vendange dans laquelle ils s'enfoncent jusqu'aux épaules, ramènent à la partie supérieure les couches jusqu'alors restées au fond.

Nous ne discuterons pas ici l'élégance ni la grâce du procédé, encore moins sa délicatesse, nous nous bornerons à souhaiter que, suivant l'exemple que donnent déjà, dans le pays même, bon nombre de propriétaires intelligents, la masse des vignerons des Hautes-Alpes adopte pour ses travaux de vinification les appareils perfectionnés si répan-

1. M. A. Cadoret, professeur départemental des Hautes-Alpes, nous a donné très obligeamment, au sujet de la culture du Molar, des renseignements qui corroborent les résultats de nos observations personnelles faites au cours d'environ quinze années d'expériences de greffages sur les cépages des Hautes-Alpes.

2. Les défoncements se font exclusivement à bras, les moindres sont faits à 0ᵐ80 de profondeur, souvent à 1 mètre et même jusqu'à 1ᵐ20 de profondeur. Les viticulteurs recherchent les plants très longs de 0ᵐ60 et plus de tige, afin de pouvoir greffer profondément. Ces plantations profondes sont faites en prévision des déchaussements produits souvent par les orages qui ravinent affreusement les terrains généralement en très fortes pentes où sont plantées les vignes, et qui mettraient les racines à nu et arracheraient même les plants si les plantations étaient superficielles.

dus dans les pays de vignobles, et particulièrement le fouloir mécanique. Ils trouveront, pour eux, économie de temps et de peine, et, pour leurs clients renseignés..... d'autres satisfactions.

Nous avons dit que le procédé est dangereux; il l'est certainement au plus haut degré, témoins les cas d'asphyxie qui se produisent malheureusement si souvent. Les cuves employées pour la fermentation ne sont pas toujours pleines, et, selon que l'on est à la fin de la récolte ou que celle-ci est moins abondante, le niveau de la vendange se trouve à soixante ou quatre-vingts centimètres en contrebas de l'orifice de la cuve, laissant ainsi un logement considérable à l'acide carbonique produit par la fermentation. L'opérateur se sert bien d'une perche placée transversalement sur les bords de la cuve et à laquelle il se suspend, mais il arrive que, saisi par une trop grande absorption du gaz délétère, il n'a plus la force de se redresser et d'élever la tête au-dessus de la perche. Dans ce cas, c'est la mort si un secours instantané n'arrive aussitôt.

Les crus les plus estimés des Hautes-Alpes sont ceux de Jarjayes, Lettret, Châteauvieux, Tallard, Remollon. Il nous a paru intéressant de faire connaître la composition de ces vins qui, à quelque chose près, sont exclusivement faits avec le Molar, et nous avons soumis à l'examen de M. Barba, directeur de la Station œnologique du Gard, quatre échantillons de ces vins qui nous ont été fournis par M. Céas, de Tallard, un des plus importants et des plus habiles vignerons des Hautes-Alpes.

RÉSULTAT DES ANALYSES FAITES PAR M. BARBA,
Directeur de la Station œnologique du Gard, à Nîmes.

N° 1.

VIN DE REMOLLAN
vieilles souches greffées
(98 % Molar
1 % Espanenc
1 % Divers

N° 2.

VIN DE CHATEAUVIEUX
en partie de vieilles souches
non greffées
(95 % Molar
3 % Plant Dufour
2 % Clairette

N° 3.

VIN DE TALLARD
jeunes vignes greffées
(96 % Molar
2 % Aramon
2 % Plant Dufour

N° 4.

VIN DE LETTRET
jeunes vignes greffées
(95 % Molar
2 % Alicante Bouschet
1 % Plant Dufour
1 % Aramon
1 % Cinsaut

ANALYSE

	1	2	3	4	
Alcool	8.9	8.1	8.6	9	en volume.
Extrait sec	17 gr 70	17.55	21.75	17.75	par litre.
Cendres	3 gr 250	3.400	5.500	2.500	»
Acidité totale	4.820	3.780	4.220	3.620	en acide sulfurique.
Sucre restant	2.407	2.080	1.790	2.600	par litre.
Tartre	4.384	4.536	3.628	3.326	
Glycérine	6.940	7.100	8.360	0.240	
Acides volatils	0.240	0.299	0.252	0.269	
Tanin	0.520	0.520	0.600	0.200	

On est frappé, à la lecture de ce tableau, par la différence entre le vin n° 3 et les autres types pour la teneur en extrait sec, cendres et glycérine. Comme il faudrait suivre plusieurs années la vinification pour arriver à une conclusion, nous nous abstiendrons de tous autres commentaires.

DESCRIPTION. — Souche, très vigoureuse ; tronc fort ; port semi-érigé ; écorce rugueuse se détachant facilement en lanières.

Bourgeons, petits, ronds, bien détachés ; jeunes feuilles rondes, très vertes, sans aucun sinus latéral bien marqué.

Rameaux, longs et même très longs, incurvés, à ramifications peu nombreuses ; sarments herbacés, verts, colorés de carmin ; sarments aoûtés généralement minces et très longs ; écorce fine, très lisse, couleur havane très clair allant presque au jaune ; mérithalles très longs ; bois tendre, à moelle très abondante ; cloisons des nœuds épaisses, concaves ; nœuds assez marqués mais pas très gros ; vrilles peu nombreuses.

Feuilles, grandes, rondes, minces et résistantes, planes, très vertes et glabres en dessus, vert mat et glabres en dessous ; nervures très fines et vertes ; sinus pétiolaire en V ; sinus latéraux supérieurs et sinus latéraux inférieurs pas marqués ; aucun lobe n'étant détaché, la feuille peut se dire ronde ; dents obtuses, en séries de deux et de trois, petites, irrégulières, mucronées. — Pétiole mince, assez long, coloré de carmin, formant avec le limbe de la feuille un angle souvent droit.

Fruits. — *Grappes*, assez grosses, cylindro-coniques, très serrées et bien régulières ; pédoncule très court, petit, vert ; pédicelles moyennement gros, courts, verts ; bourrelet petit, mais bien marqué, verruqueux ; pinceau petit, court, très coloré de rouge vineux. — *Grains*, ronds, moyens ou assez gros, de 18 à 20 millimètres de diamètre, assez fermes ; peau mince, mais cependant résistante, couleur noir bleuté ; ombilic central peu apparent ; pruine très abondante ; chair fine, jus très légèrement coloré de carmin ; saveur agréable, légèrement acide. Graines quelquefois une seule et le plus souvent deux, petites, piriformes ; bec très petit, légèrement incurvé ; chalaze et raphé peu apparents ; bourgeonnement tardif. Maturité de moyenne époque.

A. Tacussel.

GLACIÈRE

Synonymie. — Grosse Glacière.

Observations. — Ce cépage est très peu répandu et paraît n'être connu sous le nom de *Glacière* que dans le département de Vaucluse. Aucun ampélographe ne le décrit sous ce nom. Seul, de Rovasenda en fait mention.

On ne peut pas dire que la Glacière soit cultivée en grand ; les rares pieds que l'on en rencontre sont toujours en tonnelle et en bonne exposition, car elle mûrit très tard. Sa principale qualité est de se conserver très longtemps sur les souches, et sans souffrir des intempéries, jusqu'aux plus grands froids, d'où son nom de Glacière. Assurément c'est à la médiocrité de ses qualités comestibles qu'on doit attribuer le peu d'engouement qu'on met à la multiplier. Cependant certains amateurs apprécient assez ses raisins pour en faire une provision d'hiver qu'ils consomment en la prenant sur souche à mesure des besoins, ou qu'ils conservent à rafle sèche sur claies jusqu'au commencement du printemps.

La taille qu'il convient de lui faire subir est la taille courte à deux bourgeons et le faux bourgeon, en multipliant les bras producteurs en raison de la vigueur de la souche.

Il importe de la traiter préventivement contre les maladies cryptogamiques, car elle est sujette aux attaques du Mildiou et surtout de l'Oïdium, mais on peut très facilement l'en défendre.

DESCRIPTION. — Souche, vigoureuse et souvent très vigoureuse, pouvant recouvrir de vastes tonnelles d'un abondant feuillage ; tronc fort ; port étalé ou tombant ; écorce rugueuse.

Bourgeons, quelquefois doubles, petits, à large base et à pointe émoussée, couleur châtain clair ; jeunes feuilles rondes, vertes, glabres, très peu découpées, à sinus pétiolaire excessivement ouvert en accent circonflexe comme le Rupestris du Lot.

Rameaux, herbacés verts ; sarments aoûtés longs, droits, pas très gros, de 8 à 12 millimètres environ de diamètre ; mérithalles longs ; bois dur ; écorce épaisse, fortement striée, couleur chamois très clair ; nœuds peu saillants ; cloison des nœuds épaisses, concaves ; vrilles nombreuses, fortes, très longues, trifurquées, bien lignifiées sur toute leur longueur.

BIBLIOGRAPHIE. — De Rovasenda : Essai d'une ampélographie universelle (Paris, 1881, p. 77).

Glacière

Feuilles, quinquelobées, moyennement grandes, peu découpées, semblent presque rondes, généralement planes et minces; sinus pétiolaire en U très ouvert; les sinus latéraux supérieurs et inférieurs sont peu profonds, souvent même à peine indiqués; la page supérieure est glabre et vert clair; la page inférieure est glabre et couleur vert clair très mat; nervures fines, vertes, glabres, détachées du limbe. — Pétiole long, mince, vert, formant avec le limbe de la feuille un angle obtus.

Fruits. — *Grappes*, très grandes, souvent de plus de 30 centimètres de longueur sans compter le pédoncule qui mesure environ 10 centimètres; coniques ou cylindro-coniques, moyennement denses et assez régulières, situées généralement à partir du 5e nœud; pédoncule très long, vert, non lignifié; pédicelles assez longs, minces, verts; bourrelet petit, vert, finement verruqueux; pinceau vert, avec fines nervures et teinté de rose. — *Grains*, gros ou très gros, très fermes, irréguliers, presque ronds, légèrement ovales, mesurant 22/24 ou 22/25 millimètres aux deux axes; peau épaisse, résistante, couleur rouge vinaigre avec parties verdâtres; ombilic central apparent; chair très ferme et épaisse; jus peu abondant, saveur sans finesse, plutôt fade; graines ordinairement au nombre de trois, petites, courtes, arrondies à l'arrière, à bec allongé, chalaze et raphé très apparents.

A. Tacussel et E. Zacharewicz.

HASSEROUM LEKAHL

Observations. — Ce cépage indigène en Algérie y est peu répandu, il n'est bien connu que dans la région de Tenès ; son raisin est peu agréable au goût en raison de son âpreté. Il devait attirer l'attention des viticulteurs, car il a tout l'aspect d'un raisin à vin ; des essais faits dans la région de Tenès ont donné de bons vins, très corsés, à couleur intense, avec un bouquet agréable. Les premières années, le vin d'*Hasseroum* est dur, mais il se conserve bien et acquiert de la valeur. Les quelques essais de culture tentés n'ont pas donné cependant des résultats économiques assez avantageux. L'Hasseroum, très vigoureux, est sujet à la coulure ; c'est ce défaut qui a fait rejeter ce cépage des vignobles créés dans la région où il est déjà répandu chez les indigènes, mais la sélection en aurait raison.

DESCRIPTION. — Souche, très vigoureuse ; port semi-érigé ; tronc fort ; jeune écorce gris noirâtre.

Bourgeons, coniques, petits, pointus, lustrés ; jeunes feuilles vernissées.

Rameaux, herbacés, lignés de violet, légèrement lanugineux, longs, gros, portant des ramifications secondaires nombreuses, couleur claire, mais parcourues par des stries irrégulières, espacées, rougeâtres ; mérithalles assez courts, cylindriques ; bois dur, peu de moelle ; jeunes feuilles cuivrées, duveteuses en dessous ; nœuds peu saillants ; vrilles peu nombreuses, grêles.

Feuilles, de grandeur moyenne, plus larges que longues sur les rameaux secondaires, les sinus latéraux supérieurs plus profonds, le sinus pétiolaire en U ouvert ; le limbe est lisse à face supérieure, vert foncé à face inférieure, plus claire, garnie d'un réseau de poils lanugineux ; dents profondes, très inégales, mucronées ; nervures vert très clair. — Pétiole long, très peu renflé à l'insertion sur le rameau, pourpre violacé.

Fruits. — *Grappes*, assez lâches, grosses, très largement ramifiées, le plus souvent irrégulières, légèrement pyramidales ; pédoncule fort, se lignifiant et prenant la coloration du sarment ; pédicelles longs, à bourrelet peu développé et verrues très apparentes ; pinceau petit, coloré. — *Grains*, de grosseur variable, sub-arrondis, 20 ^{mm} sur 18 ^{mm}, moyens, d'un noir violacé intense, avec pruine abondante ; pulpe juteuse, incolore, à saveur âpre ; peau épaisse, résistante, colorée ; graines au nombre de trois, moyennes, allongées, à bec long, renflé à l'extrémité.

Dr L. Trabut.

Hasseroum Lekahl

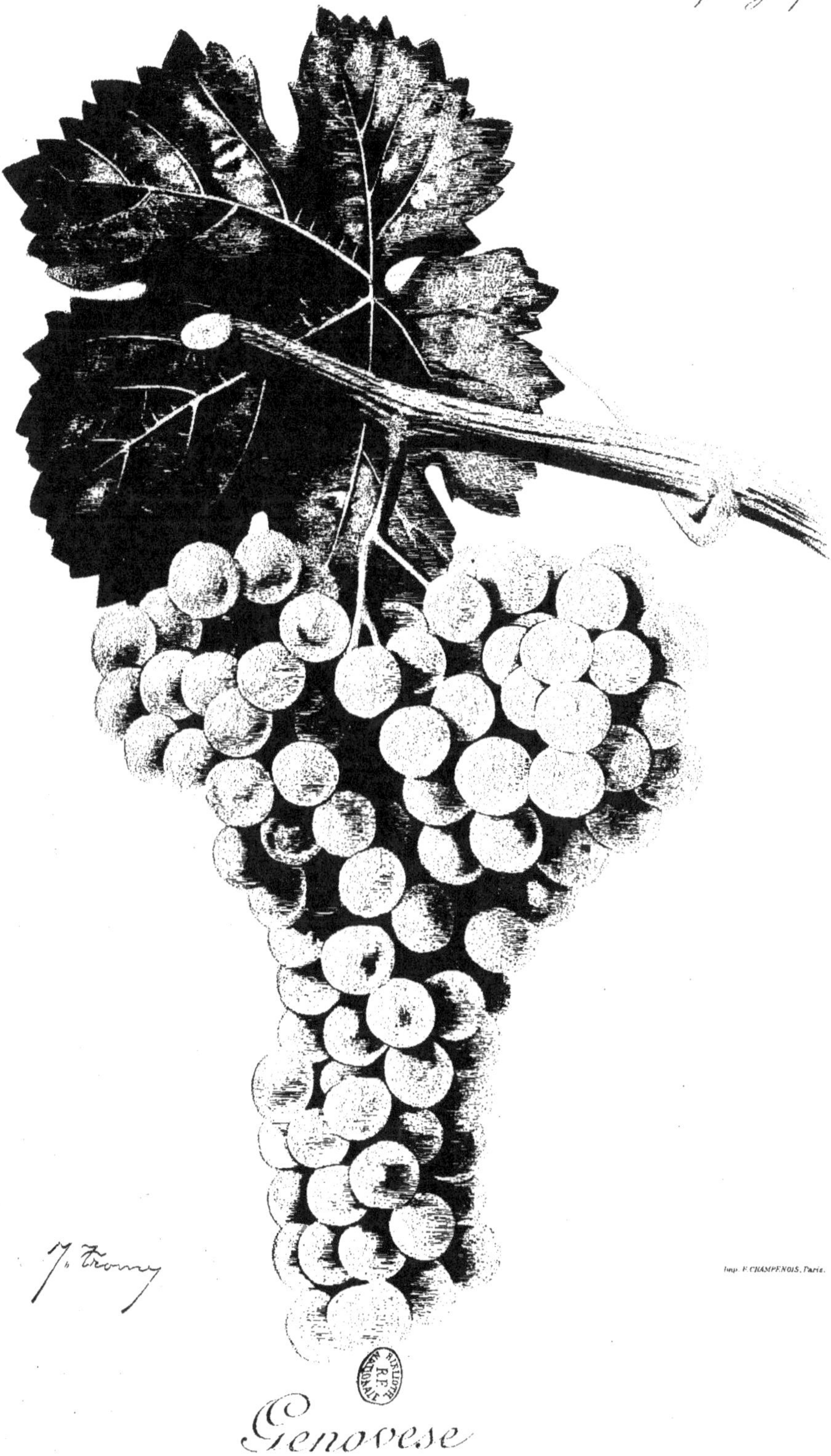

Imp. F. CHAMPENOIS, Paris.

Genovese

GENOVESE

Synonymie. — GEVENOSE, GENOVESILLA, GENEVOSE (ces noms paraissent n'être que de simples variations orthographiques adoptées parfois indifféremment dans les mêmes localités). — GENUESER BLANC (*Carl Bronner*, cité par *J. de Rovasenda*).

Observations. — Le nom de *Genovese* démontre, d'une manière à peu près certaine, l'origine génoise de ce cépage, bien que les auteurs italiens ne le mentionnent pas sous ce nom, tout au moins en Ligurie. Il serait intéressant pour les ampélographes italiens de le rechercher et d'en établir la synonymie. On le rencontre, en Corse, du cap Corse jusqu'à Bastia et dans ses environs, c'est lui qui joue le rôle le plus important dans cette région. Sa maturité de 1re époque permettrait d'en tenter la culture plus au nord sur le continent.

Le Genovese ne paraît prêter à aucune confusion par le fait d'homonymie ou de synonymies erronées, il est assez nettement caractérisé pour qu'on n'ait pas à redouter de le confondre avec d'autres cépages de la même région.

Sa grande vigueur et la disposition de ses bourgeons fructifères le rendent très apte à la conduite en grandes formes et à long bois. Au cap Corse il est généralement tenu en souches à bras multiples formant des espèces de treilles rampant presque sur le sol ou sur les rochers, comme des *chaintres*; dans ces conditions sa fertilité, qui n'est malheureusement pas régulière, peut devenir considérable. Ces aptitudes nécessitent l'emploi de porte-greffes américains très vigoureux et capables de lui assurer une végétation puissante, tels que le Rupestris du Lot, et son abondante fructification des bonnes années a besoin d'être soutenue par d'abondantes fumures.

Le Genovese est le premier des cépages de sa région à fleurir et à mûrir son fruit; il peut être classé, à ce dernier point de vue, à peu près dans la 1re époque de Pulliat. Il coule rarement et est peu sensible aux maladies cryptogamiques, sauf, paraît-il, à l'Anthracnose; nous n'avons cependant pas vu, sur les pieds que nous avons examinés au cap Corse et dans la plaine du Borgo, près de Bastia, de traces de cette maladie.

On fait avec les raisins de ce cépage un bon vin blanc sec qui se madérise avec le temps et prend une réelle distinction; ils sont mélangés le plus souvent avec ceux des autres cépages blancs des vignobles de cette région.

BIBLIOGRAPHIE. — Dr J. GUYOT : Étude sur les vignobles de France (Paris, 1868, t. I, p. 127). — Cte J. DE ROVASENDA : Essai d'une ampélographie universelle (trad. Dr F. Cazalis et professeur G. Foëx, 1881, p. 75). — J.-B. CASTELLI : La vigne en Corse (Marseille, 1898).

DESCRIPTION. — Souche, très vigoureuse, à tronc grêle ; port grimpant ou étalé ; écorce assez finement striée.

Bourgeons, peu volumineux, pointus, d'un roux blanchâtre au débourrement, à jeunes feuilles très duveteuses.

Rameaux, très longs, grêles, peu sinueux, à mérithalles moyens ou courts, à nœuds peu volumineux, légèrement aplatis ; ramifications nombreuses ; bois dur, renfermant peu de moelle ; écorce de couleur acajou, rayée de fines stries et marquée de ponctuations quand le sarment est aoûté, vert rayé de pourpre violacé quand il est encore herbacé ; vrilles vigoureuses, bifurquées, teintées de violet à l'origine, promptement lignifiées.

Feuilles, moyennes, très nettement quinquelobées ou même quelquefois heptalobées, à sinus pétiolaire assez profond, ouvert ; sinus latéraux, près de l'origine, moins apparents que les autres, qui sont très marqués ; lobes généralement bien détachés ; dents assez larges, en deux séries ; limbe légèrement creusé en entonnoir, parfois un peu tourmenté, bullé entre les nervures ; de consistance parcheminée ; d'un beau vert, glabre à la face supérieure, plus pâle, avec un duvet assez abondant, formé de flocons de poils blancs laineux, disséminés à la face inférieure ; nervures très légèrement violacées à l'origine. — Pétiole plutôt court et grêle, teinté de violet, à angle droit avec le limbe.

Fruits. — *Grappes*, situées le plus souvent sur les 3e et 4e nœuds, moyennes, cylindroconiques, ailées, assez serrées, assez régulières, avec pédoncule fort, court, lignifié à l'origine ; pédicelles courts, assez forts ; bourrelet assez gros. — *Grains*, moyens, légèrement oblongs, à peau un peu épaisse, à ombilic persistant, central, peu apparent, blanc verdâtre et pointillé du côté moins éclairé, d'une couleur rubigineuse au soleil, pruiné, à pulpe fondante ; jus abondant et très sucré ; graines de une à deux, moyennes, à bec allongé.

G. Foëx.

Biancone

BIANCONE

Synonymie. — ALBAROLA, OU BIANCHETTA, CALCATELLA (à Sezzanne, avec doute d'après le *Cte J. de Rovasenda*). — FOLLE VERTE D'OLÉRON (par erreur, *Cte Odart*).

Observations. — Comme la plupart des cépages corses, le *Biancone* paraît être originaire d'Italie, et notamment de la Ligurie et de l'île d'Elbe ; on le rencontre à Nice et en Corse dans les arrondissements de Bastia et de Corte où il se trouve mêlé à la Rossola brandinca, Riminese, Nielluccio, Malvasia, Genovese, Biancolella, Sciacarello, etc. La place qu'il y occupe n'est pas très considérable malgré sa grande fertilité, à raison probablement de la médiocre qualité de son vin.

Les synonymies Albarola, ou Bianchetta, Calcatella, données avec doute par Rovasenda, paraissent confirmées par la comparaison de la description sommaire de ce cépage faite par le Cte Odart, et celle du Biancone que nous avons recueillie nous-même en Corse ; malheureusement la diagnose du Cte Odart ne porte que sur le raisin, ce qui est insuffisant pour une détermination définitive. En ce qui touche celle que l'on pourrait déduire de la ressemblance que le Cte Odart signale entre le raisin du Biancone et celui de la Folle, l'examen des feuilles de ces deux cépages ne permet pas de s'y arrêter. En effet, tandis que celle du Biancone est assez profondément découpée, à dents aiguës, un peu tourmentée et creusée, recouverte à la face inférieure d'un très léger duvet, et qu'elle est portée par un pétiole long et fort, celle de la Folle est moins profondément découpée, à dents courtes, obtuses ou arrondies ; elle est revêtue à sa face inférieure d'un duvet aranéeux assez compact, elle adhère enfin à un pétiole court et de moyenne force. De plus, tandis que le port de ce dernier cépage est érigé ou semi-érigé, celui du Biancone est étalé.

Le Biancone, qui est d'une grande fertilité, ne coule pas, il craint peu les maladies cryptogamiques. On le soumet habituellement à la taille courte qui paraît très bien convenir à son mode de fructification. Il paraît se prêter également bien au greffage sur les divers porte-greffes américains, à la condition qu'ils soient bien adaptés au sol où doit avoir lieu la plantation.

Cépage de quantité, plutôt que de qualité, on le mélange habituellement avec d'autres plus fins qui améliorent le vin obtenu. Vinifié seul, il atteint en Corse 9° à 9° 5.

BIBLIOGRAPHIE. — Cte ODART : Ampélographie universelle (Paris, 1869, 4e édit., p. 551). — Cte J. DE ROVASENDA : Essai d'une ampélographie universelle (trad. Dr F. Cazalis et Prof. G. Foëx, 1881, p. 18). — J.-B. CASTELLI : La vigne en Corse (Marseille, 1868).

DESCRIPTION.   Souche, très vigoureuse, à port étalé ; tronc fort.

Bourgeons, coniques, obtus, débourrement glabre et luisant.

Rameaux, très longs, droits, plutôt grêles, à mérithalles moyens, presque courts, à nœuds renflés, de grosseur moyenne ; ramifications nombreuses et habituellement peu développées ; bois assez dur, renfermant peu de moelle ; écorce de couleur jaune d'ocre, lavée et rayée de brun, quand les sarments sont aoûtés ; vert lavé de violet clair, quand ils sont herbacés ; vrilles assez fortes, se lignifiant.

Feuilles, assez grandes, 5-7 lobées et profondément découpées, à sinus pétiolaire profond, généralement bien ouvert ; sinus latéraux près de l'origine moins marqués que ceux vers l'extrémité qui sont très profonds ; le lobe extrême long, large, bien détaché, à dents aiguës ; un peu tourmentées, creusées, non bullées, un peu épaisses, parcheminées, d'un vert assez foncé, glabres, un peu luisantes à la face supérieure, d'un vert plus pâle, avec un très léger duvet blanc aranéeux à la face inférieure ; nervures saillantes en dessous, bien marquées. — Pétiole long et fort, lavé de violet.

Fruits. — *Grappes*, situées à la partie inférieure des sarments, grandes, cylindriques ou cylindro-coniques, peu ailées, régulières, assez serrées ; pédoncule plutôt court, herbacé ; pédicelles assez forts, plutôt courts ; bourrelets gros, verruqueux, entraînant un pinceau petit et incolore. — *Grains*, sur-moyens, presque sphériques, plutôt mous ; à peau médiocrement résistante, à ombilic persistant central ; de couleur blanc jaunâtre quand ils sont exposés au soleil, blanc verdâtre à l'ombre, recouverts d'une légère pruine, à pulpe fondante ; jus pas très sucré, légèrement acide ; graines généralement au nombre de trois, petites, allongées, à bec pointu et chalaze apparente.

G. Foëx.

Ampélographie
Imp. F. CHAMPENOIS, Paris.
Vermenlino

VERMENTINO

Synonymie. — Vermentino (dans les vignobles du Genovesat, *Odart*). — Malvoisie a gros grains (*Odart*). — Malvoisie précoce d'Espagne (d'après *Pulliat*). — Malvasia grossa (vignobles du Haut-Douro et de Madère). — Malvoisie (à Bonifacio). — Carbesso (dans la Balagne de Corse).

Observations. — Ainsi qu'on peut s'en rendre compte par ses nombreuses synonymies, le *Vermentino* est cultivé dans un grand nombre de contrées. Il paraît d'origine espagnole, on le rencontre également à Madère, en Ligurie et dans quelques autres parties de l'Italie du nord. En Corse, il occupe près du tiers du vignoble de l'arrondissement d'Ajaccio, il est cultivé également dans celui de Bastia et dans les environs de Bonifacio. Enfin nous le voyons en France employé sur divers points, dans le Midi, pour la production de raisins de table.

On lui consacre habituellement en Corse des terrains élevés et chauds où il donne ses meilleurs produits pour la cuve. Il a été soumis jusqu'ici dans ce département à la taille courte, mais sa grande vigueur a donné l'idée depuis quelque temps d'essayer sur lui la taille longue; il l'a supportée sans en souffrir et sa production a sensiblement augmenté, mais au détriment de la qualité de ses raisins. Il est d'ailleurs naturellement fertile.

Il paraît se trouver particulièrement bien du greffage sur le Rupestris du Lot qui s'accommode d'ailleurs très bien lui-même des sols où on le cultive de préférence.

Le Vermentino mûrit à la 3e époque tardive; en Corse on le vendange d'ordinaire très mûr. Il y donne un vin d'environ 12°, d'une belle couleur dorée, mais que l'on consomme habituellement dans l'année. On le vinifie rarement seul, parce qu'on lui reproche de communiquer à ses produits un goût *sui generis* (goût de goudron?), on y mélange en proportion plus ou moins considérable le Sciaccarello. Lorsque la récolte a été abondante et que pour les raisons que nous venons d'exposer on craint d'en mettre trop à la cuve, on en fait sécher une partie, traitement auquel se prête bien sa grappe un peu lâche et sa peau ferme et résistant bien aux moisissures.

Mais le rôle principal du Vermentino est celui de raisin de table : pour peu qu'il ait été cultivé dans de bonnes conditions et que sa grappe ait été l'objet de quelques soins, il donne un raisin d'aspect séduisant et d'excellente qualité, qui est universellement apprécié.

BIBLIOGRAPHIE — Cte Odart : Ampélographie universelle (4e édit., Paris, 1859, p. 433). — Cte J. de Rovasenda : Trad. Dr F. Cazalis et professeur G. Foëx (1881, pp. 220 et 222). — Mas et Pulliat : Le Vignoble (Paris, 1874-1875, t. I, p. 65). — J.-B. Castelli : La vigne en Corse (Marseille, 1898).

DESCRIPTION. — Souche, vigoureuse, à tronc moyen, à port semi-érigé ; écorce se détachant en lanières.

Bourgeons, peu saillants ; bourgeonnement avec un abondant duvet blanc.

Rameaux, très longs, peu sinueux, de moyenne grosseur ; à mérithalles de longueur moyenne ; nœuds aplatis ; bois assez dur, renfermant peu de moelle, de couleur jaune cannelle, rayé de brun, et nuancé de brun aux nœuds, quand ils sont aoûtés, verts lavés de violet quand ils sont herbacés ; écorce striée ; cloison des nœuds assez épaisse ; vrilles assez fortes, bifurquées, herbacées, vertes à l'origine, séchant à l'extrémité.

Feuilles, grandes, quinquelobées ; sinus pétiolaire assez profond, souvent fermé par la superposition ou le contact des bords des lobes latéraux ; sinus latéraux près de l'origine, bien marqués, généralement ouverts ; sinus latéraux près de l'extrémité plus marqués que les précédents, parfois fermés par la superposition ou le contact des bords des lobes adjacents ; limbe à relief tourmenté, souvent en entonnoir, généralement un peu gaufré entre les nervures et sous-nervures ; de consistance parcheminée, d'un vert gai et glabre à la face supérieure, vert plus pâle, avec un léger duvet aranéeux sur les nervures et sous-nervures ; se colorant d'une teinte un peu rougeâtre en automne ; nervures très saillantes. — Pétiole moyen ou court, lavé de pourpre violet peu foncé ; dents très grandes et aiguës, en deux séries.

Fruits. — *Grappes*, au 3ᵉ ou 4ᵉ nœud, assez grosses, coniques, généralement peu ailées, peu compactes, régulières ; pédoncule très fort et court, se lignifiant à l'origine jusqu'au point de naissance d'une vrille qui bifurque avec l'axe principal ; pédicelles gros et courts, avec un bourrelet assez gros, vert, verruqueux ; pinceau vert pâle. — *Grains*, sur-moyens, légèrement ovoïdes, fermes, légèrement croquants ; peau assez résistante ; ombilic peu apparent, central, d'un blanc roussâtre, se colorant d'une teinte rubigineuse dans les parties bien exposées au soleil, légèrement pruinée ; chair fondante, juteuse, très sucrée, à saveur légèrement astringente ; graines une ou deux, petites.

G. Foëx.

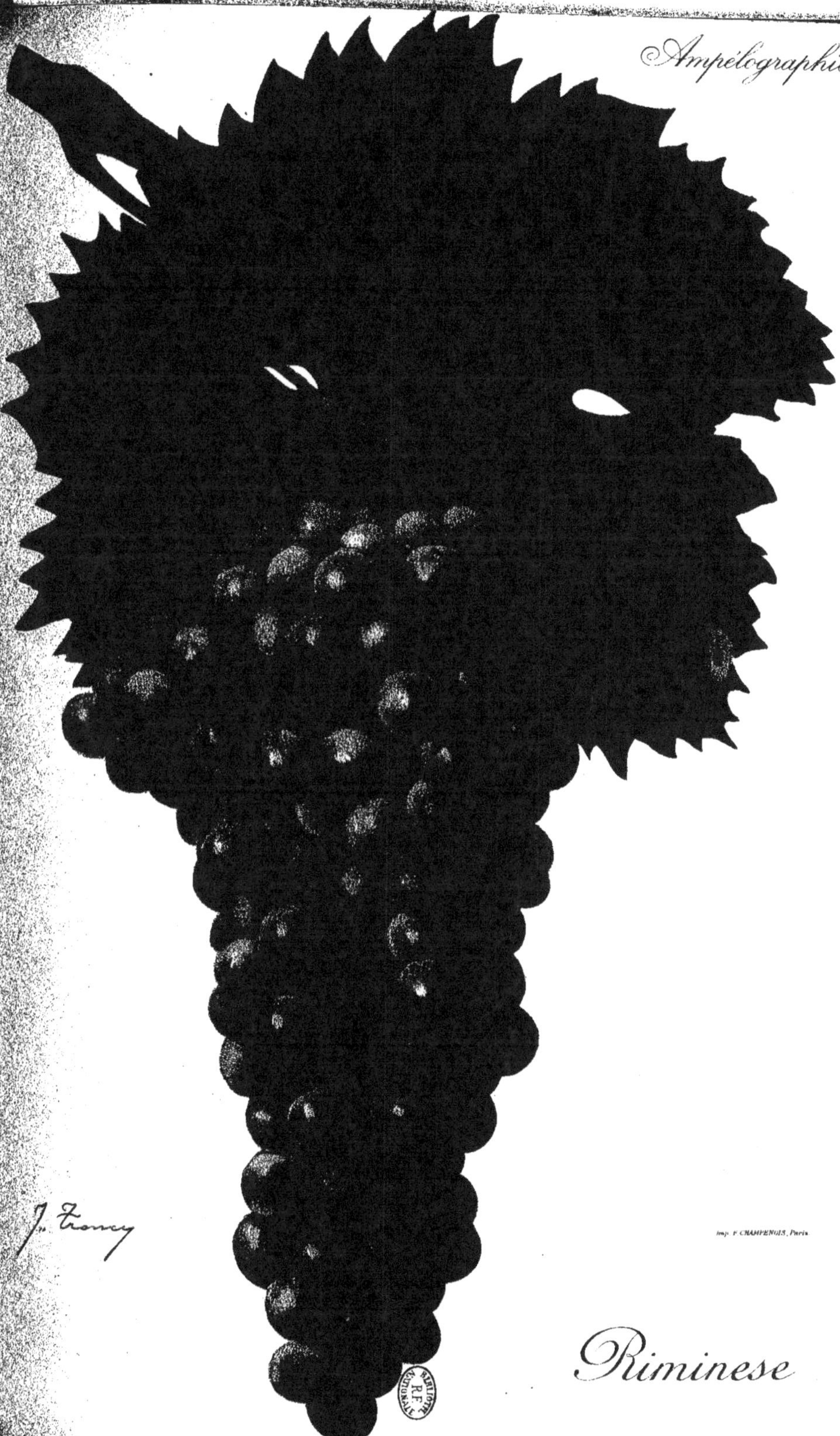

Ampélographie.
Riminese
Imp. F CHAMPENOIS, Paris

RIMINESE

Observations. — Le *Riminese* est, comme la plupart des cépages corses, originaire d'Italie, son nom semblerait lui donner comme point de départ Rimini dans la province de Ravenne ; il est cité par de Rovasenda, d'après Jean-Victor Soderini (*Trattate delle viti*) et Piccioli (*Catalogo della Societa toscana di orticoltura*, Florence), comme existant en Toscane. En Corse, on le trouve dans tout l'arrondissement de Bastia, mais surtout dans le canton de Vescovato ; il y est mélangé avec d'autres cépages locaux. Il y a joué autrefois un rôle de quelque importance pour la production de vins blancs de garde secs ou doux qui jouissaient d'une certaine estime ; mais aujourd'hui sa culture a sensiblement diminué comme celle des autres cépages corses, qui sont fréquemment remplacés dans les vignobles de reconstitution récente par des cépages du midi de la France.

M. Robert Lawley, cité par de Rovasenda, décrit un Riminese à grains oblongs, couleur de rubis, il ne saurait y avoir aucune confusion entre ce cépage et celui que nous avons vu en Corse, qui a le grain blanc et sphérique.

Le Riminese est très vigoureux, aussi est-il habituellement soumis à la taille longue. Plus fertile que le Genovese, il ne coule pas à proprement parler, mais se millerande assez facilement ; aussi les boutures ou les greffons destinés à le reproduire doivent-ils être choisis avec soin parmi les rameaux qui ont donné les meilleures grappes et les plus fournies. Il est très réfractaire aux maladies cryptogamiques et mérite d'être signalé à ce point de vue.

Vinifié seul, il est susceptible, comme nous l'avons vu, de donner un vin blanc de garde d'une véritable valeur et qui confirme l'opinion mainte fois exprimée qu'il y aurait un sérieux avenir pour la Corse, à raison de son climat et de la qualité de nombre de ses cépages blancs, à se lancer dans la production des vins de liqueur.

DESCRIPTION. — Souche, très vigoureuse, à tronc grêle ; port étalé ; écorce en lanières fines.

Bourgeons, coniques et pas très gros, à jeunes feuilles emprisonnées dans un lacis de poils blanchâtres abondants.

Rameaux, longs, droits, grêles, à mérithalles longs, à nœuds peu volumineux et légèrement aplatis ;· ramifications assez nombreuses, peu développées ; bois contenant peu de

BIBLIOGRAPHIE. — Cᵗᵉ J. de Rovasenda : Essai d'une ampélographie universelle (trad. le Dʳ F. Cazalis et le professeur G. Foëx (1881, p. 179). — J.-B. Castelli : La vigne en Corse (Marseille, 1898).

moelle ; écorce jaune d'ocre, rayée et lavée de brun lorsque les sarments sont aoûtés ; vert lavé de violet clair, lorsqu'ils sont herbacés ; vrilles grêles, lignifiées.

FEUILLES, grandes, tantôt presque entières, tantôt tri ou quinquelobées ; sinus pétiolaire profond, généralement fermé par la superposition des bords des lobes latéraux ; sinus latéraux près de l'origine nuls ou peu marqués ; sinus latéraux près de l'extrémité quelquefois assez profonds ; lobe extrême parfois long, large et bien détaché, d'autres fois très peu détaché ; dents courtes ; limbe fortement bullé et tourmenté, de consistance parcheminée chez les feuilles âgées ; vert assez foncé et glabre à la face supérieure ; vert blanchâtre avec un duvet assez abondant à la face inférieure. — Pétiole moyen, violacé.

FRUITS. — *Grappes*, habituellement sur les 4e et 5e nœuds ; très longues, cylindro-coniques, ailées, assez denses, médiocrement régulières ; pédoncule long, lignifié à l'origine ; pédicelles grêles et courts portant un petit bourrelet qui entraîne un pinceau petit et incolore. — *Grains*, petits, sphériques, assez fermes, à peau mince, avec ombilic apparent, persistant, central, de couleur blanc verdâtre, légèrement pruinée ; pulpe fondante, juteuse, sucrée.

G. FOËX.

J. Troncy

Imp. F. Champenois

Nieluccu

NIELLUCCIO

Observations. — Nous ignorons l'origine exacte du *Nielluccio*; elle est vraisemblablement italienne bien que les auteurs ampélographiques italiens, dont les travaux sont toujours si complètement résumés par de Rovasenda, n'en fassent pas mention, tout au moins sous son nom corse ; quelques recherches faites en Italie permettraient vraisemblablement de le trouver dans ce pays sous une autre appellation. En Corse, c'est dans l'arrondissement de Bastia qu'il est plus particulièrement cultivé, on le rencontre aussi dans ceux de Corte et de Calvi, mais en moindre quantité. Ce sont les communes de Bastia, Campanile, Pero-Casavecchie, Saint-Florent, San-Martino et Vescovato qui paraissent plus particulièrement le rechercher. Son débourrement très hâtif ne permet pas de songer à l'introduire dans les contrées où les gelées de printemps sont à redouter.

Vigoureux et très fertile, il est nécessaire de modérer par une taille convenable le très grand développement qu'il a tendance à prendre, tout en utilisant le mieux possible sa fertilité sans l'épuiser. La conduite en vigne basse, avec long bois, paraît devoir lui convenir, bien qu'il se prête à être mis en treille, mais ses produits sont alors de moindre qualité.

Le Nielluccio est assez réfractaire au Mildiou et à l'Oïdium, il redoute peu la Pourriture grise dans les mauvaises années. Il est rarement vinifié seul ; dans ce dernier cas, il donne un vin peu coloré (rosé), de 11 à 12º, qui ne manque pas d'une certaine finesse et de quelque agrément quand il provient d'un bon quartier et a été bien fait.

DESCRIPTION. — Souche, vigoureuse, à tronc grêle, à port grimpant ou étalé ; écorce en lanières fines.

Bourgeons, moyens, coniques, pointus, à débourrement d'un vert jaunâtre luisant et peu duveteux.

Rameaux, longs, peu sinueux, plutôt grêles, à mérithalles de longueur moyenne ; nœuds pas très gros, un peu aplatis ; ramifications assez nombreuses, peu développées ; bois dur, renfermant peu de moelle ; écorce de couleur brun cannelle clair quand les sarments sont aoûtés, vertes quand ils sont herbacés ; vrilles peu développées, grêles, lignifiées.

Feuilles, moyennes, tri ou quinquelobées, à sinus pétiolaire bien ouvert ; sinus latéraux près de l'origine, peu marqués, plus profonds près de l'extrémité ; lobes généralement

BIBLIOGRAPHIE. — J.-B. Castelli : La vigne en Corse (Marseille, 1898).

assez bien détachés; dents assez longues et aiguës, en deux séries; limbe un peu replié en gouttière, assez souple, d'un vert gai; glabre et presque luisant à la face supérieure, plus pâle, avec de très légères traces cotonneuses à la face inférieure chez les plus âgées, glabre sur cette même face chez les plus jeunes; nervures assez fortes et saillantes en dessous. — Pétiole moyen, cylindrique, vert très légèrement lavé de violet assez foncé.

Fruits. — *Grappes*, situées sur le 3e ou le 4e nœud, habituellement moyennes, mais de volume variable, cylindro-coniques, un peu ailées, assez serrées; pédoncule plutôt court, lignifié à l'origine; pédicelles grêles, plutôt courts, avec un petit bourrelet entraînant un petit pinceau non coloré. — *Grains* moyens, presque petits, légèrement oblongs, assez fermes, à peau mince, avec ombilic peu marqué, persistant, central; de couleur noire, bien pruinée, à chair fondante, à jus assez sucré et d'une saveur un peu herbacée.

G. Foëx.

Lardo

LARDOT

Synonymie. — LARDEAU (à Vercheny, cette orthographe devrait être préférée à celle de Lardot, la prononciation locale LARDÉO ou LARDÉOU s'y rattachant; si nous avons cru devoir maintenir la première, c'est pour ne pas nous écarter de celle admise par *Pulliat*, dans le *Vignoble*). — LARDAT, ROUVILLAT (à Die). — LOURDAUT (sur divers Catalogues, y compris celui du Luxembourg, évidemment par corruption).

Observations. — Le *Lardot* se rencontre principalement dans les vignobles de la partie de la vallée de la Drôme qui constitue le Diois. Il n'y occupe qu'une faible surface et y est disséminé au milieu des autres cépages en vue d'obtenir quelques raisins de table à cueillir dans la saison, plutôt que pour la production du vin. Sensible à la pourriture, il occupe de préférence les coteaux.

Le nom de Lardot, ou Lardat, qui est donné au Chasselas dans l'Isère, dans quelques parties de l'Ardèche et dans le nord de la Drôme, laisse supposer que ces deux cépages pourraient être confondus. Ils présentent, en effet, une certaine ressemblance, mais on ne tarde pas cependant, pour peu qu'on les examine avec quelque attention, à les différencier nettement. Le Chasselas a une feuille plus grande, plus profondément sinuée que celle du Lardot; celle de ce dernier est revêtue, à sa face inférieure, d'un duvet blanchâtre qui n'existe pas sur celle du premier; sa grappe est plus grosse, plus conique et plus ailée que celle du Chasselas. Les vignerons du Diois savent d'ailleurs très bien les distinguer.

Le Lardot est habituellement soumis à la taille courte; cependant on a essayé, sans inconvénient, de laisser un arçon sur des pieds jeunes et vigoureux. Son assez grande fertilité rend inutile la taille longue qui entraînerait vraisemblablement un prompt épuisement en exagérant la production.

Il débourre à une époque moyenne, un peu avant la Clairette, et mûrit à la 2ᵉ époque, en même temps que le Paugayen. Très sensible à l'Oïdium, il exige des soufrages assez fréquents et bien exécutés.

On faisait autrefois un vin à part avec son raisin, comme on le fait actuellement avec celui du Muscat et de la Clairette, mais il devenait trop facilement sec et passait fréquemment à l'amer. Enfin une petite quantité était transformée en raisins secs.

BIBLIOGRAPHIE. — Cᵗᵉ ODART : Ampélographie universelle (Paris, 1859, p. 361). — MAS et PULLIAT : Le Vignoble (Paris, 1878-1879, t. III, p. 97). — Cᵗᵉ J. DE ROVASENDA : Essai d'une ampélographie universelle (1881, p. 102).

DESCRIPTION. — Souche, vigoureuse, acquiert un tronc très gros lorsqu'on le met en treille, on cite un tronc qui a atteint dans ces conditions 0^m 17 de diamètre ; port érigé ; écorce grossière et écailleuse.

Bourgeons, de grosseur moyenne ; bourgeonnement blanchâtre et duveteux.

Rameaux, longs, peu sinueux, de grosseur moyenne, à mérithalles plutôt courts ; nœuds renflés et aplatis ; ramifications assez nombreuses, mais peu développées ; bois à moelle assez volumineuse ; écorce de couleur acajou foncé, lavé de brun, finement striée quand le sarment est aoûté ; d'un vert pâle quand il est herbacé ; vrilles longues et fortes.

Feuilles, plutôt au-dessous de la moyenne, entières ou peu profondément tri ou quinquelobées ; sinus pétiolaire assez profond, généralement fermé par la superposition des bords des lobes latéraux ; sinus latéraux généralement peu marqués ; lobes peu détachés ; dents courtes, aiguës, en deux séries ; limbe creusé en entonnoir, tourmenté, assez épais ; vert gai et glabre à la face supérieure ; d'un vert plus pâle, avec un duvet aranéeux sur le parenchyme et des poils droits sur les nervures. — Pétiole assez long et grêle, d'un vert pâle.

Fruits. — *Grappes*, situées généralement vers le 4e nœud, plutôt grosses, cylindroconiques et ailées, moyennement denses, parfois lâches, assez régulières, portées par un pédoncule fort, plutôt court, lignifié à l'origine ; pédicelles gros, courts, verruqueux, un bourrelet assez gros, verruqueux, qui entraîne un pinceau court, vert clair. — *Grains*, moyens ou sur-moyens, légèrement oblongs, fermes, à peau tendre pourrissant parfois ; ombilic persistant, central, très apparent ; d'un blanc verdâtre, pruiné ; chair ferme, à saveur un peu astringente et moins sucrée que celle du Chasselas.

G. Foëx.

A. Kreÿder

Linné

LINNÉ

Observations. — C'est à Vibert, d'Angers, que l'on doit ce cépage, et ce semeur a omis de nous indiquer quels sont ses ancêtres. Nous serions fort surpris si l'un d'eux n'était pas le Frankenthal, avec lequel il a certaines analogies, qui rendent cette parenté supposable.

En la tenant pour vrai, nous pourrions dire que les qualités du Linné, comparées à celles du Frankenthal, justifieraient sa culture à côté de celle de ce dernier, très répandu, comme on sait, dans les serres à vignes d'Angleterre et de Belgique.

Mieux que lui, il résiste à l'Oïdium, au Mildiou et surtout à la Pourriture. Son grain ferme, à saveur simple, assez sucrée, est sensiblement de même grosseur quoique de forme un peu plus allongée. Le volume moyen de ses grappes est sensiblement le même ; mais à la différence de celles du Frankenthal, elles sont rarement aileronnées. Sa fertilité est moyenne, elle peut être excitée par une bonne sélection, et le greffage sur vignes américaines quelconques lui réussit particulièrement. Comme pour toutes les variétés à grains un peu volumineux, le ciselage est une opération indispensable à l'obtention de belles grappes, quoique d'une façon générale celles du Linné ne soient pas très compactes. Nous avons dit plus haut qu'il était peu sensible à l'Oïdium et au Mildiou, et résistant à la Pourriture ; à ces qualités, il joint celles de se bien conserver au fruitier et de pouvoir être expédié sur des marchés lointains sans être détérioré en cours de route.

Mûrissant une douzaine de jours seulement après le Chasselas doré, il peut être cultivé en plein champ, jusque dans le centre de la France ; et sous le climat de Paris ses raisins mûrissent parfaitement à l'espalier.

DESCRIPTION. — Souche, moyenne ; tronc de force moyenne ; écorce un peu épaisse, mi-grossière, se détachant très facilement en larges et longues lanières ; port érigé.

Bourgeons, à débourrement plus tardif de quelques jours que le Chasselas doré, d'abord rouge brique sale, velouté blanchâtre, puis avec teinte lie de vin à l'extrémité ; jeunes bourgeons forts à la base, non pointus, légèrement méplats, souvent doubles, presque entièrement aranéeux, se teintant de bonne heure rouge cannelle du côté du soleil ; — jeunes feuilles quinquelobées ; page supérieure au limbe gaufré, couleur vert jaune clair, les sommets des boursouflures légèrement teintés grenat, assez brillantes mais couvertes d'un tissu aranéeux très fin ; dents acérées, bien délimitées, avec mucron rouge vineux ;

BIBLIOGRAPHIE. — E. Salomon : Catalogue descriptif.

page inférieure entièrement duveteuse, blanchâtre ; nervures laineuses ; pétiole couvert de nombreux flocons lanugineux ; les grappes de fleurs apparaissent de bonne heure, avec teinte lie de vin à leur extrémité.

Rameaux, allongés, forts, légèrement sinueux ; jeunes rameaux amincis au sommet, assez forts à la base, assez nombreux flocons aranéeux, verts lavés de roux à l'état herbacé, sont avant la maturité des fruits couleur rouge vineux clair, à fond jaunâtre ; à l'aoûtement la teinte est havane clair, assez fortement pourprée aux nœuds, aoûtement hâtif ; — mérithalles de longueur ordinaire, les six premiers plus courts, peu rugueux, légèrement luisants sous la pruine peu épaisse ; stries nombreuses, bien délimitées, assez profondes, aux bords de couleur plus sombre, légèrement aplatis ; bois dur, vert clair à l'intérieur ; canal médullaire plutôt développé ; nœuds fortement renflés, comprimés dans le sens opposé à celui des mérithalles ; diaphragme peu épais ; — vrilles discontinues, assez fortes, rouge cannelle, légèrement laineuses, longues et bifurquées.

Feuilles, sur-moyennes et grandes, orbiculaires, épaisses, souples, résistantes au froissement ; parenchyme ne cassant pas à l'automne ; asymétriques, la partie la plus étroite située du côté du rameau ; — lobes supérieurs à peine indiqués, ceux secondaires latéraux peu profonds et en V, à bords parallèles, celui pétiolaire presque complètement fermé par superposition des lobes ; tous les lobes sont développés et terminés par une large dent conique ; — limbe légèrement bullé, mais non gaufré ; page supérieure vert foncé et glabre ; page inférieure vert clair, avec nombreux flocons laineux ; deux séries de dents aiguës (petites) et coniques (grosses) ; nervures jaunâtre, assez fortes, proéminentes, pileuses et duveteuses. — Pétiole court, très fort, fortement renflé à son insertion, vert jaune clair, à cannelures rougeâtres ; insertion droite avec le plan du limbe. Se colorent de bonne heure en rouge vineux foncé, débutant par le bord des lobes ; elles meurent jaune d'or, avec rares taches sanguines sur le bord des lobes ; le pétiole entièrement couleur vieux rose.

Fruits. — Grappes, insérées presque toujours à partir du 5e nœud, une, rarement deux sur le même sarment ; de grosseur sur-moyenne, ailées, mais rarement aileronnées, en ce cas l'aileron est très petit avec un pédoncule long et grêle, à ramifications supérieures assez développées ; de forme cylindrique mais plus souvent tronc-conique ; épaisses et obtuses au sommet ; non amples ni tassées ; pédoncule de force moyenne, de couleur vert clair comme la rafle, mais rouge sang à son point d'insertion au rameau, peu renflé à la base, dur, renflé au point d'attache supposé de l'aileron, se lignifiant ; pédicelles longs, assez gros bourrelet, nombreuses verrues de couleur vert foncé, grains s'en séparant assez difficilement en abandonnant un gros et long pinceau de couleur vert d'eau. — Grains, de deux grosseurs, en égale proportion, gros et sur-moyens ; les sur-moyens possédant une forme ellipsoïdale plus accusée que celle des gros ; noir couvert de pruine très abondante, luisante ; stigmate apparent, ferme ; peau assez épaisse et élastique ; pulpe légèrement coriace, tenant à la peau et de couleur verdâtre ; jus abondant, rosé, à saveur fraîche ; trois pépins blanchâtres par grain.

E. et R. Salomon.

A. Kreÿder

Imp. F. CHAMPENOIS, Paris.

Mat noir hâtif

MAT NOIR HATIF

Synonymie. — Muscat noir hatif, Muscat gros noir hatif.

Observations. — Ce cépage est un type bien distinct parmi les Muscats noirs. Et quoi qu'en aient dit V. Pulliat, Charles Rouget et d'après eux notre éminent collègue M. P. Gervais, le Muscat dont nous parlons diffère absolument des Muscats noir du Jura, Caillaba et d'Eisenstadt, tant par son feuillage que par ses fruits.

Dans son livre *Le Vignoble du Jura*, Ch. Rouget parlant du Muscat noir cultivé en Arbois et dénommé dans les divers ouvrages ampélographiques *Muscat noir du Jura*, cite « une enquête viticole faite en 1771 dans les vignobles de Poligny, où Saullier dit : « Le « *Muscat* est un raisin de qualité excellente, très bon à manger quand il est bien mûr, ce « qui n'arrive pas chaque année, etc... ». Et, plus loin, Ch. Rouget ajoute : « Cependant « le Muscat noir envoyé à la collection du Jardin du Luxembourg se faisait remarquer « comme le plus hâtif des Muscats à raisins noirs de cette célèbre collection. Cette hâtivité « constatée d'abord par Lenoir, puis par le Cte Odart, était une qualité malheureusement « atténuée par un défaut de fertilité peu encourageant. Mais la hâtivité du Muscat noir « planté au Luxembourg était-elle autre chose qu'un accident? Nous avons possédé autre- « fois un certain nombre d'autres vignes, et nous, non plus que nos voisins, n'avons jamais « reconnu cette précocité si remarquable. D'autre part, Pulliat ne sépare pas le Muscat « noir du Jura du Muscat noir commun ; sous ces deux noms ce n'est qu'un seul et même « cépage. »

Nous ne contredisons pas à ce que le Muscat noir du Jura soit le même que le Muscat noir commun ; mais nous affirmons à nouveau que le Muscat noir hâtif est absolument différent de ces derniers. Celui que nous cultivons nous vient de la collection du Luxembourg citée par Ch. Rouget, mais il nous paraît difficile d'admettre avec lui l'hypothèse que ce Muscat soit le même que celui envoyé du Jura au Luxembourg et que sa hâtivité soit le résultat d'un accident.

Quoi qu'il en soit, ce qu'a dit le Cte Odart de son défaut de fertilité est très exact, et pour en obtenir une récolte passable il est indispensable de n'en multiplier que les sarments ayant fructifié et de lui appliquer la taille à long bois. Sa vigueur s'accommode d'ailleurs fort bien de ce genre de conduite.

BIBLIOGRAPHIE. — Pulliat : Mille variétés de vignes. — E. Salomon : Catalogue descriptif. — Charles Rouget : Les Vignobles du Jura. — Prosper Gervais : L'Ampélographie.

Cultivé dans nos collections en terrains silico-caillouteux, la maturité de ses raisins est contemporaine de celle du Chasselas doré planté dans le même milieu. C'est dire que sa hâtivité n'est que relative, puisque d'autres Muscats noirs tels que le Noir hâtif de Marseille et le Muscat Lierval, pour ne citer que ceux-là, sont mûrs 10 à 12 jours plus tôt.

Les autres caractères distinctifs du Muscat noir hâtif sont aussi d'être moins sensible à l'Oïdium que ses congénères et d'avoir des grappes moins compactes ; le plus souvent même elles sont plutôt lâches sans pour cela être sujettes au millerandage.

Son affinité avec les diverses vignes américaines porte-greffes est des meilleures ; de préférence cependant quand la nature du terrain le permet il faut lui choisir le Riparia ou les hybrides de Berlandieri, porte-greffes qui hâtent encore sa précocité tout en lui assurant une fertilité plus régulière.

DESCRIPTION. — SOUCHE, vigoureuse ; port érigé ; tronc faible ; écorce plutôt fine, se détachant assez facilement en minces plaquettes.

BOURGEONS, débourrement de quelques jours plus tardif que le Chasselas doré, vert jaune clair, légèrement duveteux ; — jeunes bourgeons simples, peu gros à la base, légèrement méplats et pointus ; — jeunes feuilles quinquelobées, aux sinus bien apparents, de couleur vert jaune clair brillant, quelques flocons aranéeux à la page supérieure mais aux fils tendus dans le sens de la longueur ; page inférieure aux nervures entièrement aranéeuses, avec filaments couleur rouge brique sale ; le pétiole entièrement aranéeux, avec mêmes filaments que ceux de la feuille, celles-ci aux dents détachées, avec léger mucron rougeâtre ; jeunes rameaux assez forts à la base, simples, quelquefois bifurqués, légèrement méplats, pointus, possédant quelques flocons lanugineux, vert foncé, se colorant de bonne heure rouge brique du côté du soleil ; — les grappes de fleurs apparaissent de bonne heure, avec bouquets de poils teinté lie de vin à leur extrémité.

RAMEAUX, allongés, de force moyenne, méplats, légèrement sinueux, vert à l'état herbacé mais nuancé rouge vineux lavé, prenant une teinte jaune clair avant la maturité ; à maturité la teinte est à fond jaunâtre assez fortement pourprée aux nœuds ; aoûtement plutôt hâtif ; — mérithalles de longueur moyenne, courts à la base, lisses, peu pruinés, assez luisants ; stries nombreuses, assez profondes, bien délimitées, légèrement aplatis ; bois dur, vert clair à l'intérieur, canal médullaire peu développé ; nœuds peu renflés, comprimés dans le sens opposé à celui des mérithalles ; diaphragmes très épais ; — vrilles discontinues, peu longues, bifurquées, de couleur vert foncé.

FEUILLES, ordinaires et moyennes, aussi longues que larges, orbiculaires, peu épaisses ; parenchyme cassant facilement à l'automne, peu résistantes au froissement ; — sinus supérieurs nuls ou à peine indiqués ; sinus latéraux secondaires seulement indiqués ou profonds en V et fermés presque entièrement ; sinus pétiolaire entièrement fermé ; les lobes se chevauchant ; lobes peu développés, celui terminal écrasé mais tous terminés par une dent assez large, arrondie ou mi-aiguë ; — limbe plan, ni bullé ni gaufré, quelquefois le lobe terminal tourmenté ; page supérieure d'un beau vert foncé avec quelques taches vineuses, glabre ; page inférieure plus claire et glabre ; deux séries de dents, aiguës ou arrondies suivant leur ampleur ; nervures jaunâtres, pointillées de roux, peu fortes, assez proéminentes, duveteuses. — Pétiole court, peu fort, fortement renflé, vert jaune clair, à canelures plus sombres ou rousses; angle obtus d'insertion avec le plan du limbe. Les feuilles se colorent de bonne heure rouge vineux, la teinte débutant sur le bord des lobes; elles meurent rouge vineux foncé mais plus clair sur le bord des lobes, le pétiole restant vert jaunâtre, lavé de roux.

Fruits. — *Grappes*, insérées le plus souvent à partir du 2ᵉ nœud, quelquefois du 3ᵉ ou même du 4ᵉ nœud; deux, rarement trois sur le même sarment; petites ou moyennes, ailées, munies quelquefois d'un petit aileron agrémenté d'un long pédoncule, à ramifications supérieures non développées; allongées, épaisses et obtuses au sommet; de forme cylindrique, amples, peu tassées; pédoncule de force sous-moyenne, assez long, de couleur jaunâtre comme la rafle, non renflé à la base, dur, renflé au point d'insertion de l'aileron, se· lignifiant; pédicelles ramassés, gros; gros bourrelet lavé de roux, avec nombreuses verrues, vert clair; grains s'en séparant assez difficilement, abandonnent un gros et court pinceau laiteux. — *Grains*, de deux grosseurs, sous-moyens et gros, un tiers des premiers pour deux tiers des seconds, ronds mais largement méplats aux deux sommets, de couleur noir foncé, luisants sous la pruine peu épaisse, stigmate peu apparent, fermes; peau peu épaisse, peu élastique; pulpe fondante, vert noirâtre, veinée lie de vie; jus abondant, légèrement rosé; saveur franchement musquée et sucrée; un à trois pépins verdâtres et de grosseur moyenne par grain.

E. et R. Salomon.

SANTA-MORENA

Observations. — Nous avons déjà fait allusion à ce cépage en décrivant l'Angelino. A ce sujet nous disions que parfois quelques ampélographes amateurs avaient confondu ce dernier avec le *Santa-Morena*, simplement à cause de la forme et de la couleur des grains qui ont ensemble, à priori, quelque analogie. Mais le moindre examen suffit à faire apercevoir les dissemblances qui existent entre ces deux cépages aux caractères ampélographiques absolument distincts.

Si la gravure accompagnant le texte ne donnait la reproduction très exacte d'une grappe moyenne du Santa-Morena, de son sarment et de ses feuilles, nous pourrions le comparer au *Monstrueux de Candolle*, avec lequel il a beaucoup plus de ressemblance qu'avec l'Angelino.

Ainsi que son nom l'indique, le Santa-Morena est sans doute originaire d'Espagne. Nous disons sans doute, ayant en vain cherché son nom dans les divers ouvrages ampélographiques espagnols, notamment dans celui de D. Simon Roxas Clemente. Nous l'avons trouvé sous le nom de Santa-Morena dans la collection de Rose Charmeux et parmi les nombreux cépages que nous cultivons, nous n'en avons jamais remarqué d'identique sous un nom différent, par suite nous ne lui connaissons pas de synonymes.

Sans être aussi ornemental que l'Angelino, on peut dire qu'il est un des plus beaux raisins roses que nous possédions. Ses grains gros, de forme ovoïde, d'une belle couleur rose tendre veinée blanc ou roses foncés, en font une grappe on ne peut plus décorative. Malheureusement, tout au moins à l'espalier, il est rare d'obtenir des grappes entièrement roses ; lors de la véraison, certains pédicelles se dessèchent et par suite les grains qu'ils supportent restent d'un blanc grisâtre qui détonne désagréablement sur les couleurs roses des grains normaux. Quand nous disons que les pédicelles se dessèchent, ce n'est pas absolument la vérité ; on n'aperçoit, en effet, aucune partie morte sur la tigelle des pédicelles tout simplement le mucron desdits noircit et cette teinte noire est un indice certain que les grains ne coloreront pas. Cette maladie sévit avec moins d'intensité sur les grappes des souches cultivées en plein vignoble, mais la moindre pluie fait pourrir ses raisins. Les stations qui lui conviennent tout particulièrement sont donc celles où les pluies sont rares ou nulles après la véraison et celles sur plateaux largement ventilés. Autrement, il ne peut être cultivé avec profit qu'à l'espalier muni d'auvents l'abritant contre les pluies automnales.

Sa vigueur naturelle est grande et sa fertilité satisfaisante ; le greffage la développe encore. L'époque de sa maturité n'étant pas trop tardive on peut le cultiver avec certitude

BIBLIOGRAPHIE. — E. Salomon : Catalogue.

Santa Morena

de le voir mûrir jusque sous le climat de Paris. Il est excellent greffon et peut être greffé sur vigne américaine quelconque. Sa résistance à l'Oïdium et au Mildiou est suffisante pour qu'il soit facilement défendable. Il est assez sensible à l'Anthracnose.

DESCRIPTION. — Souche, vigoureuse; tronc fort; port érigé; écorce ordinaire se détachant facilement en larges plaquettes ou en languettes peu longues, mais assez larges.

Bourgeons, à débourrement de quelques jours plus tardif que le Chasselas doré, complètement vert sauf un léger mucron rouge vineux aux feuilles naissantes, le tout entouré d'un léger trémis de filaments blancs; — jeunes rameaux allongés, forts, légèrement sinueux; — jeunes feuilles quinquelobées, peu épaisses, à la page supérieure entièrement recouverte d'un tissu aranéeux très fin mais malgré cela brillante, ce tissu aranéeux persistant assez longtemps; nervures vertes et légèrement laineuses; dents étroites de base et bien détachées; — les grappes de fleurs apparaissent plutôt tardivement et entièrement rouge vineux.

Rameaux, allongés, forts, sinueux, peu ou pas ramifiés; — jeunes rameaux forts à la base, amincis au sommet, nombreux flocons laineux, persistants assez longtemps; verts à l'état herbacé, avec canelures rousses, ne tardant pas à se colorer de tous côtés alternativement et suivant les canelures de couleur vert foncé et carmin; cette dernière couleur beaucoup plus foncée aux nœuds; à l'aoûtement, la teinte est à fond jaune très clair, légèrement pourprée aux nœuds; aoûtement assez tardif; — mérithalles de longueur sous-moyenne, les trois ou quatre premiers plus courts, lisses, non pruinés, avec stries sinueuses et nombreuses, bien délimitées, peu profondes, assez régulièrement espacées et au reflet jaune d'or très caractéristique et très net; méplats; bois dur vert intense à l'intérieur; canal médullaire peu développé; nœuds peu renflés, aplatis dans le sens opposé à l'aplatissement des mérithalles; diaphragme très épais; — vrilles fortes, bifurquées.

Feuilles, grandes et sur-moyennes, aussi larges que longues (20×20, 16×16), les grandes orbiculaires, les autres trapézoïdales, assez épaisses, assez souples et résistantes au froissement: parenchyme cassant à l'automne; asymétriques, la partie la plus étroite située du côté de l'insertion au rameau; — lobes supérieurs assez développés et terminés par une dent large de base peu haute et arrondie; sinus supérieurs seulement indiqués par une échancrure plus profonde; lobes latéraux secondaires peu développés en pointe, terminés par une dent conique mais moins arquée et possédant une pointe plus accentuée; sinus secondaires assez profonds en V, à demi fermés par la superposition des lobes; lobe terminal plus large que long, terminé par une dent conique large de base, en forme d'arc de cercle, à flèche très courte; sinus pétiolaire ouvert en forme de lyre dans les feuilles moyennes et en V dans les grandes, mais fermé à son extrémité par le contact presque tangent des lobes; — le limbe est très légèrement bullé mais non gaufré, il forme gouttière suivant la nervure centrale, le lobe terminal à peine réfléchi; face supérieure vert foncé, peu luisante et glabre; face inférieure plus claire et glabre; deux séries de dents, arrondies, courtes et larges de base; à pointe jaunâtre et dure; nervures fortes, vert jaune clair, glabres et proéminentes. — Pétiole assez long, gros, renflé à son insertion, aminci en son milieu, vert jaune clair et glabre. Les feuilles commencent à se colorer de bonne heure en prenant une teinte jaune lavé de roux sur le bord des lobes; elles meurent jaunes.

FRUITS. — *Grappes*, insérées à partir du 4ᵉ nœud ; une, rarement deux sur le même sarment ; grosses, non aileronnées, à ramifications supérieures développées, peu allongées, épaisses et obtuses au sommet, de forme tronc-conique, non amples ; pédoncule très fort, court, ramassé, de couleur vert clair comme la rafle, renflé à la base et méplat, dur, très renflé à l'insertion de l'aileron, se lignifiant au sommet ; les pédicelles assez longs forment un tronc de cône, car il n'existe aucune séparation entre la tigelle et le bourrelet, forme absolument particulière à cette variété, verts, légèrement pruinés ; verrues assez nombreuses, les grains s'en séparant assez facilement en abandonnant un long et mince pinceau avec chair adhérente. — *Grains*, gros et très gros, 1/4 des premiers, 3/4 des seconds, de forme ovoïde, aplatis fortement au stigmate, valonnés à l'attache du pédicelle qui semble vouloir pénétrer dans le grain, de couleur rose veiné blanc et rose foncé, peu luisants sous la pruine lenticellaire peu épaisse, stigmate apparent, mou ; peau épaisse, élastique ; chair verte, mordorée veinée blanc ; pulpe fondante ; jus peu abondant et légèrement rosé ; saveur peu fraîche mais sucrée ; deux pépins par grain, plutôt petits, au bec blanchâtre.

E. et R. SALOMON.

Ampélographie.
A. Kreÿder
Imp. F. CHAMPENOIS, Paris.
Blanc-des-Trois-Fontaines

BLANC DE TROIS-FONTAINES

. — Originaire de Belgique, son obtenteur M. de Goës, de Schaerbeck-lès-Bruxelles, le produisit pour la première fois en France, lors de l'Exposition de 1878. Quelques-unes des grappes exhibées pesaient jusqu'à 2 kilog. 500, ce qui constitue un volume fort respectable. Le cep de *Blanc de Trois-Fontaines*, de même que ses raisins ressemblent étonnamment au Gradiska, mais leur mode de végétation, aussi bien que l'époque de maturation ne sont plus du tout les mêmes. C'est ainsi que le Gradiska mûrit très bien en année ordinaire sous le climat de Paris, cultivé en espalier, et ses jeunes bourgeons se développent normalement sans être par trop incommodés par le froid ni l'humidité. Alors que ceux du Blanc de Trois-Fontaines, par quelques jours d'humidité froide, fondent pour ainsi dire. Et c'est exceptionnellement que nous avons pu parfois cueillir des grappes à peu près mûres sur des ceps plantés cependant contre des murs espaliers bien exposés.

Sa végétation irrégulière, et le plus souvent rachitique lorsqu'il est franc de pied, est tout autre greffé sur vignes américaines. Nous connaissons peu de cépages sur lesquels le greffage ait une influence aussi marquée. Toutefois, malgré l'action bienfaisante du greffage, il convient de ne le cultiver qu'en terrains exempt d'humidité stagnante et bien exposés. En lui réservant ces situations privilégiées, on en obtiendra de superbes produits plus beaux que bons, car sa qualité est en effet médiocre, ce qui ne l'empêche pas d'être d'une vente facile et rémunératrice. Une autre de ses qualités est aussi de se bien conserver au fruitier et sur souches. Sa résistance à l'Oïdium et au Mildiou est suffisante ; quant à son affinité avec la plupart des vignes porte-greffes américains, elle est parfaite.

DESCRIPTION. — Souche, de vigueur moyenne ; tronc assez gros ; écorce non rugueuse, lisse, se détachant facilement en longues et larges lanières ; port mi-érigé.

Bourgeons, à débourrement hâtif et complètement vert, les yeux s'entr'ouvrant presque aussitôt que gonflés ; — jeunes bourgeons forts, légèrement méplats et lanugineux, non pointus ; — jeunes feuilles quinquelobées, aux sinus supérieurs indiqués seulement par une échancrure plus grande, fines et diaphanes, aux dents longues, acérées, aux bords tourmentés, léger mucron rouge vineux.

Rameaux, allongés, moyennement forts ; — jeunes rameaux peu amincis au sommet, forts à la base, rares flocons aranéeux, verts à l'état herbacé, se colorent rouge brique du côté du soleil, passent au jaune avant la maturité ; à l'aoûtement la teinte est à fond jaunâtre, rouge cannelle du côté du soleil, sans couleur particulière aux nœuds ; aoûtement hâtif ;

— mérithalles de longueur sur-moyenne, courts à la base des sarments, lisses, peu luisants, non pruineux ; stries peu nombreuses mais larges, à teinte rougeâtre donnant au mérithalle l'aspect cannelé, légèrement aplatis ; bois dur, vert d'eau à l'intérieur ; canal médullaire peu développé ; nœuds assez renflés, aplatis dans le sens opposé à celui des mérithalles ; diaphragme épais ; vrilles longues, fortes, bifurquées.

Feuilles, sur-moyennes et grandes, presque régulièrement pentagonales, peu épaisses, assez souples, assez résistantes au froissement ; parenchyme ne cassant pas à l'automne ; asymétriques, entières, la partie la plus étroite située du côté de l'insertion au rameau ; — sinus supérieurs assez profonds en U, bien ouverts ; sinus secondaires très profonds, à sommet en accolade ; sinus pétiolaire ouvert et affectant la forme d'une lyre ; les lobes supérieurs bien détachés et portant un sous-sinus, terminés par une large dent peu longue, les lobes secondaires et celui terminal très développés ; — limbe ni bullé, ni gaufré, tourmenté, les lobes supérieurs relevés et ceux secondaires et terminal réfléchis suivant la nervure centrale ; page supérieure vert foncé et glabre, page inférieure glabre également, mais d'un vert plus clair ; deux séries de dents coniques, peu hautes, larges de bases ; nervures jaunâtres, peu fortes mais très proéminentes, très légèrement pileuses. — Pétiole long, assez fort, très aminci avant l'insertion et fortement renflé à cet endroit, vert clair, légèrement rougeâtre vers la naissance des nervures ; angle d'insertion avec le plan du limbe, obtus. Les feuilles meurent jaunes, le pétiole entièrement rose.

Fruits. — *Grappes*, insérées à partir du 4ᵉ quelquefois du 5ᵉ nœud ; une, rarement deux, sur le même sarment ; sur-moyennes et grosses, rarement aileronnées et en ce cas ne possédant qu'un petit aileron, à long pédoncule, à ramifications supérieures surtout développées chez les grosses grappes ; la forme des grappes varie suivant leur grosseur, les grosses sont prismatiques et les sur-moyennes cylindriques ; les premières sont obtuses et très épaisses au sommet, elles sont également plus amples que les autres, mais jamais tassées ; pédoncule fort, long, vert d'eau lavé de roux du côté du soleil comme la rafle, non renflé à la base mais méplat vers la grappe, dur et très renflé au point d'insertion de l'aileron, se lignifiant tardivement ; pédicelles très longs, grêles, munis d'un fort bourrelet conique, peu élevé et garni au sommet seulement de nombreuses verrues, vert clair, les grains s'en séparant plutôt difficilement en abandonnant un long pinceau étroit, laiteux et vert au centre. — *Grains*, gros et très gros, 4/5 des premiers pour 1/5 des autres ; les gros, ellipsoïdes, les très gros plutôt sphériques, presque incolores sous la pruine ; diaphanes, assez luisants ; stigmate apparent ; fermes ; peau plutôt épaisse, non élastique, se dorant du côté du soleil à maturité ; pulpe fondante, non sucrée ; chair incolore, brillante et veinée ; jus plutôt abondant sans couleur particulière ; un à trois gros pépins roux par grain.

E. et R. Salomon.

Chasselas Rose Salomon

CHASSELAS ROSE SALOMON

Observations. — Issue d'une hybridation du Chasselas rose royal avec le Fintendo le *Chasselas rose Salomon* se distingue des autres Chasselas roses par ses feuilles légèrement laciniées rappelant quelque peu celles du Fintendo et par ses grains d'un rose liliacé à la véraison, lesquels, à maturité complète, sont d'un rose pâle translucide, et ce contrairement à son ancêtre le Chasselas rose royal, dont les grains à peine rosés au début de la véraison deviennent rose foncé étant bien mûrs. Cette teinte délicate en fait un raisin des plus décoratifs. En outre de ses feuilles il a également hérité de la vigueur très grande du Fintendo, bien supérieur en cela à tous les types de la tribu des Chasselas.

De ces derniers il possède les qualités qui les caractérisent, fertilité, maturité facile, bonne résistance à la pourriture et de conservation remarquable au fruitier. On peut le cultiver partout où réussit le Chasselas doré, c'est-à-dire qu'il peut avoir une aire géographique très étendue et que les soins de culture à lui donner peuvent être identiquement les mêmes que ceux recommandés pour tous les autres Chasselas roses. Avec cependant cette différence, utile à mentionner, que l'effeuillage contribue à lui faire acquérir ce rose translucide qui est sa principale beauté. Inversement, le Chasselas rose royal dont il est issu ne doit être effeuillé qu'avec beaucoup de circonspection, autrement sa couleur rouge s'accentue au point de devenir presque noire.

Il est peu atteint par l'Oïdium et se défend très aisément contre le Mildiou. Les portegreffes qui lui conviennent particulièrement sont Aramon $\times$ Rupestris Ganzin n° 1, Solonis $\times$ Riparia, Berlandieri et Riparia.

DESCRIPTION. — Souche, de vigueur moyenne ; tronc faible ; écorce lisse et non rugueuse, se détachant plutôt difficilement en longues et minces lanières ; port érigé.

Bourgeons, à débourrement hâtif et duveteux, couleur lie de vin à son extrémité ; il est presque semblable à celui du Chasselas doré, mais beaucoup plus brillant ; simples, de grosseur moyenne, peu pointus ; — jeunes feuilles quinquelobées, aux sinus profonds ; face supérieure brillante, d'un vert intense nuancé de rose sur les bords des lobes ; face inférieure vert terne, peu brillante, aux nervures vert jaunâtre et pileuses ; dents légèrement coniques et allongées ; mucron pileux ; — les grappes de fleurs apparaissent de bonne heure nuancées lie de vin à leur extrémité.

Rameaux, allongés, non sinueux, de force moyenne ; — jeunes rameaux peu amincis au sommet, assez forts à la base, rares flocons aranéeux, verts et de couleur uniforme à l'état herbacé, prenant avant la maturité des fruits une teinte havane clair pourprée aux nœuds ;

à l'aoûtement la teinte est à fond havane clair, fortement pourprée aux nœuds, légèrement mordorée sous la pruine peu épaisse ; — mérithalles de longueur moyenne, courts à la base des sarments, lisses ; stries nombreuses, bien délimitées et peu profondes, légèrement aplatis ; bois dur, vert à l'intérieur ; canal médullaire développé ; nœuds peu renflés, aplatis dans le sens opposé à celui des mérithalles ; diaphragmes peu épais ; — vrilles identiques à celles du Chasselas doré, mais plus bifurquées.

Feuilles, ordinaires et moyennes, assez épaisses, souples ; parenchyme cassant assez difficilement à l'automne ; — lobes supérieurs et ceux secondaires peu développés, lobe terminal au contraire très développé, tous les sinus sont profonds, en forme de V, fermés à leur extrémité ; la feuille se trouve avoir un aspect mi-lacinié ; sinus pétiolaire seul fermé ; — le limbe n'est ni bullé, ni gaufré et presque toujours plan ; la page supérieure verte et glabre, celle inférieure plus claire et glabre ; deux séries de dents peu saillantes et coniquement aplaties, léger mucron jaunâtre ; nervures assez fortes, proéminentes, vert jaunâtre et fortement pileuses. — Pétiole sous-moyen de force, de longueur ordinaire, vert jaune clair lavé de roux, peu renflé à son insertion, fortement pileux ; angle d'insertion avec le plan du limbe, obtus ; les feuilles meurent jaunes, la couleur verte subsistant autour des nervures ; le pétiole est alors lavé de roux du côté du soleil.

Fruits. — *Grappes*, insérées à partir du 4e, quelquefois du 5e nœud ; deux, rarement trois, sur le même sarment, de grosseur ordinaire, non aileronnées, à ramifications supérieures peu développées, non allongées, un peu obtuses au sommet, de forme cylindro-conique, peu amples, non tassées ; pédoncule fort, assez long, vert jaunâtre comme la rafle, légèrement renflé à la base et méplat, peu dur, assez renflé à l'insertion supposée de l'aileron, se lignifiant très tardivement et seulement tout près de son insertion au rameau ; pédicelles ramassés, très gros ; gros bourrelet, avec verrues peu nombreuses, de couleur verte plutôt foncée ; les grains s'en séparant difficilement, abandonnant un long et large pinceau avec une portion de peau adhérente. — *Grains*, de la grosseur de ceux d'une grappe de Chasselas doré bien sélectionnée, d'une grosseur presque uniforme, ronds, de couleur vieux rose, translucide, peu luisants sous la pruine lenticellaire peu épaisse ; stigmate apparent, ferme ; peau mince et peu élastique, pulpe fondante ; chair légèrement verdâtre ; jus assez abondant, de couleur verdâtre, saveur fraîche et sucrée ; deux à trois pépins, peu gros, au bec allongé, par grain.

E. et R. Salomon.

Boisselot

BOISSELOT

Observations. — Le *Boisselot* ou *Raisin Boisselot*, obtenu par un horticulteur de Nantes, du nom de Boisselot, pourrait bien être le résultat d'une hybridation du Lignan et du Blanc de Calabre (?), avec lesquels il a de nombreuses analogies. Sa vigueur ainsi que sa fertilité sont remarquables ; ses grappes sont le plus souvent volumineuses et ses grains d'une belle grosseur. Toutes ces qualités lui vaudraient d'occuper une bonne place dans une collection choisie de vignes à raisins de table, si l'aspect de sa grappe était plus régulièrement flatteur. La couleur blanc verdâtre des grains ne milite pas en sa faveur, et ce n'est qu'exceptionnellement que ce fond vert passe au blanc clair, parfois un peu doré comme pour le Calabre blanc.

Quoi qu'il soit de quelques jours moins tardif que ce dernier, il est rare que sa rafle se lignifie bien, ce qui est une des causes principales de sa difficulté à se bien conserver. Le cisèlement et des effeuillages successifs, commencés dès la véraison, remédient dans une large mesure à la couleur terne de ses grains. Il est bien entendu que la nature du terrain et l'exposition aident aussi puissamment à obtenir une teinte plus claire et aussi une meilleure lignification des rafles. La grande fertilité, dont il est doué, indique qu'il est inutile de lui imposer une taille longue. Néanmoins, comme il est très vigoureux, il convient de lui constituer une charpente de bonne envergure, cordons horizontaux ou verticaux, avec coursons assez espacés, taillés à un œil. De préférence le greffer sur Riparia Gloire, Berlandieri ou hybrides de ce dernier. Assez sensible à l'Anthracnose, il a une résistance suffisante à l'Oïdium et au Mildiou.

DESCRIPTION. — SOUCHE, vigoureuse ; tronc de faible grosseur ; écorce à stries nombreuses, peu profondes, semblant être formées par l'accolement d'innombrables lanières très étroites, se détachant plutôt difficilement en lanières longues et très minces ; port érigé.

BOURGEONS, à débourrement hâtif, duveteux, noirâtre, nombreux filaments havane, pourpre aux extrémités des feuilles naissantes ; simples, gros à la base et peu pointus ; — jeunes feuilles quinquelobées, mais aux sinus supérieurs peu apparents, très minces, diaphanes ; face supérieure brillante, quoique possédant de nombreux flocons aranéeux ; face inférieure glabre, aux nervures légèrement laineuses ; dents bien détachées, très longues, surtout celles des lobes latéraux, supérieurs et terminal cette dernière de quelques millimètres de base atteint une longueur de 2 centimètres à 2 cm. 50 ; — les grappes de fleurs apparaissent assez tardivement, légèrement colorées rouge vineux à leur extrémité.

Rameaux, allongés, de force moyenne, non sinueux ; — jeunes rameaux amincis au sommet, forts à la base, avec rares flocons aranéeux, résistants assez longtemps, verts à l'état herbacé, avec larges canelures d'un vert plus sombre et brillant, prennent avant la maturité une teinte à fond rouge ombré, la couleur des stries devient chamois ; à l'aoûtement, la teinte est de couleur havane foncé, pourprée aux nœuds ; — mérithalles de longueurs moyenne et sur-moyenne, plus courts à la base des sarments, lisses, légèrement brillants sous la pruine peu épaisse ; stries nombreuses, délimitées, assez profondes, légèrement aplaties ; bois très dur, vert clair à l'intérieur ; canal médullaire assez développé ; nœuds assez renflés, aplatis dans le sens opposé à l'aplatissement des mérithalles ; diaphragmes épais ; — vrilles longues, grêles, bifurquées.

Feuilles, moyennes et sur-moyennes, aussi larges que longues, presque orbiculaires, épaisses, peu souples, mais assez résistantes au froissement ; parenchyme ne cassant pas à l'automne ; — lobes supérieurs peu développés, terminés par une dent longue et assez aiguë ; sinus supérieurs assez profonds, en U dans les feuilles sur-moyennes et à peine indiqués chez les autres ; lobes latéraux supérieurs peu développés en pointe ; sinus latéraux secondaires inégalement profonds, en V, et complètement fermés ; lobe terminal inégalement large de base, aussi large que long et terminé également par une dent longue et aiguë ; sinus pétiolaire ouvert, mais aux extrémités tangentes ; — limbe ni bullé, ni gaufré ; lobes supérieurs relevés, les autres plans ou légèrement révolutés ; face supérieure peu luisante, vert foncé et possédant quelques flocons aranéeux : face inférieure plus claire et glabre ; deux séries de dents arrondies ou mi-aiguës suivant leur étroitesse de base ; nervures fortes, proéminentes, vert clair, légèrement pileuses. — Pétiole long, fort, fortement grossi à son insertion, aminci en son milieu, vert lavé de roux. Les feuilles meurent jaune d'or, le pétiole entièrement rose.

Fruits. — *Grappes*, insérées à partir du 4e nœud ; une, rarement deux, sur le même sarment ; moyennes et sur-moyennes, non aileronnées, à ramifications supérieures peu développées, allongées, ni épaisses, ni obtuses au sommet, de forme cylindrique, amples, non tassées ; pédoncule fort, court, de couleur verte lavée de roux, renflé à sa base, très renflé au point d'insertion supposé de l'aileron, se lignifiant tardivement ; pédicelles ramassés, gros ; bourrelet hautement conique et agrémenté de nombreuses verrues, de couleur vert foncé, les grains s'en séparant difficilement, abandonnant un gros et court pinceau au centre. — *Grains*, de deux grosseurs, sur-moyens et gros, 2/3 des premiers pour 1/3 des seconds, de forme ellipsoïdale, presque sphériques, de couleur jaune verdâtre terne, luisants sous la pruine assez épaisse ; stigmate apparent, ferme ; peau peu épaisse, élastique, pulpe fondante ; jus peu abondant et incolore ; chair verte, saveur fraîche et sucrée ; un ou deux pépins, au bec jaunâtre, par grain.

E. et R. Salomon.

Ampélographie.
A. Kreyder
Imp. F. CHAMPENOIS, Paris.
La France

LA FRANCE

Observations. — C'est dans le département de l'Eure que M. Marc, du Vaudreuil, a
obtenu ce cépage. Par des procédés particuliers il arrivait à faire mûrir en plein air,
sous le climat peu bénin pour la vigne qu'est la Normandie, une nombreuse collection de
raisins, dont beaucoup étaient de véritables œuvres d'art, et il avait donné à celui-ci le
nom un peu prétentieux de *La France*. Si nos souvenirs sont exacts, ce cépage est issu
d'un croisement du Chaouch et du Foster's White Seedling.

De ses ascendants il a la vigueur et la fertilité, sans la conformation défectueuse des
fleurs du Chaouch, car il noue très bien ses fruits, qualité qu'il tient assurément du Foster.
L'époque de maturité de ses raisins le place entre celle du Foster et celle du Chaouch.
C'est dire qu'il est possible de le cultiver sous une latitude assez septentrionale avec
certitude de le voir mûrir ses raisins. Ces derniers sont le plus souvent volumineux,
avec grains presque aussi gros que ceux du Chaouch. Le cisèlement des grappes
s'impose si l'on veut qu'ils atteignent tout le développement dont ils sont susceptibles.

De même il est nécessaire de procéder à des effeuillages successifs pour que les grappes
arrivées à leur complète maturité aient une belle couleur ambrée clair, parfois légèrement
dorée. Ainsi traitées, non seulement elles sont appétissantes à l'œil et au palais, mais elles
peuvent se conserver très longtemps soit sur le cep, soit au fruitier.

Malgré la vigueur du cep, nous conseillons de lui donner un développement restreint
soit sous forme de cordon horizontal, soit en palmettes avec quelques demi-longs bois
laissés sur les coursons les plus vigoureux. L'expérience nous a démontré que c'est sur
ces demi-longs bois que sont les plus belles grappes.

Le greffage sur vignes américaines lui est plutôt favorable, et le Rupestris du Lot nous
a paru être celui des porte-greffes qui lui convient le mieux. Non pas qu'il ne s'adapte
bien sur d'autres espèces, mais nous trouvons que le Rupestris du Lot lui constitue une
grappe un peu plus lâche, ce qui est un avantage pour les raisins trop compacts.

Peu sensible à l'Oïdium, il l'est davantage au Mildiou, sans cependant l'être au point de
ne pouvoir le défendre victorieusement avec trois ou quatre traitements exécutés en temps
opportun.

DESCRIPTION. — Souche, vigoureuse ; tronc faible ; écorce plutôt fine, se détachant
assez difficilement en minces lanières assez longues ; port mi-érigé.

BIBLIOGRAPHIE. — E. Salomon et fils : Catalogue descriptif.

Bourgeons, à débourrement hâtif, vert luisant, couvert presque entièrement d'un trémis de filaments havane clair, contemporain de celui du Chasselas doré, peu gros à la base, de force sous-moyenne, pointus, vert clair, avec nombreux flocons laineux, légèrement méplats ; — jeunes feuilles quinquelobées, d'abord leurs deux faces et pétiole entièrement couverts d'un tissu laineux blanchâtre ne tardent pas à prendre une coloration vert brillante, et sur le tout les flocons laineux se trouvent clairsemés ; les dents sont bien détachées et à échancrures profondes ; — les grappes de fleurs apparaissent de bonne heure, de légers filaments blancs discrètement pourprés enveloppant leur extrémité.

Rameaux, allongés, de force moyenne et sous-moyenne ; — jeunes rameaux peu forts à la base, amincis au sommet et agrémentés de quelques flocons laineux, de couleur vert d'eau clair, avec nombreuses stries fines, à teinte jaunâtre à l'état herbacé ; avant la maturité des fruits la teinte est à la fois jaune, mais rousse du côté du soleil ; à l'aoûtement, plutôt tardif, elle est à fond havane clair pourpré aux nœuds ; — mérithalles de longueur moyenne, les deux premiers plus courts, lisses, peu luisants, pruineux ; stries nombreuses et bien délimitées, mais peu profondes, méplats ; bois assez dur, d'un beau vert à l'intérieur ; canal médullaire développé ; nœuds peu renflés, aplatis dans le sens de l'aplatissement des mérithalles ; diaphragmes peu épais ; — vrilles longues, fortes, trifurquées.

Feuilles, moyennes et sous-moyennes, plus longues que larges ($13 \times 17 - 12 \times 16$) ; épaisses, peu souples, peu résistantes au froissement ; parenchyme cassant à l'automne, toujours asymétriques, la partie la plus étroite située du côté de l'insertion au rameau ; — lobes supérieurs peu développés ; sinus supérieurs peu profonds, en U dans les feuilles sous-moyennes et seulement indiqués chez les moyennes ; lobes latéraux secondaires développés en pointe, terminés par une longue dent, à large base et arrondie à son extrémité ; sinus latéraux secondaires profonds, en U, le lobe terminal par conséquent étroit à son insertion, long et peu large, terminé par une dent identique à celle terminale des latéraux secondaires ; sinus pétiolaire presque toujours fermé, les bords des lobes supérieurs se superposant ; — limbe ni bullé, ni gaufré, les lobes supérieurs relevés, les lobes latéraux secondaires et terminal révolutés suivant leur nervure centrale ; face supérieure vert foncée, non luisante, clairsemée de rares flocons laineux ; face inférieure d'un vert plus clair et à l'aspect glabre, mais rugueuse au toucher, les divisions du limbe étant recouvertes d'innombrables poils presque imperceptibles ; — deux séries de dents longues, larges de base et arrondies au sommet, léger mucron jaunâtre ; nervures peu fortes, de couleur vert jaune clair, peu proéminentes, pileuses. — Pétiole long, sous-moyen de force, renflé à son insertion, vert jaune clair, angle d'insertion avec le plan du limbe, obtus. Les feuilles se colorent très tardivement en jaune ; elles meurent avec cette teinte, leur pétiole ne possédant aucune couleur particulière.

Fruits. — *Grappes*, insérées à partir du 4ᵉ nœud, quelquefois du 5ᵉ ; une, rarement deux sur le même sarment ; sur-moyennes et grosses, possédant quelquefois un gros aileron dont la grosseur est égale au tiers de celle de la grappe principale, cet aileron possède un long pédoncule, les ramifications supérieures n'existent pas ou lorsqu'elles figurent se trouvent peu développées, allongées, non obtuses au sommet, de forme cylindrique, non amples ; pédoncule plutôt faible, long, vert jaune clair comme la rafle, peu renflé à la base, dur, se lignifiant, méplat, renflé au point d'insertion de l'aileron ; pédicelles ramassés, gros, avec bourrelet hautement conique et couverts de nombreuses verrues, verts clair, les grains s'en séparant plutôt facilement, abandonnant un court et large pinceau à quatre racines. — *Grains*, de deux grosseurs, gros et sur-moyens, 2/3 des premiers pour 1/3 des seconds, ellipsoïdes, de couleur ambrée, peu luisants sous la pruine épaisse ; stigmate apparent, ferme ; peau épaisse et assez élastique ; pulpe fondante ; chair verdâtre veinée blanc ; jus peu abondant et sans couleur particulière, saveur fraîche et peu sucrée ; de 1 à 4 pépins par grain, assez gros, avec bec long et jaunâtre.

E. et R. Salomon.

BOURRISQUOU

Synonymie. — Bourriscou, Romanet (Ardèche). — Espar (par erreur, dans quelques localités du même département).

Historique et aire géographique. — Le *Bourrisquou* est un des cépages les derniers venus dans l'ampélographie. En effet, bien qu'il ait été connu et même répandu dans certaines régions de l'Ardèche il y a plus de 50 ans, il n'a été signalé ni par le Dr Guyot, ni par V. Pulliat qui ont visité les vignobles de ce département.

A notre connaissance, les notes de MM. le Dr Silhol et G. Couderc, publiées en 1887, constituent les seuls écrits qui aient été consacrés à ce cépage. Dans sa note, le Dr Silhol rapporte qu'un viticulteur du nom de Romanet, de Lanas, petite bourgade du canton de Villeneuve-de-Berg (Ardèche), ayant trouvé ce cépage dans les bois, le recueillit et le propagea. C'est ainsi qu'il se répandit dans la vallée moyenne de l'Ardèche. Il y avait encore, au moment où écrivait le Dr Silhol, une très vieille vigne de ce cépage à Saint-Maurice d'Ardèche. Mais, d'après M. Silhol, ce plant n'aurait pas pris naissance dans le bois où il avait été recueilli par Romanet. Il serait originaire d'Espagne, « d'où il aurait été importé dans le Vivarais par un soldat de ce pays, qui, frappé de la beauté de ce cépage pendant les guerres de la Péninsule, en aurait apporté au retour deux boutures dans son sac ». Une de ces boutures aurait donné lieu à un cep à grande arborescence, appartenant au Dr Saladin, d'Aubenas, et ce seraient les pépins provenant des fruits de ce cep qui, transportés par les oiseaux dans les bois voisins, auraient donné naissance au pied sur lequel Romanet avait pris ses boutures.

M. G. Couderc, d'autre part dans sa note, estime que ce cépage n'est pas né dans l'Ardèche et qu'il en a trouvé « un très vieux pied au champ d'expérience de la Compagnie P.-L.-M., situé au fond du boulevard Chave, à Marseille ». Il est porté à penser que ce cépage est d'origine espagnole ou peut-être même italienne.

Nous devons ajouter que d'après les renseignements que nous avons recueillis dans l'Ardèche, le Bourrisquou aurait bien été trouvé dans un bois par Romanet et répandu ensuite dans les cultures. C'est un nommé Bonnand qui, au moment où l'Oïdium sévissait avec intensité et avant que l'emploi du soufre eût été vulgarisé, a le plus contribué à répandre ce cépage. Ce Bonnand était un colporteur qui voyageait dans les campagnes de

BIBLIOGRAPHIE. — Dr Silhol : Sur le cépage appelé Romanet ou Bourriscou. — G. Couderc : Nouvelle note sur le cépage appelé Romanet ou Bourriscou (in Progrès agricole et viticole, 1887, t. I).

Bourrisquou

la région d'Aubenas où il vendait toutes sortes de menus objets aux habitants. Ayant un âne pour excercer son petit commerce, il était appelé « Bourrisque », nom sous lequel on désigne l'âne dans cette région. En entendant, à chaque instant, les viticulteurs, avec lesquels il était en relation, se lamenter d'avoir leurs vignes malades, il leur indiquait la vigne de Romanet comme n'étant pas atteinte et il se chargeait même de leur en procurer des boutures. Et comme le nom de Bourrisque était connu de toute la population, on ne tarda pas à appeler ce nouveau cépage *Plant de Bourrisque*, et de là *Bourrisquou*.

Ainsi que M. Couderc l'a proposé en 1887 nous maintiendrons le nom de Bourrisquou, bien que le nom de Romanet ait été adopté au concours de Largentière en 1886, à la suite d'une tournée de prix culturaux dont nous faisions partie. Nous devons reconnaître en effet que c'est le nom de Bourrisquou qui a prévalu et que ce cépage est à peu près exclusivement connu aujourd'hui sous cette dénomination.

Quoi qu'il en soit, la question d'origine du Bourrisquou n'est pas encore complètement élucidée et il nous semble difficile d'admettre, comme le pense le Dr Silhol, que ce plant a été apporté d'Espagne, planté à Aubenas et semé dans les bois de Lanas à l'aide de pépins transportés par les oiseaux. Il serait surprenant, en effet, que ce cépage se fût maintenu par le semis avec tous ses caractères. Aucune identification, du moins que nous ne sachions, n'ayant été faite avec un autre cépage italien ou espagnol il nous semble plus plausible d'admettre que le Bourrisquou a pris naissance dans les bois de Lanas et que Romanet aurait bien été le premier qui l'aurait recueilli et multiplié.

Le Bourrisquou est surtout cultivé dans la vallée de l'Ardèche, mais il s'est étendu aussi dans les vignobles des arrondissements de Privas et Largentière. A deux reprises différentes, vers 1860 et vers 1885, le Bourrisquou a joui d'une certaine vogue. Ce n'est cependant que dans un nombre de vignobles assez restreint qu'il domine ; partout ailleurs il ne joue qu'un rôle secondaire. Hors de l'Ardèche il n'a été employé qu'exceptionnellement sur une certaine étendue.

Le Bourrisquou est un cépage assez bien caractérisé par ses feuilles grandes, quinquelobées, à sinus profonds, prenant une teinte rouge à la défeuillaison ; ses grappes très grandes, ramifiées, à pédoncule court et fort. Il se distingue du Carignan, avec lequel il présente quelque analogie, par des feuilles plus duveteuses à la face inférieure, des sarments à bois beaucoup moins durs. Il débourre malheureusement de bonne heure et sa maturité est très tardive, de 4e époque.

Nous ne lui connaissons pas de variétés, mais M. Couderc l'a fait entrer dans un certain nombre de combinaisons, et quelques-uns de ses hybrides, parmi lesquels les 601, 603, 3907, ont été employés comme porte-greffes ou producteurs directs.

Culture. — Les premiers bourgeons du Bourrisquou sont fertiles, de sorte qu'on peut lui appliquer la taille à court bois. Il est d'ailleurs très vigoureux et il peut supporter d'être conduit à grand développement et même à long bois. Son affinité pour les cépages américains est très bonne et il conserve une bonne vigueur après le greffage.

La production du Bourrisquou est très grande et sa fructification est régulière. De plus il se met très vite à fruits et conserve sa fertilité pendant très longtemps. En raison de son débourrement hâtif il serait exposé aux gelées printanières, mais il est à remarquer que ses pousses sont moins délicates que celles de bien d'autres cépages, par suite, sans doute, du tomentum qui recouvre son bourgeonnement. Sa maturité malheureusement est beaucoup trop tardive pour la région dans laquelle il est cultivé ; mais, ses raisins étant d'une très grande résistance à la Pourriture, il peut être laissé sur les ceps très tard, de sorte que si on doit le faire cuver seul on peut attendre sa complète maturation pour le vendanger. Ne craignant pas la Pourriture, ainsi que nous venons de l'indiquer, il est aussi doué d'une grande résistance à l'Oïdium et à l'Anthracnose, et n'est pas exposé à la coulure. Il est d'autre part assez résistant au Mildiou.

En raison de l'époque très tardive à laquelle ses fruits arrivent à maturité, ce n'est que dans les milieux bien exposés et en le vendangeant tard qu'on peut espérer obtenir un vin de bonne qualité avec le Bourrisquou, mais dans les terrains de plaine où sa vigueur et sa fructification sont grandes il donne un vin faible en alcool et en couleur. En raison de sa rusticité, il sera toujours apprécié dans les milieux exposés aux maladies cryptogamiques et aux intempéries.

DESCRIPTION. — Souche, très vigoureuse, à tronc fort ; écorce se détachant en lanières étroites ; port érigé.

Bourgeons, gros, bien proéminents, roux ; bourgeonnement très duveteux, d'un blanc rosé ; jeunes feuilles épaisses, arrondies, plissées, quinquelobées, elles conservent pendant un certain temps le duvet à la face supérieure lequel finit par disparaître ; celui de la face inférieure est très abondant et il persiste sur les feuilles adultes.

Rameaux, assez forts, à l'état herbacé ont une teinte violette, avec un léger duvet à leur base ; ils prennent une couleur jaunâtre ; stries pas très nombreuses, mais bien prononcées ; mérithalles courts, avec des nœuds bien saillants ; bois assez dense, dur ; moelle peu épaisse, mais très dense ; vrilles fortes.

Feuilles, sous-moyennes, quinquelobées, à peu près aussi larges que longues, assez souples ; sinus latéraux profonds en U bien ouvert ; sinus pétiolaire ouvert mais pas très large ; face supérieure glabre, d'un vert tendre brillant ; face inférieure d'un vert blanchâtre, avec un duvet lanugineux assez abondant ; dents larges avec une pointe aiguë dirigée vers l'axe. — Pétiole plutôt court, muni de poils persistants ; à la défeuillaison elles prennent une teinte rouge vive.

Fruits. — *Grappes*, insérées à partir des 3e et 4e bourgeons, grandes ou très grandes, très larges, compactes, avec plusieurs ramifications faisant saillie sans cependant être détachées ; pédoncule court, très fort, résistant et devenant ligneux à la maturité ; rafle d'un vert jaunâtre ; pédicelles pas très forts ; bourrelet large, pas très épais, bien discoïde. — *Grains*, moyens, de plusieurs dimensions, sphériques ; chair ferme, pulpeuse, à saveur légèrement astringente ; peau assez épaisse, d'un rouge tirant sur le violet, jamais très foncé, avec une pruine abondante ; ombilic très prononcé et persistant.

L. Rougier.

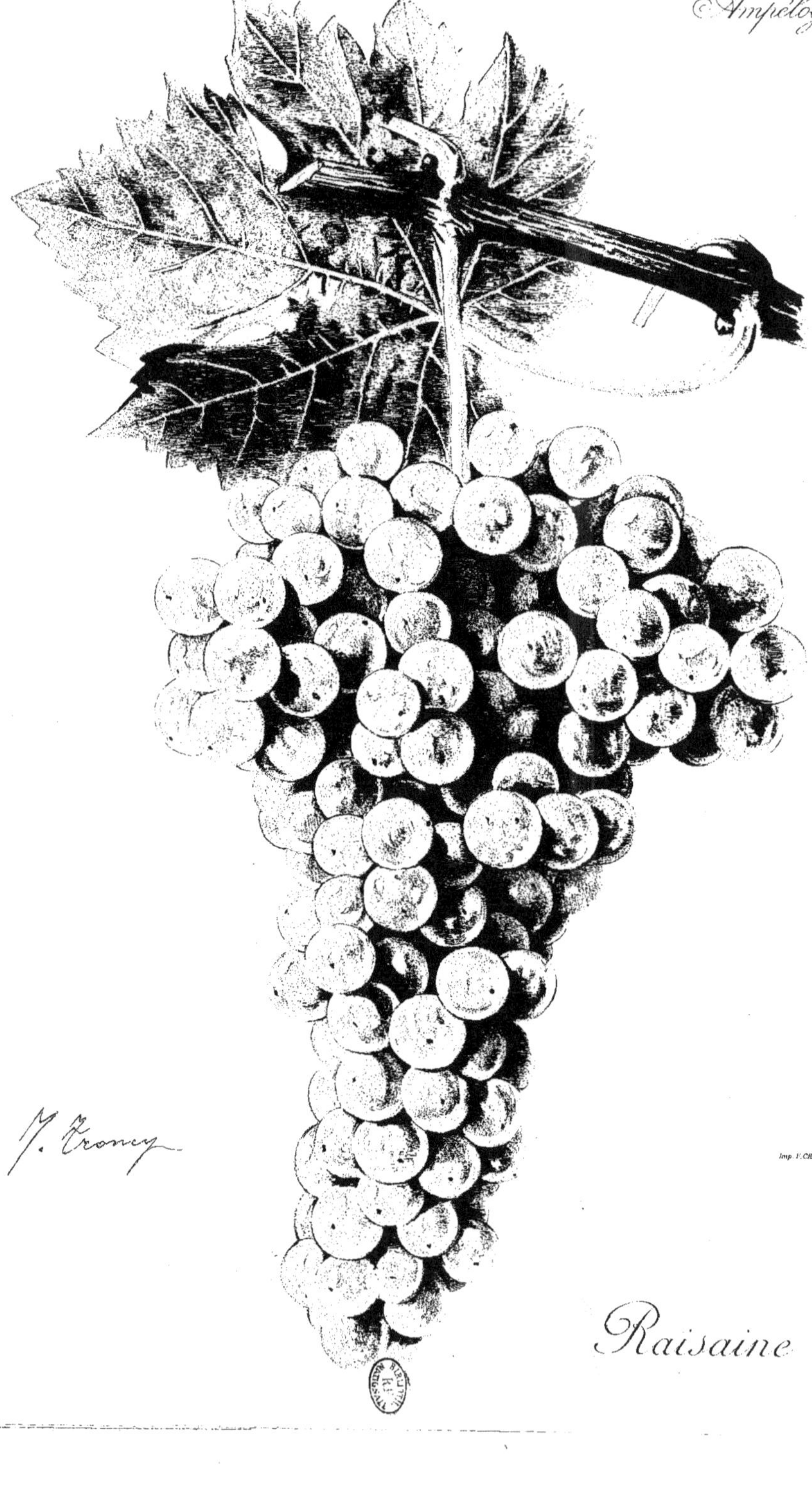

Raisaine

RAISAINE

Synonymie. — Raizaine, Durazaine (Privas, Ardèche, V. *Pulliat*).

Observations. — La *Raisaine* est un cépage essentiellement ardéchois ; il paraît avoir été cultivé de tout temps dans la région de Privas, d'Aubenas et Largentière (Ardèche), sans que cependant il n'y ait jamais pris une très grande extension, sauf cependant à Privas où il était le cépage blanc dominant avant l'invasion phylloxérique. Il a été signalé pour la première fois par V. Pulliat, en rendant compte de son voyage ampélographique fait en 1872 dans l'Ardèche et d'autres départements voisins. L'ayant introduit dans ses collections de Chiroubles, l'auteur du *Vignoble* reconnut à la Raisaine de sérieuses qualités et en fit les plus grands éloges dans ce bel ouvrage ampélographique : « Ce cépage, écrit-il, n'est pas seulement méritant au point de vue de la vinification, il est aussi de première qualité comme raisin de table. » Malgré ce patronage, la Raisaine ne s'est pas étendue en dehors des vignobles de l'Ardèche que nous avons indiqués plus haut, et dans ces derniers même, il semble plutôt avoir perdu que gagné du terrain.

La Raisaine est un cépage parfaitement caractérisé que l'on ne peut pas confondre avec les autres variétés blanches dans l'Ardèche. Elle n'a donné lieu d'ailleurs à aucune variation que nous sachions et elle présente au contraire une très grande fixité dans ses caractères. La Raisaine débourre à une époque moyenne et sa maturité est presque de 1re époque. Elle est essentiellement caractérisée par un beau feuillage d'un vert foncé et glabre sur les deux faces, des grappes assez serrées, avec des grains prenant une teinte d'un jaune verdâtre et ayant des lenticelles brunâtres assez abondantes.

Les rameaux de la base des branches sont fructifères de sorte que l'on peut appliquer la taille courte à la Raisaine. Dans l'Ardèche d'ailleurs, elle n'était cultivée, avant l'invasion phylloxérique, qu'en souche basse avec courson et elle réussissait dans tous les terrains même dans ceux qui n'étaient pas très riches. Elle est vigoureuse et paraît avoir une très bonne affinité pour les porte-greffes américains les plus répandus. Sa production est régulière et très bonne. Ainsi que nous l'avons dit plus haut, V. Pulliat, qui avait étudié ce cépage dans l'Ardèche et dans ses collections, le classait parmi les plus méritants et s'étonnait qu'il n'eût pas été répandu davantage dans les vignes du Centre : « Par sa maturité de 1re époque, qui

BIBLIOGRAPHIE. — V. Pulliat : Rapport sur les études ampélographiques faites en 1872. — Mas et Pulliat : Le Vignoble (t. III, n° 135). — V. Pulliat : Mille variétés de vignes. — L. Rougier : Sur le choix des variétés de vignes françaises à greffer (in Progrès agricole et viticole, t. I, 1890).

coïncide presque avec celle du Chasselas, par sa bonne vigueur et sa bonne fertilité ne serait-il pas préférable à des cépages de la plus basse qualité qui ne peuvent avoir de mérite que par leur grande fertilité? Ne devrait-on pas planter la Raisaine comme une vigne à vin, dans le Centre de la France, plutôt que le Gamay blanc feuille ronde, plutôt que le mauvais Gueuche blanc et même que le Fendant roux qui, après tout, n'est que le Chasselas ordinaire, dont le mérite comme raisin de table est incontestable, mais qui ne peut donner, même dans les meilleures conditions, qu'un vin bien ordinaire? Partout où nous avons trouvé la Raisaine, partout on la considère comme un des meilleurs raisins, si ce n'est le meilleur de la région. Rien n'est plus beau qu'une souche de Durasaine chargée de ses belles grappes dorées, rien n'est meilleur à manger que ses beaux grains à la fois fermes et juteux, d'une saveur fraîche, finement relevée. Les viticulteurs de l'Ardèche, d'où l'on expédie en grande quantité le Chasselas doré, qui acquiert sur ce sol et sous ce climat une qualité supérieure et inimitable, feraient bien. il nous semble, de cultiver aussi la Raisaine pour l'expédition en panier. Elle nous paraît réunir au plus haut degré toutes les qualités qu'on recherche dans un raisin de table. »

Comme on le voit, V. Pulliat avait été réellement séduit par les qualités de la Raisaine; il l'avait observée sans doute dans des milieux qui lui étaient particulièrement favorables, car dans les vignes reconstituées où nous l'avons examinée son fruit était loin d'avoir la saveur qu'indique l'auteur du *Vignoble*.

Quoi qu'il en soit, la Raisaine est un cépage vigoureux, régulièrement fertile, qui en raison de son débourrement peu précoce et de son époque de maturité hâtive est à conserver dans les régions où il était cultivé jadis et à expérimenter dans toutes les régions du Centre et du Nord de l'aire de la culture de la vigne où l'on désire donner une plus grande extension à la production des vins blancs ordinaires.

Nous devons ajouter d'autre part que la Raisaine est peu accessible à l'Oïdium, au Mildiou et la Pourriture. Quant à la qualité de son vin nous ne sommes pas absolument fixé ne l'ayant jamais vu vinifié tout seul; dans l'Ardèche en effet, les raisins de Raisaine sont généralement associés à ceux des autres cépages rouges de la région pour la production des vins ordinaires.

DESCRIPTION. — Souche, vigoureuse; tronc trapu; écorce peu adhérente, se détachant en grands fragments irréguliers, d'un gris foncé; port érigé ou semi-érigé.

Bourgeons, gros et arrondis et un peu obtus; bourgeonnement blanchâtre, un peu duveteux; jeunes feuilles trilobées, devenant très vite glabres.

Rameaux, plutôt courts, de moyenne grosseur, contournés; à l'état herbacé d'un vert très clair nuancé de mauve aux nœuds; à l'état aoûté ont une teinte jaune cannelle, avec des lenticelles brunâtres plus ou moins abondantes; mérithalles courts; nœuds très prononcés; bois dense, à moelle peu abondante et à diaphragme épais; vrilles fortes, très résistantes.

Feuilles, moyennes, souvent plus larges que longues, quinquelobées, assez épaisses; lobes courtement acuminés, avec des dents très profondes, triangulaires et aiguës qui forment parfois des divisions des lobes; sinus latéraux supérieurs profonds, étroits et terminés en coin; les inférieurs assez profonds; sinus pétiolaire le plus souvent fermé ou très étroit; limbe plutôt cassant, d'un vert foncé tirant sur le noir à la face supérieure; la face inférieure glabre, d'un vert plus clair, avec nervures très saillantes. — Pétiole moyen, très gros surtout à sa base, nuancé de mauve violet rosé, bien cylindrique, sans sillon. Le limbe prend une teinte jaunâtre à la défeuillaison.

FRUITS. — *Grappes*, moyennes, insérées à partir des 3e et 4e bourgeons, cylindro-coniques, un peu ailées, plutôt ramassées, assez serrées; pédoncule moyen, très fort et très résistant; rafle d'un vert assez foncé, avec pédicelles résistants et ayant une grande adhérence aux grains, pinceau d'un vert jaunâtre. — *Grains*, sur-moyens, à peu près globuleux ou vaguement ovoïdes, souvent égaux, d'un vert jaunâtre à la maturité, avec des lenticelles brunâtres assez nombreuses; pellicule épaisse, bien résistante et recouverte d'une pruine abondante; chair juteuse, ferme, bien sucrée et agréable lorsque la maturité est suffisante; pépins peu nombreux, mais gros.

L. ROUGIER.

POUGNET

Observations. — Le *Pougnet* est un cépage essentiellement ardéchois qui paraît avoir été cultivé de tout temps dans ce département. Le Dr Guyot l'a signalé, sous le nom de *Pouquet*, ce qui doit être une erreur typographique, comme étant très répandu dans les vignobles d'Aubenas et de Largentière au moment où il parcourait le département de l'Ardèche. Il indique que le Pougnet donne abondamment et produit « un vin dur, peu alcoolique, mais droit et franc de goût ». V. Pulliat, en 1872, a trouvé aussi le Pougnet mais il ne donne pas d'appréciation sur lui, il se contente de relever une erreur du Dr Guyot qui avait semblé confondre le Pougnet avec le Mourvèdre du Midi de la France. Il l'a décrit dans ses *Mille variétés de vignes*, mais ne lui a pas consacré de monographie spéciale dans *le Vignoble*.

Avant l'invasion phylloxérique, le Pougnet occupait une place très importante dans les vignobles de la région d'Aubenas, Largentière, Joyeuse, surtout dans les terrains gréseux et granitiques de ces régions. Avec le Chatus, décrit dans le tome III de l'*Ampélographie* par M. G. Couderc, « il constitue dans l'Ardèche et la Lozère le fond du vignoble des déchiquetures de la pente méridionale si abrupte du Plateau Central. Ce vignoble très important forme ainsi une bande qui en longueur, de l'est à l'ouest, va d'Antraigues dans l'Ardèche, aux environs de Mende dans la Lozère ». C'est dans la partie la plus élevée de cette bande que l'on trouve principalement le Pougnet. Le sol est gréseux ou granitique mais toujours dépourvu de calcaire.

Le Pougnet existe dans cette région depuis un temps immémorial, mais il y a 40 ans, au moment de la grande invasion de l'Oïdium, sa culture prit une plus grande extension que par le passé en raison de son peu d'accessibilité à cette maladie. Hors des départements de l'Ardèche et de la Lozère il n'existe, à notre connaissance, que dans les collections ou à l'état tout à fait accidentel.

Le Pougnet est assez bien caractérisé, il est facile dans tous les cas de le distinguer du Chatus avec lequel il est en mélange dans l'Ardèche ; ce dernier a des feuilles fortement duveteuses à la face inférieure tandis que le Pougnet a des feuilles presque glabres. Le raisin de celui-ci est moins grand et à pédoncule grêle au lieu d'être fort et ligneux. Le Pougnet est à débourrement moyen, mais il n'arrive à maturité qu'à la fin de la 2e époque et même à la 3e.

BIBLIOGRAPHIE. — Dr J. Guyot : Étude des vignobles de France (t. II). — V. Pulliat : Rapport sur les études ampélographiques faites en 1872 ; Mille variétés de vignes. — L. Rougier : Sur le choix des variétés de vignes françaises à greffer (in Progrès agricole et viticole, 1890, t. I).

J. Troncy

imp. F. CHAMPENOIS, Paris

Pougnet

Les premiers rameaux des branches du Pougnet sont fructifères, de sorte qu'on peut le tailler à court bois. Il pourrait cependant supporter la taille longue dans les terrains suffisamment riches. Il est toutefois à peu près toujours conduit sur souche basse avec coursons. Ainsi que nous l'avons vu plus haut, ce n'est que dans les terrains gréseux et granitiques qu'on le cultive. Dans les sols calcaires, en effet, il est exposé au grillage. En raison de sa maturité tardive, il demande à être placé à bonne exposition pour que ses fruits arrivent à bien mûrir. Il convient très bien pour garnir les terrasses supportées par des murs en pierres sèches qui occupent les pentes abruptes des contreforts des Cévennes et dans lesquelles il était très cultivé avant l'invasion phylloxérique. Le Pougnet est un cépage assez fertile, très robuste, très résistant aux divers accidents si l'on en excepte le grillage. Il craint peu le Mildiou et offre, en particulier, une grande résistance à l'Oïdium.

Le vin de Pougnet est assez coloré et surtout très riche en tanin ; il est fortement corsé et est doué d'une solidité remarquable. En raison de cette constitution, il peut très bien être associé à des cépages donnant un vin plus faible.

DESCRIPTION. — Souche, vigoureuse ; tronc fort ; écorce d'un gris foncé, se détachant en petites lanières irrégulières ; port étalé.

Bourgeons, bien détachés, d'un roux assez foncé ; bourgeonnement recouvert d'abord d'un duvet blanc mais qui ne persiste pas longtemps ; les jeunes feuilles sont d'un vert jaunâtre.

Rameaux, plutôt petits comme diamètre, bien droits, assez longs, d'un vert foncé au printemps, prenant une teinte jaunâtre en été pour devenir jaune noisette à la maturité ; stries peu apparentes ; nœuds peu prononcés ; vrilles fines mais bien résistantes.

Feuilles. sous-moyennes, arrondies, trilobées, avec sinus inférieur généralement marqué, assez minces, souples ; sinus latéraux profonds ; sinus pétiolaire bien ouvert en U ; face supérieure d'un vert assez foncé ; face inférieure presque glabre, avec un très léger duvet lanugineux sur les nervures principalement à leur base ; dents larges, très obtuses, avec mucron bien détaché. — Pétiole plutôt court, pas très gros, ayant des poils semblables à ceux des nervures. A la fin de l'été les feuilles prennent une teinte jaunâtre par plaques qui va en s'accentuant jusqu'à la défeuillaison.

Fruits. — *Grappes*, moyennes ou sous-moyennes, plutôt courtes, assez serrées, cylindro-coniques, avec une ou deux ailes pas très prononcées ; rafle avec pédicelles assez longs et verruqueux ; pédoncule assez long et grêle. — *Grains*, moyens, vaguement ellipsoïdes ; chair un peu ferme, juteuse, sucrée, à saveur agréable ; pellicule épaisse, résistante, prenant une teinte noire pruinée à la maturité.

L. Rougier.

ARGANT

Synonymie. — Argan (Jura, *Dr Fleurot*). — Rouillot (Poligny, *Ch. Rouget*). — Espagnol (Jura). — Gros Margillin et Gros Margillien (Jura, *Paul Rouget* et *Charles Rouget*). — Sérénèze? (Isère, *Cte de Rovasenda*). — Brumeau (Haute-Loire, *Pacottet*). — Sauvagnon (dans la Ribayra, *E. Dupont*). — Gänsfusser blau et Gänsfüssler (Württemberg, Obere Hardt, Bergstrasse, *A. Berget*, *Dr Schöffer*). — Erlenbacher (Allemagne, *H. Gœthe* et *A. Berget*). — Zimmetraube blau? (Croatie, Styrie, *A. Berget*). — Sprätblaue, Kleinmilcher, Cernina, Kleinkölner, Plesnova, Plesuna, Sipia, Rebrika, Trienska (Carniole). — Mala Modrina, Pozna, Drobna Crnina, Vranek, Krähentraube (Styrie, *H. Gœthe*). — Modra, Kosovina (Croatie, *H. Gœthe*).

Variété blanche : Blinica (Wippacher Thal, Carniole, *Trummer*).

Variété grise : Graue rauchfarbige zimttraube, Dimnik, Raucher, Rauchfarbiger (Wippacher Thal, Carniole, *Trummer*).

Historique et origine. — Le cépage que nous étudions sous le nom d'*Argant* a été parfaitement décrit par Charles Rouget dans son livre : *Les Vignobles du Jura et de la Franche-Comté*.

En souvenir de cet ampélographe nous conserverons à ce cépage ce nom d'Argant. Argant se rapproche aussi d'arrogant, qualificatif que ce cépage mérite tant par son port érigé, son développement extrême, qui en fait plutôt un arbuste qu'une plante sarmenteuse, que par l'éclat vernissé de son feuillage.

Étudions-le, tout d'abord, dans le Jura en nous aidant des recherches antérieures de

BIBLIOGRAPHIE. — Dr Dumont. — Fleurot : Essais glucométriques de l'année 1862, in journal d'Agriculture de la Côte-d'Or (janvier 1863, p. 16). — Cte de Rovasenda : Ampélographie universelle (1867, p. 8). — Mas et Pulliat : Le Vignoble (t. II, 1878, p. 35). — Paul Rouget : Les vins du Jura (1880). — Babo : (p. 613). — Trummer : Litteratur und Synonymie (pp. 27, 143, 146). — Babo Metzger : (p. 90, mit Abbildung Taf. 20). — Gock : (p. 7, B mit Abbildung Taf. VXII). — Schroer : Der Weinbau und die Weine Osterreichs-Ungarns (Vien, 1889). — Babo et Gœthe (1re édition, 1876, p. 109). — H. Gœthe : Ampelographie (1887, p. 36 et p. 238). — I. Portes et F. Ruyssen : Traité de la vigne et de ses produits (1886, p. 428). — S. Leroux : Traité pratique sur la vigne et le vin en Algérie et en Tunisie (Blida, 1894). — C. Rouget : Les vignobles du Jura et de la Franche-Comté (1898, p. 65). — Oberlin : Systematisches Verzeichniss, etc., der Traubenvarietäten (Colmar, 1900). — Jouvet : Les principaux cépages du Jura (Revue de viticulture, novembre 1903). — A. Berget : Revue de viticulture (2e semestre, 1903). — P. Pacottet : L'Argant ou Brumeau (Revue de viticulture, novembre 1903). — E. Dupont : Les vignobles de la Haute-Loire (in Revue de viticulture, 2e semestre, 1903).

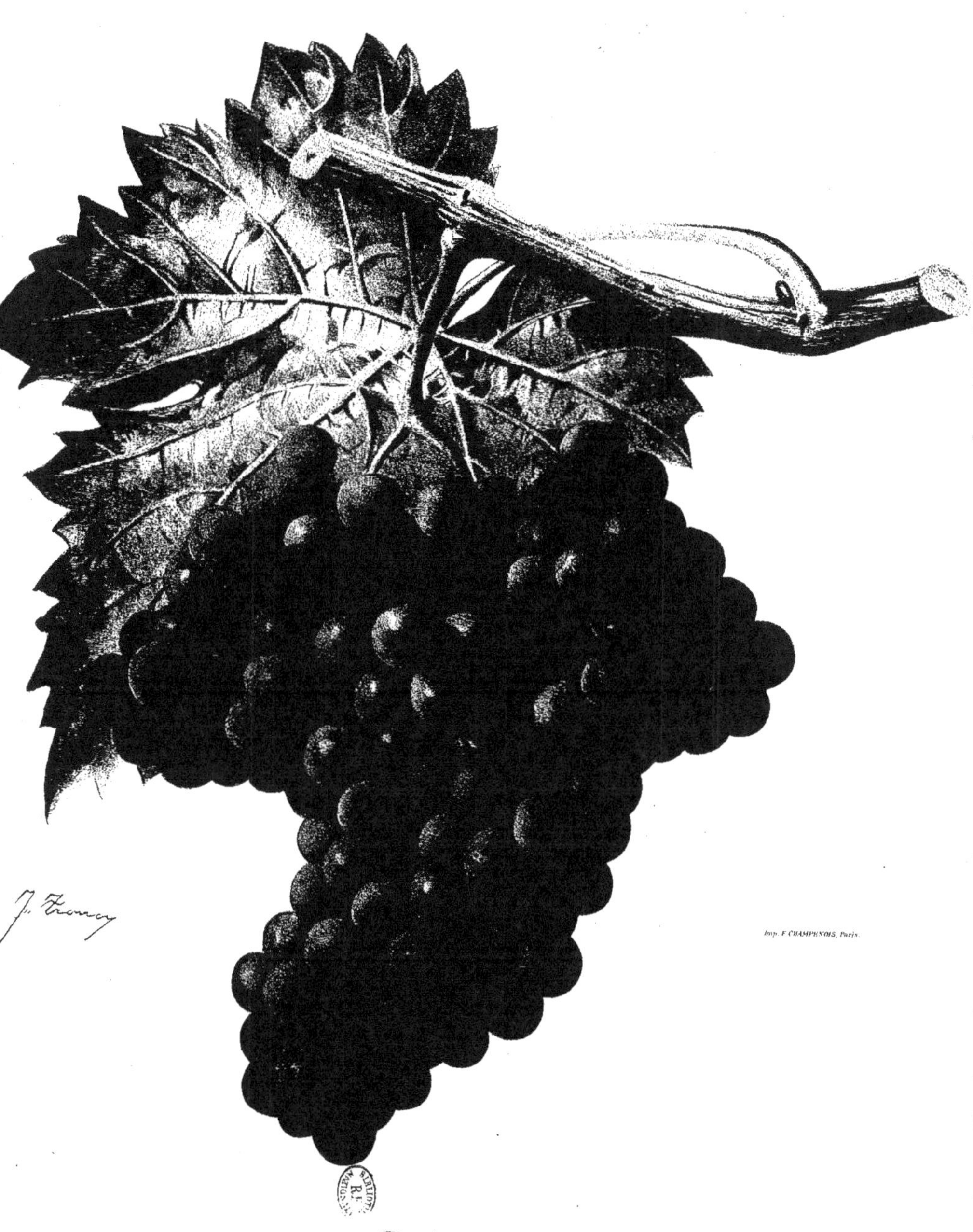

Argant

Rouget. Dans le Jura, plusieurs cépages rouges portent le nom de Margillin ou Margillien, et on ne les distingue les uns des autres que par l'adjonction de gros ou petit ; l'Argant est généralement appelé Gros Margillin, mais nous l'avons reçu aussi sous le nom de Margillin.

En 1774, lors de l'enquête prescrite par l'Intendant de la province sur la valeur des cépages, on trouve pour la première fois l'Argant désigné sous le nom de Gros Margillin et rangé parmi les meilleurs plants propres à faire le bon vin du vignoble d'Arbois ; le Dr Dumont, d'Arbois, en a donné le premier une bonne description.

Le Dr Guyot trouvait à ce cépage un aspect méridional ; il avait dû l'entendre appeler l'*Espagnol*, comme nous l'avons entendu nous-même. En outre il n'est pas nommé dans les listes des cépages jurassiens, antérieures au xviiie siècle. Passant des cépages aux gens, on aperçoit dans la population jurassienne des types espagnols parfaitement purs à côté des types palatins ; on peut penser que la domination espagnole a été suffisamment profonde pour avoir permis d'introduire des cépages venant soit d'Espagne, soit des Provinces impériales constituant le Saint-Empire, des provinces d'Autriche notamment.

Nous rejetterons l'opinion de Charles Rouget qui fait, sans d'ailleurs y attacher d'importance, un cépage franc-comtois de l'Argant.

Mas et Pulliat, dans *le Vignoble*, signalent qu'ils ont reçu d'un viticulteur de Brioude un cépage ayant quelques similitudes avec l'Argant du Jura et cultivé en assez grande quantité dans la Haute-Loire sous le nom de *Noireau* ou Brumeau. Ils n'ont pas cru pouvoir affirmer la similitude des deux plants. Avec M. Arpin, viticulteur à Arbois, centre de la culture de l'Argant, nous pouvons affirmer, après des comparaisons répétées, l'identification du Brumeau et de l'Argant. En revanche, le Brumeau est totalement différent du Noireau que Mas et Pulliat semblent lui donner comme synonyme. Il se peut toutefois que le Brumeau soit quelquefois appelé Noireau à cause de la couleur bleu noir de ses grains, comme cela a lieu en Bourgogne pour le Pinot noir, appelé vulgairement Noirien.

On ne peut faire aucune supposition sur l'introduction du Brumeau dans la Haute-Loire. Il n'existe pas dans les départements voisins. Dans un bail de M. Nozerines, datant de 1656 environ, qui est dans la bibliothèque de M. Paul Le Blanc, il est spécifié que la vigne à planter le serait d'un tiers en Brumeau et un tiers en Noireau. On voit par là que le Brumeau existait au cœur de la France bien avant qu'il soit mentionné sous le nom de Margillin parmi les cépages jurassiens.

Le Cte de Rovasenda avait identifié l'Argant et la Sérénèze de l'Isère. M. Rougier, après avoir différencié le Ciréné de Romans et la Serène de Voreppe, cépages désignés aussi sous le nom de Sérénèze, Siranié, Serené, estime que la Serène de Voreppe cultivée dans le Bas-Grésivaudan, aux environs de Grenoble, est différent de l'Argant. Si aucune comparaison n'est possible entre l'Argant et le Ciréné de Romans, il n'en est pas de même avec la Serène de Voreppe.

Des recherches personnelles en Haute et Basse Bourgogne, dans le Beaujolais, les côtes du Rhône, vignobles intermédiaires entre ceux du Jura et de la Haute-Loire, ne nous ont pas révélé la présence de l'Argant dans ces vignobles. Il n'existe pas non plus dans la Suisse Romande, en Alsace. M. Oberlin ne l'a pas sous son nom dans ses collections de l'Institut viticole de Colmar. En visitant ces dernières, M. A. Berget et moi avons été surpris de la ressemblance du Gänsfüssler et de l'Argant. Or le Gänsfüssler est synonyme du Gänsfusser blauer décrit par Babo et Gœthe, cépage reçu par M. A. Berget du Tyrol. Dans ses collections de Pontailler-sur-Saône, il a pu comparer Gänsfusser et Argant, et est arrivé à constater l'identité des deux cépages, observation qu'il a fait vérifier par M. L. Rouget, ampélographe et viticulteur à Salins, où l'Argant est cultivé.

M. A. Berget admet également l'analogie de l'Argant avec le Zimttraube blanc de Gœthe, originaire de la Styrie et répandu dans la Croatie et la Carniole.

H. Gœthe donne comme origine au Zimttraube la Styrie, tandis qu'il semble considérer le Gänsfusser comme un cépage purement allemand.

On voit par ce qui précède dans quelle ignorance on se trouve vis-à-vis de l'Argant. Il ne faut pas songer à lui donner aucune origine tant que sa synonymie ne sera pas établie d'une façon indiscutable. On se rappellera aussi qu'il n'a pas été comparé avec les cépages méridionaux, cépages espagnols et portugais aussi nombreux que mal connus. Je terminerai en disant qu'au siècle dernier il servait dans les ménages vignerons de la Haute-Loire à la préparation d'un vin cuit, qui faisait office de vin de Malaga. Cet usage mettra peut-être les ampélographes futurs sur la trace de nouvelles identifications de l'Argant avec d'autres cépages méridionaux.

Aire géographique. — Dans le Jura, Ch. Rouget estimait, en 1898, que l'Argant occupait 100 hectares, inégalement répartis dans les départements du Jura et du Doubs, depuis Château-Chalon jusqu'aux environs de Besançon. Il est assez multiplié à Salins et à Arbois; on le rencontre aussi sur quelques points de l'arrondissement de Dôle. Ce cépage très amélioré par le greffage est appelé à se développer, car outre sa productivité il est une source précieuse de matière colorante, trop peu abondante dans la plupart des cépages septentrionaux. Malheureusement sa maturité un peu tardive et sa sensibilité aux gelées de printemps le confinent dans les coteaux les mieux exposés.

Dans la Haute-Loire, sur tous les coteaux qui bordent l'Allier, dans les cantons de Brioude et de La Voûte, de Brioude à Langeac, le Brumeau était planté et estimé. Dans la partie située entre Brioude et La Voûte, comprenant les villages de Villeneuve et Saint-Ilpize, et connue sous le nom de La Ribayra, le Brumeau portait plus particulièrement le nom de Sauvagnon. Il y avait environ 80 hectares de vigne ainsi plantés dans le canton de Brioude et 600 dans celui de La Voûte. En tout, 1.400 hectares, dont environ 900 hectares pour le Brumeau et 500 pour le Noireau. A l'heure actuelle, le Brumeau disparaît devant les Gamays de Bourgogne.

Selon Babo et Oberlin, l'Argant, ou Gansfüsser, est cultivé en Allemagne, dans le Würtemberg, l'Obere Hardt, le Bergstrasse. Je ne l'ai pas rencontré dans le Palatinat, sur la Moselle, sur les bords du Rhin.

Selon le D\u00b3 Schöffer, directeur de l'École de Weinsberg, le blau Gänsfüszler tire son nom, qui en allemand veut dire *Patte d'oie*, de la ressemblance de sa feuille avec la patte de ce volatile. Anciennement, il a été assez répandu dans la vallée du Rhin et principalement planté en espalier. Aujourd'hui, on rencontre encore cette variété cultivée dans le Würtemberg, comme raisin de cuve dans l'Anzthal. Cette variété n'est pas appropriée à la région, elle mûrit tard et la qualité du vin est médiocre.

D'après H. Gœthe, le Zimttraube, cépage originaire de Styrie, se trouve répandu en assez grande quantité dans tous les vignobles de ce pays sans cependant en former l'encépagement le plus important. Puis il s'est répandu ces temps derniers en Croatie et en Carniole. En ce dernier pays, dans la vallée de Wippacher, on cultive le *Blaue Ober-felder*, simple variété du Zimttraube, ainsi que la variété blanche appelée Blinica et la grise comparable comme couleur au Rülander (Pinot gris), par rapport au Burgünder ou Pinot noir. A Gobonitz, en Styrie, il sert avec la *Kauka* à préparer le vin rouge renommé de ce cru et possède une très grande puissance colorante.

L'Argant est de tous les cépages des vignobles septentrionaux le mieux caractérisé. Il n'est comparable à aucun. Son développement gigantesque, ses feuilles glabres, vert luisantes comme vernissées, portées par des sarments longs, forts, érigés, attirent les yeux. L'éclat de son feuillage, égal à celui des feuilles d'abricotier, ne se trouve que dans les feuilles de Rupestris. Au moment des vendanges, rien n'est aussi beau qu'une souche d'Argant avec ses nombreuses et grandes verges fructifères, recourbées régulièrement tout autour en anses de panier, porteurs de grappes sur-moyennes, très appétissantes. Les grains moyens, très fermes, sont alors d'un bleu noir intense, *krähenfarbe*, couleur de corbeau, disent les Allemands. Dans la Haute-Savoie, M. Dessaigne rapporte qu'un pied dans un champ avait pris un développement tel qu'il avait produit plus d'une fois de cinquante à soixante litres de vin. Les Allemands trouvent, avec raison, à ce cépage l'allure générale d'un Portugais bleu très vigoureux.

L'Argant n'est pas un cépage sélectionné. Comme il est destiné à produire beaucoup d'un vin très coloré, les formes les plus fertiles et surtout les moins sensibles à la coulure de floraison sont à rechercher.

M. Dessaigne, viticulteur dans la Haute-Loire, a entendu dire qu'il existait autrefois un Brumeau blanc, mais ce cépage a disparu car il donnait un vin de médiocre qualité. Dans le Jura on trouve parfois par variation de couleur un Brumeau blanc. Ces variations sont beaucoup plus rares que dans certains cépages : Pulsard, Pinot, Gamay, dans les mêmes sols.

En Carniole, dans la vallée de Wippacher, la forme blanche appelée Blinica (H. Gœthe) est cultivée ainsi que la forme grise sous le nom de Graue rauchfarbige Zimttraube.

L'Argant est de seconde époque de maturité ; c'est un grave défaut pour les pays septentrionaux. Aussi sa culture ne réussit bien qu'aux expositions chaudes, dans les terres un peu sèches capables de favoriser sa maturation.

Culture. — Ce cépage ne porte ses rameaux fructifères que sur bois de l'année précédente, venus sur souche ayant au moins 7 ou 8 ans d'âge. Avant ce temps, il ne rapporte presque pas. Disons toutefois que ce défaut, qu'il a planté franc de pied, disparaît en partie par le greffage. Malgré tout, il est saisonnier et sa fructification n'est pas assurée tous les ans, aussi la taille courte sur souche basse ne lui convient pas, et, pour remédier à ce défaut, il faut lui appliquer une taille longue proportionnée à sa grande vigueur. Les branches à fruits lui conviennent particulièrement. Ce mode de taille combiné avec une sélection, qui n'est malheureusement pas accompli, fera de l'Argant un cépage régulier et des plus fructifères que l'on connaisse. A Lons-le-Saunier, la souche, haute de 30 à 50 centimètres, porte au moins 3 à 4 branches à fruits, nommées écourges, corgées, courgées, longues de 30 à 40 centimètres. Ces courgées sont recourbées en arceau, également distantes les unes des autres et maintenues chacune par un échalas court. Ce cépage érigé n'a pas besoin d'autres tuteurs ou attaches. La taille J. Guyot a donné de bons résultats dans le Jura. Il reprend bien de boutures et de greffes ; son affinité est bonne avec les cépages américains et il conserve greffé sur ceux-ci son extrême vigueur.

L'Argant n'est pas un cépage à vin fin qui n'a de qualités, et toutes ses qualités, que dans un sol donné, à éléments définis, comme le Pinot par exemple. Tous les sols lui conviennent. Il vient aussi bien dans les sols argilo-siliceux que dans les terres légères et siliceuses. Les marnes lui conviennent aussi si elles ne sont pas trop compactes. Peu chlorosant, il ne redoute point le calcaire des marnes calcaires. Toutefois, comme il est destiné à produire beaucoup, cette production doit être soutenue par un terrain fertile et l'apport abondant de matières fertilisantes.

Un Argant peu vigoureux dans un sol pauvre cesse de produire. Les fumures peuvent être exagérées, car il redoute peu la pourriture malgré sa grappe assez dense. Comme pour tous les raisins à grand rendement, sa productivité est très accrue par les pluies précédant sa vendange. Dans le Jura, l'Argant donne des rendements moyens de 100 hectolitres à l'hectare. Ses rendements peuvent s'élever à 200 hectolitres et en font l'égal des cépages tels que l'Aramon.

L'Argant s'aoûte bien à flanc de coteau ; dans les terrains humides au contraire cet aoûtement laisse à désirer. Bien aoûté, il n'est pas sensible aux gelées d'hiver, et à Arbois M. Arpin a remarqué que pendant l'hiver terrible de 1879 il a résisté seul au froid qui tuait les autres cépages plantés en mélange avec ce dernier. En revanche les gelées printanières lui font le plus grand mal. Non seulement elles suppriment sa récolte, mais produisent des accidents de végétation et de développement considérables. Parmi ceux-ci il faut citer les broussins, très nombreux et très développés, atteignant la grosseur de la tête à la base des ramifications. Ces broussins sont suivis de nécroses, aussi il est imprudent de planter l'Argant dans des sols gélifs. Il vaut mieux le planter au sommet des coteaux ou le réserver, comme cela a lieu dans le Jura, au sommet des mamelons arrondis des terrains liasiques. Cépage de 2ᵉ époque, fin de 2ᵉ époque même ; si on le cultive à grands rendements on ne doit pas craindre dans les vignobles septentrionaux de le planter aux expositions chaudes, les plus chaudes mêmes, car il résiste à l'échaudage de l'été.

D'une sensibilité moyenne à l'Oïdium, il possède une qualité précieuse pour les régions à climat humide, car il est très résistant au Mildiou qui l'attaque rarement. Cette résistance n'est pas absolue et ne saurait dispenser de tout traitement cuprique ; elle permet toutefois de le traiter après des cépages plus délicats. En revanche, c'est un des plus sensibles au Black-Rot, grave défaut dans les terrains humides. Dans ces mêmes sols ces racines redoutent peu le Pourridié. Comme il a été dit plus haut, son grain est rarement lésé par la Pourriture grise.

Vinification. — L'Argant possède, outre son grand rendement, deux qualités œnologiques fondamentales qui à nos yeux en font un cépage de valeur : une abondance extrême, d'une matière colorante sang de bœuf ; un jus parfaitement incolore que l'on peut séparer du marc sans que la pellicule, malgré sa coloration, teinte le vin blanc ainsi obtenu. Ces qualités n'ont pas frappé anciennement les vignerons jurassiens, car les régions environnantes, seul débouché de leurs vins rouges, prisaient plus les vins roses et gris que les vins fortement colorés. En outre, ils possédaient en nombre des cépages blancs de quantité et de qualité capables de faire du meilleur vin blanc que l'Argant fait en blanc.

Aujourd'hui la mode a changé, les fermiers du Haut-Jura ou de la plaine de la Saône, obligés de donner à leurs personnels de moisson du vin, préfèrent les vins colorés du Midi qui teinteront davantage l'eau destinée à les allonger. Suffisamment acide pour n'être pas plat, très coloré, le vin de l'Argant peut rivaliser avec n'importe quel vin de coupage du Midi. Nous ne saurions mieux faire que de le comparer comme couleur au Tannat des vignobles du Madiranais (Hautes-Pyrénées), de Jurançon, de Monein (Basses-Pyrénées), dont il a la belle robe.

Ce n'est pas un cépage à grand vin et à grand cru comme son associé le Pulsard, mais c'est le vin de coupage, coloré, solide, corsé, plein de vinosité, très franc et neutre de goût, dont l'acidité et la robe sont susceptibles de remonter un vin fin et délicat comme celui du Pulsard sans diminuer la valeur de ce dernier. C'est une rare qualité pour un vin de coupage que cette dernière qualité. Les vignerons jurassiens pratiquent avec lui ouillage et remplissage. Sa couleur tombe avec l'âge, néanmoins le vin d'Argant venu dans des terrains argilocalcaires reste un vin de durée.

Très tanifère et un peu lourd dans le Jura pour être consommé pur comme vin de table, son vin est plus estimé dans la Haute-Loire, peut-être aussi parce que cette région n'a pas un cépage noir à vin fin aussi merveilleux que le Pulsard jurassien à lui opposer ou à lui comparer.

Il se peut aussi que la latitude de la Haute-Loire, plus basse que celle du Jura, lui assure par une maturation plus complète une qualité meilleure. Quoi qu'il en soit, le vin de Brumeau était très estimé aux xviiᵉ et xviiiᵉ siècles. Les gourmets de Clermont et les communautés religieuses faisaient d'ordinaire avec ce cépage, mis à part, une petite pièce de vin qui se buvait seulement les jours de grande cérémonie. C'est encore avec du vin de Brumeau que nos grand'mères du siècle qui vient de finir faisaient leur vin cuit qui était très prisé à cette époque et était le vin de Malaga des petites fortunes.

H. Gœthe rapporte qu'en Styrie, en 1872 et 1873, le Zimttraube a donné un moût dosant 180 grammes de sucre par litre et de 8 à 9° °/₀₀ d'acidité (acidité tartrique vraisemblablement).

En résumé, le vin d'Argant est un vin de coupage de premier ordre dont la matière colorante est supérieure comme solubilité et durée à celle du Teinturier et de ses hybrides, hybrides Bouschet, Gamays teinturiers. Quelques chiffres fixeront les idées à ce sujet.

Le Dʳ Guyot, dans ses essais gleucométriques de l'année 1862, compare l'Argant au Pulsard venus tous deux dans le Jura. Voici ses chiffres :

	Argant	Pulsard
Densité du moût	1072.3	1086
Acidité par litre en acide sulfurique	8.23	9.24
Sucre par litre	179 ᵍʳ	190

Cette analyse nous révèle un vin solide. Nous avons refait les analyses de ces mêmes cépages de même origine. Les résultats sont absolument parallèles, nous ne les donnerons pas pour citer une analyse de l'Argant ou Brumeau récolté par M. Dessaigne dans la Haute-Loire en 1903 :

Sucre par litre	191 ᵍʳ 20
Acidité en acide sulfurique,	5 ᵍʳ 49
Acidité en acide tartrique	8 ᵍʳ 39

Avec cette teneur élevée en acidité, son degré alcoolique compris entre 10 et 11°, l'Argant, dans les caves froides où il est logé, ne redoute aucune maladie; on l'emploie au contraire en coupage avec les vins malades comme *vins de remède*.

L'Argant se mange volontiers comme raisin de table. Ses belles grappes se conservent facilement grâce à la fermeté de son grain.

DESCRIPTION. — Souche, très vigoureuse; tronc gros; écorce lisse se détachant tardivement en lanières très longues.

Bourgeons, de grosseur moyenne, coniques, se détachant bien du rameau, acajou; bourgeonnement vert pâle quelquefois teinté de rose; jeunes feuilles à cinq lobes, glabres, d'un vert pâle.

Rameaux, longs, gros, ronds, souvent aplatis, souvent érigés, peu ramifiés; vert clair à l'état herbacé, acajou très clairs lorsqu'ils sont aoûtés, avec nombreuses lenticelles; mérithalles de longueur moyenne, striés, dépourvus de poils; moelle peu abondante; bois durs; diaphragmes très marqués; nœuds très accentués; vrilles bifurquées.

Feuilles, de grandeur sur-moyenne, aussi larges que longues, aux bords révolutés supérieurement, formant gouttière, peu épaisses, présentant cinq lobes très marqués presque constants; sinus profonds et largement ouverts surtout les sinus latéraux supérieurs; sinus pétiolaire en V, quelquefois les lobes se recouvrent laissant au fond du sinus une ouverture triangulaire; limbe vert, vernissé comme les feuilles de Rupestris, lisse non bullé, dépourvu de poils; face inférieure également glabre, d'un vert mat; poils absents; dents peu nombreuses, très grandes, normales au limbe, aussi larges que longues; nervures blanc vert, très apparentes, peu saillantes sauf à la face inférieure. — Pétiole aussi long que la feuille, de gros calibre moyen, rond, vert clair, quelquefois carminé, glabre, inséré à 90° par rapport au plan du limbe. Défeuillaison normale, feuilles assez persistantes, avec taches de carmin sur les dents à la fin de la maturité.

Fruits. — *Grappes* grosses, insérées à la base du sarment au niveau du 2ᵉ et 3ᵉ œil, cylindro-coniques, très larges à la base, par suite d'ailerons courts mais très développés; pédoncule court, cylindrique, vert blanchâtre à la maturité, à peine lignifié à l'insertion; pédicelles de longueur et grosseur moyennes, terminés par un bourrelet bien prononcé, rougeâtre, verruqueux; pinceau peu marqué se détachant facilement. — *Grains*, de grosseur moyenne ou sur-moyenne et très variable dans la grappe, parfaitement ronds, sans variation de forme, noir bleu, très pruinés; ombilic peu marqué, très ferme; peau non transparente, d'épaisseur moyenne, élastique, riche en matière colorante; pulpe juteuse, incolore; jus très abondant, à saveur neutre, peu relevée; pépins peu nombreux, 1 ou 2, de grosseur moyenne, avec chalaze et raphé bien indiqués.

P. Pacottet.

A. Kreÿder

Gateta

GATETA

Observations. — La *Gateta* est un cépage de l'ancien royaume de Valencia, à l'est de l'Espagne ; on le trouve aussi actuellement dans les provinces de Castellon, Valencia et Alicante. Répandu un peu partout dans ces provinces, son fruit est utilisé pour la table. On le trouve plus particulièrement à Alberique, Gaudia, Iativa, Albaida, Liria et Torrente.

Cépage régulièrement fertile, il se plaît bien dans les plateaux argilo-tertiaires, sur les coteaux bien ensoleillés, sur le tuf calcaire, dans les régions plutôt tempérées ne redoutant pas la sécheresse. Son débourrement est plus hâtif que sa floraison, et sa maturation est de la 1re époque de Pulliat.

Ce cépage est régulièrement fertile et de multiplication facile par bouture. On fait les plantations en carré de 2 mètres de côté, avec boutures coudées, et on le taille en gobelet ; on lui donne par an 2 labours croisés avec la charrue, un labour en hiver, fréquemment en février, et un autre labour croisé (perpendiculaire au premier) du mois de mai à juin.

DESCRIPTION. — Souche, puissante et vigoureuse ; tronc fort ; port semi-érigé, racines puissantes et dures ; écorces en lanières épaisses, d'un gris brun foncé.

Bourgeons, s'entr'ouvrant dès les premières chaleurs du printemps ; petits, pointus, coniques, d'un brun acajou luisant ; débourrement vert blanchâtre, avec un mince filet rose sur le bord des petites feuilles pourvues de duvet blanchâtre ; bourgeons secondaires fructifères, et par suite à maturation plus tardive que celle des grappes des rameaux principaux.

Rameaux, longs, gros, droits, réguliers par suite des nœuds peu accusés, à peine détachés sur la direction du sarment ; à l'état herbacé verdâtres, à l'état aoûté colorés en rouge jaunâtre pâle ; écorce striée longitudinalement ; mérithalles moyens ; diaphragmes gros, étui médullaire large ; aoûtement précoce et facile ; vrilles nombreuses, fortes, bifurquées,

Feuilles, moyennes ou sous-moyennes, assez épaisses, presque entières ou à peine trilobées, le sinus pétiolaire largement ouvert en V ou en U arrondi ; les sinus latéraux supérieurs peu creusés ; vaguement bombés en leur centre, avec les bords déjetés sur le pourtour ; d'un vert foncé et luisant à la face supérieure, avec duvet lanugineux, peu épais à la page inférieure ; deux séries de dents bien distinctes, largement découpées ; nervures puissantes. — Pétiole long, grêle, d'un vert jaunâtre terne, formant un angle obtus avec le limbe.

Fruits. — *Grappes*, grosses, composées, ailées, à très large embase, à sommet allongé et portant quelques grains sur un axe ou parfois deux axes terminaux et grêles; pédoncule très gros, court, ligneux à l'insertion; pédicelles longs et grêles, à bourrelet en disque aplati et mince, vert mat, fortement adhérent, à pinceau rosé. — *Grains*, moyens, sub-ovoïdes, croquants et fermes, peu serrés; d'un noir violacé bleuâtre foncé, avec légère pruine; peau épaisse, très résistante à la pourriture et facilitant la conservation; chair d'une saveur agréable, pas trop sucrée; pépins petits.

R. Janini.

TABLE DES PLANCHES

(TOME V)

77. Oriou gris.
78. Gros Oriou de Nus.
79. Arvine.
80. Molar.
81. Glacière.
82. Hasseroum Lekahl.
83. Genovese.
84. Biancone.
85. Vermentino.
86. Riminese.
87. Nielluccio.
88. Lardot.

89. Linné.
90. Mat noir hâtif.
91. Santa Morena.
92. Blanc des Trois-Fontaines.
93. Chasselas rose Salomon.
94. Boisselot.
95. La France.
96. Bourrisquou.
97. Raisaine.
98. Pougnet.
99. Argant
100. Gateta.

TABLE DES MATIÈRES

PAR NOMS DE CÉPAGES

(TOME V)

MACON, PROTAT FRÈRES, IMPRIMEURS.

VIALA

VERMOREL

AMPÉLOGRAPHIE

TOME V

1904

www.ingramcontent.com/pod-product-compliance
Lightning Source LLC
LaVergne TN
LVHW050123060726
842524LV00001B/82